LA SCIENCE DES EAVX

QVI EXPLIQVE EN QVATRE PARTIES LEVR *Formation, Communication, Mouuemens, & Meslanges.*

AVEC LES ARTS

DE CONDVIRE LES EAVX, ET MESVRER *la grandeur tant des Eaux que des Terres.*

QVI SONT

1. *De conduire toute sorte de Fontaines.*
2. *De Niueler toute sorte de Pente.*
3. *De faire monter l'Eau sur sa Source.*
4. *De contretirer toute sorte de Plans.*
5. *De connoistre toute hauteur Verticale, & longueur Horizontale*
6. *D'Arpenter toute Surface Terrestre.*
7. *De Compter tout Nombre auec la Plume & les Iettons.*

Par le P. IEAN FRANÇOIS, de la Compagnie de IESVS.

A RENNES,
Chez PIERRE HALLAVDAYS, Imprimeur & Libraire, ruë Saint Germain à la Bible d'Or.
M. DC. LIII.

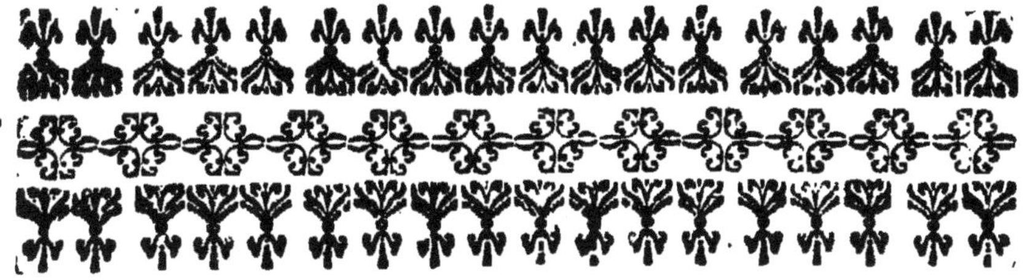

A
MES SEIGNEVRS DES ESTATS
DE
BRETAGNE.

MES SEIGNEVRS,

TROIS *principes font les grands hommes & les Prouinces qui en sont composées, La nature, La nourriture ou l'education, & la Grace. La nature nous donne la premiere vie, les fruits & les objets pour l'entretetenir, & les facultez pour agir. La nourriture forme en nous la vie Morale & Ciuile, occupe nos facultez à des charges & des emplois sortables. La Grace introduisant la vie Diuine sanctifie les autres & releue leurs actions à vn éminent degré, de grandeur & de merite. La nature donne au monde son Roy & fait vn homme. La nourriture donne au Roy vn sujet fidelle, à sa Patrie vn membre zelé & fait vn homme d'estat La Grace met en l'homme vn cœur de mere enuers son prochain, de Iuge enuers soy mesme, & de fils enuers son Dieu & le fait homme de Dieu. La premiere expose cét homme à mille rencontres, for* tunes & à la mort. La seconde le cultiue & l'instruit à choisir les occasions fauorables, & à se comporter dignement en ces rencontres. La troisiéme luy donne les aydes pour executer le tout & faire de chaque action vn échelon pour le Ciel.

La nature est vn principe si puissant & si vniuersel, qu'il ny a diuersité de lieux, de viandes, d'habits, auec laquelle l'homme n'entretienne sa vie naturelle. Il vit dans les ardeurs de la Zone Torride auec les Lyons, dans les glaçons de la Zone Froide auec les Ours, vagabond dans les forests de l'Amerique auec les Eslans, caché sous Terre & dans les cauernes en la Prouince du Paraquay, flottant sur l'eau en plusieurs endroits de la Chine. Il se nourrit de Lezars en la Martinique, de Sauterelles amassées & salées au haut Egypte, de Serpens & de Rats en l'Isle de Iaua & l'accoustumance à tourné à plusieurs les Medicines en nourriture: & mesmes à Mitridat le venin meurtrier en viande nourrissante. Enfin la varieté des Airs, des Eaux, des Terres & des Fruits qui y croissent est si grande sur le rond de la Terre que les bestes & les plantes ne peuuent les supporter & y viure, il ny a que l'homme, qui s'y trouue, qui vit & s'accommode par tout.

Mais la diuersité de la vie Ciuile est incomparablement plus grande, & il y a bien plus de difference dans les mœurs des hommes, que dans les viandes & demeures. Le prouerbe est veritable, nourriture passe nature. La nature fit Demostene si contre-fait qu'il estoit le rebut de la Grece, la nourriture le refit si parfait qu'il a esté le nompareil de la Grece; C'est elle, qui change les bestes fieres & farouches en domestiques & appriuoisées, qui rend les hommes en vne compagnie & occasion des Anges, en vne autre des Demons, en vn pays barbares & Anthropophages en vn autre courtois & humains. Dans vne rencontre sçauants, dans vne autre ignorants: Qui porte des loix, introduit des coustumes, auctorize des maximes, inuente des façons de viure si extrauagantes, qu'il ny a que l'experience capable de nous les persuader.

Mais la Grace comme toute-puissante renuerse ces maximes, abolit ces coustumes, change ces Demons en Anges, ces Arpies en Colombes, ces Loups & Lyons en Aignaux, & rendant les hommes qui sont des roseaux d'inconstance inébranlables à toutes les battevies de l'Enfer & sollicitations du monde, les fait devenir de petits Dieux.

Heureux ceux qui rencontrent ces trois principes auec auantage. Heureuse MES SEIGNEVRS vostre Bretagne où ils ont tellement concouru, qu'ils semblent auoir voulu contribuer à l'enuy & luy conferer auec abondance ce qu'ils ont de meilleur.

La Grace n'a rien de meilleur que la Sainteté : attribut si auguste, que les Anges dans le Ciel le choisissent pour sujet de leurs Musiques eternelles, & les Hommes en Terre pour honorer la premiere dignité du tiltre de vostre Sainteté, au pied de laquelle les Majestez, Eminences, Altesses, excellences, déposent leur grandeur.

Vostre Prouince, MES SEIGNEVRS, a esté fauorisée d'vn si grand nombre de Saints, que le Catalogue seul auec vn abbregé de leurs vies a composé vn juste volume, & qui va presque de pair en grandeur auec la Vie des Saints, C'est dans vostre Prouince où la Sainteté a esté Coronnée, & la Coronne Sanctifiée où les Villes portent le nom des Saints qui en sont les solides fondemens. Certes si vn Saint peut ennoblir vne Ville, vn Ordre, vne Prouince. Qu'elle doit estre la loüange de la vostre d'auoir tant d'originaux à imiter, tant de fauoris de Dieu à inuoquer, tant d'Aduocats, de Patrons & de Tutelaires pour en estre protegez? C'est en suite de ce tiltre que vous en possedez vn autre d'auoir conserué à Dieu la Foy & la vraye Religion si entiere & si constamment parmy tant de combats qui ont peruerti tant de Royaumes qu'il ny à Prouince en France, qui aye moins de zizanie, que la vostre.

Pour l'education il n'en faut point chercher de meilleure, que celle qui tire sa conduite des lumieres de la Foy & de la raison. Toute autre aboutit à des précipices. La Foy a rendu vostre Gouuernement vne Theocratie, La Raison en a fait vne Monarchie : Lors que vostre Prouince s'est vnie au Royaume le plus florissant de l'Europe, auec tel auantage que les autres ne peuuent enuisager vostre Prouince sans enuie, ny vous considerer les autres sans quelque compassion. Aussi certes que ne faites vous pour maintenir inuiolable la Pieté enuers Dieu, la Fidelité enuers le Roy? Quels soings ne prenez vous pour affermir dans les esprits ces deux lumieres? A peine les enfans en sont-ils capables qu'on leur en fait leçon: Et nostre Compagnie secondant vos desseins s'efforce de rendre en ceux que vous luy addressez la Vertu sçauante & la Science vertueuse.

La nature ne s'est pas monstrée moins fauorable reseruant pour vostre Prouince l'Air le plus temperé de la France, les Eaux auec plus d'abondance, & les Terres auec autant de fertilité. Celles-cy non contentes de se charger & porter sur soy toute sorte de fruits, contiennent dedans elles toute sorte de Mineraux, Metaux, Marbres, pierres d'Aiman, Marcaßites, & autres raretez, ont à l'entour d'elles une Mer qui par son amplitude sert d'vn large fossé, presente ses poissons à la pesche & son dos à la nauigation. Il ny a point de lieu au monde où le Flux de la Mer mõte à vne si grande hauteur qu'à vos Costes pour entrer plus auant dans vos Terres, & y porter les Nauires qui viẽnent de loing chargées des richesses des pays estrangers, & les rapporter en pleine Mer remplies des vostres. Ie ne sçay lieu en l'Europpe où dans l'estenduë de tant de Terres il y aye des Ports plus en nombre, plus grands en capacité & amplitude, & plus asseurez en aßiette, ny Prouince en France qui aye les Terres mieux disposées pour joindre les Riuieres & les rendre nauigables, & espandre le Commerce par tout; le Commerce dis-je non auec vne ou deux Villes, mais auec toutes les Maritimes du Globe qui y sont les plus considerables.

Mais quelque faueur que la nature fasse elle ne la donne iamais si accomplie qu'elle ne laisse dequoy exercer nos industries & perfectionner dauantage ses ouurages par le moyen des Arts dont le propre est d'acheuer la nature en l'imitant. Il ne sort d'elle iamais tant de biens qu'il ne luy reste vne capacité à dauantage, pour lesquels posseder nostre trauail est requis.

C'est pourquoy comme on vous a presenté autrefois les Vies des Saints de Bretagne pour façonner les vostres sur ces illustres modelles, & les auancer en la Grace: Comme on vous a dedié le Liure de l'Histoire de Bretagne, & vn autre des Armes de vostre Noblesse, qui ne sont que des marques de leurs genereuses & heroïques actions pour animer vos courages à en faire de semblables & de plus grandes, & rendre l'education éminente.

Reste la nature a qui manque son Liure & qui demande des ay-

des pour acheuer ce qu'elle laisse à nostre exercice, aussi bien que la Grace des cooperations à ses lumieres, & l'education les imitations des bons exemples. Voicy vn Liure des Arts qui seruiront à mille ouurages profitables au public, & pour lesquels la nature a mise en vostre Prouince de fauorables dispositions. Ie vous supplie MESSEIGNEVRS, *d'agréer que ie vous le presente, & de le receuoir auec la bonté que vous auez receu les autres. S'il leur est inferieur en merite, l'Autheur le vous offre auec pareille & plus grande affection zele & sousmission. Il ne peut estre mieux addressé, c'est le zele du bien public, & l'honneur de vostre Patrie qui vous a assemblez. Ces Arts en sont des moyens, Ie les ay accompagné de leur science pour les rendre infallibles & redresser plusieurs qui ne les sçachant qu'à demy, en font vne entiere profession, au grand prjudice du bien public. Permettez donc que joignant mon zele auec le vostre ie fasse réüssir mes Mathematiques à vostre dessein & sous vostre auctorité.*

C'est aussi pour vous rendre vn témoignage de gratitude pour les grandes obligations que nostre Compagnie vous a de tout temps, laquelle encore bien que son but principal soit de s'occuper à cultiuer les esprits dans la vie Morale & de la Grace: est encore bien aise de rencontrer les occasions de contribuer à des perfections que les sciences pratiques peuuent adjouster à la nature. Et non satisfaite d'embrasser vos interests de la sorte, elle employe encore ses vœux, ses prieres, & ses sacrifices, pour la prosperité de vos Personnes, & pour l'Estat florissant de vostre Prouince: comme vous estant toute acquise, & moy en particulier qui suis de cœur.

MESSEIGNEVRS,

Vostre-tres humble seruiteur
en N. S.
IEAN FRANÇOIS, de la
Compagnie de IESVS.

TABLE

TABLE DES MATIERES CONTENVES EN CE LIVRE.

LA SCIENCE DES EAVX.

Premiere Partie, De leur formation.

DEVXIESME PARTIE.

DE LA COMMVNICATION DES EAVX.

TROISIESME PARTIE,

LES MOVVEMENS PARTICVLIERS DES EAVX.

QVATRIEME PARTIE,

DES MESLANGES DES EAVX.

L'ART ET LA CONDVITE DES EAVX ET DES FONTAINES ARTIFICIELLES.

L'ART DE NIVELER TOVTE SORTE DE PENTE.

L'ART DE FAIRE MONTER L'EAV SVR SA SOVRCE.

L'ART DE CONTRETIRER TOVTE SORTE DE PLANS.

L'ART DE CONNOISTRE LES HAVTEVRS VERTICALES ET LONGVEVRS HORIZONTALES.

L'ART D'ARPENTER TOVTE SORTE DE SVRFACE TERRESTRE TANT DE LOING QVE DE PRES.

L'ART DE COMPTER TOVTE SORTE DE NOMBRE AVEC LA PLVME ET LES IETTONS.

MOn cher Lecteur, si tu trouues de la diuersité dans les nombres des Chapitres & des Paragraphes, Il faudra corriger ceux du Liure sur ceux de la Table, excepté en l'Arithmetique.

L'HYDROGRAPHE
C'EST A DIRE,
LA SCIENCE DES EAUX
ET DES SOURCES NATURELLES IOINTE AVEC LES ARTS ET LES CONDUITES DES EAUX.

PREFACE.

IL n'est point de meilleur moyen pour arriuer à la perfection des sciences que de voir les experiences que les Arts en donnent, ny pour paruenir à la perfection des Arts que de sçauoir les raisons que les sciences en rendent: à cause que les experiences de l'Art verifient les connoissances de la science & les mettent dans vn haut degré de certitude; & les raisons des sciences conduisent l'Art dans toutes occurrences, & le mettent en vn degré éminent d'infallibilité. Et pour voir la necessité d'vne telle vnion nous n'auons qu'à considerer ces deux vertus intellectuelles separées dans diuerses personnes; Nous verrons les sçauans sans practique se rendre ridicules & tomber en plusieurs fautes quand ils s'en veulent mesler, soit manque de verité en leur science pretēduë, soit d'integrité en leur veritable, & pour ignorer plusieurs circonstances que l'Art leur aprend. Nous verrons pareillemet les Artizans sans science demeurer tout court dans les incidens qui les obligent à changer tant soit peu leur maniere accoustumée d'agir. Que si cela est vray vniuersellement ce l'est particulierement dans les sciences qui ont pour suiets les ouurages artificiels, & dans les Arts qui ont pour ouurage & pour fin des effets dependants de diuerses circonstances qui demandent, diuers moyens & changemens selon leur diuersité. Telle est la Science, & l'Art des Eaux, où plusieurs de ceux qui ont traité des Sources naturelles, ont auancé manque d'experience beaucop de propositions fausses, & plusieurs de ceux qui ont entrepris des Fontaines, soit particulieres soit publiques, ont fait manque de science des ouurages si defectueux qu'en peu de temps ils ont esté inutiles à ceux, à qui ils auoient beaucoup cousté. C'est pourquoy pour éuiter ces inconueniens, & perfectionner mutuellement ces deux vertus, & par elles vn ouurage si important au public; Ie ioints la Science auec l'Art des Eaux, la practique auec la raison: L'vne nous monstrera les merueilles de l'Art Diuin, pour nous fournir auec toute abondance vn Element si necessaire à la santé de nos personnes, à la fecondité de nos terres, & à la netteté de nos Offices. L'autre nous apprendra à l'imiter, & suiuant ses principes accroistre la communication du mesme Element, le faisant venir dans nos Iardins, Parterres, & Maisons. L'Art Diuin en donne l'abondance & met en la nature les dispositions & ordres des causes necessaires au bien public, & laisse la capacité pour les appliquer au bien particulier; l'Art humain à l'imitation du Diuin accommode & reduit cette puissance & capacité à la practique; Enfin faire ce que dessus, c'est ioindre l'agréement des sciences speculatiues auec l'vtilité des Arts practiques.

Omne tulit punctum qui miscuit vtile dulci.

Et pour ce que ie ne doute point que la practique ou la communication auec les sçauans & les experimentez aprendra tousiours quelque chose de nouueau afin que l'on le puisse adiouster à cecy i'ay fait inserer vne fueille de papier blanc entre les Arts en plusieurs Liures.

LA SCIENCE DES EAVX ET DES SOVRCES NATVRELLES.

PREMIERE PARTIE.

MON Cher Lecteur, Tout mon dessein estant de te donner icy la Science de la Formation des Eaux, & de la communication des mesmes déja formées & assemblées par le benefice des Sources, Ruisseaux, Riuieres, &c. Ie ne puis mieux le conduire à sa perfection qu'en recherchant & expliquant les causes d'vn tel suiet: Et puis que les Terres & les Feux en sont les principales, ne m'accuse point de m'éloigner de mon dessein si ie traite de ces deux Elemens. Tu verras assez que ie ne les considere que comme causes ou conditions necessaires à la production & au mouuement des Eaux & partant que leurs cōnoissances sont les veritables principes de cette Science.

LA MANIERE DONT LA NATVRE SE SERT POVR FORMER LES EAVX ET LES SOVRCES.

CHAPITRE I.

---

§. 1. *Que le tout consiste à sçauoir comment se fait vne goutte d'Eau.*

IE présuppose comme tres-certain, que celuy qui sçait le procedé de la nature a former vne goutte d'Eau, connoit aussi la façon de produire toute l'Eau de la Mer, qui n'est autre qu'vn composé de plusieurs gouttes: soit pource que la nature n'a point de differente façon, d'agir pour vne, que pour l'autre: C'est la mesme pour toutes, que pour vne: comme aussi c'est la mesme Eau qui est produite par tout: soit pource que la nature ne peut produire les eaux que successiuement, & par gouttes seulement. Elle n'en peut faire à la fois en vn endroit plus d'vne goutte. Et s'il y a quelque diuersité dans quelque circonstance particuliere ce n'est point dans la façon particuliere d'agir: Mais aussi il y a tant d'endrois où elle trauaille à cét ouurage, Elle y employe tant d'ouuriers tout à la fois, & ceux-cy sont si continuellement assidus à ce trauail, qu'il se fait des gouttes en suffisance pour arrouser les terres, abbreuer les animaux, & remplir toutes les Mers d'autant d'Eau que le Soleil & autres causes pourroient leur en soustraire. Toutes les montagnes sont autant de mammelles qui nous donnent ce l'air par diuers endrois. Et il ne faut pas penser que ces gros fleuues qui se déchargent dans la Mer par 7. emboucheures comme le Nil, par 72. comme le Volga, qui ont les 70. lieuës de large en leur entrée dans la Mer comme le fleuue des Amazones ayent sorti de terre tout à la fois & de méme façō qu'ils entrent dās la Mer. C'est le trauail continuel & la contribution de 4. à 5. cent lieuës en longueur & de 40. à 50. en largeur: des terres par lesquelles ces fleuues passent. Ils se sōt grossis par l'abbord de plusieurs grādes Riuieres: celles-cy se font par l'arriuée d'autres moindres: celles-cy se forment de plusieurs Ruisseaux: ceux-cy de petites Sources: celles-cy de plusieurs filets d'Eau: ceux-cy de plusieurs gouttes qui s'assemblét. Et voila ce qu'ont trouué ceux, qui ont esté assez curieux de foüir les terres, & d'y rechercher jusques aux premiers principes les Sources des Eaux. Cōme aussi c'est tout ce que la nature peut faire qui recōpence par la multitude des ouuriers le peu d'ouurage que chacun fait à la fois. C'est tout ce que l'Affrique peut faire par la vaste estēduë de ses terres de fournir de l'eau suffisamment à rendre 4. fleuues grands amples & tres-celebres. Et les deux plus grands de l'Amerique égallent tous ceux de l'Affrique. D'où nous deuons conclurre quand nous voyons des Sources jetter de l'eau en telle quantité qu'elles font à leur sortie vn fleuue aussi grād que plusieurs en leur embouchure qu'elles viennent d'autres moindres Riuieres sousterraines & inuisibles, celles-cy des Ruisseaux, ceux-cy des filets d'Eau, & que tout cela vient des lieux d'autant plus distans que l'abondance & quantité de l'Eau est plus grande. Et cecy est si veritable, qu'il est commun à toute grandeur, & à tout corps Homogenée qui n'est grand, que par le concours, & l'vnion de plusieurs petites particules qui estant de mesme espece ont vne mesme façon de production & d'vnion.

Chaque partie d'vn pré ne produit & ne porte qu'vn brain de foin en six mois: mais comme il y a plusieurs de telles parties: aussi y a-il tant de brains de foin, qu'vne prairie tant soit peu ample en fournira dequoy charger plusieurs charretes. Dites en de mesme de l'Eau. Et comme c'est assez de sçauoir la façon, dont la nature se sert pour la production d'vn brain; afin de sçauoir la maniere auec laquelle tout le foin du monde se forme: aussi il nous doit suffire de connoistre comme la goutte d'Eau se forme, afin d'auoir la connoissance generalle de la formation de toutes les Eaux du monde & du procedé que la nature y tient qui est tousiours tres-vniforme. Il faut entendre le mesme de chaque Meteore comme d'vn floccon de Nege, d'vne Exhalaison, d'vne Gresle, d'vn Gresil, *&c.* qui cõnoit la productiõ de l'vn sçait celle de tous ceux de mesme espece.

---

§. 2. *La maniere auec laquelle les gouttes d'Eau se forment.*

IL n'est pas besoin d'aller bien loing pour trouuer cette matiere, & la rendre visible par plusieurs experiences oculaires. On voit l'Eau se former au haut des Alambics, dans les couuercles des pots communs, dans des grottes & cauernes, sur vne assiette que vous mettrez sur la fumée de l'eau boüillante, ou sur laquelle vous mettrez vn morceau de pain frais & encore chaud & en plusieurs autres rencontres : où on voit naistre des gouttes d'eau & couler quand elles viennent à se grossir par le concours de plusieurs. Nous mesmes changeons nos breuages & alimens en fumées qui sortent par transpirations insensibles par les pores & puis se forment en gouttes de sueur rencontrant le froid. Nous portons en nous vn Alambic naturel qui fait monter les vapeurs du foye au cerueau, d'où elles descendent en gouttes d'Eau.

Et quoy que tout cecy se fasse dans vne grande diuersité de lieux, & d'instrumens, c'est neantmoins par tout vne mesme façon de produire chaque goutte d'eau : Comme aussi chaque goutte conuient en espece auec toutes les autres. On verra donc que l'Eau se perd quand elle se change en vapeur, & qu'elle se retrouue quãd la vapeur se reduit en eau. L'Eau par rarefactiõ se fait Vapeur: la Vapeur par cõdensatiõ se fait Eau: Et ainsi l'Eau n'est autre qu'vne vapeur cõdẽsée, & la vapeur qu'vne Eau rarefiée : pource que c'est assez pour faire de l'eau nouuelle, que de condenser la vapeur; & pour faire de la vapeur que de rarefier l'Eau. Et d'autãt que la vapeur ne peut estre apperceuë & distinguée de l'air pour estre trop rare, & partant auoir trop peu d'opacité & de couleur; de là vient qu'on ne peut voir ce changement soit de l'Eau en Vapeur, soit de la Vapeur en Eau qu'à moytié & selon le terme visible seulement : mais si l'autre n'est pas visible il est intelligible par vn discours necessaire, & éuidẽt. D'où s'ensuit que pour auoir vne goutte nouuelle d'eau, deux choses seulemẽt sont requises, sçauoir est, *1ent.* de la vapeur pour matiere, & 2. la cõdensatiõ de la mesme pour la forme externe, & pour la differẽce qui met l'Eau en son estat naturel : comme deux sont requises pour la formation d'vne vapeur, sçauoir est, 1. de l'Eau pour matiere & 2. la rarefaction de la méme pour forme & difference d'elle auec l'Eau : Et par tout où nous trouuerōs ces deux choses nous aurōs l'effet qui s'en ensuit sans vouloir rechercher autre mystere. Vous me direz 1ent. qu'il faut encore adjouster vne certaine quantité de vapeurs pour faire de l'Eau. Ie respond qu'ouy pour la faire descendre par l'Air, plus grande pour la rendre visible, plus grande pour la destacher des fueilles ou autres corps ou on la voit formée; attachée & pendante : à cause que la vertu vnitiue de son humidité est plus forte pour la retenir vnie auec vn corps, que sa pesanteur ne l'est pour l'en destacher, & la porter en bas. Il faut encore plus de quantité pour la rendre coulante, plus pour en faire vn filet d'Eau, vne source, vn ruisseau, &c. Mais pour la rendre Eau absolument parlant la quantité n'est pas tellement determinée. Vous direz 2ent. que de deux façons de produire de l'eau, sçauoir, par condensation de la vapeur & par la condensation & conuersion de l'Air en Eau ie n'en traite que de la premiere. Ie respond que ie m'y attache d'auantage, à cause qu'elle est tres-asseurée, que c'est la principale & la plus ordinaire, & que par elle on peut entēdre l'autre dont ie traiteray au §.8. Vous me direz en 3e. lieu qu'estre rare ou dense sont modes & façōs d'exister accidentelles à leurs sujets. Ie respōd qu'ouy & que ie ne les dōne pas cōme differences essentielles & constitutiues de diuerses substances; mais cōme differences externes d'vne mesme substance, & qui la mettent en deux diuers estats, que nous considerons icy. Et certes puis que l'Eau & la Vapeur sont vne mesme chose interieurement, on ne peut les distinguer que par formes externes. Ce qu'estant establi nous n'auons pour acquerir l'entiere intelligence de nos Sources, qu'à sçauoir que c'est qu'Eau & Vapeur, que c'est que condensation & rarefaction, qui les font passer d'vn estat à l'autre, & leur donnent ces formes, Qu'elles en sont les causes pour trouuer de l'Eau où nous les rencontrerons. Et d'autant que ie traitte amplement & à fond de ces principes dans les vniuersalitez Cosmographiques, ie me contente icy de donner les causes qui condensent la Vapeur & qui rarefient l'Eau, pource que ce sont elles qui nous donnent ou nous ostent l'Eau, en l'estat que nous la recherchons icy.

---

§. 3. *Les causes qui rarefient l'Eau en Vapeurs & qui condensent les Vapeurs en Eau.*

IE N mets de trois sortes pour chacun de ces effets, Les vnes appartiennent à la qualité, Les autres au mouuement, Les troisiémes à la forme substantielle & à la cōstitution naturelle d'vn tout. La rarefaction a pour cause de la 1e. sorte la chaleur, pour cause de la 2e. espece, vn mouuement qui attire vne mesme partie à des lieux contraires, qui augmente sa colerité sans la diuiser d'vne autre partie qui demeure en mesme vitesse. Et pour cause de la 3e. espece vn principe naturel tel qu'est la forme du Feu & de l'Air, qui demande en elle vne grande rareté. La condensation contraire a aussi les causes contraires aux precedentes, sçauoir est, 1. la froideur contre la chaleur, 2. le mouuement de compression, qui presse plusieurs parties en mesme lieu contre celuy d'attraction, le retardement du mouuement contre l'acceleration & 3. la forme interne qui demande la densité telle qu'est la nature de l'Eau & de la Terre.

Ce sont les experiences iournalieres & frequentes qui verifient sur mille effets ces trois sortes de causes & pour m'arrester sur celles qui nous sont plus familieres. Ie trouue 4. de ces causes dans l'Alambic vne pour la rarefaction, & toutes les trois pour la condensation, Ie me sers de cét instrument d'autant plus volontiers que ie le vois vne parfaite image de la nature contenir vne Source artificielle, & l'art y faire visiblement & en petit espace ce que la nature fait en vn grand. 1. La chaleur fait que toute l'Eau mise au bas de l'Alambic passe du bas en haut, ce qu'elle ne peut faire sans monter: ny monter sans deuenir plus legere ou moins pesante: ny auoir cét accroissement de legereté ou perdre de sa pesanteur sans quitter de sa densité & acquerir vne extension nouuelle & plus grande: En quoy consiste toute la nature de la rarefaction: puis que la diuision seule de l'Eau en tant petites parties que l'on voudra ne diminuë en rien de leur pesanteur & partant ne les peut faire monter & il est impossible d'expliquer cette éleuation totale soit des Eaux dans vn Alambic par la chaleur du Feu, soit des Eaux dans vn Estang, Lac, Mare, Reseruoir, *&c.* desseché par la chaleur du Soleil que par cét accroissement d'extension ny le retour & descente de la Vapeur que par la perte de la mesme. 2. Cette Eau faite Vapeur à droit d'estre conseruée de la cause premiere par tiltre d'existence acquise par la prise de possession, & partāt doit demeurer Vapeur jusques à ce qu'elle soit détruite par quelque cause seconde: Ce qui arriue icy à la Vapeur estant montée par trois principes qui la condensent, le 1er. qui agit tousiours contre la rareté de la Vapeur & pour la densité de l'Eau, est la nature interne d'vn tel estre, & de l'Eau qui a en soy le principe & le pouuoir de se reduire à sa densité connaturelle. Le second est la froideur qui se trouue au haut par la froideur du corps de l'Alambic, de l'Air qui l'enuironne, & de l'eau que l'on met souuent dessus à ce dessein, & que pour ce on renouuelle de temps en temps. Le troisiéme est la compression des Vapeurs qui se fait au haut, lors qu'elles sont arrestées par la solidité du corps de l'Alambic, pressées par celles qui suiuent & veulent monter: Et il arriue souuent que la condensation se fait sans froideur & lors que l'Alambic d'vne part est si chaud au haut, qu'on ny peut tenir la main, &

d'autre part la resolution se fait des Vapeurs en de l'Eau chaude qui distille dans le recipient : Et c'est lors que la compression est plus grande pour condenser la Vapeur, que la chaleur ne l'est pour en conseruer la rareté. Car comme la chaleur peut subsister auec l'Eau conseruée ; aussi peut elle auec la production de la mesme. Ie tiens neantmoins que quād la reduction se fait en cette maniere il sort quantité de Vapeurs par le bec de l'Alambic: Quand elle se fait par la froideur & par la compression conjoinctement la distillation se fait plustost ; & plus abondamment & sans perte, comme l'on peut reconnoistre par le poids: & c'est la façon la plus ordinaire.

Pour les autres deux causes de rarefaction que l'Alembic ne nous monstre pas on peut les voir en plusieurs autres rencontres & s'en asseurer. Quand on a renfermé & condensé l'Air dans la canne à vent par vn simple mouuement local de compression violente à l'Air, & puis qu'on laisse l'Air à sa liberté luy ouurant le passage il se restituë de luy mesme & par vn principe interne à sa rareté ordinaire : mais c'est auec telle vitesse qu'il communique au boulet qu'il rencontre dans son chemin, que les effets nous en seroient incroyables, s'ils n'estoient tres-visibles & asseurez. Vne baquette droite & qui partant à ces deux costez d'vne longueur égale & Parallelles estant pliée en rond & mise en vn cercle a bien ses costez encore parallelles : mais inégaux en longueur, & le conuexe fait vn plus grand cercle, que le concaue, ce qui ne peut estre arriué, que par la rarefaction de l'vn & par la condensation de l'autre, ny ces changemens d'extension que par vn simple mouuement local. Et la baguete estant laissée à sa liberté retourne vers sa droiture. L'Acier mis, & forgé dans vne certaine curuité, s'y maintient si constamment, qu'estant plié d'vne autre façon il reuient à sa premiere figure, & reprend son ancienne curuité. Et à cause que les ressorts se font de la sorte on appelle vne telle cause de mouuement le principe de ressort : pource que les parties estant ordonnées auec vne certaine extension & figure on ne peut les mouuoir sans changer l'extension acquise ce que leur estant violent elles y reuiennent.

Reste maintenant à appliquer ces principes sur nos deux matieres: sçauoir sur l'Eau pour la rarefier en Vapeur & sur les Vapeurs pour les condenser en Eau dans les Sources naturelles & voir dans la nature ce que ie viens de monstrer dans l'Art.

L'Eau a pour cause rarefiante vne double chaleur : sçauoir est, la Solaire & l'Elemétaire. L'vne se trouue sur toute la Terre, & penetre quelque peu dedans : l'autre y est enfermée & y fait mille ouvrages : & tant plus qu'on y descend tant plus on la trouue intense au rapport de ceux qui trauaillent aux mines. Rarement la rarefaction de l'Eau se fait par la mouuement local de dilatation, la Vapeur estant formée se détache de l'Eau commune, puis s'éleue en haut où elle se maintient en qualité de Vapeur tant qu'elle trouue de la chaleur, qui la conserue en sa rareté, comme quand elle se trouue entre des exhalaisons, tant qu'elle ne peut se condenser quoy qu'elle en aye des causes, soit pour ne pouuoir rarefier autant les corps voisins, afin de prendre & d'occuper la place qu'elle quitteroit, soit pour auoir proche de soy des corps qui se condensant plus fortement qu'elle contraignent les autres à se dilater pour remplir les places qu'ils occupoient & qu'ils perdent en se condensant. Et c'est de cette façon que ie tiens qu'vne Vapeur demeurant telle & estant emportée par vn vent égal, pourroit faire le circuit de la Terre sans se châger en goutte d'Eau. Pource que le mesme demeurât le mesme fait tousjours le mesme. Or la Vapeur demeureroit de mesme façon retenuë en tout le circuit que dans la longueur d'vn quart de lieuë. Donc elle retiendroit tousiours la mesme extension, ce qu'il faut remarquer pour expliquer quantitez d'experiences Geographiques.

La Vapeur se change en Eau par les causes suiuantes prises soit separément, soit conjoinctement. 1. Par la froideur des corps enuironnans. 2. Par la substance de l'Eau, qui demeure en la Vapeur & à la vertu de produire la froideur, & par la froideur la densité. 3. Par la compression locale qui arriue par plusieurs causes, sçauoir, 1. Par la contrarieté des vens qui estant opposez se combatent l'vn l'autre & se pressent, & le milieu qui reçoit ces impetuositez vers vn mesme lieu ne peut qu'il n'e soit resserré. 2. Par l'impetuosité des vens qui portent le milieu & les Vapeurs qui y sont contre des montagnes solides & ne peuuent que receuoir vne pression se trouuant poussée & repoussée par deux vens contraires, comme ie viens de dire, ou bien entre la pression d'vn vent, & la resistence d'vne montagne. 3. Par le retardement d'vn vent viste & impetueux. 4. Par la rarefaction des corps voisins qui occupant plus de place qu'auparauant obligent les autres à en remplir moins, & s'y resserrer.

L'Eau formée de Vapeurs demeure au lieu de sa naissance si elle est trop petite pource que sa pesanteur n'à pas assez de vertu soit pour la détacher du lieu où elle est attachée par son humidité, soit pour diuiser le milieu de l'Air quand elle s'y forme. Estant accreuë par vne nouuelle formation d'Eau elle commence à prendre son mouuement suiuant la pente & les passages qu'elle trouue dans terre, ou si elle est dans l'Air elle y descend tout droit si les vens ne la diuertissent point.

§. 4. En quels endroits se forment ces gouttes d'Eau.

C'EST en tous les lieux où se trouuent les deux conditions declarées cy-dessus: sçauoir est, où il y a des Vapeurs pour matiere, & les caules condensatiues des mesmes pour leur donner la forme externe de l'Eau, ie les trouue en trois endrois, sçauoir est; 1. Sur la Surface Terrestre & en l'Air, 2. Dans la Surface du Globe Terrestre, & 3. Dessous la mesme & dans le sein de la Terre. Le 1er. nous donne les Eaux de pluie; Les deux autres celles des Puys, des Fontaines, & des Riuieres.

La formation des Eaux dans l'Air. Ie trouue nos deux conditions dans la moyenne region de l'Air: puis que c'est là où les Vapeurs, qui sortent des Eaux & de la Terre montent, où elles s'arrestent ne pouuant monter plus haut, à cause qu'elles y trouuent vn Air plus rare & leger, où elles sont pressées par les suiuantes & suruenantes, où elles sont refroidies soit par le principe interieur de la substance de l'Eau qu'elles ont dans elles, soit par le milieu qui y est tres-froid, où enfin elles trouuent des vens contraires qui les vnissent & resserrent dauantage; d'autres qui les poussent contre des choses solides cóme sont les montagnes & rochers; d'autres qui arrestent leur vitesse qui sont les causes de condensation mises cy-dessus: d'où s'ensuit l'effet, que nous cherchons, c'est à dire, la formation des Eaux dans l'Air. De là vient que la pluie dans la Zone Torride est plus abondante, & tout ensemble plus reglée au temps de midy, à cause de la multitude des Vapeurs, qui montent pour lors attirées par les rayons perpendiculaires du Soleil. Et si elle arriue encore la nuit en certains endrois comme és Isles du Sein Mexic., c'est par la contrarieté des vens, qui s'éleuent.

La formation des Eaux dans la Surface du Globe Terrestre. Par ce mot de Surface ie n'entend pas vne extension indiuisible en profondeur: mais les corps qui terminent ce Globe pris dans la profondeur dans laquelle peuuent agir les causes, qui sont sur Terre. Et c'est dans eux, que se trouue encore nos deux conditions, car les Vapeurs exterieures & meslées dans l'Air y sont attirées par celles qui sont dans les pores & cauernes qui se condensant se conuertissent en Eau, y sont portées & pressées par les vens, y sont refroidies par la nature du lieu; d'où s'ensuit la naissance de nouuelles gouttes d'Eau. En voicy les effets. 1. Les costez des Montagnes, qui sont exposez aux vens humides & vaporeux, tel qu'en France est l'Occident ont d'ordinaire plus de fontaines que les autres; pource que des deux causes ordinaires des Fontaines, sçauoir, des Vapeurs qui sont jettées dans les pores terrestres, & des pluies qui y tombent les parties des Montagnes, qui ont la situation descrite ont les deux causes conjoinctement; Les autres comme en France est l'Orient n'en ont qu'vne. Et s'il arriue que la partie Orientale d'vne Montagne jette plus d'Eau que l'Occidentale cela vient ou des Vapeurs interieures ou de ce que les Eaux formées en l'Occidentale trouuent leur passage & sortie par l'Orientale. 2. Les Isles où il y a dauantage de Montagnes & plus

plus hautes ou plus d'Eau; pource que telles montagnes arrestent d'auantage de vapeurs qui portées par les vens passeroient sans se descharger. La Guarde-Louppe pour ce sujet compte 80. enuiron tant de Riuieres que de gros Ruisseaux ce que ne font les autres voisines; quoy que de la mesme grandeur, Et la Beauce n'a point à peu prés les Eaux d'Auvergne: pource que l'vne a des plaines, l'autre des Montagnes. 3. Les Montagnes grandement éleuées ont vne fecondité particuliere, qui paroit par les Sources, qui coulent de diuers endrois bien éleuez, & en temps de serenité continuée, & par l'abondance & verdure des herbes, par la fecondité des arbres, *&c.* Et mesmes pour monstrer que les nuées y vont par attraction le sommet de ces montagnes d'ordinaire est couvert & enuironné de toute part & également d'vn broüillart espais, qui se dissipe par les rayons du Soleil leué. Et y fait des Sources. Ce que les Historiens asseurent du Mont-Atlas, de la Roche Lyon, & de tant d'autres, & ie l'ay veu dans le puys de Domné en Auvergne, & dans vne montagne nommé Chaux-Mont proche d'Alançon. Les Montagnes de Commorin ont 6. mois durant d'vn costé l'Hyuer, & les pluies abondantes, de l'autre costé l'Esté & la serenité: pource que les vens qui y sont semestres vont porter les Vapeurs contre vn tel costé où elles s'arrestent & il ny à que l'Air qui passe par dessus & porte la serenité de l'autre costé. Et s'il y a des Vapeurs meslées elles demeurent dispersées par le mouuement & la grande estenduë de l'espace.

Que si les Vapeurs se changent en Eau dans la Surface Terrestre elles le peuuent encore dans la Surface de l'Eau, Car si l'Eau dans l'eau quitte sa densité pour se reduire en Vapeur, beaucoup plus la Vapeur retournera en Eau dans l'Eau mesme & reprendra sa forme naturelle. Et particulierement dans les Eaux éleuées dans ou proche la moyenne region de l'Air où les Vapeurs se trouuent, & où elles ont déja vne condensation encommencée par l'amas d'vne si grande quantité & par la froideur du lieu où elles sont attirées par symphatie, comme vne goutte d'Eau attire l'autre. Ce qui me porte à mettre encore en ces lieux la formation des Eaux sont certains Lacs grandement éleuez, & partant qui ne peuuens auoir des lieux superieurs d'où puissent couler les Eaux, & tout ensemble grandemẽt abondans en Eau: Tel est la Zayre d'Affrique. Le Catay de l'Asie & tant d'autres, que l'on voit dépeints dans les Cartes sur les plus hautes Montagnes, frequens en nombre, grands en estenduë, & si abondans en Eau, qu'ils en fournissent à suffizance pour faire de grands fleuues, le Zayre seul en fait 4. Car où les Eaux s'y forment, & c'est ce que ie maintiens ou elle viennẽt d'ailleurs déja formées, ce qu'elles ne peuuent que d'vn lieu plus haut. Et puis que ces lieux plus éleuez ne donnent pas tant d'Eau qu'il en sort, il faut que le surplus se forme sur & dans le Lac mesme. Il en faut autant dire de la Mer de la Zone Froide qui donne des eaux en abondance aux autres Mers, par des courantes qui viennent d'elle, sans en receuoir en densité d'Eau. Il faut donc que ce soit en rareté de Vapeurs qui s'y conuertissent en Eau.

La formation des Eaux dessous Terre. On la prouue en deux façons par les effets & par les causes. Pour le premier moyen en voicy quelques exemples. Dans l'Eclauonie il y a vne Montagne appellée Odmiloost, en laquelle comme on foüissoit dans la cime pour en tirer des cailloux, & des pierres on arriua à 10. pieds de profondeur, où on trouua vn grand & espais ban de caillou, lequel ayant esté tiré s'éleua incontinent vne tres espaisse fumée de Vapeurs, qui sortit par les fentes & ouvertures l'espace de 13. iours & 35. iours apres cette sortie, les Fontaines qui sortans de diuers endrois de cette Montagne arrousoient toute la campagne inferieure tarirent; & cessant de couler la terre deuient seche & sterile & en suite les herbes, les arbres, & les Estangs dessecherent. Vous verrez le mesme arriuer en vn Alembic si vous faites vne ouverture au haut. Et ie ne doute point si on pouuoit separer le sommet des Montagnes d'auec le bas, qu'on en verroit sortir d'estranges fumées. Les R. R. PP. Chartreux de Paris ont vn Moulin à Meudon à deux lieuës de Paris, où ayant apperceu vn amoindrissement d'Eau, & ayant reconneu que la cause venoit de la découuerture d'vne carriere voisine, qui par ses fentes jettoit quantité de fumées ont acheté le lieu, ont bouché les fentes, & rétabli l'Eau de leur Moulin. Quelques vns m'ont asseuré d'auoir obserué le mesme en diuers endrois, où l'Eau cessoit de couler, quand les fumées cõmençoient à sortir par des passages pratiquez en d'écouvrant de la terre. Et puis que ces fumées interieures ne peuuent auoir esté faites par la chaleur Solaire il faut que se soit par l'Elemẽtaire. De plus tant de Fontaines qui se conseruent & croissent l'Hyuer lors que le temps demeure serain ou que tout se gele ne peuuent venir que des Vapeurs interieures; puis que la Terre par vne froideur extreme ayant ses pores resserrez & bouchez par les glaces ne reçoit en soy ny pluie ny vapeur exterieure. Il faut donc que se soit dans soy, qu'elle prenne la matiere de telles Eaux & cela arriue de ce que les Vapeurs qui exhalent & sortent l'Esté par les pores ouverts, & diminuent les fontaines sont renfermées dans la Terre l'Hyuer, & les augmentent. Et les Montagnes, qui ont pour le haut des pierres solides, ou les pores sont également fermez en tout temps ont aussi des Fontaines également coulantes en tout temps. De plus tant de fumées qui sortent de la Terre les nuits & l'Hyuer pendant les froideurs sont attribuées à la chaleur Sousterraine. Pour les causes j'auray mis encore cette verité en éuidence aprés auoir mõstré trois choses Sousterraines, 1, de l'Eau en abondãce pour seruir de matiere aux Vapeurs, 2. de la chaleur en intẽsiõ pour les former de l'Eau, & 3. des soufpiraux & conduis terminez de diuerses concauitez en multitude, pour donner passage à ces Vapeurs & le moyen de monter jusques à ces cauitez où elles se condensent, soit par le froid soit par la compression qui vient de leur succession continuée deuiennent Eau & commencent à couler & descendre, & faire les Sources. Ie monstreray l'estenduë & l'abondance de l'Eau sousterraine dans le §. suiuant, du Feu dans le 7e. & la multiplicité des Canaux dans le §. 6. Voila comment se forment les Eaux en des lieux bien éloignez de nous. Voyons maintenant comment elles viennent à nous & se presentent à nos vsages.

---

§. 5. *Par quels moyens ioüissons nous des Eaux formées dans les trois endrois mis cy-dessus, & des terres qui en sont les causes.*

LA Science des Eaux & de leur production est bien à la verité le premier, & le principal principe de nos Sources : mais elle n'en est pas le total. Les Terres y contribuent beaucoup par leur nature, & par leur figure : pource que ce ne sont pas seulement dans elles, où les Eaux se forment, & par elles qu'elles se produisent. Ce sont encore elles qui les reçoiuent & contiennent par leur concauité solide, qui les arrestent par la ferme continuité & vnion de leurs parties, qui les font couler par ouvertures & pentes, qui les font concourir & grossir par le rencontre des mesmes pentes & passages Terrestres ; Enfin c'est leur solidité, continuité & figure qui font la cause des Sources, Riuieres, Torrens, Estãgs, Puys, Lacs, Mers, *&c.* puis que sans la terre nous n'aurions rien de tout cela, & l'Eau qui se forme en l'Air n'a aucune de ses varietez. C'est pourquoy pour auoir la science des Sources accomplie de tout point il faut adjouster celle des Terres considerées relatiuement & par rapport aux Eaux: Ce que ie fay dans le §. present.

La diuersité des Terres. On peut les reduire à trois especes dont j'ay traité en la Geographie chap. 5. §. 4. Les premieres sont sabloneuses qui comme prodiques laissent couler les Eaux au trauers d'elle, sans rien retenir ou que bien peu. Les secondes sont argilleuses ou de conroy, qui comme auares les retiennent & arrestent toutes sans rien laisser passer. Les troisiémes sont les spongieuses ou poreuses qui comme liberales en retiennent vne partie & laissent couler l'autre. Chacune de ses especes a vne varieté admirable & le meslãge en fait vne incomparablemẽt plus grande. Les premieres ne sont autre chose qu'vn amas de petites pierres nommées grains de sable, qui s'entre-touchent seulement : Et d'autant que cét attouchement ne se fait que selon vn point, ou vne petite partie de leur figure solide & irreguliere, ce qui demeure sans attouchement laisse vn espace vuide. Et ce sont ces vuides qui donnent passage à l'Eau, & font des pores ou chemins, qui en leur longueur sont trauersans toute l'espesseur du sable; en leur chemin sont tres-obliques; & en leur quantité sont d'autant plus multipliez, que les grains sont petits, mais aussi d'autant plus petis & qui se bouchent plus aisément: Ce qui retarde & mesme arreste quelquefois le cours de l'Eau, qui demande pour couler librement vne certaine grosseur en son passage comme ie monstre en l'Art des Fontaines Chap. 2. §. 2. Les secondes au contraires sont Terres tellement liées par ensemble ou contiguës de toute part, & selon toutes les parties extremes, qu'elles ne laissent aucun espace entre elles sans vnion ou contiguité, ou que tres-petit. Et de celles-cy les vnes sont durcies en pierre, ou en briques: les autres demeurent en nature de terre grasse argilleuse ou de conroy dont les parties s'accommodent & s'ajustent si aisément les vnes auec les autres pliant & fléchissant selon les occurrences, qu'elles ne laissent aucun entre-deux vuide d'icelles ou que de petite capacité comme il est neçessaire dans les pierres, qui se sechent & deuiennent legeres, & ne peuuent le faire que faisant sortir d'elles l'humeur espars par tout: Et celuy-cy ne peut sortir que par des pores trauersans. Outre que ceux qui font des puys trouuent l'Eau & la bône Eau & perpetuelle creusant dans les Rochers, & qui la trâspire par les pores. Les troisiémes sont entre-d'eux qui n'ont la totale ny diuision des *1es.* ny vniõ des *2es.* ny la durté & inflexibilité des *1eres.* ny la mollesse & flexibilité des *2es.* mais en partie tout cela, & sont d'vn temperamment metoyen. Elles ont de petits pores soit particuliers pour retenir l'eau soit trauersans d'vne extremité à l'autre pour la laisser couler. Tât plus elles sont pressées tant moins l'Eau peut passer au trauers & penetrer le dedans: D'où vient qu'on laboure la terre soit au pied des arbres, soit là où on jette la semẽce pour la rẽdre plus susceptible de l'Eau qui est l'alimẽt des plantes. Tant plus les secondes sont grasses, & onctueuses tant mieux elles bouchẽt le passage à l'Eau soit à raison de la graisse, soit de la liaisõ. Les *1eres.* seules laisseroient couler l'Eau si bas qu'elle nous seroit inutile. Les *2es.* seules retiendroient les Eaux sur la Surface de la Terre qui deuiendroit en dedans seche & sterile. Les *3es.* seules perdroient l'Eau comme les *1es.* mais bien plus l'entement & tardiuement. Toutes trois meslées auec la varieté que la diuine Prouidẽce y a mise, & auec les pentes tant exterieures qu'interieures font que nous auons les Eaux tant dessus que dessous terre; tant passageres & coulantes, que dormantes & arrestées, qui viennent à nous de loing & de prés, empreintes de diuerses vertus, contenantes, & nourrissantes diuerses sortes de poissons, portantes diuers batteaux & dans eux mille commoditez, mouuentes diuers corps, sçauoir, roües, marteaux, sies, tarieres, & autres instrumens par lesquels on fait mille ouvrages. Les 2es. ne sont mises en la Surface Terrestre où elles empescheroient les Eaux d'entrer dans la terre & la rendre feconde, ny bien auant dans terre où les Eaux descendroient & s'éloigneroient trop de nous : mais assez proche de nostre Surface pour nous conseruer le benefice d'vn Element si necessaire y arrestant les Eaux superieures, & nous preseruer du malefice des exhalaisons & vapeurs pestiferes inferieures les y arrestât par en bas: Et si quelques esprits y passent ce sont esprits subtils & viuifians, d'où vient que les terres fertiles en mineraux, & qui les espuisent sont steriles en vegetaux, Les mémes sont les vrays fondemés des Estāgs, Ecluses, Chaussées, & de toute Concauité propre à retenir l'Eau ; ainsi que j'ay dis au §. 19. de l'Art de Niueler. C'est à ceux qui font les Puys & les Estangs de les reconnoistre, & esprouuer: Ce sont eux qui nous peuuent mieux informer de ces diuersitez de Terres, & de ce qu'elles sont aux Eaux. On peut apprendre l effet des terres spongieuses ou poreuses, par les esponges qui estant seches & mises sur le bord d'vn plat plein d'eau l'attirent, & par les filtres, c'est à dire, lizieres & morceaux de drap nō teint trempées dans l'Eau, & mises tellement sur vn vase où il y a de l'eau qu'vne extremité trempāt dans cette eau, l'autre sorte hors du vase, & descende plus bas que l'eau: Car à lors l'eau degouttera par vne telle liziere comme par vn Tuïau recourbé, dit ordinairement Chante-pleure, jusques à épuiser l'eau du vase. Et tant plus que l'extremité exterieure sera plus basse que l'eau du vase tant plus l'attraction sera forte, & en suite la distillation de l'eau par dehors plus abondante. Aussi les Iardiniers s'en seruent pour arrouser les plantes, & les Chimiques pour nettoyer leurs eaux des corps terrestres. I'ay dis attraction pource que l'Eau doit monter deuant que de descendre & ne peut monter qu'estant attirée par celle qui descend. I'en explique autre part la façon, la raison, & la proportion.

La diuerse figure & situation des Terres. Touchant ce point, Les 2es. Terres & Horizontales laissent entrer toute l'eau dans elles: les Verticales les laissent toutes couler : Les penchantes en retiennent vne partie & laissent couler l'autre ; & c'est plus ou moins selon que la pente est plus ou moins grande, & les terres plus ou moins poreuses.

La dispositions des Eaux Sousterraines. On voit assez comme les Eaux Surterraines sont par le moyen des Terres dormantes, grossissantes, coulantes, *&c.* La difficulté est de voir ce que font les Eaux Sousterraines: & voicy ce que j'en conçois. L'Eau soit formée dans la Surface Terrestre, soit receuë en nature d'eau par les pluies ou les neges fonduës, est arrestée dans les endrois, où il y a de la 2e. Terre, entre dans la terre du moins en partie és autres endrois plus ou moins vistement selon que les pores sont plus ou moins grãds, & va descendãt jusques à ce qu'elle soit arrestée par vne terre de conroy ou l'eau qui a ses extremitez plus éleuées est de Niueau de mesme, qu'en vn Estãg, ou vn Marais, & il ny a differẽce que dãs vn Estãg l'eau est pure: dans vn Marais il y a plus d'eau que de terre; mais icy il y a plus de Terre que d'Eau; à cause que la terre y estãt pressée ne laisse que de petits pores trauersans pour l'Eau. D'où s'ensuit 1ent. que peu d'eau est capable de remplir beaucoup de tel espace jusques à vne grande hauteur. 2ent. Que quand telle eau descend en bas ou coule par quelque pente au trauers ces pores, c'est petit à petit, goutte à goutte, & seulement de chaque endroit particulier: pource qu'elle n'a pas pas vne grande pression des Eaux superieures, qui sont supportées en partie par les Terres, ny grande attraction des inferieures: Et de plus elle a quelque resistance à passer par des pores si petits. Et c'est vn trait de la Prouidence diuine, qui par cette tardiueté de mouuement nous conserue les eaux durant les secheresses & lors que les mois entiers sont sans pluies: comme on apperçoit dans les puys & sources, qui diminuent petit à petit pendant ces temps là. 3. Quand l'Eau commence à couler plus vistement, c'est par la multiplication des endrois particuliers, chacun desquels contribuë ces gouttes & par vne plus grande amplitude du passage en la maniere declarée ou §. 1. 4. Si cette Eau amassée trouve vne ouverture penchante, & qui la fasse sortir hors de terre, elle fait vne Source. 5. Selon que les terres 2es. & de conroy sont multipliées & de differente hauteur, pente & figure, il faut multiplier les eaux arrestées & les ordonner suiuant les principes des Eaux qui sont pesantes & liquides. 6. Si on vient à creuser dans quelque endroit de ces terres, par exemple pour faire vn Puys on commence à trouuer l'eau, quand on arriue à la profondeur en laquelle se trouue l'extremité de telle Eau, & qui est de Niueau, laquelle distillant tout doucement remplit l'espace quoccupoit la terre qui en a esté ostée, & qui est plus basse que le Niueau de l'extremité de l'eau Et tant plus qu'on foüit bien auant jusques à la couche de conroy tant plus on voit l'eau distiller auec plus de vitesse & d'abondance: pource qu'il y a plus de pression & d'ouvertures. 7. L'Eau coulante & pure dans le trou déja fait montera jusques au Niueau de celle qui est meslée parmy la terre par le principe expliqué au Chap. 1. de l'Art de faire monter l'Eau sur sa Source. 8. Si on foüit en tout lieu où il y aura vne couche de conroy de Niueau on trouvera dans tous les creux l'eau de mesme hauteur croistre & décroistre de mesme façon. 9. Si l'on tire plus d'eau d'vn puys que les lieux voisins ne luy en donnent on l'espuisera : ce qu'on fait tirant l'eau auec plus de vitesse, & en quantité comme il est necessaire quand on veut trauailler dans vn puys ou le nettoyer. 10. Espuisant vn puys on fait baisser les autres, qui ont cômunication auec luy & ont commun le Niueau de l'Eau. 11. Creusant vn Puys plus grand & plus profond que les autres, on y attirera l'eau des autres qui n'en auront qu'aprés que ce qui est plus bas dans vn tel puys sera rempli, pource que l'eau des autres trouue moyen de descendre. 12. Les puys dans les villes pleines de maisons difficilement peuuent estre exempts des communications auec les Eaux des lieux communs voisins. Car s'ils sont éloignés les puys pour se remplir attirent l'eau des terres voisines deuant que d'attirer celle des éloignées. 13. Tant plus on tire d'eau d'vn puys, tant plus il reçoit la communication des eaux voisines: pource que les eaux descendent tousiours & ne montent iamais. Or en tirant du puys de l'eau vous faites vne place plus basse où les eaux voisines peuuent descendre. 14. On juge de la communication des puys *1ent* Si en espuisant vn les autres baissent peu ou prou selon l'amplitude de la terre, qui contribuë à le remplir. 2. S'ils sont tous de Niueau ils s'y maintiennent haussant & baissant ensemblement. 15. Par la communication des Eaux on conclud l'vnité de la couche de conroy qui les soustient: On peut encore juger de la pente. 16. On doit conclurre vn grande quantité d'eau sousterraine, qui a pour amplitude toute l'estenduë de la Surface Terrestre; puis que ceux qui bastissent des puys témoignent trouuer en tout endroit de l'eau à suffisance pour vn Puys. Il est vray qu'en certains endrois il faut creuser bien auant pour la rencontrer, outre qu'en plusieurs lieux il se trouue plusieurs de ses couches les vnes plus proches, les autres plus éloignées de la Surface, & sur tout dans les Montagnes, celles qui sont bien proches n'ont l'eau retenuë si claire & nette. Et ceux qui font les puys la trouuant passent plus auant à vne autre couche. Et c'est icy vn des points, duquel j'ay promis la preuue au §. precedent.

---

§. 6. *Des Cauitez Sousterraines.*

Elles sont autant & plus necessaires, que les Cauitez & pentes Surterraines: Autrement sans elles toute communication cesseroit, & par consequent toute production, & la nature qui ne peut souffrir l'oysiueté demeureroit sans agir. Ie les reduis à deux sortes. Les vnes sont comme Tuïaux pour donner passage tãt aux fumées de vapeurs & d'exhalaisons, qui montent; qu'aux Eaux formées qui descendent: Les autres sont comme matrices & seruent de boutiques à cette grande ouuriere la nature pour y trauailler sur diuers ouvrages. Les premieres sont ou petites, ou mediocres, ou grandes: Par les petites, j'entends tous les pores trauersans, par lesquels l'eau de pluie & autre entre dans la terre, la penetre, & descend jusques à vne couche d'Argille qui l'arreste. Toute terre & pierre qui se seche en a : puis qu'elle ne le peut qu'en faisant sortir de ses parties l'humeur & l'eau qui y est en nature, soit d'Eau, soit de Vapeur. Ceux qui font les puys la trouue passer par les Rochers, & les cauant l'eau qui en sort vient à remplir la Cauité & faire vne Source. Pareillement les Vapeurs qui sortent de la terre en si grande quantité ne le peuuent faire que par les pores descris. Et d'autant que l'Hyuer la terre est plus resserrée & ferme mieux ses pores, les vapeurs qui sont retenuës dans la terre se changent en eau & accroissent les sources d'autant. Sous les Cauitez mediocres ie mets toutes les fentes de Carrieres, toutes les ouuertures dans les terres par ou coulent les eaux amassées en filets ou en ruisseaux sousterrain. Deux sortes d'effets preuuent demonstratiuement cette espece de Cauité. Le *1er.* sont les Sources, qui viennent des endrois d'autant plus éloignez, qu'elles sont abondantes en eau comme j'ay prouué au §. 1. elles ne peuuent venir de si loing que par vn chemin proportionné à la grosseur de leurs eaux, & ce chemin ne peut estre autre qu'vne Cauité longue en forme de Tuïau. Le *2ond.* sont les Puys ou l'eau paroit visiblement sortir des terres en filet ou en ruisseau. Et puis qu'on peut cauer des Puys, par tout, & que par tout on y trouue de l'eau il faut que ces Cauitez soient grandement communes & frequentes sous terre & plus que dessus. Ie compte dans les grandes Cauitez tous les passages sousterrains des grandes Riuieres, des Lacs entiers, & mesmes des Mers dont nous auons des preuues autentiques en tant d'eaux de cette amplitude qui entrent en terre; & puis vont ressortir en des endrois bien éloignez de leur entrée : Ce qui ne se peut faire sans que dans l'entre-d'eux il y aye des Cauitez longues & amples pour estre capables de contenir des eaux de telle grosseur. Et *1ent.* pour des Riuieres qui coulent sous terre l'espace de plusieurs lieuës, tel est le Tigre en Mesopotamie, Lycus en Asie, le Niger en Affrique, le Nil en Egypte, Guadiana en Espagne, d'où vient le prouerbe d'vn pont sur lequel paissent 100000. Brebis. Ce sont les trois lieuës de terre sous lesquelles passe ce fleuue. La *1e.* Source du Iourdan est Phiala vn abysme, auquel si on jette quelque corps surnageãt on le trouue à 12. lieuës de là, à la Fontaine de Iour: Le fleuue Alphée se perdãt en la Morée passe sous la Mer pour se rendre en la Fontaine d'Aretuse prés de Siracuse où se retrouue ce qu'on a jetté en Alphée.

Et pour venir en France, le Rein auprés de Val, le Rosne en Sauoye au pas de l'Ecluse; La Venelle en Bourgogne qui entre dans la Saonne, Aure & Dromme se perdent vers Bayeux sans plus paroistre; pource qu'ils vont sous terre jusques à la Mer le commun rendez-vous des fleuues. Le Loiret prés Orleans & la Tolvre prés d'Angoulesme sont fleuues

ues qui portent batteau à la source. *2ent.* Pour les Lacs ie me contente icy d'en mettre vn. Prés de Grenoble est vn lieu appellé Nostre Dame de Barme, où il y a vne cauerne, qui mene a vn Lac sousterrain large d'vne lieuë enuiron, long de trois.

Le Roy François *1er.* reuenant de Prouence, & estant curieux de voir cette merueille fit faire des batteaux exprés, dont les pieces sont restées sur le bord, & se voyent encore. On fit plus de deux lieuës sur le Lac, quand le bruit des eaux qu'on entendoit tomber auec celerité fit qu'on n'auança pas dauantage & mesmes les flambeaux qu'on auoit mis sur des Barques, qu'on poussoit deuant estant arriuez proche de ce precipice furent engloutis par les eaux & disparurẽt. En voila biẽ assez pour prouuer de grandes Cauitez sousterraines en longueur, largeur, & profondeur, & peut-estre telle eau est celle qui sort par le Loiret: autrement il faut qu'elle aille sous terre jusques à la Mer, où de necessité il faut que les fleuues se rendent. Ce qui m'estonne en cette Histoire est la largeur d'vne telle voûte surbaissée & surchargée d'vn fardeau de terre. Mais il faut donner à l'ouvrier Souuerain des industries, que l'on denie à toutes les creatures. En voicy de plus grandes & qui confirment la possibilité de la precedente. *3ent.* Les Mers mesmes passent d'vn lit à l'autre par des canaux sousterrains, cõme ie prouue par plusieurs exemples au Chap. 16. §. 6. de ma Geographie. La Mer morte qui prend les eaux du Iourdan ne les rend que sous terre à la Mediteranée. La Mer Caspie d'vne figure ouale qui a 250. lieuës en longueur 150. en largeur qui reçoit les eaux sur terre de plus de 100. Riuieres dont vne a 72. embouchures, & sous terre celles de deux grands Lacs, Burgian & Astamar ne s'en décharge que par sous terre au pont Euxin qui est la plus prochaine Mer quoy que distante de 20. degrez ou 1200. milles, si nous prenons du milieu de la Mer Caspie à l'autre. Qu'elle doit estre l'amplitude d'vn tel Canal par où passe l'eau de plus de 60. Riuieres jointes ensemble? (car c'est ce qui peut rester aprés l'attraction Solaire:) Nous y auons deux mouuemens qui nous persuadent ce chemin; Car au milieu de la Mer Caspie l'eau y court de toute part, & s'y perd; & auec elle les Nauires qui s'en approchent. Au cõtraire au pont Euxin il y a des endrois où l'eau croit & chasse plustost les Nauires que de les attirer. Mais la décharge de la Mer Mediteranée à la Mer Rouge demãde vn Canal d'vne capacité 10. fois encore plus grande, quoy que non d'vne telle longueur. De tout cecy ie cõclus que cõme dãs nostre corps il y a de grãdes & de petites veines pour porter l'aliment commun à toutes nos parties, qu'il y en a aussi dans le Globe pour conduire l'eau par tout, qui est le sang de tous les mixtes.

Pour la seconde sorte des Cauitez j'en remarque d'abord de deux façons; Les premieres sont celles dont la nature nous permet l'entrée laissant vne porte toute ouuerte & mesmes nous conuie par là d'y entrer, & par la rareté des ouurages que l'on y rencõtre. Et de celles-cy il y en a de seches qui ne seruēt que de longues allées & galleries pour aller d'vn endroit à l'autre bien distāt qui ont sur elles les Riuieres, les Collines & les Montagnes: Tant plus vne Cauerne est grande tant plus le son est graue comme on voit dans les Cisternes, Caues, & dans les Cloches, Cournabouquins, Trompettes, & autres instrumens de Musique. Les autres sont fermées: Et peut estre cette ouuriere la nature voulant nous cacher son secret pour l'abus que les hommes en feroient s'est retirée en des profonde[illegible]rs extraordinaires, & bien auant dans la terre pour trauailler à la confection des Metaux, & d'autres ouvrages. Toutesfois l'auidité, que les hommes ont pour l'Or & pour l'Argent les a fait creuser si auant, & descendre si bas, qu'ils sont enfin arriuez à trouver l'ouvrage & les Mines jusques à leur racines, sans toutesfois en auoir peu découvrir le secret & la maniere d'agir d'vne telle ouvriere pour en produire à son imitation, & le multiplier par vn peu de poudre. Mais quoy qu'il en soit de son dessein ce m'est assez icy de cõclurre des Cauernes fermées & interdites aux hommes par celles qui nous sont ouvertes: comme aussi nous en auons des effets qui nous en sont des antecedens tres-efficaces, de mesme que pour les Cauitez de la premiere sorte.

Ces Cauernes soit bouchées soit non, sont de differente grandeur, figure, & vsage. Les vnes sont comme forges & fourneaux où les feux s'allument: Les autres comme Antres & Cauernes d'Eole d'où les vens sortent & soufflent: Les troisiémes sont comme boutiques de statuaire où les Eaux se petrefians, se forment en diverses figures. Les quatriémes sont comme gros Alambics où les Eaux se forment. Chacune à ces canaux & conduis pour diuers vsages. Les 1eres. en ont comme des cheminées pour donner sortie aux flãmes. Les secondes ont des trous & tuïaux par où les vens sortēt, Les quatriémes ont cõmunication auec les 1eres. & auec la Surface Terrestre: afin que les vapeurs formées par les premieres soient portées aux 4es. où estant changées en eau elles viennent à nous. Les cinq raisons que ie dõneray pour prouuer les feux sousterrains prouveront encore les Cauitez qui les contiennent & qui sont de la premiere façon: Et pour les secondes Bacon Chancelier d'Angleterre & Gilbert pareillement Anglois asseurent qu'en la Compté Derbie region de Rochers, sortent de certaines Cauernes des vens si impetueux, que les habits que l'on y oppose sont enleuez bien haut & bien loing. La Montagne d'Hecla en la partie Meridionale d'Islande fait vn bruit qui se porte jusques à 40. lieuës: Or le bruit ne se fait que d'vn mouvement soudain de l'Air, c'est à dire, d'vn vent impetueux.

En basse Bretagne il y a des Rochers dans la Mer proche Penmarc desquels en temps de tépeste sortent des vens qu'on entend de cinq à six lieux. La Serra-Lionne jette des rugissemens effroyables. Les troisiémes sont visibles, & la France en a sa bonne part. Vous auez en la Compté de Bourgonne les Grottes de Quinge, d'Ancelle, de Courte-Fontaine, où on y voit plusieurs figures de Colomnes, Casques, Espées, Tombeaux & autres grotesques & jeux de nature. En Prouence prés de Ries il y en a & dedans autant de figures que l'imagination en peut fournir. En Perigort la Cauerne de Miramon nommée Cluseau, a sous terre 7. lieuës de longueur & dedans vn ruisseau large de 120. pieds. Il y en a vne autre aussi longue prés de Rodes. Les Caues de Rangogné entre Monberon & la Roche-Foucault contiennent des figures rares d'Hommes, de Bestes, de Colomnes, d'Autels & autres curiositez, sans que l'art humain y aye trauaillé. En Touraine à deux lieuës de Tours, il y a vn Rocher creusé d'où sortent des gouttes d'eau qui se durcissent en pierres, prennent la figure de Dragées si bien faites, qu'il n'y à que la dent qui en puisse estre juge & les distinguer des autres, d'où vient qu'estant meslées parmy-elles dōnent enuie à ceux à qui on les presente de les manger, & à ceux qui les presentent occasiō de rire. En l'Auxerrois les Grottes d'Arcy font des Pyramides renuersées en haut, droites en bas par l'eau qui se petrefie. Aux Pyrennées à 4. lieuës de Pau il y a des Antres d'vne longueur, & auteur extraordinaire, & dedans toute sorte de figures. Vn de nos Peres nommé le Pere Audebert y ayant esté auec plusieurs autres chacun prenant quelque figure, choisit vne pierre si bien formée en Iambon, qu'estant presentée dans vn plat souuent à table & à diuers elle a esté tousiours prise pour vn veritable Iambon. La Grotte de Rolland prés Marseille n'a point cét embellissement de figures: C'est sa figure qui est remarquable. Elle fait voir à son entrée vne longue Galerie, au bout de laquelle on trouue vne Antichambre, d'où on entre dans vne Sale, & de celle-cy dans vn Cabinet grandement varié. En voila bien assez pour demonstrer des Cauitez sousterraines propre à toute sorte de cōmunication. C'est pourquoy il ne faut faire aucune difficulté de conceuoir & receuoir dans le sein de la terre des Tuïaux de toute façō, sçauoir, de drois & de courbes, de gros, de petits, de longs, de courts, de recourbez vers le haut ou vers le bas, & c'est auec toute varieté, *&c.* tout est également aisé à l'ouvrier de ces conduis. Il faut bien que les eaux douces, qui sortent du milieu de la Mer & font vn jet d'eau comme j'en dōneray des exemples cy-aprés, qui coulent du haut d'vn Rocher planté au milieu de la Mer tel qu'on le voit dans l'Escose viennent par Tuïaux qui sont comme Scyphons recourbez, & plusieurs mouuements dont ie traiteray cy-aprés ne se peuuent expliquer que par diuerses sortes de Scyphons.

Remarquez icy que les Tuïaux à contenir l'Eau peuuent estre faits de deux façons, les vns sont pleins d'vn sable grossier & rond, qui partant laisse bien du vuide à cause qu'il ne peut se toucher qu'en vn point ou petite partie, & les terres qui sont comme filtres naturels peuuent estre reduites à cette sorte : les autres n'ont autre corps dans leur concauité que l'eau qui y passe & l'Air qui remplit le reste. Et ie crois que la plus part des Tuïaux sont de cette sorte, & on le juge quand on voit l'eau sortir auec impetuosité, en quantité, & auec transport des choses surnageantes. On peut conjecturer l'autre quand l'eau sort auec vne netteté extraordinaire & l'entement. Et si plusieurs tiennent que l'eau qui monte douce dans le pont Euxin sans prendre la salure de la Mer, est celle qui sort de la Mer Caspie & qui passant par vn chemin de sable depose sa salure. Ie tiens que c'est plustost celle qui vient d'vn Lac situé au pied du Mont Caucase appellé Mer pour sa grandeur par ceux du pays, & qui reçoit les eaux de plusieurs Riuieres sans les rẽdre que par sous terre à ce que dit Gilbert Porretan en sa Physiologie. Pource que l'eau de la Mer Caspie ne pourroit pas faire monter les eaux si haut au trauers des eaux salées, & de plus l'eau salée ne perd pas sa salure passant par le sable non plus que par le filtre : comme ie monstre autre part par plusieurs exemples.

§. 7. *Des Feux Sousterrains.*

N. 1. L*A fin de ce discours.* Puis que les Eaux qui vont continuëment descendant ne peuuent reuenir à nous qu'estant éleuées, ny estre éleuées, qu'estant changées en Vapeurs, ny receuoir ce changement, que par la chaleur rarefiante, il est euident que cette qualité est le plus grand principe quoy que mediat de nos Sources & sans laquelle elles tariroient entierement. Partant si son existence est necessaire pour la production & conseruation de nos Fontaines, la connoissance l'est aussi pour l'intelligence des mesmes, & voila le motif qui m'oblige à en traiter. Nous voyons & ressentons assez la chaleur Solaire s'espandre par tout l'Air, & sur la Surface Terrestre, où elle est le principe externe de toute la fecondité des Vegetaux. C'est la chaleur élementaire qui nous est moins conneuë : pource qu'elle trauaille à couuert & en tenebres : Si est-ce qu'elle n'est pas moins agissante dans le Globe Terrestre où elle est enfermée, sur les Metaux, Mineraux, racines des Vegetaux, & particulierement sur nos Sources, & partant moins profitable. Elle partage auec le Solaire la production de nos Eaux & celles qui ne viennent du Soleil principe d'vne chaleur, sont deuës au Feu principe de l'autre.

N. 2. LE *Feu se trouue formellement & en substance dans les Mixtes.* Ie présupose qu'vne chose n'est pas destruite & corrompuë pour perdre ses accidens, de quantité & qualité & estre changée en vn estat plus different apparemment du sien naturel, que ne sont les substances d'vne tres-grande diuersité specifique. La Chimie nous fait voir cette verité en l'Or, l'Argent, & au Mercure qui estans corps pesans, grossiers, froids, densez, opaques deuiennent dans leurs operations si legers, qu'ils montent sur nostre Air; si chauds qu'ils bruslẽt; si rares qu'ils sont 10000. fois plus estendus qu'auparauant; si diaphanes qu'on voit tout au trauers d'eux. Et neãtmoins pour monstrer qu'ils demeurent les mesmes en substance, ils les font reuenir mille fois en leur *1ere.* nature, densité, couleur, pesanteur, opacité, sans dechet, & comme ces corps changent leurs accidens par des agens cõtraires en d'autres, il les reprenent d'eux mesmes, lors que les empeschemens en sont ostez : comme l'on verra dans les experiences suiuantes. On peut experimenter tout ce que dessus dans l'eau qu'on chãgera mille fois en Vapeur & qu'on fera retourner autãt de fois en eau sans diminutiõ aucune. Ie suppose *2ent.* Que par le Feu on entend vne substance qui est le principe de la chaleur, de la lumiere & d'vne grande rareté. Et encore bien que la densité des corps soit vne region contraire à sa rareté naturelle, elle est tres-conuenable à son actiuité à quoy on doit auoir plus d'égard. Quelques vn l'appellent Feu en puissance, & la flamme Feu actuel. Cela estant la raison de la proposition auancée est cette-cy. Toute chose se resout en ce dont elle est composée: Et d'ordinaire ce qui entre le premier en la composition sort le dernier en la resolution. Comme la démolition d'vne maison se fait par vn ordre contraire à la construction; Or est-il que le Feu sort des Mixtes Donc il y est *1ent.* le Feu sort en nature de flamme visible des caillous, aciers, cristaux, pieces de pots de terre grise & autres, sucres, mouchoirs eschauffez, poils de chats & de cheuaux, *&c.* par le seul mouuement local qui de soy n'est productif d'aucune entité nouuelle; mais seulement applicatif de son sujet. Et si le mouuement excite la chaleur & la flamme en d'autres rencontres ce n'est que quand les mobiles la contiennent de méme que le mouuemẽt excite le froid & glace quand il est dans vn mobile, qui en a le principe. Cõme quãd quelqu'vn est exposé à vn vẽt froid & impetueux, ou qu'il a les mains enfoncées dãs de l'eau coulante, il est incontinent saisi de froid; De cette façon vient la gresle; pour ce que le mouuemẽt substituë cõtinuëment successiuemẽt de nouueaux agens qui par consequent font impression. Et les Sauuages qui tous ont trouué l'inuention de faire du Feu, ne l'ont que par vn mouuement promp d'vn baston bien sec dans le creu d'vn autre bois pareillement bien sec. Il y a des bois qui y sont plus propres les vns que les autres, & des arbres aux Indes dont les brãches font Feu quand par les vens elles se vrtent les vnes contre les autres. Et c'est de cette sorte que les roües des charretes par vn mouuement soudain en vn temps d'Esté s'enflamment, les Essieux de fer qui tournent s'eschauffent jusques à brûler le bois. Enfin en éguisant vn instrument d'Acier la nuit contre vne pierre on voit en sortir les flammes au milieu de l'eau auec laquelle on detrempe l'outil : ce qui certes monstre biẽ, que c'est cette flamme qui a à l'entour de soy des causes destructiues n'est pas produite de nouueau ; mais seulement mise en la rareté & liberté de s'estendre. *2ent.* Le Feu sort de plusieurs Mixtes non par application d'aucune cause, qui en soit productiue ; mais par la substraction seule de la cause ou condition qui l'empeschoit de se dilater en flamme ; C'est d'icy que le foin serré trop tost & deuant que d'auoir jetté quelques exhalaisons s'allume, que le vin s'échauffe & boüillonne aprés la vendange, ce que font encore l'vrine. Le marc & le fumier de cheual. Pource qu'aprés que les vapeurs humides, & qui esteingnent la flamme sont euaporées. Les particules du feu ont moyen de s'vnir par ensemble. *3ent.* Le Feu s'allume dans & proche son contraire comme sur la Fontaine de Grenoble y appliquant de la paille & quand les exhalaisons qui en sortent s'assemblent & par cette vnion se fortifient. De mesme l'Eau de la Mer fortement battuë par rames & tempestes jette des estincelles & petites flammes qui ne peuuent auoir esté produites par tel mouuement, si bien separées de leur contraire & mise en estat de pouuoir se reduire en vne rareté conuenable. *4ent.* La Chaux s'allume par l'eau qu'on jette dessus & qui la fait boüillir : pource que l'humidité en ayant esté chassée ne reste rien que le sel & le Feu ou la graisse qui estoit en la pierre, L'eau donc dissoluant le sel dans soy & le separant du feu donne moyen aux particules du feu de s'vnir, de s'estendre & d'éclairer. 5. La chaleur dans le Mixte doit auoir quelque principe il n'y en à point entre les Elemens que le Feu en l'opinion de ceux qui tiennent l'Air froid de sa nature : ce que ie crois demonstrer dans les vniuersalitez Cosmographiques. 6. Si l'Eau est dans les Mixtes, si on la tire des Mixtes par les Alambics, par le feu qui en seroit plustost le destructeur, que le producteur, & de mesme façon que l'on tire l'eau de de l'eau mesme mise au bas d'vn Alambic, pourquoy non le Feu?

Si le Feu & l'Eau ont de grandes contrarietez en leur nature, ils ont de grandes conuenances en leur contrarietez. Le Feu est destruit par la densité comme l'Eau par la rareté ; L'vn reçoit en soy par contrainte la densité & se remet de luy mesme en rareté, L'autre reçoit violemment & auec resistance la rareté & se donne naturellement & auec inclination la densité : Tous deux perdent leurs qualitez actiues, car le Feu perd la chaleur qui rarefie son sujet & la lumiere qui requiert la rareté actuelle, & l'eau perd la froideur, qui demande vne densité & en est le principe. Tous deux conseruent leurs qualitez passiues par lesquelles les choses humides s'vnissent ensemble, & auec les seches, celles-cy ne s'vnissent que par enlacemens ou sympathie d'homogenité. 7. Le Feu s'allume par l'vnion & l'assemblage des particules de Feu meslées & par la liberté de s'estendre. Et il y a autant de façons defairedu feu qu'il y en a de donner aux particules, de feu ces deux choses, sçauoir, la conjonction auec des parties homogenées pour se fortifier & le pouuoir de se rarefier: Ce qui arriue quand la vapeur meslée s'en va comme au foin, ou quand par attrition & vrt les parties sont detachées & separées de leur contraire & mises en l'Air où elles ont tout pouuoir de s'estendre comme il se fait au Fusil & quand on frappe vne canne contre l'autre, ou quand la chaleur rarefie les parties, ce qu'elle fait d'autant mieux qu'on applique dauantage le feu contre le bois par Soufflets & autres inuentions. Au contraire le Feu s'esteint le renfermant à l'estroit ou le diuisant & mélant auec parties Heterogenées comme quand on y jette de l'eau, quand on le couvre, quand soufflant la chandelle on méle la flamme auec l'Air. 8. Les Medecins pour la plus part sont de cét aduis, Les Chimistes le tiennent, & les Peripateticiens aprés Aristote qui veut la mixtion estre faite des corps mélez alterez non corrompus. *Est miscibilium alteratorum vnio*, qui met les Elemens dans les Mixtes comme les lettres dans les syllabes, les pierres dans les bastimens, & nie vne mixtion en vne quantité d'eau qui aura vne goutte de vin: pource qu'il la tient corrompuë.

N. 3. QV'il y a des Feux Sousterrains. Ie le prouue par les 4. effets qui viennent du Feu, sçauoir est, *1ent.* par les flammes qui luy sont propres quoy que non perpetuelles & inseparables, 2. Par les fumées qui sont les restes des flammes, 3. Par les chaleurs qui sont les effets des flammes & des fumées, 4. Par les generations & productions de diuers effets, qui viennent de la chaleur. Les flammes monstrent la proximité de la matiere ou vne grandissime estenduë, Les fumées s'en éloignent dauantage, & par l'éloignement vont perdant des degrez de chaleur & ceux-cy sont des effets conuenables à leur intension puis que la chaleur est le principe de toute fecondité.

I. Les flammes sortent de diuers endrois de nostre Globe auec telle impetuosité, qu'elles enleuent de grosses masses & les jettent plusieurs mille pas loing, en telle quantité qu'elles font des fumées de feu, & couurent de cendres les pays voisins; auec telle vniuersalité, qu'il ny a region tant soit peu ample où on n'en trouue. En Sicile le Mont Ethna & les Isles Eoliennes voisines, au Royaume de Naples le Mont Vesuue: Ces trois lieux sont assez proches ensemble pour faire croire l'vnité de la source & des matieres pour nourrir ces flammes. En Islande Hecla & Helga & la Montagne de la Croix. En Scytie le Mont Cosantus. En Lycie le Mont Imere. En Affrique le Troizur. En la Mer Egée vne des Cyclades. En l'Amerique le Volcan du Mexic, d'Areguipa, de Quarimalla & autres descris par Ioseph à Costa. En la terre Australe l'Isle du Feu, &c. Et les Terres-trembles n'ont point d autre principe que ces feux allumez, qui ne trouuant point d'espace suffisant à leur estenduë font des efforts estranges sur tous les endrois de leur prison pour les rompre, & se mettre au large, ne cessant qu'ils n'ayent fait entrouurir la terre par vne breche raisonnable pour sortir par diuerses fentes & creuasses. II. Les fumées, qui sont feu en effet ou en disposition prochaine, d'où vient qu'on allume vne chandelle fréchement esteinte mettant le feu à la fumée, les fumées dis-je sortent incessamment, Hyuer & Esté, iour & nuit de tout costé de nostre Globe; d'où viénent les Meteores ignées. Or comme nous concluons du Feu dans les maisons par les fumées de la Cheminée, aussi le deuons nous faire dans nostre Globe: particulierement quand ces fumées sont luisantes la nuit, quoy que le iour elles soient inuisibles pour la rareté; comme il arriue és fourneaux pour les geuses de fer. III. La chaleur y est tres-vniuerselle & si intense qu'on ne luy peut donner autre principe que le Feu. Il en sort des eaux si chaudes qu'on y cuit les œufs, si grosses en certains endrois que le trou est de la grosseur du bras, si perpetuelles que toutes les forests de la terre ne seroient suffisantes pour échauffer la quantité qui en coule, si frequentes qu'il ny a Prouince vn peu ample qui n'aye les siennes, & par tout les puys l'Hyuer s'en ressentent. I'ay parlé de celles de France au §. precedent, Celles de Bourbon-Lancy sont enfermées dans vn ouvrage fait par les anciens Romains, dont l'antiquité monstre assez celle des eaux, qui se sont perpetuées sans rien perdre ny de leur quantité & grosseur, ny de leur qualité & chaleur: Les vapeurs sousterraines & mesmes les surterraines qui viennent les nuits & l'Hyuer ne peuuent auoir pour principe que la chaleur sousterraine; puis que la Solaire ny agit point. Pareillement il y a des Grottes pour l'Air, & des Estuves naturelles pour l'eau de diuers temperament de chaleur les vnes prouoquent la sueur, les autres ont d'autres effets. Et comme les Medecins enuoyent les perclus de mouuement & autres malades aux eaux chaudes, aussi font-ils les Astmatiques, Pulmoniques & autres à ces Airs chauds. Tel est celuy de la Grotte des Serpens dans l'Italie où les hommes suent & la sueur est attirée par les Serpens, qui viennent sur le malade qui se tient immobile sans en receuoir aucun mal. Et pour detourner les hommes d'autres Grottes nuisibles on leur a donné des noms propres, comme souspiraux d'Enfer, Lacs d'Averne, Antres de Caron, & d'Acheron. IV. Les productions des Metaux Mineraux, & autres Mixtes demandent pour principe la chaleur. V. I'adjouste pour 5e. preuue l'experience de ceux qui descendent bien auant en terre, qui tiennent que passé 80. & 100. toises la chaleur y est si grande, qu'on a de la peine à la supporter long-temps, ainsi que l'on peut experimenter dans les Veines & Mines d'Ongrie, dans les Volcans qui ont cette profondeur & autres lieux où on est contraint de trouuer des inuētions pour y jetter & faire descendre de l'Air commun, & temperer la malignité de l'autre. Ce qui a fait dire à plusieurs que les regions de la Terre sont contraires à celles de l'Air, à cause que la partie de la Terre qui nous touche est froide, la plus basse est chaude, la tres-basse nous est inconnuë. Là où la plus basse de l'Air où nous viuons est temperée, la plus haute est froide, la tres-haute & qui passe 5. lieuës de hauteur est inconneuë. Les saisons sont encore contraires: puis que les racines ont leur chaleur l'Hyuer dans la Terre, comme les branches l'ont l'Esté dans l'Air. C'est pourquoy les racines sont vn arbre renuersé qui va chercher en bas & tend à la chaleur centrale elementaire comme à son Soleil, & l'arbre est vne racine renuersée qui va chercher en haut la chaleur Celeste & Solaire, & y tend comme à son élement.

§. 8. *De la cause des Sources & des Fontaines.*

LEs Eaux estant formées en la maniere declarée cy-dessus s'assemblent, & c'est la diuersité de ces amas & de leur mouuement ou repos, d'où se tire toute la difference des eaux. Vne Riuiere n'est differente d'vn Ruisseau, ny la Mer d'vn Lac, que par la plus grande quantité des premieres eaux. Et d'autāt que les Sources sont les causes de tous les amas visibles, & les effets des inuisibles, c'est sur ce point des Sources sur lequel on dispute particulieremēt en Physique. Et encore bien qu'on puisse terminer ce different par ce qui a esté dit cy-dessus, & dire que ce sont des filets d'eau, qui se joignant ensemble grossissent, & rencontrant la pente & le passage, par certains endrois de la terre sortent parlà; neātmoins pour confirmer tousiours de plus en plus ce qui a esté dit, & resoudre cette difficulté auec plus de clarté, ie suis content de faire ce §.

Il y a diuersité d'aduis sur ce sujet que ie reduis à trois partys. Le premier est de ceux qui font venir les Fontaines immediatement de l'eau de la Mer, laquelle deposant sa salure au trauers des terres par où elle passe, & demeurant en densité d'eau se trouue dans les Sources, pour couler de rechef à la Mer par vne espece de mouuement perpetuel.

Le second est de ceux qui les font venir des eaux formées de Vapeurs soit dans la Terre, soit dans l'Air, c'est à dire des pluies, & des neges fonduës, qui entrant dans la Terre en ressortent & en sortant font des Sources nouuelles. Le troisiéme est de ceux qui receuant les causes du second party adjoustent l'Air conuerti en eau, & veulent que de cette façon la plus-part des eaux soient formées. La Sainte Escriture semble fauorizer les premiers, l'experience les seconds, la raison les troisiémes.

Les 1ers. citent l'Ecclesiaste Chap. 1. *Omnia flumina intrant in Mare, & Mare non redundat: ad locum vnde exeunt flumina reuertuntur vt iterum fluant*, où il est dit expressement que la Mer reçoit les Fleuues sans regorger, pource que ces mesmes eaux retournent de la Mer à leur Source pour y couler de rechef; Rupert explique ce retour par l'exemple du foye, qui attire le chil par les veines mezaraiques, & des arbres qui attirent l'eau par les racines, à toutes les parties de l'arbre; Et certes l'eau est le sang des Mixtes: comme le sang est l'aliment & la nourriture des parties de l'animal.

Les seconds ont recours à vne experiẽce manifeste & frequente. Nous voyons disent-ils la plus part des Sources, Puys, Riuieres couler, croistre, décroistre, cesser selon que les pluies & les neges fonduës coulent, croissent, decroissent, & cessent & que le Soleil attire plus on moins de vapeurs. Et d'autãt qu'il ny à point de pluie en Egypte, & en plusieurs endroits de l'Affrique il ny à point aussi de Fontaine à la reserue d'vne: Mais si ce pays mãque d'eaux produites dans soy, il en reçoit en abondãce d'autres qui luy viennẽt de loing. La raisõ est de ce que les terres estãt poreuses reçoiuent les eaux de pluies & de neges dans elles, & en ayant pris autãt qu'il leur en faut laissent tomber le reste de ces aux qui descendent par les costez où elles trouuent pente & libre passage, & où elles sont attirées par d'autres inferieures qui coulãt & quittãt la place en font venir d'autres pour succeder à leur place & la rẽplir. Pour ce qui touche les vapeurs changées en eau j'en ay assez traité dans les § §. precedens. Et on trouuera que ces trois causes sont suffisantes pour expliquer toutes sortes de Sources. Car si elles suiuent les pluies en leur augmentation & diminution comme il arriue en la plus grande partie on les fera venir de là: si l'humidité de l'Air & des vens on les attribuëra aux vapeurs exterieures changées en eau: ce qui est encore assez commun. Si elles ne sont attachées ny aux vens ny aux pluies on aura recours aux vapeurs interieures expliquées au §. 4. ce qui est assez rare. Pource que les mesmes couches d'Argille, de pierre & de conroy, que Dieu a mis presque par tout assez prés de nostre Surface pour arrester les eaux & empescher leur descente plus bas, afin de nous donner le moyen d'en trouuer par tout foüiſſant dans la terre & y faiſant des puys, retiendroient les eaux & les vapeurs inferieures & empécheroient leur montée : comme auſſi elles retiennent les fumées peſtiferes & perniticuſes à l'homme, de tant de Mixtes, Metaux, de tant de Mercures, Vitriols, Souffres, *&c.* qui rempliroient les Prouinces de maladies & de mortalitez epidimiques. Ainſi cette troiſiéme façon de Sources ne peut eſtre bonne que pour les Montagnes, où Dieu a laiſſé des Souſpiraux, des Cauitez, & des Fentes par où ces fumées montent pour y eſtre conuerties en eau ſi ce ſont vapeurs : pour échauffer les eaux qui s'y trouuent ſi ce ſont exhalaiſons, flammes, & fumées de Souffre, Bitume, de Nitre, *&c.* pour donner diuerſes proprietez aux eaux qui en ſont meſlées, ſi ce ſont fumées de diuers Mixtes & Mineraux.

Mais ceux-cy non contens de tirer à leur party la nature qui par ſes effets & experiences confirme leur dire, prennent encore pour eux le paſſage cité de la Ste. Eſcriture, qui ne ſe peut exactement verifier qu'en leur opinion: pource que la premiere partie du paſſage que tous les fleuues entrent dans la Mer eſt tres-éuidente, la difficulté eſt dans la ſeconde, que les eaux de la Mer retournent aux Sources: ce que la 2*e.* opinion explique des eaux de la Mer qui retenãt toute la nature d'eau ne quittẽt que la denſité,& prennent la rareté de vapeur,& enſuitte de cette rareté le lieu éleué de la moyenne region où elles ſont pouſſées par les vens & portées : dans les Sources, où elles reprennent leur naturelle peſanteur pour redeſcendre derechef à la Mer. Ce qu'eſtant on explique aiſément la perpetuité de la Mer en ſon amplitude ſans regorger ny deſſecher : Et tout enſemble des Sources en leur cours ce que veut mõſtrer la S. Eſcriture Car ſi les vapeurs qui prouiennent de l'eau ſe rechangẽt en eau: autant que la Mer changera de ſes eaux en vapeurs,autant ces vapeurs rendront d'eau ſur la terre, qui retournera en la Mer : & ainſi la Mer conconſeruera les Sources par les vapeurs qu'elles fournit de ſes eaux, & les Sources conſerueront les Mers par les eaux qu'elles feront des vapeurs receuës,& qu'elles enuoyeront à la Mer. Ils adjouſtent en leur faueur vn autre paſſage tiré des Prouerbes Chap. 8. *Dum librabat fontes aquarum. Quand il balançoit les eaux des Fontaines.* Car c'eſt bien balancer les Fontaines que de les faire rendre autant d'eau à la Mer, qu'elles reçoiuent de vapeurs de la Mer. Et c'eſt la vraye façon de maintenir continuellement les eaux de la Mer & des Fontaines en équilibre, & les conſeruer touſiours en vne meſme grandeur: Ce qui ne conuient pas ſi bien à la 3*e.* opinion: puis que l'eau faite de l'Air va à la Mer ſans en venir & de ſoy n'eſt pas pour conſeruer la compenſation & l'égalité de Sources & de la Mer. Vous rendrez ce changement balancé ſenſible ſi vous faites dans vn Alambic que le Tuïau qui reçoit l'eau faite de la vapeur montée &

remise en eau la rende & rapporte dans la Cornuë ou Cucurbite, où on la met la *1re.* fois? Car vous verrez vn changement perpetuel de l'eau en vapeur, & de la vapeur en eau, & ensuite vn mouuement de montée de l'eau changée en vapeur, & de descente de la vapeur reduite en eau & en tout cela vne image parfaite de nos Fontaines: Ce qui ne conuient si bien à la *3e.* opinion puis que l'eau faite de l'Air ne vient pas de la Mer & de soy ne conserue pas cette égalité de restitution dans les deux termes.

Les troisiémes expliquent leur sentiment en cette sorte, L'Air se trouuant en vn lieu froid & humide en reçoit les qualitez: & celles-cy estant la derniere disposition à la forme de l'eau comme la chaleur & la secheresse le sont à celle du Feu. Le sujet qui la reçoit en vn éminent degré reçoit quant & quant la forme soit d'Eau soit de Feu, ainsi que nous voyons arriuer au bois qui s'embrase & s'enflamme soudain qu'il a acquis les dispositions du Feu: & pource qu'en acquerant les vnes il perd les contraires, & la forme qui les requeroit pour dispositions.

Or il arriue tres-souuent que l'Air se trouue auec ces deux dispositions de l'Eau; d'où il s'ensuit vne conuersion substantielle de l'Air en l'Eau. Ils prouuent leur dire *1ent.* par la transmutation des Elemens receuë dans les escoles Peripatetiques. *2ent.* Monstrant que les causes mises cy-dessus ne sont pas suffisantes pour fournir l'eau à toutes les Sources. 1. La Mer ne peut enuoyer ny des eaux par en bas, ny des vapeurs par en haut dans les pays éloignez de toute part de la Mer, de 10. de 100. 200. & d'auantage de mille Italiques, dans lesquels neantmoins on trouue des Sources abondantes, des pluies & des neges frequentes, & toutes vont porter & rendre leurs eaux à la Mer. Pource que deuant que d'y arriuer elles trouuent des froideurs & autres causes condensatiues & partant reductiues de la Vapeur en Eau. 2. Puys que les eaux non seulement de toutes les Sources vont à la Mer à la reserue de peu qui demeurent en terre: mais encore celles des Mers Polaires vont aux Mers Equinoctiales comme les Mers des Zones froides vont par des courantes & effets sensibles à celles de la Zone Torride, & les Mers Caspie, Mediteranée, & autres par des Canaux sousterrains aux mesmes, il est necessaire que non seulement les Mers de la Zone Torride changent autant de leurs eaux en vapeurs qu'elles reçoiuent d'autre part de nouuelles eaux pour se conseruer en vne égalité d'amplitude & de grandeur: mais encore qu'autant de vapeurs soient portées dans toutes les Sources, & dans les Mers qui y enuoyent leurs eaux pour conseruer pareillement ces Sources, & ces Mers dans une égalité, & vne capacité de fournir continuellement de l'eau: pource qu'vne égalité se conserue par l'autre & toutes deux conjoinctement sont requises pour la conseruation des eaux tant coulantes par les Terres, qu'arrestées dans les Mers. Or afin qu'autant de vapeurs soient changées en eau dans les Sources, que d'eau des Mers est changée en vapeurs il faut ou que les mesmes vapeurs qui sortent des Mers soient conduites immediatement par les vens jusques aux Sources, c'est à dire, de la Zone Torride jusques aux Froides, ou que ces vapeurs dans l'entre-d'eux soient reduites en eau, & que de tant d'eau se fassent nouuelles vapeurs pour les Sources: Mais d'autant que tant plus que l'on s'éloigne de la Zone Torride tant plus les causes qui font les vapeurs des eaux s'amoindrissent, & celles qui font les eaux des vapeurs s'augmentent l'on ne peut receuoir le second moyen de fournir des vapeurs aux Sources qu'en partie seulement: veu mesmement que les Mers Caspie & Mediteranée reçoiuent déja plus d'eau qu'elles ne rendent de vapeurs. Il est necessaire que les vapeurs de la Zone Torride soient trãsportées les mesmes du moins en partie jusques aux Poles, ce qui sembleant absurd & impossible, il faut auoir recours à l'Air pour par sa conuersion en eau, mettre dans les Sources & Mers Polaires autant d'eau, qu'il en est de besoing pour la conseruation de ces égalitez.

Pour juger mieux de ces trois partys ce n'est pas assez d'auoir veu les raisons qui font pour eux il faut encore examiner celles qui leur sont contraires, & nous verrons bien tost le 1er. abbatu, les deux autres combatus seulement. Ie tiens le 1er. entierement renuersé par vne experience tres-asseurée, & par vn discours tres-éuident. L'experience est de trois maistres Ingenieurs & Fontainiers, lesquels ayant bien remué de la terre, & y entré bien auant pour voir la 1re. origine des Sources, tant Communes que Minerales, n'ont rencontré autre chose que des Sources qui venoient de diuers filets & de petites gouttes qui n'estoient plus visibles. Ces trois sont Francine, De Rochas & vn qui a pour tiltre de son Liure. Des œuvres Figulines. Et tous ceux qui font des Tranchées ou des Puys pour amasser les eaux rencontrant par tout des Sources de differente quantité jusques aux endrois où se font les premieres gouttes reconnoissent cette verité & la rendent éuidente: Car on decouvre par là les premieres origines de toutes les eaux que nous auons sans pouuoir monter plus auant & sans qu'on y remarque aucun vestige venant de la Mer. Outre que ie doute fort que l'eau quitte sa salure passant par les Terres, sinon lors qu'elle est éleuée en vapeur, où sans doute elle depose son sel. Pource qu'en passant par les filtres elle le retient. *Item*, à l'Isle S. Martin en l'Affrique, à l'Isle de May au Cap de Verd, à la Mathe au Royaume de Valance à 7. lieuës d'Alican, la Mer passant sous terre & puis trouvant des concauitez y fait des Lacs, où le Soleil attirant l'eau en vapeurs y laisse vn sel bien acre, & dont on se sert. Le raisonnement est cetuy-cy. Les Sources sont ou plus hautes que la Mer, ou plus basses ou égales & de Niueau. Si elles sont plus hautes (ce qui est tres-asseuré) les eaux des Sources peuuent aisément couler à la Mer & y descendre: mais les eaux de la Mer ne peuuent iamais d'elles mesmes retourner aux Sources: pource qu'elles n'ont aucun principe de mouuement que la grauité & ce principe ne tend & ne porte iamais son suiet qu'en bas, & resiste tousiours à tout mouuement vers le haut comme luy estant violent. De les dire plus basses ce seroit donner tout moyen & toute necessité aux Mers d'innonder les Terres, & couvrir les Montagnes. De les mettre de niueau ce seroit leur oster tout mouvement en leur ostant toute descente ny d'vn costé ny d'autre. Outre que les deux derniers cas sont éuidemment faux, l'exemple du foye & des racines n'a point de rapport auec la Terre, qui est vn Element sans vie, sans vertu attractiue, sans organe propre à ces operations, outre que l'on fait voir à l'œil comme les gouttes formées en la terre suffisent pour toutes les Sources.

Le passage de l'Ecclesiaste est expliqué dans & pour la 2e. opinion. Il y en a qui tiennent l'eau de la Mer comme bossuë & plus éleuée au milieu que vers les bords, d'autres que les eaux éleuées par les tempestes ont le pouuoir de faire monter à leur hauteur les eaux sousterraines, mais les premiers sont ignorantissimes du Niueau de l'eau, les seconds de la vertu de l'eau éleuée par des vertus estrangeres qui l'empeschent d'agir, & de s'appliquer contre autre vertuque contre celles qui les eleuent: comme il arriue en vne pierre éleuée en l'Air.

La 2e. opinion est combatuë par les raisons qui prouuent la 3e. & y sont mises: Aussi elle y respond disant que comme les eaux de la Mer par des courantes vont de l'Orient à l'Occident, & des Poles à l'Equateur, qu'aussi les vens de l'Air qui sont contigus à l'eau vont d'ordinaires à mesmes termes que les eaux tels que sont ceux de la Zone Torride qui vont comme l'eau de l'Orient à l'Occident: mais pour ceux qui en sont éloignez ils ne sont pas sujets à cette suite. Et à cause que la Zone Froide a en soy les causes condensatiues de la vapeur & la Torride les rarefactiues de l'eau pour faire vne compensation & reparer les pertes qu'vne Zone souffre par l'excez que l'autre reçoit, il arriue que la Froide reçoit les vapeurs de la Torride par des vens qui sont à la plus haute region des vens, & y sont reglez pour n'auoir aucun detourbier ny empeschement: & que la Torride reçoit les eaux de la Froide par vne courante & vn mouvement semestre reglé que j'expliqueray cy-apres.

La troisiéme opinion est refutée par ceux, qui veulent les Elemens incorruptibles & estre la matiere premiere des Mixtes receuant leurs formes tant accidentelles que substãtielles: Pource que le poids qui est propre aux Elemens & inseparable d'eux se conserue tousiours parmy tous les changemens des Mixtes & tous les passages des formes: ce qui le propre effet & caractere de la matiere: mais il faut prēdre le poids absolumēt & en soy, non relatiuement, & par rapport à quelque milieu: Ce sont les Chimiques qui ont fait cette obseruatiō. Voicy leurs preuues 1. L'eau passe d'vne densité & froideur à vne rareté & chaleur plus grande, que celle de l'Air quand elle est faite vapeur, & la vapeur retourne de cette extremité à l'autre quand elle se fait eau sans s'arrester au milieu, & se faire Air. Donc l'Air ne peut se faire eau ny vapeur. 2. Si l'Or qui est Mixte change tellement sa forme & son estat comme j'ay dis cy-dessus si on le rend potable, volatil, verre diaphane sans changer sa substance, combien plus les corps simples conserueront-ils la leur. 3. Prenez vne vessie enflée ou bouteille pleine d'Air. Plongez la le col ouuert le premier dans l'eau, de Mer, de Riuiere, de Puys & autre: laissez-là enfoncée dans ces eaux, les iours, les mois, les années entieres, pressez & condensez la tant qu'il vous plaira. Aprés tout cela vous trouuerez vostre Air tout entier, & tout pur sans diminution ny conuersion de la moindre partie. 4. Si l'Air se conuertissoit en eau les eaux se deuroient former pendant l'Esté & durant les secheresses aussi bien qu'en Hyuer; puis que l'Air se trouue en égale quantité & également appliqué en tout temps dans les Cauernes & pores, dans la moyenne region, dans des Caues où on glace l'Esté, comme aussi au bas des puys profonds, proche les neges & les glaçons où par tout il y a de la froideur & de l'humidité tres-grande, & neantmoins on ny voit point de conuersion sans pluie ny vapeur. Outre que l'humidité de l'Air est bien differente, & mesmes contraire à celle de l'Eau, l'vne est l'aliment du feu, & le nourrit, l'autre en est la mort & le destruit selon l'opinion commune.

Tout cecy me fait juger la premiere opinion tout à fait impossible, La 2e. tres-asseurée en ce qu'elle tient de positif, La 3e. n'adjouste pour le plus sur la 2e. qu'vne cause bien petite des Sources. Car pour ne la quitter estant l'opinion commune & receuë aux Escoles, on la peut maintenir disant, que la Vapeur se resout aisément en Eau, l'Air difficilement: & partant en petite quantité; pource qu'en l'vne il ny a qu'vn changement accidentel pour lequel encore il y a vn principe actif interne. En l'autre il y a des changemens accidentaux contre vn principe interne, & vn substantiel, pour lequel il faut dauantage de préparations. Dites de plus pour maintenir l'égalité mise cy dessus que la perte de l'Air changé en Eau est recompensée par autant de vapeur changée en Air & que comme on tient l'Or changé accidentellement seulement quand à force du Feu on le fait retourner à sa nature ce qui est assez ordinaire; qu'aussi on le change substantiellement quand on le destruit tellement qu'il ne retourne plus en Or, ce qui est peu ou point conneu Van Elmon attribuë ce pouuoir à la liqueur alcaes, d'autres à d'autres causes.

Qu'aussi la vapeur demeure en substance d'eau quand on l'y fait retourner par seule condensation: qu'elle est changée en Air quand elle reçoit diuers accidens pour perdre sa substance.

---

§. 9. *Les causes des Fontaines, qui naissent ou tarissent tout à coup.*

I'A y sujet d'ajouster ce §. aux precedens: pource que les causes productiues des eaux demeurans les mesmes en vn endroit, les effets doiuent aussi continuer les mesmes, & non point ou cesser ayant tousiours paru, ou paroistre n'ayant iamais esté. Ie reçois l'axiome mis icy comme tres-éuident & en suitte ie tiens qu'il faut trouuer quelque changement dans les lieux où se font ces changemens de Sources. En voicy quelques vns. Le premier est la cheute des terres qui estoient sur le passage des eaux & qui par leurs pesanteurs l'a bouchent & contraignent les eaux de quitter leur premier chemin, & en prendre vn nouueau qui souuent conduit à vn endroit distant du premier: Et ce changement donne de la tristesse à ceux qui se voyent priuez de leur Fontaine, de la joye aux autres qui s'en voyent fauorizez: & de l'estonnement à tous deux. Et cette cause arriue particulierement durant les terres-tembles qui ouurant les terres en diuers endrois pour donner libre sortie aux vens renfermez, donnent tout ensemble des passages aux eaux pareillemẽt prisonnieres: Ce que Theophraste remarque estre arriué en vne Montagne qui ayant esté entrouverte par vn tremblement, ce tremblement passager laissa des Fontaines nouuelles & permanẽtes. Le second est l'ouuerture de la terre qui donne ou libre sortie aux vapeurs, ce que j'ay prouué cy-dessus au 4. §. ou qui dõne vne descente aux eaux ce que j'ay mõstré au §. 5. par les Puys qui font attraction de l'eaü plus éleuée, & auec le temps luy font prẽdre son cours vers l'endroit le plus bas. Theophraste y adjouste la culture de la terre, qui estãt labourée reçoit les eaux des pluies en soy; estant abandonnée s'endurcit & les rejette. ce qu'il dit estre arriué aux habitans d'vne ville dans l'Arcadie qui laissant leurs terres en friche virent leurs Fontaines perduës, recommençant à la remuer les firent reuenir. D'autres veulent que les arbres plantez soient capables de tirer les eaux de certains lieux pour leur nourriture, & l'oster aux Fontaines lesquels estant arrachez la restituent: mais cela se doit entendre des terres qui n'ont de l'Eau que pour vn effet, d'ordinaire elles en ont & pour nourrir les arbres & les herbes & pour donner des Sources.

Enfin la cessation des causes ou des conditions mises cy-dessus pour les Fontaines, est ce qui les fait tarir.

Fin de la Premiere Partie.

LA SCIENCE DES EAUX, ET DE LEUR COMMUNICATION.

SECONDE PARTIE.

Les manieres, & industries de l'Art Diuin pour communiquer l'Eau en tout lieu & en tout temps, sur le Globe Terrestre.

ON *Cher Lecteur, Tu apprendras au §. 6. du Chp. 1. de ma Geographie, Que la Nature & l'Art sont deux principes, qui contribuent à la perfection de cét Vniuers & de chaque creature visible, & qui partagent entr'-eux tous les effets, qui s'y trouuent. Et partant ce qui ne peut conuenir à la nature agissante des parties qui composent un tout parfait doit estre attribué à l'Art Diuin ordonnant les mesmes parties, qui n'ayant en elles aucun principe actif pour se donner tel ordre, ont seulemēt la capacité passiue pour le receuoir. Tu y verras si tu veux rechercher la premiere source de chaque perfection creée, que l'existence des estres creéz appartient à la Toute-Puissance & à la nature qui participe de cét attribut: L'Ordonnance tres-sage à l'entendement & à l'art : La fin tres-bonne à la volonté, & à la vertu morale: Et encore bien que ces trois perfections reluisent en chaque creature visible, i'estime qu'elles paroissent plus clairement dans les Eaux, où la diuersité & la conuenance des moyens choisis pour les former & cōmuniquer fait voir la subilité de l'esprit, & l'vtilité de la fin qui s'en ensuit la bonté de la volonté. Certes ie suis bien aise de rencontrer icy ce tres-digne suiet pour y verifier les conditions & effets qui conuiennent à l'Art, comment il perfectionne la Nature & te faire voir les inuentions de l'Esprit Diuin en la communication, mouuement, & meslange des Eaux, qui sont les suiets des trois perties suiuantes, & les imitations de l'esprit humain en l'Art & conduite des Fontaines : afin que connoissant l'employ & la conduite de ces trois facultez Diuines à ton profit tu adores la souueraineté de ces principes, tu admires leur grandeur & infinité dans le nombre, l'estenduë, l'ordre, la symetrie, & les perfections des effets qui s'en ensuiuent, & tu aymes souuerainement ceste Maiesté où se retrouuent les causes de tout bien.*

DE LA COMMVNICATION DIVERSE DES EAVX.

CHAPITRE II.

§. 1. *Le Feu & l'Eau sont deux principes vtiles & necessairee à la production & conseruation des Animaux & des Sources.*

LEs Alchimistes donnent des principes bien differens de ceux que les Physiciens reçoiuent & tiennent que le Sel, le Souffre & le Mercure sont les parties qui auec les quatre Elemens composent les Mixtes, Mais pour parler plus intelligiblement & selon le commun langage, le Feu & l'Eau sont les Elemens: la chaleur & l'humidité sont les qualitez ; l'exhalaison & la vapeur sont les substances rarefiées, qui rendent nos terres fecondes, & il ne se fait aucune productiõ icy bas où ces deux choses ne se rencontrent: l'vne comme le principe materiel, l'autre comme l'actif: Et par le defaut de l'vn de ces deux principes vne partie de l'Affrique, de la Zone Torride & les deux Zones Froides sont steriles : l'vne pour manquer d'humidité dans l'excés de chaleur, l'autre pour manquer de chaleur dans l'excés d'humidité: En l'vne tout est brûlé, en l'autre tout est glacé. Et au contraire les pays, qui ont l'vn & l'autre en abondance sont signalez pour leur fertilité tel qu'est l'Egypte, qui a l'vn par le debordement du Nil, l'autre par les rayons Solaires qui tombent presque à plomb dessus. Les pays bas dans vn mesme climat & horizon sensible, ont l'auantage sur les autres plus éleuez, à raison de la plus grande humidité, & entre ces pays ceux qui sont plus exposez au Soleil de Midy, à raison de la plus grande chaleur. Il ny a point d'autre industrie pour rendre fecond vn iardin que de luy dõner de la chaleur par les fumiers & engraissemẽs, & de l'humidité par les arrousemens Touchant la chaleur j'en fay la preuue au Chap. 1. §. 4. de ma Geographie, & l'experiẽce ne permet pas d'en douter. Touchant l'humidité nous n'en reconoinssons encore que trop souuent les necessitez dans le manquement des pluies, pendant lequel la terre arreste ses liberalitez; & ne pousse rien en dehors. Vn exemple dans peu de terre particuliere nous fera toucher au doigt, ce qui se fait en toutes: & que les choses liquides & humides seruent non seulement de principe; mais aussi de matiere à toutes les productions des choses mesmes les plus solides, dures & seches, comme sont les os des animaux, & les bois, des arbres, & que la pluie n'est pas vne eau pure; mais grandement meslée: comme aussi elle est tirée des Mixtes, & des endrois grandement differens. Mettez dans quelque lieu separé comme dans vn coffre ouvert de la terre d'vne pesanteur connuë, comme de 30. quintaux: plantez-y des arbres, semez-y des graines de Citroüilles si vous voulez auoir de gros fruits l'espace de 10. ou 20. ans. Aprés ce temps vous trouuerez le poids de vostre terre conserue tout entier, & sans diminution. Et outre cela vous aurez vne multitude d'herbes, d'arbres, de fruits & de Citroüilles, qui y auront tiré leur nourriture & leur grosseur, & auront peut-estre égale le poids de la terre. Ce qui monstre que telles plantes ont esté faites & formées des pluies, & de l'eau qu'on y a jetté pour les arrouser. Ce qui a fait croire à plusieurs, que la terre ne contribuë à telle generation des plantes, que comme le sein & la matrice, qui receuant les eaux & les semãces ou racines, joint les vnes auec les autres, leur donne vn temperamment conuenable de chaleur pour exciter leur vertu à agir & pousser des plantes, qui se font de l'eau comme nos parties du sang. Que si la terre y a contribué du sien, les eaux reparent le manquement de la terre. Et la raison pourquoy les poissons sont en plus grande multitude, & d'vne plus grande amplitude, que les animaux terrestres, n'est autre que ce principe qui est plus abondant & mesmes, il y a des poissons comme sont les Harans qui ne viuent que d'eau: Ces deux principes sont encores necessaires pour nos Sources: pource que comme il a esté dit la Mer ne pouuant remonter aux Sources tant qu'elle demeure en consistence d'eau, il est de necessité qu'elle y vienne estant changée en vapeur, ce qui ne se peut faire que par la chaleur rarefiante.

---

§. 2. *La maniere auec laquelle la terre reçoit ces deux principes.*

SI nous considerons la terre selon sa complexion naturelle nous la trouuerons auoir deux qualitez toutes contraires aux deux precedentes, & partant à toute production: sçauoir est, d'vne froideur, & d'vne secheresse en souuerain degré: mais comme il ny a rien de plus sterile qu'elle la prenant selon ce qu'elle a de soy; aussi il ny a rien de plus fertile ayant égard à ce qu'elle a en soy d'autre part. Et si elle est le principe des qualitez steriles, elle est le sujet des fecondes : Et les premieres luy seruent pour temperer celles-cy, & les maintenir dans vn degré conuenable. De mesme que l'Isle d'Ormus qui estant la plus sterile de soy & par la nature de son sol salé qui la rend sans grain, sans bois, & sans eau douce, estoit la plus fertile de toutes par l'abord & concours extraordinaire des Nauires chargées des richesses des autres endrois qui y venoient de toute part, & y mettoient le trafic & le commerce plus grand qu'en aucun autre lieu, à quoy son assisiete y est tres-fauorable. Maintenãt depuis que les Portugais l'ont perdu elle a perdu cette grande communication. Les Theologiens en disent de mesme de l'homme qui dans sa pure nature est le plus infructueux de tous : mais par la grace le plus riche. La terre en est de mesme : Car le monde Celeste & Elementaire conspirent à luy conseruer ces deux principes de fecondité : puis qu'elle reçoit la chaleur soit des corps Celestes par les impressions du Soleil, soit des Elemens par les feux que Dieu a renfermé dans son sein & que l'on trouue par tout du moins en vertu. L'Humidité luy vient aussi des mesmes endrois, sçauoir est, du Ciel par les fauorables influences de la Lune, qui a l'intendence sur les choses humides, & des Elemens par les pluies qui tombent d'enhaut, & par les eaux qui sont arrestées en bas non loing de nostre surface. Et d'autant que cette distribution d'Eau & de Feu, cette sorte de rencontre de deux Elemens contraires, que Dieu a disposé par vn trait admirable de sa prouidence amoureuse pour nous est vne fondamentale disposition pour faire vne multiplication des Eaux & des Sources, comme j'ay traité en la premiere partie, de la maniere auec laquelle la nature forme les Eaux, ie desire en celle-cy faire voir la maniere auec laquelle l'Art Diuin perfectionne la nature les multipliant en tout lieu de la terre & en tout temps : Ie reduis le tout aux chefs suiuans.

---

§. 3. *Le premier benefice de l'Art Diuin dans le Globe Terrestre, est la separation des Eaux salées en la premiere semaine de la Creation du Monde.*

L'EAV de sa nature demandoit vn departement particulier immediatement sur la terre. Et en effet elle eut cette situation & figure au 1er. iour du monde. Mais la nature de l'homme demandant la Terre, pour support, les fruits & l'eau douce pour nourriture, & l'Air pour sa respiration & demeure, Dieu creusa les abysmes dans Terre, pour seruir de receptacle aux Eaux qui s'y retirerent, & de la Terre qu'il en osta il en éleua les Montagnes. Quelques vn plus curieux pour verifier cecy se sont efforcez de mesurer tant les Montagnes & éminences des Terres, que les abysmes & profondeurs des Mers; & puis de comparer les vnes auec les autres: & ont asseuré auoir trouué, qu'il y a autant de concauitez abbaissées sous les eaux, que de conuexitez éleuées sur les mesmes: Que ces concauitez ont autant d'amplitude, de profondeur ou bassesse, & de descente ou pente que les conuexitez ont d'estenduë, de hauteur,& de montée: De sorte que si on remettoit les Montagnes la pointe en bas dans ces creux le plein des corps conuexes rempliroit tellement tout le vuide des concaues, & le tout s'adjusteroit si bien; qu'il s'en formeroit vn Globe tres-rond, & tel qu'il fut creé le premier iour. Mais quoy qu'il en soit de cette égalité entre ces deux sortes de Terres abbaissées & éleuées Dieu par telles figures a laissé aux animaux terrestres vne longue, & large estenduë pour leur demeure, aux poissons vne autre, & à l'Homme le moyen de se seruir des vnes & des autres en mille manieres; de faire des transports & des voyages par Terre & par Mer, laquelle par son flux met les Nauires de la Mer à bord de Terre, & par son reflux les mene du bord en pleine Mer, & par ses vens les porte & conduit par tout. Les Lacs qui sont des diminutifs de la Mer ont esté formez de mesme façon: Et il ne faut point chercher ny demander autre cause de ces Cauitez, que la volonté Diuine conduite par les regles infaillibles de l'Esprit ou de l'Art Diuin: puis que la nature ny des Eaux contenuës, ny des Terres cauées & contenantes n'a rien en soy, pour se determiner à telles figures, que la pure capacité de les receuoir, ce que les Arts supposent, & tant s'en faut que la nature de ces Elemens contribuë à ces Cauitez des Mers & à ces éminences des Montagnes par quelque principe interne; que plus tost elle les va destruisant petit à petit, & se restablissant à la situation qu'elle eut le premier iour, & qui est deuë à la nature de ces Elemens; C'est pourquoy ie declare & prouue amplement autre part aprés Blancanus & autres autheurs, que la Terre laissée à sa nature doit estre encore submergée & conuerte par vn deluge vniuersel & naturel: Mais cét effet sera ou préuenu par l'embrasement vniuersel & final, ou empesché part l'Art Diuin, & mesme par l'Humain, qui en Hollande & autres endrois empéche déja la Mer par Digues, Ecluses, & chausées d'amplifier ces bornes & de faire des progrés sur la Terre, comme elle a déja fait en diuers lieux.

§. 4. *Deuziéme Communication des Eaux par des Fontaines & Riuieres.*

SI Dieu a separé la Surface Terrestre en Eau & en Terre, il n'a pas mis la partie de la Terre sans Eau, comme icelle de l'Eau est sans Terre.

Car pour ne frustrer la Terre d'vn Element qui luy est si necessaire, il a fait que par tout dans le sein de la Terre l'Eau se forma en gouttes en la maniere declarée en la premiere partie, & que chaque amas d'eau trouua des issuës pour sortir, des pentes pour couler, des rendez-vous pour se decharger. Et encore bien que cette eau vienne de la Mer; ce n'est point auec sa saleure, qui nous seroit préjudiciable, Dieu ayant trouué le moyen de separer le sel de l'eau, & la laisser dans la Mer où elle est vtile quand l'eau mõte en vapeur. De cette sorte la Terre est arrousée en tous les endrois par diuerses Riuieres, qui luy sont ce que les veines sont à vn corps viuant. Et encore bien que l'Eau comme tout autre agent prenne tousiours en descendant le plus court chemin; pource que la longueur est superfluë en l'action des causes efficientes: Neãtmoins pource qu'icy la longueur du chemin est tres-vtile, l'Art Diuin a fait vn tel chemin aux Eaux, qu'elles vont serpentant par mille plis & replis, par diuers tours, contours, & chemins detournez, comme l'on peut voir dans les Cartes, pour auoir moins de pente & vn mouuement plus lent, pour presenter à dauantage de pays leur dos à la nauigation, leurs poissons à la péche, leurs cours aux mouuemens de diuerses roües & machines, leurs desbordemens à arrouser les terres, & finalement leur eaux à estre puisées, diuerties, conduites, & employées à mille vsages. Et pour donner moyen de faire des transports de tout costé, les Riuieres vont se décharger à toute sorte de Mer: ce qui monstre la rondeur de la Terre, & non pas la figure ouale comme quelques vns ont voulu mettre. Car si par exemple la partie Septentrionale estoit à la pointe de l'ouale & partant plus éloignée du milieu les Riuieres ny pourroient s'y rendre qu'en montant. C'est encore icy où la nature des Terres ne pouuant rien pretendre en la distribution des pentes si diuerses, qu'elles reçoiuent seulement sans s'y porter par aucun principe actif, en laisse toute la loüange à l'Art Diuin, qui pour en tirer tant de biens les a ordonné de la sorte.

§. 5. *Troisiéme Communication des Eaux par des Pluies.*

TOVT ce que dessus n'estant pas suffisant pour entretenir la fecondité de la Terre; à cause que les herbes & autres plantes ne peuuent pas succer des eaux si éloignées, qui neantmoins en [illegible] besoin pour croistre & se nourrir, Dieu y adjouste vne troisiéme inuention. Car changeant l'eau pesante en vapeur plus legere que l'Air par la chaleur Solaire la fait éleuer, puis la resserrant en nuée par la froideur, & par aprés la portant en diuers lieux par le moyen des vens la fait enfin s'espaissir par quelque compression & resoudre en Pluie, pour se décharger goutte à goutte sur la terre par vne distribution si juste, qu'il n'est point d'arbre, ny d'herbe, ny de fleur, qui n'en reçoiue sa part, & qui n'en prenne à suffisance pour s'en entretenir. Et il ny a arrosoir, qui puisse la partager de la sorte, & si également: comme aussi, il n'est point de terre proche & éloignée des eaux, à qui les vens n'addressent, & ne portent leur part des nuées pour joüir de ces benefices jusques à celles qui sont éloignées de plus de 100. & 200. lieuës de la Mer. Ainsi ie trouue trois grandes merueilles en ce point. La 1e. est le transport des vapeurs par le moyen des vens des lieux où elles abondent comme de la Mer à des Terres où elles manquent. La 2e. est la dispensation de la vapeur amassée en nuée & conuertie en gouttes d'eau qui tombent tellement que chaque partie de la terre à les siennes. La 3e. est la distribution de l'eau tombée sur la terre vne partie coule dessus, l'autre penetre dedans & de cette-cy vne partie s'arreste dans les pores particuliers l'autre descend par les trauersans & est arrestée par le conroy pour seruir à la necessité des hommes. Que si les hommes attribuë à leur art les eaux distillées par l'Alambic: pource que quoy qu'elles ayent esté extraites des simples, éleuées en vapeurs, conuerties en eau par des agens puremens naturels, & que toute l'action soit deuë à leur nature: d'autant neantmoins que l'application & la situation des agens naturels, & la figure de l'instrument qui borne leur action vient de l'esprit & des regles qu'il en a, on donne cela à l'art, beaucoup plus les eaux des pluies distillées en ce grand Alambic doiuent estre apropriées à l'Art Diuin.

---

§. 6. *Quatriéme Communication des Eaux par les Puys.*

LES arbres & les herbes trouuent bien dans la faueur des pluyes dequoy fournir à leur conseruation, & à la production des feuilles, des fleurs, & des fruits: à cause qu'elles sont vniuerselles & en tout lieu: mais n'estant pas perpetuelles & en tout tẽps, les hommes & les animaux particulierement ceux, qui sont éloignez des Riuieres & demandent chaque iour des rafraichissemens necessaires à la vie manqueroient dequoy contenter leur soif. A ce sujet cette Diuine Prouidence a mis presque par tout des couches d'vne terre argileuses ou d'vne pierre dure pour arrester les eaux qui restent aprés que la terre & les Racines en ont esté suffisamment humectées, & abreuées: afin que rien ne se perde. Et de plus elle les a mise assez proches de nous, pour nous déliurer du trauail de creuser plus auant. Et c'est ce qui fait nos puys & qui leur donne abondamment dequoy satisfaire à nos necessitez.

Trois points sont considerables en ce benefice: sçauoir, l'Vniuersalité de ces eaux; puis qu'au rapport de ceux qui font les Puys on trouue par tout de l'eau capable de remplir la cauité inferieure d'vn puys qu'on aura creusé. 2. La perpetuité; puis que cette eau dure en tout temps, & 3. pour conseruer cette continuation d'eau vne tardiueté de mouuement des eaux sousterraines tres-grande parmy ces terres poreuses. Et tous ces effets dépendans de la situation & estenduë des terres de conroy & spongieuse & cette situation estant purement accidentelle & tout à fait indifferente à la nature de ces terres, il est éuident que la determition doit estre rapportée à l'Esprit & à l'Art Diuin comme son propre effet. Au demeurant les Puys ne seruent pas seulement à nostre vtilité corporelle: Ils seruent encore à l'instruction de nos esprits nous y aprenant le cours des eaux sousterraines leur multiplicité, grandeur, leur facilité à changer de chemin quand on leur donne air ou qu'on les violente, d'où vient que ceux qui veulent faire monter les Sources naturelles par Digues, Ecluses, Chaussées, se mettent en danger de les perdre.

---

§. 7. *Cinquiéme sorte de Communication de l'Eau par des Neges fonduës & grandes pluies en estenduë & en durée.*

POVRCE qu'il y a des pays, où les pluies ne tombent iamais, ou trop rarement, & où les terres souffriroient des extrémes sécheresses, à raison des chaleurs excessiues qui se trouuent en ces regions Meridionales, & en temps d'Esté Dieu à trouué moyen d'humecter, & mesmes d'engresser les campagnees de ces lieux par le desbordemens de Riuieres & faire ces desbordemens par des neges fonduës & des pluies abondantes, qui se font si à propos; que lors que le Soleil par ces ardeurs desseche tout; ces Riuieres par leur inondation arrousent tout: De mesme que les neges s'amassent en temps d'Hyuer, où il y a excés d'eau & d'humidité trop grande par tout, & se conseruent jusques au temps d'Esté, où il y a manquement d'eau & sécheresse par tout; Et mesmes ces eaux prenant les qualitez les esprits, les sels, & les gresses des pays par où elles passent charrient quantité de vase qu'elles déposent, & laissent sur les terres pour les rendre fertiles.

Ces innondations demandent vn amas d'eau extraordinaire, & dans les terres vne situation de la Surface particuliere: pource que l'vn de ces deux points n'est pas suffisant pour vn tel effet: c'est le rencontre de tous deux. Les eaux croissent extraordinairement ou par des pluies de longues durées & de grande estenduë, ou par des neges fonduës qui ne sont autre que les pluies de plusieurs iours, semaines & mois, & d'vn long pays reserueés sur les terres. Et certes ce n'est pas de merueille si les

fleuues

ueues vers leur emboucheure comme le Nil grossissent extraordinairement receuant les pluies d'autant plus multipliées, qu'ils passent par dauantage de terres: car chacune y apportant ses torrens il ne peut naistre de leur concours qu'vn accroissement extraordinaire des Riuieres. Il en faut dire autant des neges. Quand l'Amerique Septentrionale par exemple depuis le 42. Parallelle vers le Pole vient à fondre ces neges qui ont plus de mille lieuës en largeur, en longueur d'auantage, en hauteur les 12. 20. & 30. pieds: N'est-ce pas vne cause plus que suffisante pour accroistre extraordinairement leau des Riuieres, & les faire passer sur toutes Digues: Aussi comme les Montagnes qui sont fecondes en eau grossissent les Riuieres elles leur donnent encore ces desbordemens, comme en France le Loyre semble plustost vn Torrent qu'vne Riuiere pour decroistre si fort l'Esté, & croistre si extremement l'Hyuer, & en diuerses rencontres, c'est qu'il prend ces eaux des Montagnes d'Auvergne. Ainsi on peut à peu prés par ces trois dimensions: sçauoir, par la durée des pluies, par leur estenduë,& par l'amas des neges conjecturer la grandeur des innondations: à quoy il faut adjouster le temps necessaire pour faire aller ces eaux suruenantes depuis les Sources des Riuieres jusques vers les embouchures où d'ordinaire arriuent ces grãds desbordemens: & souuent le chemin entre-d'eux est si long, qu'il ne peut estre parcouru que dans l'espace de plusieurs iours & semaines:tel qu'est la longueur du Nil depuis sa source jusques en Egypte. Et quand ces causes sont regulieres & attachées à certain temps: comme sont ordinairement les vens dans la Zone Torride, & par les vens les pluies, qui en sont les effets; c'est alors que ces accroissemens de Riuieres le sont aussi, & se rendent recommandables par cette circonstance:comme aussi ce sont de ceux là, dont on dispute & dont on recherche les causes: entre lesquels celuy du Nil est sans contredit le plus celebre de tous à cause de sa regularité en temps, qui est telle, que Sosigenes Egyptien & Mathematicien de Cesar dit qu'il tenoit l'année Solaire de 365. iours 6. heures: pource que le Nil commençoit d'inonder aprés tel temps le Soleil estant en la Canicule, & Cesar reforma le Calendrier suiuant cette supputation. De mesmes les anciens Saxons ne connoissoient & comptoient les mois & periodes Lunaires que par les grandes Marées.

Pour les Terres ce sont des larges & longues campagnes bornées de Montagnes de part & d'autre. Les Campagnes donnent de l'estenduë à l'eau, & les Montagnes luy font prendre vne éleuation les arrestant Ces conditions se trouuent auãtageusement en l'Egypte, qui a des Montagnes d'vn costé & d'autre selon les Cartes les plus exactes, & vne campagne entre-d'eux, par laquelle passe le Nil aprés auoir ramassé les eaux de plus de 500. lieuës. Outre les pluies qui sont regulieres vers la sources

Il y a les Montagnes tant de la Lune que du Mont-Atlas toutes deux d'vne grandissime estenduë & chargées de nege. En voila plus qu'il n'en faut pour faire ce grand desbordement, qui dure 40. iours à croistre, 40. à decroistre & est auec les vens Etesies qui viennent à mesme temps & à termes contraires, la merueille aussi bien que la fecondité d'Egypte.

Ce benefice n'est pas si particulier au Nil, & par luy au pays d'Egypte que Magin ne l'asseure commun dans les Indes à 24. fleuues, lesquels reçoiuent cét accroissement d'eau par les neges fonduës en vn pays souuent bien éloigné du lieu où elles profitent & par des pluies tres-abondantes pour leur quantité & durée, qui tombent en la Zone Torride. Acosta dit le mesme du fleuue Paraguay ou riuiere de la Plata qui vient en certain temps à tellement desborder & couurir tout le plat pays que les habitans sont contrains de se tenir en des Barques & Canaux dans lesquels ils mettent leurs hardes & meubles, & y passent des mois entiers viuans de peche, de quelque prouisions faites & preparées pour tel temps.

Ie ne puis obmettre vn effet merueilleux que cette mesme Prouidence a mis en trois Royaumes des Indes, sçauoir, de Tunquin, de la Cochinchine, & de Sian, qui ont tous trois plusieurs & hautes Montagnes, dont l'eau soit des neges, soit des pluies découle en si grande abondance que la terre du plat pays n'en estpas seulemẽt arrousée: mais entierement couuerte; en sorte que ces eaux font vne espece de Mer, qui donnent le moyen aux amis de s'entre visiter, aux Marchands de trafiquer, & à tous de transporter ce qu'ils veullent sur des Barques, qu'ils tiennent toutes prestes: chaque maison ayant la sienne comme icy on à des Charrettes. Et quand les eaux s'écoulent elles laissent la terre si fertile qu'elles font ces trois Royaumes estre dans les Indes, ce que l'Egypte est dans l'Affrique: c'est à dire, les plus abondans en tout ce que la terre peut porter. Et c'est merueille d'entendre à combien bas, pris on y vent tout ce qui sert à la vie de l'homme. Il y a cette difference que ces creuës d'eau se fon dans Tunquin & la Cochichime de 15. en 15. iours, en Septembre, Octobre, Nouembre & durent trois iours chaque fois. En Sian elles commencent le dernier de Iuillet, durent le mois d'Aoust & de Septembre.

Pour la raison il faut supposer que les vens d'Orient, qui soufflent sur la Mer pacifique sont tous chargez de vapeurs; puis qu'ils viennent d'vn lieu où elles s'éleuent en abondance à cause de l'estenduë dss eaux & de la force des rayons perpendiculaires du Soleil. Ceux-cy venans sur le terres sont diuertis en diuers temps, à diuers endrois où ils se déchargent, & font des pluies si abondantes, qui viennent de la regularité & humidité des vens, & du rencontre qu'ils ont contre des Montagnes pour se resoudre en pluies; Et quand ces pluies trouuent des terres coneaues & bornées de Montagnes, c'est lors que ce font ces inondations si admirables. La Carte de ces Royaumes ou tant de Montagnes sont marquées prouue ce sentiment. Et si les autres Royaumes maritimes des Indes ne jouïssent pas de ces inondations, tel qu'est tout le Malabar, ce n'est que la situation propre à retenir l'eau qui leur manque puis qu'ils ont les pluies continuës les mois de Iuin & de Iuillet, & aussi grandes en abondance & plus que les autres: Nous auons bien en nos Riuieres des desbordemens, mais comme ils viénent des pluies, & celles-cy des vens, & que ceux-cy sont irreguliers les effets qui s'en ensuiuent le sont aussi. Ce que nous auons de plus ordinaire est que les Riuieres grossissent l'Hyuer & amoindrissent à l'Automne. Or pour mieux iuger de la fertilité de ces grandes inondations & éloignées de nous, j'en mettray icy vne petite & plus proche en Carniole.

Il y a vne Pleine enuironnée de Montagnes d'où sortent enuiron sept Ruisseaux d'eau qui descendent en ce lieu & font vn grād Lac qui croist sur la fin de l'Automne, décroist & s'éuanouit au Printemps par des cauitez sousterraines, on y seme du bled deuant les cruës & l'inondation des eaux, on péche tant qu'elle dure, & sur tout au découlement de ces eaux, auquel on bouche toutes les grandes ouuertures par où le poisson pourroit échapper. On y moissonne aprés les eaux écoulées, & on y chasse aprés la moisson faite: La péche est si abondante qu'on sale le poisson pour en fournir à la Prouince, & le reseruer à vn autre temps; La moisson si prompte que 20. iours aprés les eaux taries elle est preste; si planteureuse que tout le pays voisin en est nourry: La chasse si bonne à cause des animaux quadrupedes & volatils qui y accourēt en foule & s'y rendent attirées par la bonté du terroir & des qualitez particulieres, que c'est l'employ, le profit, & le plaisir de plusieurs personnes. Certes Magin Italien qui le rapporte, à toute occasion de l'appeller *Ludentis naturæ miraclum.* La façon auec laquelle il s'emplit soudainement & se desemplit est encore extraordinaire, car il y a sept ouuertures dans le Roc où l'eau des collines voisines se retire lors que l'eau vient à les remplir tout sort ce qui estoit entré. Et sans aller si loing on peut inferer cette fecondité tant par les inondations artificielles, que les hommes font détournant les Ruisseaux & Fontaines sur les Terres, Prez, Champs, & autres terres, que par celles que les fleuues y font quand ils desbordent, comme aussi c'est donner aux racines des arbres & des herbes dequoy croistre. De Serre racompte comme Crapone Gentil-homme Prouençal l'an 1557. faisant conduire de Salon à Craux en Prouence vn bras de la Riuiere de Durance par vn large Canal pris à cinq lieuës de ladite ville, changea le terroir de chaud, sec, aride, & sterile, en humide & fertile: Arles suiuit cét exemple, & de Serres en vne sienne terre; Ce qui réüssit au profit des lieux, où l'eau estoit conduite. Ces inondations se font d'ordinaire dans les pays maritimes: pource que d'vne part les fleuues vont grossissant s'enleuāt & croissant par la décharge des Ruisseaux, Torrens & Riuieres, & d'autre part les terres vont s'abbaissant par la pēte qu'elles ont vers la Mer. Aussi ce sont les plus fertils ce que l'ō peut faire voir par vne induction bien grande. La ville d'Arles est enuironnée de deux Terres bien differentes, que le Rosne separe, que la Mer termine, & sept lieuës enuiron de diametre mesurent. A son costé Oriental paroit vne grande pleine nommée le Crau, entourée à demy de Rochers & si couuerte de pierres dont les plus grādes ne sont que de la grosseur du poing, qu'elle a donné occasion à Elcylus Strabon Petrarque de dire que Iupiter courroucé de voir les Geans combatre contre son Hercule desarme fit tomber cette pluie de caillou pour les atterrer: Elle ne laisse pas pourtant de receuoir de la Manne, porter des vermisseaux pour la Pourpre & produire de petites herbes pour la nourriture des animaux. De son costé occidental s'estend vne Isle nommée la Camarque, si feconde que quand l'inondation du Rosne y suruient qui l'engraisse par le lymon, qu'il charrie: elle rend en sa recolte 30. & 40. fois plus qu'elle n'a receu: & quelquefois par le benefice d'vne plus grande inondation 70. fois selon Petrarque. On y compte aussi plus de deux mille Metairies.

La nege profite à la terre *1ent.* par sa froideur retenant la chaleur interieure dans la terre & l'empechant de s'exhaler: ce qui la fait occuper à nourrir les racines. Par son eau en son degel humectant la terre qui y entre sans s'écouler. 3. Par les graisses meslées auec l'eau.

Si on dit qu'on voit bien comme les eaux s'assemblent, grossissent, & emplissent les Cauitez: mais non pas comme elles peuuent sortir. Ie respond que cela se peut faire en plusieurs façons, *1ent.* par euaporation, mais cette façon seroit trop longue. *2ent.* par quelques ouuertures inferieures, & beaucop moindres, que la quantité de l'eau, qui y est entré comme il arriue en vn Estang que l'on vuide par la bonde: il y faut du temps. 3. Par Cauitez sousterraines faites en forme de Tuïau recourbé en haut, & de cette sorte l'eau ne couleroit que lors que les eaux seroient plus éleuées que le point plus haut d'vn tel Tuïau naturel, & l'écoulement seroit inégal en celerité, & se feroit tousiours plus tardiuement.

Qui ne voit encore icy que l'éleuation des Terres & Montagnes, & leurs dispositions requises à l'effet de ces inondations est vn ouvrage de l'art nō de la nature: puis que les parties qui les composent non seulemēt ne font que patir cette situation éleuée sur l'Air sans y agir tant soit peu: mais mesmes elles s'y opposent par leur pesanteur, qui destruiroit cette exaltation sans la solidité de l'vnion des parties, qui les y maintient.

§. 8. *Sixiéme maniere de communiquer des Eaux par les Arbres & Montagnes, qui font resoudre les Vapeurs en Eau.*

ON objectera qu'il se trouue encore des terres, qui n'ont ny les eaux tombantes, c'est à dire, les pluies, ny les coulantes, c'est à dire, les Fontaines, ny mesmes les dormantes & sousterraines des Puys du moins en suffisance. Telle qu'est l'Isle de Fer entre les Canaries: mais ces lieux ne sont pas pour tout cela delaissés. Dieu faisant croistre en cette Isle des arbres éleuez sur des Montagnes d'vne telle nature, & d'vne telle vertu attractiue des vapeurs, & si puissante pour les assembler, que la nuit ils en sont tous enuironnez, penetrez & remplis: & enfin quelque temps deuant le Soleil leué ils viennent à se resoudre en pluies, & se décharger goutte à goutte en bas dans vn lieu preparé, & propre pour les retenir & conseruer, par le moyen d'vn petit mur ou digue faite en rond & qui entoure l'espace dãs lequel cette eau doit tomber; On dit encore que les Sapins jettent de l'au en quantité au Printemps: Et mesmes il y a enuiron ce temps vne creuë d'eau dans le Allier & le Loire qu'on appelle la creuë des Sapins, laquelle peut encore venir des neges fonduës. C'est par vne mesme raison qu'on trouue de grandes & de grosses sources sur quantité de Montagnes tres-hautes où l'eau deuroit entierement manquer. Quinte Curse liu. 3. parlant d'vne. *Ex supremo montis cacumine excurrit.* Gilbert Porretan dit que dans l'Ocean d'Ecosse prés l'emboucheure d'vn fleuue est vn Rocher bien éleué, le sommet duquel donne vne source d'eau. A costa met des Lacs & des sources au haut des Montagnes du Perou, & cela est assez commun: ce qui s'explique par les nuées, qui y sont visiblement attirées puis qu'elles enuironnent également de toute part les festes de telles Montagnes comme j'ay dis de celle de Chaumont à vne liuë d'Alançon. Pour la source racomptée par Gilbert il faut la faire venir par tuïaux sousterrains & recourbez en bas. I'en dis de mesme de tant de grãds Lacs que l'on voit dans les Cartes sur les Montagnes où les vapeurs se trouuẽt auec les causes de condensatiõ. Aussi la figure des Montagnes multipliée est propre pour auoir en bas des concauitez à contenir les eaux, en haut des soliditez pour s'opposer aux mouuemẽs des nuées, & du froid pour les cõdenser, des pẽtes au milieu pour les faire couler jusques à la Mer. Car pour faire vn grãd Lac suffit vne grande concauité & vne source, qui à la lõgueur du temps le remplisse: mais pour faire que ce grand Lac fasse des Riuieres vne grãdissime production d'eau & vne cõtinuation & perpetuité de cettre production est requise, qui semble tres-difficile à monstrer, & trouuer en ces lieux éleuez où l'eau en sa propre densité ne peut mõnter, & par ainsi elle ne peut venir que de la reſolution des vapeurs en eau ſelō la maniere ſuſdite. La Montagne de S. Godart qui eſt vne des plus haute des Alpes, & la plus haute ſans contredit de tout le pays voiſin, porte en ſa cime & en ſa plus grande hauteur 4. ou 5. petits Lacs d'eau, qui coulent inceſſamment, & deux d'iceux font les ſources de deux Riuieres. Et cette continuation & perpetuité d'eau ne peut venir ny des neges qui ne fondent qu'en vn temps & y font vne creuë pour lors ſenſible, ny des pluies qui ſont long temps ſans y tomber. Il ne reſte donc autre moyen que la conuerſion des vapeurs en eau qui ſe fait ſur les herbes qui en ſont moüillées, ſur les eaux, & ſur les terres. Et celuy ne s'eſtonnera de cecy quand il connoiſtra ce que ie prouue autre part, que les Montagnes de Cōmorin & pluſieurs autres dont ie fais quelque dénombrement ſont cauſes en arreſtant les nuées ſix mois durant d'vn coſté, & ſix mois durant de l'autre, des pluies ſi abondantes qu'elles ſeroient capables de faire vne Mer.

C'eſt auſſi la raiſon pourquoy les Montagnes qui regardent l'endroit d'où vient le temps pluuieux & les vapeurs ſont ſi verdoyantes & plus abondantes en ſources que les autres. Que ſi ces cauſes ne ſont ſuffiſantes: il faut auoir recours à deux autres qui ne ſont ſi ordinaires, La 1e. eſt des vapeurs formées dans la terre & qui montent par ces Tuïaux naturels & deſcris cy-deſſus au haut de ces Montagnes. La 2e. eſt des Tuïaux naturels recourbez en bas qui reçoiuent l'eau d'vn autre lieu encore plus haut & la rendent bien loing juſques au Niueau de la ſource ou plus bas, & ie tiens que tant d'eaux qui ſe trouuent ſortir du haut des Rochers pointus, qui font vn jet dans la Mer, *&c.* ſont conduites par tels Tuïaux qui ſont également faciles à l'ouvrier.

Ie laiſſe beaucoup d'autres induſtries de cét Eſprit Diuin pour nous donner l'vſage de cét élement tres-commun: pource qu'elles ſont trop particulieres: En Prouence, Catalogne, Rouſcillon, les pluies y ſont plus rares: mais en recompenſe les Roſées y ſont ſi abondantes & frequentes qu'elles rendent ce pays plus fecond, que les autres ne le ſont par les pluies à cauſe du ſel qui eſt plus abondant en la roſée & vn grand principe de fecondité. En Egypte les roſées y ſont ſi grandes en certain temps que les habits des hommes en ſont percez, penetrez & moüillez, & par tout quand la roſée eſt abondante elle s'attache & ſe forme aux herbes, & aux cheueux de ceux qui y ſont expoſez.

Et ſi on dit que dans les Manieres precedentes les vnes ſont cōpriſes dās les autres: Ie reſpōd qu'il y a touſiours quelque diuerſité, ce qui ſuffit.

§. 9. *Vſages diuers que les Hommes tirent des Eaux.*

LEs Hommes par la participation qu'ils ont de cét Eſprit Diuin ont inuenté des moyens pour ſe ſeruir diuerſement des eaux & pour en tirer toutes les commoditez possibles, sçauoir est, pour connoistre les sources & le lieu où elles sont cachées sous terre. 2. Pour les ramasser en vn lieu & les faire sortir dehors. 3. Pour les conduire en diuers endrois d'vn Pré & Iardin, en diuers offices d'vne maison. 4. Pour les retenir en d'autres en forme de Reseruoir, d'Estang, de Canal, de Bain, de Lauoir, *&c.* 5. Pour les éleuer soit par pompes & autres artifices, soit par jets d'eau qui se forment par le moyent des Tuïaux en diuerses figures, font paroistre des Arcs en Ciel, portét des Entónoirs en l'air, comme ie diray cy-aprés; pour les faire tomber par cascade en forme de nappe, monter par boüillons, couler par camelot. 6. Pour exciter des vens par leur cheute dans des instrumens particuliers dont on se sert en lieu de gros soufflets pour faire fondre la Mine de fer dans des fourneaux à Gueuse, & pour autres semblables ouurages qui demãdent du vent. 7. Pour joindre les Riuieres & par ce moyen multiplier & faciliter le commerce. 8. Pour déssecher les Marests & Terres noyées dans l'eau, comme ont fait les Hollandois en leur pays, les Anglois en vne Prouince entiere, & les Auvergnats en vne terre proche de Clermont, le tout auec tres-grand profit des proprietaires. 9. Pour noyer les terres découuertes ce que la Mer fait en plusieurs endrois & quelques Riuieres en leur débordement auec tres-grandes pertes: Ce que d'autres Riuieres ou Ruisseaux font par art ou par nature, auec grand aduantage 10. Pour les faire seruir à mille mouuemens de Roües, Tarieres, Sies, Marteaux, Soufflets, Maniuelles, Meules à éguiser, escraser, piler, *&c.*

Et ces mouuemens sont les vns vtiles, comme sont tant de sorte de Moulins à blé, à huile, à citre, à papier, à poudre à canon, à tan, à sier le bois, le marbre, & le polir, à percer les tuïaux, à leuer & baisser les soufflets dans les forges & fourneaux, les pistons dans les pompes pour éleuer l'eau en telle hauteur que l'on desirera.

Les autres sont recreatifs & delectables, cõme quand on s'é sert à faire joüer des Orgues, les ramages des oyseaux, à monstrer les heures, *&c.*

On trouuera les practiques de tout cecy dans les Arts que j'ay traité, C'est à ceux qui ont des eaux dans l'estenduë de leurs terres & possessions de les bien mesnager, de recónoistre l'excellence & l'vtilité de ces vsages, la quantité & la hauteur des eaux qu'ils peuuent esperer, la longueur & pente des lieux par où ils veulent la conduire & autres circonstances propres pour profiter d'vne eau selon tous les vsages possibles: Et qui choisiroit vn lieu commode & propre à ces vsages deuant que de bastir pour sa demeure, ce que j'ay veu executé par deux personnes seulement il auroit auec beaucoup de durée & peu de frais, ce que les Princes ne peuuent pretendre, auoir, & entretenir qu'auec de grandes despenses.

DE LA COMMVNICATION DES FEVX CAVSE NECESSAIRE POVR LA COMMVNICATION DES EAVX.

Chapitre III.

E ioints ce traité auec le precedent & le fay suiure celuy des Eaux : pource que ces feux accompagnent les Eaux & mesmes en sont la cause. Aussi de mesme façon que cette Diuine Prouidence a pourueu en suffisance à nostre Terre en tout lieu, & en tout temps, & en tant de façons de l'Eau qui est le principe passif & naturel de toute production auec le mesme soing, industrie, & bonté : il a mis par tout la vertu du Feu Elementaire, c'est à dire, la chaleur, qui est l'autre principe, & le plus important de toute fecondité estant l'Actif. Ie me contente icy d'en faire voir l'vniuersalité dans les lieux, la perpetuité dans les temps & l'vtilité dans les vsages.

§. 1. *De l'Vniuersalité des Feux dans le Globe Terrestre.*

PVis que la chaleur fait dans nostre Globe la mesme fonction, que l'esprit vital dans nos corps ; il faut qu'on la trouue esparse dans toutes les parties. Aussi il ny a corps dont les Chimiques ne se ventent de pouuoir tirer de l'huile ou du souffre, qui sont deux feux en puissance prochaine. Et certes puis que les Elemens sont en substance dans les Mixtes : Celuy-cy, qui y tient le dessus & est comme l'ame des autres ny doit pas manquer.

Pour verifier d'auantage cette grande Communication du Feu faut sçauoir les diuerses manieres selon lesquelles il peut se trouuer icy bas, & ie remarque 4. façons d'y exister : Ce qui monstre comme les substances peuuent demeurer les mesmes parmy vn changement tres-grand des accidens & par consequent de l'estre apparent. La 1e. est quand il est en pleine liberté & en son estenduë naturelle telle qu'on le voit en nos flãmes: Ce n'est pas que j'estime qu'il y ait icy bas vn feu pur & sans meslange des corps & qualitez estrangeres. La 2e. quand il demeure encore attaché à des Mixtes où il est ademy prisonnier & ne luit aussi qu'à demy comme dans les bois pourris, écailles des poissons, &c. La 3e. Quand il est tellement enformé, qu'il ne faut qu'vn coup de mouuement local

pour

pour le tirer de sa prison, le mettre au large, & le faire paroistre. La 4e. est quand il y est tellement detenu, qu'il faut l'application du feu pour le deliurer. Or est-il qu'il ne se trouuera aucun corps où on ne trouue du feu selon vne de ces 4. façons: Donc il est par tout. Et si on dit qu'en la 4. il ne sort pas des mixtes; mais ils se fait des Mixtes par vne conuersion substantielle. Ie respond que l'vn n'exclud pas l'autre, & qu'il y en a, qui sort; puis qu'il y en a qui y est entré en composition. Et pour commencer par cét estat on n'a qu'a considerer ce qui peut estre changé en flamme de feu actuel pour reconnoistre bien tost l'Vniuersalité du potentiel. Il ny a presque rien qui ne serue d'aliment à cét Element deuorant: Non seulement le bois que la terre fait sortir de soy en si grande quantité y est propre; Mais aussi les tourbes qui sont gazons & mottes de terre. qui trépent dans l'eau, la Hoüille ou le charbon naturel, qui est vne espece de terre qu'ő tire des Mines dont on se sert au pays de Liege, au pays Bas, en toute l'Angleterre & l'Escosse, & d'où on en transporte autre part. Dans l'Anjou prés Ingrande on en tire tãt que le creux passe dessous la Riuiere de Loyre: On le trouue encore dans le Niuernois vers Dezize. A S. Estienne de Furen en Forest: il y a des mines de charbons si abondantes, & si creuses, qu'on y va bien loing à cheual & auec charretes, & le feu s'est tellement attaché à vne des mines qu'il y déja plus de 40. années qu'elle brûle continuellement, & la flamme paroit la nuit, & en temps humide. Durant Pline on brûloit de ces mottes en la Frise d'Hollande, dont encore à present on en tire quantité pour les lieux voisins: ces matieres font vn feu aspre, ardent & seruent à l'homme pour les ouvrages, qui sortent des fournaises. On trouue dans l'Hislande & autres terres Septentrionales froides & qui ont plusieurs iours consecutifs de nuits continuës abondance de Salpestre de Souffre, & d'autres matieres combustibles.

Et mesmes pour suppléer à des tenebres de si longue durée Dieu leur a donné vne grande multitude d'arbres, comme Pins, Sapins, abondans en Poix & Raisine, afin que les branches allumées leurs seruent de flambeaux, & qu'ils puissent tirer en quantité de telle matiere qui fait vne chaleur tres-intense & vne flamme assez luisante. La Mer jette les os des poissons & le coquillage qui est propre à brûler. La terre en plusieurs endroits contient de la marne, qui est comme vne chau encommencée & estant iettée en l'eau luy donne quelque petit commencement de boüillonnement. Elle échauffe & engraisse les terres, & les rend fecondes les 20. années consecutiues.

Vn Autheur recent voyant que la couppe & degradation des Forests apporte de grande perte; pour faire reseruer le bois aux batteaux, ouvrage de charpente, menuiseries & autres, monstre comme la France sur les riuages de ses petites Riuieres a en suffisãce de tourbes:& pource fait vn grand denombrement des Riuieres, proches lesquelles on peut trouuer cette terre cõbustible; afin d'épargner le bois de charpẽte & menuiserie.

Mais pour le faire voir dans le troisiéme & second estat, ce m'est assez de prouuer qu'il se trouue meslé auec le plus grand & le plus puissant ennemy de la flamme: c'est à dire dans l'Eau; Et neantmoins il y est, puis qu'il en sort, & que cette sortie se fait sans qu'il aye aucune cause productiue de soy soit dans l'Eau soit dans l'Air, qui en sont plus tost des destructiues: mais seulement vne condition pour assembler & presser les exhalaisons sortantes qui jointes ensemble & fortifiées par cette rencontre & vnion se reduisent en la rareté de flamme, & deuiennent telles de mesme que les Meteores luisants: Et cette merueille n'est pas si particuliere à quelque Fontaine, qu'elle ne soit commune presqu'à toutes les Mers, desquelles battuës soit par rames, soit par tempestés, on voit sortir des flammes & bluettes de Feu quand le temps est tres-obscur, & priué de toute autre lumiere, & quand la Mer est agitée de ses flots & ne faut pas dire que se sont des reflexions des Estoilles qui paroissent par l'eau comme par vn miroir, car elles se voyent en temps où toutes les Estoilles sont cachées. Ce sont donc coruscations & estincelles, qui sortent de la Mer comme les flammes d'vn Fusil: Ce qui fait que souuent elle paroist toute en feu: Spectacle qui estonne & surprend tellement ceux qui en sont spectateurs la 1e. fois, qu'ils en craignent l'embrasement du Nauire: Iusques là que quelques vns se reueillans dans vne nuit obscure, & voyant cette nouueauté ont crié au feu. Les autres qui y sont accoustumez prennent plaisir de voir les flottes entieres voguer parmy les flammes innocentes, qui n'ont point de chaleur pour les brûler: mais seulement de la lumiere pour les rendre visibles, & les conduire. Les autres plus curieux voulans s'asseurer & contenter leur curiosité aussi biẽ que leur veuë ont frotté auec les mains les Ancres & cordages, fraichemens tirez de la Mer Mediterranée, ont transporté de l'eau en des lieux du Nauire tres-obscurs, ont battu & frappé le fond de l'eau,& fait mille experiences & espreuues, esquelles ils ont veu ces estincelles & flammes venir de l'eau de la Mer battuë & luy estre attachées & adherentes. L'experience ne m'a pas si bien réüssi sur l'eau prise en la Gréue da S, Malo, pour monstrer que toutes les Mers ne sont pas également participantes de cette qualité.

Et certes puis que les rayons Solaires ne peuuent arriuer au fond de la Mer où les poissons se trouuent aussi bien qu'autre part,il semble conuenable d'y mettre quelque autre lumiere pour suppléer au manquement de la Solaire. Comme aussi la Prouidence diuine l'a mis dans les écailles & dans les yeux de plusieurs poissons, qui ont vne humeur visceuse luisante contre les tenebres, & chaude contre les froideurs. Keircher asseure auoir veu l'experience de deux poissons, sçauoir, du Poulmon marin ou Ortie, & d'vn autre nommé Solonis, qu'vn baston noir frotté de l'humeur du premier éclairoit la nuit, & que celle du second estant jettée auec vn asperges la nuit monstroit vne pluie de flammes en la maniere que paroisse les gouttes tombantes d'vn lard brûlé. Il ny a point d'animaux dont on tire tant d'huile, qui est la matiere prochaine de la flamme, que des poissons, plusieurs desquels ne viuent que de l'eau de la Mer. Or la Mer ne peut donner ce qu'elle n'a pas.

Enfin si la lumiere est vn effet propre du Feu soit mis en pleine liberté, soit dégagé à moytié de ces prisons obscures où il est renfermé dans les Mixtes on peut voir son vniuersalité par celle de tant de corps, qui sont ou lumineux effectiuement, ou desquels on tire de la lumiere: On voit la lumiere és Poissons, és Oyseaux, és Mouches, és Verres, és Pierres & mesmes dans les bois pourris, où elle est non receuë d'ailleurs; mais mise si intimement dans ces corps, qu'elle en sort la derniere. Et quoy que ces lumieres soient de plus longue durée que celles de nos Lampes, Flambeaux, comme estant plus fortement attachées à vne humeur visceuse; s'y ne laissent-elles pas de s'éuanouir petit à petit dans le temps: comme on voit dans les poissons morts, ou d'auoir de nouuelles matieres comme dans les animaux viuans. Laët, Pierre Martyr, Ouiedo & autres asseurent qu'en l'Isle Hispaniola il y a vne espece d'Escarbot ou d'Aneton, qui porte quatre petits flambeaux deux aux yeux, deux sous les aisles, qui sont si forts, qu'on peut lire, escrire, marcher, filer, trauailler, pescher, chasser à leur clarté, quand ils sont en quelque nombre. Ils se nourrissent de petits moucherons, puces, & semblables animaux nommez Niguas facheux aux hommes lesquels tournant des tizons embrasez & criāt. Cucuie les attirent en vn lieu & les prennent soit pour se deliurer de ces petites bestioles dont ceux-cy se nourrissent, soit pour en estre éclairé. On les attache au pied ou au doigt en marchant. Si on frotte son visage de cét animal la nuit il parroistra luisant & comme brûlant. Mais on est contraint de les laisser sortir pour aller chercher leur nourriture: autrement ces lumieres s'esteindroient. Les vers luisants ont leur lueur en vne humeur diaphane contenuë dans vn petit globe, qui se pert petit à petit, comme j'ay experimenté. Que si nous considerons les autres corps dont le Feu sort par simple mouuement local, nous en trouuons beaucoup: tels sont les Diamans, les Cristaux de roche, les Sucres battus auec Fusils comme j'ay dit cy-dessus. Vn mouchoir sec & net bien échauffé quand estant en lieu retiré & obscur on le va pressant successiuement en diuerses parties auec les ongles, des bois pressez & autres dont j'ay parlé cy-dessus. Que si l'on ne cōnoit le Feu par la lumiere, c'est par la chaleur, qui est vn autre effet : Et pour verifier cecy dauantage j'adjousteray en la 4e. partie les diuers corps, qui contiennent ce Feu potentiel en plus grande abondance, lesquels on trouuera espars dans le Globe Terrestre, & qui contribuënt aux Fontaines, soit par les vapeurs qu'ils font de l'eau eschauffée soit par les chaleurs qu'ils donnent aux Eaux, soit par les vertus qu'ils leurs font receuoir.

Si les Feux sousterrains & allumez trouuent des ouuertures, souspiraux, & cheminées naturelles ils font des Volcans qui jettent par ces bouches feu & flammes auec tant d'impetuosité & de violance, sur vne si grande estenduë de pays, auec vne continuation si longue, qu'ils ne donnent pas moins d'admiration à ceux qui en recherchent les causes, que de frayeurs à ceux qui sont proches des effets. Si ces Feux sont renfermez dans le sein de la Terre comme les esprits vitaux dans le corps & ont de fortes barrieres : c'est pour s'insinuer par tout, & agir puissamment dans toutes les matrices où sont les matieres propres à des Metaux, Mineraux & autres Mixtes, & les pousser à leur perfection. C'est là où la nature fait ces distillations, circulations, & autres operations Chimiques à loisir auec succés & addresse : comme aussi c'est sous la conduite d'vn esprit tout sçauant & tout puissant. Si ces Feux detenus prisonniers viennēt à croistre en telle rareté, & extension que l'espace ne soit pas capable de les contenir, ny assez fort pour leur resister ils secoüent tellement la Terre pour se faire large qu'ils sortent auec bruis, auec terres trembles, & fumées nuisibles & auec les agitations des eaux si l'ouverture se fait sous vn Lac comme il arriue souuent à celuy de Geneue : Enfin ces Feux font des Estuves en certaines Grottes, des eaux en d'autres qu'ils eschauffent diuersement qu'ils font boüillir, & par tout ils font des ouvrages admirables.

§. 2. *La perpetuité de ces Feux.*

DEVX circonstances rendent admirables les sources d'eau chaude & minerales, & ces Volcans qui vomissent des flammes ou des fumées inflammables & sont des sources de Feu. La premiere est la constante continuité de leurs sorties comme l'on peut voir dans les Eaux de Bourbon, tant Lancy qu'Archambeau qui coulent tousiours auec mesme abondance & sans diminution, ce qui est commun à mille & mille sources : La seconde qui leur est propre est l'égalité de leur temperament & la qualité perpetuée, sans aucun déchet auec la quantité. Il y en a dont on a memoire de leur chaleur & proprietez depuis plus de 1000. années. S. Augustin fait le recit de quelques vnes de son temps, & de leur chaleur & fumées, que nous experimentons au nostre auoir les mesmes qualitez & accidens; Pline, Ioseph, Aristote & autres plus anciens parlent des choses de leur temps qui sont les mesmes au nostre. Car si tout fini pour grand qu'il soit se diminuë : puis se consomme entierement par substraction continuée de parties finies pour petites qu'elles soient : Qu'elle doit estre la dissipation des esprits, la perte de la matiere qui eschauffe tant d'eau & en tel dégré de chaleur? Quel estomac déuorant peut estre assez grand, pour digerer tant de matiere & la conuertir en eau de telle vertu? Les Forests entieres seroient reduites en cendres, pour faire boüillir tant d'eau, pour faire exhaler tant de flammes, tant de fumées, & de chaleurs.

Il ne faut point chercher d'autre moyen de maintenir cette perpetuité, que de faire naistre autāt de Mixtes d'vne espece, qu'il s'en perd: & de faire que la Substraction égale l'Addition; & qu'il y ait égalité de productions & de corruptions. Pour auoir cette égalité il faut que les causes productiues & destructiues d'vn mesme effet demeurent les mesmes.

Et c'est ce que Dieu a fait balançant & mettant en équilibre ces deux sortes de causes en la nature; qui a prépré diuers endrois comme autant de matrices pour la formation de diuers Mixtes, où elles conseruent vn mesme temperament de chaleur où elles reçoiuent & attirent des fumées d'vne certaine espece pour trauailler & agir sur elles rejettant les autres incapables de leur effet, & ainsi demeurant les mesmes en vertu font tousiours le mesme en effet. Nous auons vn exemple manifeste de cette perpetuité & égalité en la formation des eaux, que j'ay expliquée en la partie premiere, & la mesme raison & necessité en la formation des Feux & des autres Mixtes. Et certes s'il y a autant d'exhalaisons que de vapeurs il se formera autant de Feux de celles là, que d'Eaux de celles cy. Si en l'Air & sous Terre il y a des lieux où l'exhalaison s'embrase se joignant & dilatant comme il y a en l'Air & en Terre des lieux où la vapeur se condense. Nous aurons des Feux en ces lieux là comme des eaux en ceux-cy, qui seront visibles en l'Air & feront des Meteores ignées intelligibles par les effets en la Terre.

Et pour rendre plus aisée cette conuersion circulaire plusieurs tiennent que ces grandes masses de matiere de mesme espece ont vne vertu attractiue des fumées propres à les accroistre d'autant de plus grande estenduë que leur corps qui en est la cause à plus d'extension : comme il arriue aux corps l'vmineux, qui portēt leurs lumieres d'autāt plus loing, que les luminaires sont plus grands. L'experience y est fauorable Fallopius asseure que le Souffre & le Bitume renaissent dans le lieu d'où on en a tiré, & dans l'espace de cinq ans enuiron: Ce qu'il dit auoir esté verifié au Territoire de Modene. Strabon dit le mesme du Fer, Agricola du sel: Ce que l'on peut recônoistre en la Montagne de sel de Cardonne en Catalogne: Pline du Marbre quoy que ce soit plus tard Garcias de Horto Medecin du Vice-Roy des Indes le dit des Diamâs, qui croissét en deux ans, ce qui dit estre tres-admirable & tout ensemble tres-certain Rochas des metaux. Les charbons dé Liege reuiennent & les tourbes prés des Riuieres. La terre Lemnia se perpetuë se produisant en méme endroit de l'Isle de Lemnos. Remarquez que comme il y a des Fontaines, qui jettent plus en vn temps qu'en vn autre, d'autres qui reposent & cessent pour vn temps & reuiennent, d'autres qui tarissent tout à fait. Qu'il y a des Volcans d'autant de façons. *2ent.* Que d'autant que les choses sont plus vtiles d'autant sont elles plus multipliées comme sont les Fontaines qui le sont dauantage que les meteores ignées, & ceux-cy que les Mixtes particuliers de Souffre, Bitume, *&c.* 3. Que si on conçoit bien comme se fait vne petite flamme, partie de Souffre de Salpestre, on sçait comme se fait toute la flamme, tout le Souffre & le Salpestre du monde, par ce que j'ay dis au Chap. 1. §. 1.

§. 3. *Les vsages du Feu & de la chaleur.*

LE Feu estant le maistre ouvrier & le principal agent de la nature, l'inuention de l'allumer & de l'appliquer a esté reseruée & donnée à l'homme seul, qui est le Roy de la nature & en tire mille effets soit communs, soit rares & prodigieux. Et quoy que l'inuention de soy soit tres-subtile s'il ny a-il eu nation pour barbare, & ignorante qu'elle soit qui n'aye troué le moyen de le faire. L'Homme s'en sert à se chauffer, & cuire ses viandes pour les vsages communs, à separer, purifier les metaux, à les rendre traitables sous les coups de marteaux, à en faire mille instrumens pour nos vsages, à les fondre & jetter en moulle pour en faire sortir telle figure que l'on voudra, à faire mille Meteores, transformations, conuersions, extrais, pour separer les parties d'vn tout composé, les mettre à part & donner à connoistre plus distinctement & s'en seruir separément: bref à tous les ouvrages qui se font dans les cheminées, Alambics, Forges, Creusets, Fourneaux, Poilles, *&c.*

Et pour les Cheminées plusieurs voyant que la chaleur s'espandoit inutilement de toute part, & qu'on ne joüissoit pas de la 30e. partie les 29. échaufant l'Air éloigné de nous & de nos vsages, pour la retenir renfermée, & l'appliquer toute entierement contre ce que l'on veut échauffer & faire cuire, on fait des Fourneaux où auec peu de bois on échauffe & on cuit ce que dans les voyes ordinaires on ne peut faire qu'auec beaucop dauantage de bois. Et mesmes il y a des pots doubles où auec la flamme de deux Lampes on fait cuire la chair : & si on faisoit cét entre-d'eux en spirale l'effet en seroit plus grand; Le Medecin Sabot en son Architecture donne l'inuention pour porter la chaleur d'vn feu inferieur és chambres superieures comme l'on fait aller l'eau des sources superieures és Offices & endroits inferieurs.

Le principal vsage des Feux sousterrains & le plus fructueux pour nous est la formation ou l'augmentation de nos Sources.

Fin de la Seconde Partie.

TROISIEME PARTIE,

DE LA SCIENCE DES EAVX ET DE LEVRS MOVVEMENS PARTICVLIERS.

IE ne pretend pas icy traiter des mouuemens qui sont communs aux Eaux auec tous les autres corps pesãts: ny ceux qui leurs conuiennent auec les autres corps liquides : Ces traitez sont reseruez à la Cosmonomie. Mon dessein est d'expliquer icy les Mouuemens Particuliers, qui se trouuent dans les eaux qui composent nostre Globle, & qui leurs viennent en vertu de la disposition & situation tant des Eaux que des Terres, qui estant purement contingentes à [illegible]ature de ces deux Elemens appartiennent à l'Art de celuy qui les a crée, & cét Art a pour motif de son employ l'amour que ce Souuerain Artizan a pour les hommes. Ie me confirme tousiours dauantage en cette pensée que les Eaux sont les suiets où Dieu fait plus visiblement paroistre ses Attributs & où il a mis plus de choses extraordinaires, & comme l'on [illegible]it de miracles de nature. Nous l'auons veu en la formation des Eaux & des Feux dans la 1e. partie, lesquels se font par deux conditions que l'on fait rencontrer par plusieurs diuerses manieres que la seconde partie nous a découuert pour rendre ces Elemens plus communs. Nous l'allons voir sur des Mouuemens bien particuliers.

DES MOVVEMENS PARTICVLIERS DANS L'OCEAN.

CHAPITRE IV.

§. 1. *De quatre Mouuemens principaux, qu'on remarque dans l'Ocean.*

IL ny a point de merueille à voir, ny de difficulté à expliquer le cours des Eaux, qui se fait sur la Surface de la Terre penchante, ny les soulleuemens & abysmes, que les tempestes excitent dans l'Ocean. Car l'Eau par sa grauité est contrainte de suiure la pente qu'elle trouue dans les terres, & la mesme par sa liquidité est obligée de ceder à la force & violence des vens, & partant de se leuer en montagnes, & de se fendre & diuiser en abysmes estant portée par la furie des vens, qui y regnent. La merueille & la difficulté est de voir & d'expliquer vn mouuement d'eau dans l'Ocean qui est par tout de Niueau, & de mesme hauteur lors qu'il est calme soit que ce mouuement se trouue en toute l'estenduë de la Mer, soit en vne partie seulement. Et toutefois nous sommes obligez de reconnoistre quatre principaux & diuers mouuemens dans l'Ocean, & cest lors mesmes qu'il est dans vne träquillité parfaite: d'où s'ensuiuét d'autres moins principaux. Le *1er.* se fait de l'Orient à l'Occident. Le *2ond.* des Zones Froides & des lieux plus éloignez du Soleil à la Zone Torride, & à ceux où il donne plus à plomb. Le *3eme.* plus vniuersel du milieu aux extremitez. Le *4eme.* plus particulier de certains endrois à d'autres opposez. Le *1er.* se fait en vn lieu determiné & en tout temps. Le *2ond.* en vn lieu & tout ensemble en vn temps determiné: c'est à dire, six mois l'année d'vn costé, & les autres six mois de l'autre. Le *3e.* en tout temps & en tout lieu. Le *4e.* en vn lieu de[illegible]iné & en tout temps en plusieurs endrois; en d'autres non. Les deux *1ers.* n'ont point de nom propre; On appelle le *3e.* flux & reflux: Le *4e.* vn courant ou courante d'eau. Le *1er.* a pour cause le mouuement journal, Le *2ond.* l'annuel du Soleil, Le *3e.* le menstruel de la Lune; Et le *4e.* les precedentes causes auec la figure de la Terre. De ces 4. il ny a que le *1er.* qui puisse estre contesté & qu'on puisse attribuer aux vens.

§. 2. *Les manieres de connoistre ces quatre Mouuemens.*

IE présuppose *1erent.* qu'il ny a que deux principes naturels qui puissent faire mouuoir tout ce qui surnage sur l'Ocean: cóme sont les Isles Flotantes, fantes, les [illegible]ons, les Nauires sans rames, sçauoir est, le mouuement de l'Air, qui les enuironne, & de l'Eau qui les porte : Car rien ne peut agir sur ces corps, & imprimer vn mouuemét, que ce qui les touche: Rien ne les touche que l'eau dans laquelle vne de leur partie est enfoncée, & l'Air dőt l'autre est entourée, donc, *&c.* L'Air agité le fait pressant, poussant, & faisant auancer les voiles & auec eux & par eux le Nauire ; l'Eau le fait les portant comme vn chariot roulant fait mouuoir auec luy tout ce qui est posé sur luy. Toute la difficulté est à bien discerner les mouuemens, qui viennent de chacune de ces parties. Ie présuppose *1ent.* que dans la Mer où le Nauire auance sans bransler ny changer d'assiette il est impossible de reconnoistre par la veuë le mouuement, beaucoup moins la vitesse d'iceluy; d'autant qu'on n'a deuant la veuë de quel costé qu'elle se tourne, que trois objets le Ciel, l'Eau, & le Nauire, qui se monstrant tousiours de mesme façon & sans diuersité quelconque ne donnent aucun moyen de juger du changement du lieu. On ne peut non plus tirer aucun argument des autres sentimens. C'est donc par discours que nous le deuons conclurre : ce qui se fait premierent quand on nauige dans vn mesme cercle de longitude par la maniere que j'explique en la Geographie, traitant de l'inuention des latitudes. *2ent.* Par les voiles du Nauire, qui tant plus qu'ils sont enflez & bandez monstrent vne plus grande actiuité & vigueur dans le vent, qui multiplie selon la plus grande estenduë des voiles. Et si on veut examiner la force du vent on n'a qu'à luy exposer vn aulne de toile toute estenduë & mettre au bas vn baston auec quelque poids. Car tant plus qu'il l'éleura en haut & que le poids sera grand, tant plus contiendra-il de vertu & d'impetuosité, qui quadruplera en l'estenduë quarrée de deux aulnes de toiles, & centuplera en celle de 10. aulnes. *3ent* Par la terre quand on va la costoyant.

Par ces moyens les Nautonniers par frequentes experiences ont reconneu que le Nauire en tant de temps comme en 24. heures fait tant de chemin comme 60. lieuës ; lors que les voiles disposées de certaine façon sont tant enflées par le vent, la Mer estant calme & sans mouuement aucun, dans les endrois, où ils en peuuent auoir asseurance. Ce qu'estant ils en font vn principe de leur Art, & attribuënt la vertu d'vne telle velocité à vn tel vent.

Ces veritez estant ainsi establies il sera tres-facile de juger, quand c'est l'Eau qui est le principe total ou partial du mouuement du Nauire, & par conséquent en quel temps, en quels endrois elle a vn mouuement, & de quel costé il se fait, C'est lors que l'Air seul ne peut estre la cause totale: Ce qui arriue quand le Nauire ou quelque corps surnageant va contre le vent, ou sans le vent, ou plus viste que la vertu du vent qui regne pour lors ne requiert : Ce qui a esté reconneu par plusieurs [illegible]ations en des endrois où on auoit asseurance que l'eau estoit sans mouuement, & le vent le principe & le moteur total.

§. 3. *Les experiences, qui preuuent ces quatre mouuemens.*

IE les prens de l'Hydrographie du P. Fournier & d'autres auteurs. En voicy quelques vnes. Pour le 1er. mouuement, 1. Le retour est bien plus viste & se fait en moins de teps les vens supposez égaux, de la Palestine en Espagne sur la Mer Mediterrennée & de Goa au Cap de bonne Esperance sur l'Ocean, que l'allée d'Espagne en Palestine, & de la pointe d'Affrique aux costes des Indes. 2. Le voyage de la Guinée d'Affrique au Bresil, ou des Isles du Cap Verd au Mexic est tres-facile & s'acheue en 20. iours, mais le retour par le mesme chemin est ou impossible ou tres-difficile : & pource on est contraint de sortir de la Zone Torride & aller jusques au 40e degrez pour trouuer le cours de l'eau fauorable auec les vens & réuenir:ce que l'on fait en trois mois. Vn Pilote au rapport de Metius voulāt aller du Bresil à l'Isle de S.Helene & ayāt vogué plusieurs iours auec vn vent fauorable à l'Est sans changer le 16. Parallelle se trouua proche de la coste du Bresil d'où il estoit parti,lors qu'il pensoit selon l'estime ordinaire des Nautoniers aborder & arriuer à l'Isle S. Heleine. Enfin dans la Mer Pacifique on va droit, & viste, & facilement des Indes Occidentales comme du Perou aux Orientales, comme aux Isles de Salomon, aux Moluques, à la Chine, &c. Car sans changer de voiles on fait par iour plus de 40. lieuës. A costa dit qu'vn Nauire l'an 1580. en deux mois Ianuier & Février fit sur la Mer Pacifique 2700. lieuës ayant tousiours le vent d'Orient en poupe. Et le mesme arriue tousiours sans qu'on y ressente aucune tempeste. Comme aussi puis que ce sont les vens qui amenent les tempestes on ne les doit pas craindre tant qu'vn seul vent regnera, & entre les vents l'Orient. Mais on ne reuient pas si vistement, ny si facilement, ny par le mesme chemin: Puis qu'il faut sortir de la Zone Torride & chercher le 40e. Parallelle. Quelques vns attribuent ce mouuement des Nauires aux seuls vens, pource que d'vne part il est certain qu'ils agissent sur les voiles & par les voiles sur le Nauire : puis qu'ils en sont bandez & enflez, & que de plus le vent d'Est soufflé iour & nuit sur la Mer Equinoctiale : d'autre part le bandement des voiles monstre vne actiuité suffisante pour donner à la vertu des vens toute la celerité du Nauire, mais les courantes, tant celles qui vont du costé Oriental de l'Ocean & sur les costes d'Affrique, que celles qui se font dans les bornes & riues Occidentalles de l'Ocean, & sur les costes de l'Amerique, concluent efficacement ce mouuement qui seul en peut estre la cause.

Le second mouuement se connoit seul par les glaces d'vne prodigieuse grandeur, qui se destachent des costes de la Groenelande, Islande, Canada, & autres pays plus Septentrionaux; & estans portées, & charriées sur la Mer Glaciale tiennent constãment leur route du Nort vers le Zud sans iamais la changer, quel vent qu'il fasse: & nos François ne craignent rien tant allant en Canada que le rencõtre de ces montagnes flottãtes, & cette crainte est la cause vnique du retardement des nauigations, qui ne se font qu'au mois de May & de Iuin; lors que ces glaces sont fonduës. 2ent. Il y a bien plus de facilité d'aller des Azores à la ligne Equinoctiale, que de retourner de cette ligne à ces Isles supposée tousiours l'égalité des vens. En 3. lieu diuers courants qui se font du Nort au Zud dans les endrois où la Mer est serrée en sont encore des preuues éuidentes l'eau court dans la Mer Pacifique du Nort au Zud entre les Isles du grand Archipel dans l'Ocean: de la nouuelle Zemble au destroit de Vaigas & du pont Euxin en la Mer Mediterrenée par le destroit de S. Georges. Il faut conclurre le mesme mouuement du Pole Antarctique à l'Equinoctial durant nostre Hyuer, que nous remarquons du Pole Arctique à la mesme ligne durant nostre Esté, car la raison, qui monstre l'vn prouue l'autre.

Le troisiéme est trop vniuersel, trop journalier, & trop visible pour deuoir estre prouué. Le 4. se fait voir & ressentir par la trop grande rapidité de sa course, & par les effets dangereux qui s'en ensuiuent: ce qui fait qu'on n'oseroit aprocher d'vn costé de 100. lieuës des Maldiues pour ces courantes & pour les brisans où elles conduisent vn Nauire, & contre lesquels elles le font vrter, ny passer de la terre de Gieso à l'Amerique par le destroit qui est entre-d'eux. Le P. Fournier au 9. liure de son Hydrographie Chap. 31. en fait vn grand dénombrement.

§. 4. *De quelques autres Mouuemens plus particuliers & extraordinaires.*

IE les mets à part: pource qu'ils ne sont pas si communs que les quatre precedens, ny que ceux qui suiuuent d'eux, ils n'en sont pas moins admirables. I'en trouue de trois façons, sçauoir, 1ent. des pertes d'eau dans la Terre, 2. des éleuations d'Eau dans l'Air, & 3. de boüillonnemens d'eau dans l'Eau mesme. Touchant le premier les enfoncemens des Riuieres dans la terre sont assez ordinaires & j'en ay fait voir plusieurs exemples dans la premiere partie §. 7. Ceux des Mers sont plus rares.

La Mer Caspie en a vn comme j'ay dit cy-deſſus.

Gregoire Iſthoma enuoyé Ambaſſadeur par le Duc de Moſcouie au Roy de Danemart l'an 1496 raconte qu'en nauigeant de la Mer Blanche ſur les coſtes de la Lappie on rencontre vn promontorre nommé Naſus Sanctus, pour la reſſemblance qu'à cét eſcueil auec vn nés, lequel a vne cauerne ou antre profond où les eaux ſont attirées & abſorbées durant ſix heures auec les Nauires qui s'y trouuent, les autres ſix heures ſuiuantes elles ſont réuomies auec le débris des Nauires englouties. Ortelius en ſon Threſor Geographique aſſeure le meſme d'vn lieu nommé Maël-Stroon, par Paul Diacre l'Abyſme de l'Ocean, par Olaus Carybde, par Orphée l'Acheron, par Mela le ſouffle & la reſpiration de la Mer, par Solin les narines, par Ariſtote Tartara, par d'autres le nombril de la Mer, & par Ortelius *Stupendum naturæ inſcrutabilis miraculum.* Il contient en ſon contour 13. lieuës, deſquelles les Nauires n'approchent point ſans éuident danger d'y eſtre enſeuelies. D'autres diſent que ces mots conuiennent à tous les endrois où la Mer s'engouffre.

Dans vne Carte de l'Europpe Maël-Stroon eſt marqué au *65e.* Parallélle & *34e.* Meridien; Les éleuations d'eau ſont plus admirables pour eſtre contre leur peſanteur, Au *68e.* Parallelle *54e.* Meriden enuiron eſt mis vn jet d'eau au milieu de la Mer qui s'éleue ſix heures durant. Auprés de Cuba Iſle du Sein Mexic à deux lieuës de haute Mer, ſort vne eau douce, qui fait vn jet haut de ſix coudées, ce qui ne ſe peut expliquer que par la hauteur tres-grande de la ſource, jointe auec vne grande abondance d'eau, & par des tuïaux caues & vuides de ſables qui retarderoient la force de l'impetuoſité du jet, qui doit fendre, & ſe faire large au trauers de l'eau ſalée, comme font pluſieurs fleuues qui auancent dans la Mer les lieuës entieres ſans meſler leurs eaux à cauſe de leurs mouuement rapide.

Au pont Euxin au milieu de l'eau on puiſe de l'eau douce qui trauerſe la hauteur de pluſieurs braſſes parmy l'eau ſalée, ce qui ne ſe peut faire ſans que la ſource ſoit forte, ny eſtre forte ſans eſtre haute. Aux Maldiues entre l'Attollon Malo & Poliſdon la Mer y paroiſt noire comme de l'Ancre, pour ſa profondeur, & boüillonnet à gros boüillons comme fait l'eau qui eſt ſur le feu: L'eau ny court comme elle fait aux autres entre-d'eux. *Item*, Au Sein-Mexic proche de la Garde-Loupe on voit vne fumée ſur Mer & leau y boüillir, & ſi chaude qu'on y peut durer la main. Les Hollandois l'an 1598. prés le Cap de bonne Eſperance trouuerent vn endroit de Mer long de quatre fois la portée d'vn Mouſquet, large de ſeptante pieds où l'eau boüillonoit.

§. 5. *La façon de representer ces Mouuemens sur les Globes, & les Cartes.*

LE premier se representera par des Nauires qui auront la Pouppe tournée vers le lieu du depart, & la Prouë vers le lieu de l'abbord auec des lignes ponctuées pour monstrer le chemin déja fait. Le second par de grands glaçons, & par la trace du mouuement qui prendra du destroit de Dauis jusques à ces glaçons par des lignes ponctuées. Le troisiéme est trop vniuersel pour pouuoir estre designé sur Mer; On pourroit bien sur les costes marquer les heures des Marées à chaque nouuelle Lune & les plus grandes éleuations des Marées sur le Niueau ordinaire. Le quatriéme par des marques de fleuues tracées au milieu de la Mer.

§. 6. *La raison du premier, & du second Mouuement.*

IL semble à plusieurs que la difficulté soit à rendre raison des experiences; mais pour moy j'estime qu'elle est à en auoir vne asseurance, & à bien conceuoir la qualité de ces Mouuemens bien verifiez en toutes leurs circonstances. Et si la question du fait estoit entierement conneuë, celle du droit & de la cause le seroit assez tost & clairement: pource qu'il est aisé de trouuer les principes des Mouuemens naturels Elementaires & mesmes d'en faire voir des effets tous semblables deuant nos yeux pour nous conuaincre sur cette matiere, qui approche en certitude de la quantité: mais jusques icy on a esté fort peu curieux & mesme fort negligens à rechercher les secrets de la nature qui sont en multitude renfermez dans ces thresors. D'où vient que se contentant de celles qui se voyent ordinairement on a supposé beaucoup de choses que l'experience demonstre fausse; & on a basti de grands discours sur des fondemens bien incertains, ainsi que l'on peut voir en quantité d'exemples?

Il y en a qui veulẽt attribuer le 1er. Mouuemẽt au journalier de la terre, qui va de l'Occident à l'Orient, & qui ayant assez de forces pour trainer auec soy les Eaux qui sont enfermées dãs ses cõcauitez & par consequẽt l'Air qui touche la Terre & est entre les Montagnes n'a pas assez de prise sur l'Air qui est sur ces rases Campagnes & pleines vnies de l'Oceã & de la Mer Pacifique, d'où vient que cét Air ne suiuãt pas auec égale celerité le cours du Globe Terrestre retarde d'autant les Nauires de ce mouuement, qu'il est inferieur en vitesse au iournalier, & les fait plus Occidentales qu'elles ne deuroient estre par tout autre principe de mouuement,

Et puis que de tous ces deux Mouuemens de la Terre & de l'Air on n'apperçoit du tout rien que ce retardement on le prend pour vn mouuement particulier, & pour vn vent qui souffle tousiours de l'Orient à l'Occident dans la Zone Torride. De plus sur la Mer c'est l'eau & les Nauires, qui agissent immediatement sur l'Air & l'entrainent auec eux de l'Occident à l'Orient comme le font les Montagnes auec cette difference que celles cy demeurent stables & immobiles; là où celles là ne peuuent imprimer ce mouuement sans ressentir les effets de la resistence ny les ressentir sans ceder vn peu à cause qu'elles ne sont attachées à quoy que ce soit, ny ceder sans aller à termes contraires de l'Orient à l'Occident & voila nostre Mouuemét tout trouué. Mais cét effet deuroit paroistre hors de la Zone Torride aussi bié que dedãs, quoy que non auec tant de uitesse; puis que la mesme cause s'y retrouue: & toutefois il est contraire au 40e. Parallelle. Les courantes en sont des effets manifestes.

Mais sans auoir recours à cette hypothese, on explique le tout par le mouuement du Soleil qui dans la Zone Torride trouue trois circonstances considerables. La premiere est d'auoir plus de matiere à enleuer & à éleuer qu'en tout le reste du Globe: puis que l'estenduë de la Mer & la profondeur comprise dans cette Zone égale & mesme surpasse toutes les Mers. qui en sont excluses: La 2e. est d'auoir vne vertu attractiue de cette matiere plus grande qu'en tout autre lieu du Globe; à cause des rayons Perpendiculaires qui sont les plus puissans de tous. La 3e. cõmune à toutes les liqueurs est que la Mer, d'où se fait cette attraction est de soy coulante, fluide, & facile à mouuoir incontinent qu'elle trouue la moindre pente: Au contraire dans la Zone Froide on y trouue bien de l'eau en abondance: mais d'vne part elle est tres-difficile à estre attirée, à cause qu'elle est glacée en plusieurs endrois, & cette glace est encore couuerte de neges d'vne grande hauteur, & aux autres elle est tres-froide, soit par sa propre nature, soit par la froideur de l'Air qui y est tres-pur & non contente de resister aux rayons du Soleil, & de faire que rien du tout ne sorte elle passe plus outre & par vne similitude de nature ou par la condensation elle attire les vapeurs à soy & par sa froideur les conuertit en neges ou en gouttes d'eau: D'ailleurs la vertu des rayõs Solaires trop oblique y est tres-foible & languissante & ne peuuent rien contre vne forte resistence: aussi d'ordinaire le temps y est souuent sanspluies, mais és pays Septentrionaux auec des bruines & broüillarts si espois de si longue durée & qui ne peuuent venir que des vapeurs qui y sont poussées que l'on en est souuent estouffé, & on ne se voit pas l'vn l'autre. Les Nautoniers l'asseurent de la Groenlande, du d'estroit de Vaigas & de la nouuelle Zemble. Adjoustez à cecy que sur l'Esté les neges dont toutes les terres Septentrionales sont couuertes se fondent auec les glaces & se vont rendre dans la Mer: Ce qu'estant il s'ensuit vne diminution d'eau en grande abondance dans la Zone Torride, & vne augmentation en grande quantité dans la froide en mesme temps de l'Esté & de ces deux icy suit vn mouuement d'eau de la Froide à la Torride qui est le second des quatre mis cy-dessus. Car pour faire l'égalité & maintenir le Niueau il faut que les eaux éleuées par vne addition notable telles que sont celles de la Zone Froide se deschargent dans celles, qui sont abbaissées par vne substraction tres abondante, telles que sont celles de l'Equateur. Et d'autant que lors que les neges se fondent & se liquefient en vn Pole elles se forment & s'amassent en l'autre; il faut croire que ce mouuement est alternatif, qu'il suit le mouuement annuel du Soleil & qu'en Esté nostre Ocean Septentrional descend à la Zone Torride, en Hyuer c'est l'Ocean Polaire Meridional. De plus le Soleil dans la mesme Zone attire ces eaux non tout à la fois; mais successiuemant & par parties, & cette succession se fait de l'Orient à l'Occident pour suiure le Soleil qui est la cause de cette attraction & qui se meut de la sorte. Or le mouuement de l'eau suit tousiours la pente, celle-cy la diminution de l'eau: celle-cy l'attraction: celle-cy le Soleil, celuy-cy, va de l'Orient à l'Occident, donc le mouuement de l'eau se doit faire de la sorte: & c'est le premier des quatre mis-cy dessus qui se verifie de ce qu'il est d'autant plus reconnoissable qui se fait proche l'Equinoctial ou dans l'endroit où le Soliel donne à plomb. Quelques vns ont voulu prouuer par ce mouuement, que la Terre est d'vne figure ovale: & que les pointes & parties plus éloignées estoient vers les Poles; d'où s'ensuit que le mouuement de l'eau ira aisement des Poles à l'Equateur: comme en descendant, & s'approchant du centre: Et que le mouuement des vapeurs se fera auec pareille facilité de l'Equateur à la Zone Froide où la moyenne region s'approche des terres & les touche aux Poles mesmes. Mais si ces deux mouuemens s'accommodent & s'accordẽt auec la figure ovale les mouuemens des Riuieres de Duina, Oby, & autres qui vont au Septẽtrion; les changemẽs des hauteurs du Pole qui se font pour chaque degré en des longueurs égales, les Mers qui se joignent en tout temps auec les Septentrionales & qu'on nauige de tout costé également y repugnent.

§. 6. *Des deux autres Mouuemens qui suiuent de ceux-cy.*

IL est impossible que le premier Mouuement se fasse & que l'eau aille de l'Orient à l'Occident sans laisser de l'espace vers le terme du depart & vers l'Oriẽt que l'eau quitte, & sans en occuper vers le terme d'abbord & vers l'Occident où elle auance. Et si rien ne succede à l'Orient l'eau s'espuiseroit en abysmes. Si rien ne quitte vers l'Occident l'eau s'amasseroit en Mõtagnes. Pour donc remedier à ces inconueniens Dieu a fait, que l'eau qui descend des Poles se range du costé Oriental, & vers la Guinée, où il y a vn courant pour succeder à celle qui se remeuë vers l'Orient, outre que l'eau qui vient hors des Tropiques de l'Occident à l'Orient s'y rend aussi : Et voila le premier inconuenient éuité. Et pour l'eau qui arriue à l'Occident elle fait vn courant manifeste sur les costes des Terres, comme ie diray sur le quatriéme Mouuement & s'en va iusques au 30. & 40. Parallelle, où elle retourne quoyque non si reglément ny auec vne celerité si sensible : pource que le Soleil en a éleué vne partie : & de plus cette eau se diuise en deux courantes au Cap de Fernanbuco, dont l'vne tend au Midy, l'autre au Septentrion. Quand au second mouuement il se recompense par vn autre mouuement d'eaux mises en vapeurs. Et certes c'est encore icy vn grand trait de l'esprit Diuin de conseruer les eaux qui seroiét excessiues en l'Hyuer pour l'Esté où on les recherche dauantage: Afin qu'vne saison fournisse à l'autre ce dõt elle abonde, & que l'autre reçoiue ce dont elle a disette: Ce qui se voit dãs le commerce de la Zone Torride & de la Froide. La Torride a besoing d'eau pour reparer la perte de celle que le Soleil luy rauit continuëment & abondamment. La Froide a besoing de vapeurs que la terre coûuerte de nege, & bouchée de glaces ne peut faire sortir de soy, & que le Soleil ne peut attirer. Il se fait vn échange. La Zone Torride a trop de vapeurs & trop peu d'eau : La Froide a trop d'eau & trop peu de vapeurs. Les vapeurs de la Torride võt à la Froide par le ministere des vens, les eaux de la Froide vont à la Torride par vne pente quoy qu'insensible. Aussi ceux qui y ont hyuerné y ont trouué des vapeurs espoisses & continuës, Dieu de plus par les mouuemens mis cy-dessus conserue l'Eau & l'Air en des agitations perpetuelles & par consequent conuenables à leur conseruation, *& vitium capiunt ni moueantur aqua* : Ce qui est encore plus veritable d'vn Air renfermé & sans mouuement. Car la méme difficulté, qui est dans les eaux qui vont de l'Orient à l'Occident est aussi pour les vens, qui vont à mesmes termes. Il y auroit du vuide au terme de depart si rien ne succedoit & prenoit la place : & de la penetration au terme d'abbord si rien ne s'en alloit & quittoit la place. Ainsi il faut receuoir vn mouuement circulaire dans les Eaux & dans l'Air.

§. 7. *Obseruations sur le troisiéme Mouuement, c'est à dire, sur les Flux & Reflux de la Mer.*

N. 1. LA *nature de cette question*, De tous les Mouuemens qui sont dans l'Ocean celuy du Flux & du Reflux est le plus conneu de tous en son existence, le moins en ses causes. Il est le plus vniuersel en sa periode generale, le plus particulier en la diuersité de ses circonstances. Il est le plus facile à apperceuoir, & le plus difficile de tous à expliquer. Ie ne sçache personne qui en soit venu à bout: comme aussi ie ne présume pas de le faire. Ie m'efforceray auec les autres d'en donner quelque connoissance, si ie ne la puis donner entiere. I'ayme mieux auec les SS admirer la grandeur de Dieu qui fait des ouurages sur toute nostre capacité, que de me jetter dans l'Euripe auec Aristote pour ne le pouuoir comprendre. Si toutefois vne si grande sottise a esté faite par vn si grand Philosophe. Et d'autant que le principe fondamental de tout ce traité consiste dans les obseruations & experiences: & que c'est sur elles, que doit estre fondé tout le discours, j'en feray icy vn §. separé.

N. 2. LA *diuersité des Obseruations.* On remarque deux sortes de diuersitez dans le Flux & Reflux de la Mer. Les vnes sont vniuerselles & communes à toutes les Mers. Les autres sont particulieres & propres à diuers endrois. Les premieres sont de trois sortes & conformes aux trois Mouuemens Lunaires: sçauoir, au journalier, au menstruel synodique & à l'annuel Lunaire dont ie d'escris les periodes en la Chronographie & Cosmonomie. Les autres venans des circonstances particulieres des lieux ont vne si grande multitude de varietez, que ie ne pretend pas de pouuoir les declarer en destail. Il faudra se contenter des principales. Plusieurs tiennent que toute sorte d'eau ont vn Flux & que dans les Lacs lors que le temps est sans vent on en remarque vn petit. Il y en a qui en ont reconneu en la Mer douce des Eurons: mais pource que ceux-cy sont incertains & petits ie m'attache icy sur ceux qui se retrouuent dans les eaux salées,

N. 3. LA *premiere sorte de diuersité & la iournaliere.* Chaque iour Lunaire, qui est de 28. heures 46. minutes le Flux & Reflux se fait deux fois, & dure chaque fois 12. heures, & 24. minutes. La Mer lors que la Lune mõte sur l'Horizon est quelque tẽps en consistence: pource que ses rayons rasans sont sans vertu; puis elle se grossit jusques au Midy Lunaire, & aprés elle décroit jusques à tant que la Lune s'approche de l'autre costé de l'Horizon où la Mer demeure quelque temps sans croistre ny decroistre sensiblement. Puis la Lune estant vn peu abbaissée la Mer recommence à se hausser jusques au point de minuit Lunaire; aprés quoy elle va diminuant jusques à ce que la Lune soit remontée proche la partie Orientale de l'Horizon, où la Mer demeure quelque temps sans changement sensible. Ce qu'estant il faudroit donner égalité de durée d'vn vif de la Mer à vn autre immediatement suiuant, & du bas de la Mer au suiuant à la façon que l'on donne égallité entre deux Minuits ou Midys immediats puis entre les six heures Lunaires : pource qu'il ne faut pas prendre les termes des Marées par le cercle Horizontal, autrement il y auroit tres-grande diuersité de durée entre les Marées de la Lune sur l'Horizon & celles de la mesme dessous & plus grande que celle entre les iours artificiels, & les nuits: mais par le cercle de six heures. Et pour mieux distinguer le tout les Nautoniers plus curieux diuisent le cercle iournal en quatre quarts de 90. par deux cercles, sçauoir, celuy de Midy ou Minuit, & celuy de six heures tant Orientales qu'Occidentales & de rechef chaque quart de 90. en deux par 45. degrez ou par le cercle Horaire de neuf & trois heures tant du iour que de la nuit. Ils veulent que dans chaque quart de 90. il y aye vn Flux ou vn Reflux, & en chaque Flux & Reflux le foible qui s'auance, ou se recule lentement & le fort qui le fait plus vistement. Et pour determiner dauantage ils mettent le foible du Flux dans la premiere partie du quart de 90. où il se fait & qui commence vers l'Horizon & se termine trois heures aprés & le fort depuis 45. degrez jusques à 90. ou depuis 9. heures Lunaires jusques à 12. Le fort du Reflux qui se fait dans le quart de 90. suiuant est en la partie qui commence par le Midy & va jusques à 3. heures, ou 45. degrez : le fort se fait en l'autre partie terminée vers l'Horizon Occidental par le cercle de six heures.

N. 4. *La seconde diuersité des Flux & la Menstruelle.* En chaque mois Lunaire les Marées de chaque iour vont croissant depuis les quartiers de la Lune: c'est à dire, les 7. iours jusques à la pleine Lune ou au 15. iour & depuis le second quartier ou le 21. jusques à la nouuelle Lune ou au premier. Elles vont décroissant depuis le premier jusques au septiéme, & depuis le 15*e*. jusques au 21*e*. Elles demeurent deux ou trois iours enuiron ou basses ou hautes sans vn changement notable. On appelle la Mer vnie dans les plus grandes hauteurs qui se font és conjonctions & oppositions Lunaires, Pource que les mouuemens sont grands pour arriuer à ces hauteurs : Mer morte dans les quadratures & quand la Mer n'a pas tant de mouuement lequel est vn signe de vie & de force.

N. 5. **L**A *troisiéme diuersité des Flux & l'Annuelle.* En chaque année les Marées des mois vont encore croissant depuis les Sostices jusques aux Equinoxes, & decroissant depuis les Equinoxes jusques aux Sostices.

N. 6. **D**Iuerses regles sur le Flux & Reflux. En ces varietez, I. Le vif de l'eau monte plus haut le iour, que la nuit dans le mouuement journalier de la Lune. II. En la pleine qu'en la nouuelle Lune pour le menstruël. III. A l'Equinoxe de Septembre ou de l'Automne, qu'à celuy de Mars ou du Printemps pour l'Annuel. IV. Le bas de la Mer est plus bas au Solstice d'Hyuer qu'en celuy d'Esté. V. Les Mers qui costoyent les pays Occidentaux ont plus de Flux, que celles qui arrousent les Orientaux, & entre les premieres les parties de la Mer Pacifique pource que la Mer est plus ample. VI. Le Flux vient du milieu de la Mer aux extremitez, d'où vient qu'il est plustost aux pays qui auancent dauantage, dans la Mer, plus tard en ceux qui en sont plus reculez.

N. 7. **L**'*Accord de la Lune auec les Fleux.* Par ce que dessus on voit assez les grandes conuenances qu'il y a entre les periodes des mouuemens Lunaires, & des Marées & comme celles cy suiuent de celles là. Car *1ent.* La durée y est si exacte que par tout on voit constamment les Marées venir en chaque iour Solaire & tarder de 48. minutes. Et la chose va à vne telle precision que les Nautoniers s'en seruent comme de quadrans & connoissent les heures du Soleil par le vif de l'eau ou pleine Mer, ou cette-cy par l'heure Solaire, depuis qu'ils sçauent à qu'elle heure vne fois est arriuée la pleine Mer. Car ils n'ont qu'à adjouster 48. minutes pour chaque iour, & pour les soulager de ce trauail, & monstrer l'asseurance de ce rapport entre la Lune & les Marées, on fait sur vne carte vn certain instrument, que ie donne & explique autre part, où on peut reduire toutes les heures Lunaires aux Solaires, & par le mesme voir toutes les Marées qni doiuent arriuer en vn mesme lieu, & où partant le mesme cercle qui contient la periode Lunaire à perpetuité contient aussi celle des marées pour tousiours, Et d'ordinaire cét instrument est mis dans les quadrans portatifs pour connoistre qu'elle heure il est au Soleil par la Lune, & consiste en deux cercles de cuiure, dont l'vn est mobile, l'autre non: & ie maintiens qui peut également seruir pour monstrer les Marées en tout endroit par les heures du Soleil moyennant qu'on sçache en qu'elle heure Solaire arriue vne fois la pleine Mer, ce qui certes ne pourroit se faire si les mouuemens des marées n'auoient de parfaites correspondances auec ceux de la Lune. Et si les Astronomes n'ont peu encore rencontrer le mouuement de la Lune si juste qu'en la suite de plusieurs années on n'aye reconneu de l'erreur en leur calcul : d'où vient la reformation du Calendrier, la Mer ny a point manqué. 2ent. La multiplicité des periodes y conuient encore qui est triple aux Marées aussi bien qu'à la Lune : mais d'autant que le mois Lunaire contient la periode Synodique, qui a rapport auec le Soleil aussi bien que l'année Lunaire ; Il faut dire que la Lune agit sur la Mer auec quelque dependence du Soleil. Que si les conuenances de ces deux mouuemens nous font attribuer cét effet à la Lune les differences sont si grandes & si multipliées qu'elles rendent tres-difficile l'assertion de cette cause, & les difformitez semblent l'emporter sur les conformitez.

N. 8. LEs *diuersitez particulieres*. Ie les reduits à quatre chefs, sçauoir est, à la diuersité 1. de durée, 2. de multiplicité, 3. de hauteur, 4. des temps des Marées.

Sur le premier point, La Mer d'ordinaire monte en six heures, decroit en six heures, & toutefois elle quitte cette regularité en quelques endroits: puis que dans la Guinée située entre l'Equateur & nostre Tropique, elle monte & auance en quatre heures, baisse & recule en huit. Dans l'emboucheure de la Garonne elle vient & hausse en sept, s'en reua & descend en cinq. Le contraire se fait à l'embouchure de S. Laurent, la montée se fait en cinq, la descente en sept.

Touchant le second point, la Mer a deux Flux & Reflux chaque iour Lunaire qui est de 24. heures, 48. minutes. Contre cette regle est l'Euripe qui a 7. Flux & Reflux par iour selon le sentiment ordinaire, irregulierement selon Tite Liue dec 3. liu 8. c'est à dire, tantost plus tantost moins. Quatre fois regulierement selon quelques vns qui l'ont apris des Meusniers qui y sont ; D'autres maintiennent que cela n'est pas encore regulier.

C'est sur le 3e. point de la hauteur où il y a de grandes diuersitez : à Calais & aux costes de Flandre l'eau monte aux plus grandes Marées de 18. pieds; à Bristo en Angleterre de 66. à S. Malo & à S. Michel de 70. Elle croit encore allant plus auant en la Normandie jusques aux Rochers de Senequé où on tient qu'elle monte jusques à 100. pieds: Ce qui certes est admirable. Aux Philippines de 3. à la Martinique d'vn. Enfin dans l'Ocean & pleine Mer le Flux & Reflux est insensible. Dans les seins & Mers interieures qui communiquent auec l'Ocean par vne petite entrée il est petit & souuent imperceptible. La plus grande de ces Mers est la Mediterranée & la Baltique où le flux est enuiron d'vn pied. Il est plus grand tout au bout de la Mer Adriatique vers Venise que vers l'entrée, à la Mer Rouge nul selon plusieurs. Pour le temps les Marées suiuent en leurs accroissement, les iours, les mois & les années Lunaires en la maniere expliquée, Contre cela sur les costes de Normandie comme à Dieppe, & de Bretagne comme à S. Malo, les points de haute & basse mer retardent de deux à trois iours comme les hautes marées trois iours apres la pleine & la nouuelle Lune : Les basses trois iours aprés les quartiers croissans & decroissans, & mettent ces points d'ordinaire au *3e. 10e. 17e. 24e.* iour de la Lune.

Mais pour les heures du vif de la Mer & de sa plus grãde hauteur, il y a presque aussi grande varieté que des costes dans vne mesme Prouince. Vers Varuic au frontiere d'Anglettre la haute Marée se fait à 12. heures Lunaires tant superieures qu'inferieures. En Flandres à vne heure, en Zelande, & Amsterdam à 2. en Holande à 3. à Berques plus auancé dans la Riuiere à 4. à Anuers encore plus reculée de la Mer à 6. Ce qui se voit clairement sur les costes Septentrionales de la Bretagne, depuis l'Isle d'Oissan jusques à S Malo, en la distance de 45. lieuës enuiron, où les Marées vont changeant d'heures depuis 12. jusques à 6.

§. 8. *La cause du troisiéme Mouuement, c'est à dire, du Flux & Reflux de la Mer.*

N. 1. DE *la difficulté qu'il y a à la trouuer & declarer.* Elle est si grande, que ie ne sçache encore personne, qui aye contenté entierement sur cette matiere, & pleinement satisfait à toutes les diuersitez & objections qui combatent les causes qu'on en apporte. Ie ne presume pas tant de moy que de m'estimer plus habile que les autres, prétendre d'encherir par dessus, & d'esperer d'espuiser cette difficulté: mais comme chacun adjouste quelque lumiere & les joignant auec celles des autres rend tousiours le sujet dont il s'agit plus intelligible : c'est aussi ce que j'espere faire icy. La difficulté vient de deux chefs. Le *1er.* est l'ignorance de l'histoire du Flux & du Reflux de la Mer en tous les lieux quant à sa durée, hauteur, temps & autres circonstances : pource que les obseruations sont les principes sur lesquels on fonde tout le discours. Si donc on n'a qu'à moytié ce qui se passe en cette matiere, & si mesme ce qu'on dit de cette moytié n'est pas certain par tout : Comment peut-on dõner vne solution si entiere, qu'elle satisface à toutes les objections, & vne cause si vniuerselle qu'elle puisse cõcourir à toutes les particularitez des effets? C'est pourquoy on est contraint de s'arrester sur les obseruations qu'on a des Natoniers & decider ce point sur cette connoissance. Le second chef est pris de la cause, qui est vne influence secrete, &

difficile à découurir & puis d'expliquer le moyen de son action.

N. 2. LEs *façons d'expliquer le Flux & Reflux de la Mer.* Il se peut faire en trois façons, 1ent. par Addition d'Eau, qui feroit croistre & éleuer les Mers dans le Flux, & par Substraction qui les feroit décroistre & baisser dans le Reflux, & plusieurs chez Plutarque ont attribuë à l'abbord des Riuieres dans la Mer le Flux & aux vapeurs qui en sortent le Reflux: mais sans aucune apparence de raison: puis que les eaux coulent tousiours en la mer, & ne cessent pas alternatiuement pour faire le Reflux; puis qu'elles n'ont aucune proportion auec les eaux qui montent en tout le Flux, & puis que les vapeurs n'ont aucune conuenance auec la double diuersité des Flux d'escrits cy deuant, & qu'elles sont la cause des mouuemens declarez cy-dessus, des Eaux qui vont des lieux Polaires, à ceux de la Zone Torride. 2ent. Par simple mouuement de transport des eaux d'vn riuage à l'autre en la maniere, que l'eau contenuë dans vn bassin que l'on penche d'vn costé & d'autre, ou que l'on pousse en auant, ou qu'on retire soudainement en derriere croit & décroit: ou comme le souleuement des eaux en montagnes, & puis l'abbaissement des mesmes en abysmes: Et ceux prennent ce parti qui veulent que le Flux & Reflux viennent ou du mouuement de la terre, qui est le bassin & le contenāt des Mers, ou des vens qui agitent la mer de la terre, ou d'vne intelligence qui donne le bransle necessaire à l'Eau pour faire réüssir ces mouuemens. 3. Par vne enflure, rarefaction, & ebullition de l'eau qui sans changer de substance change d'extension & s'estend: & d'icy s'ensuit vne eleuation: & de cette-cy vn mouuement d'espanchement de l'eau du milieu vers les costes, qui font le Flux & par vne compression, condensation, & constriction de la mesme eau, d'où s'ensuit vn abbaissement qui retire l'eau des costes & des riuages au milieu & fait le Reflux.

N. 3. REfutation *des deux premieres façons.* Ceux qui font venir le Flux & Reflux des Riuieres, des vapeurs, ou des vens, sont si aisez à refuter que ie ne daignerois m'y arrester. Vous le verrez fait dans l'Hydrographe du P. Fournier, & autres Auteurs. Acosta rapporte vne experience bien contraire à ces façons: C'est que les marées de nostre Ocean se font en mesme temps que celles de l'Ocean du Zud, ce qu'il monstre par les rencontres des deux Marées dans le destroit de Magellan qui se font la nostre à 70. lieuës de nostre Ocean, l'autre a 30. lieuës de la Mer Pacifique. D'auoir recours à vn intelligence, c'est à mon avis vn azile d'ignorance, & aduoüer vn effet naturel sans en connoistre la cause. Pour ceux qui la font venir du mouuement de la terre de plusieurs choses que j'ay à dire sur ce point & que ie declare autre part, ie me contente icy de dire, *1ent.* Que si la terre auoit en soy le double mouuement, sçauoir, l'annuel & le journalier il y auroit autant de necessité que l'eau contenuë dans les cauitez Terrestres se remua d'vn bord à l'autre, qu'il y en a pour l'eau cõtenuë dãs vn batteau ou vn bassin qu'on porteroit tãtost viste, tantost l'entemẽt. Car la terre dans le cercle de midy auroit en vne moytié de ce cercle les deux mouuemens à méme terme, & partant auãceroit auec vne celerité extraordinaire vers l'Oriẽt, en l'autre les auroit à termes contraires & partant retarderoit son mouuement de beaucoup: ce qui sans doute deuroit apporter vn mouuement à la liqueur contenuë dans la terre qui est le bassin ou le batteau cõtenant. *2ent.* Que ce mouuement qui suiuroit de cette acceleration si grande en vn temps & de ce retardement en l'autre deuroit estre vne fois chaque iour, & à mesme heure tous les iours tres-grand sous l'Equateur, nul sous les Poles: metoyen dans l'entre-d'eux & auoir autres circonstances, qui ne conuiennent aucunement à nostre Flux. Et ainsi tant s'en faut que Galilée prouue efficacement le mouuement de la terre par le Flux tel que nous l'auons; qu'on prouue plustost le repos de la terre par la nullité du Flux & mouuement dans l'eau qui deuroit estre l'effet du mouuement de la Terre.

N. 4. L*E chois, & la preuue de la troisiéme façon d'expliquer le Flux.* Le *1er.* argument est l'exclusion & la refutation des autres façons qui oblige à receuoir celle qui reste. Le *2ond.* est vne experience qu'vn Medecin nommé Papin donne sur ce sujet & qui seroit decisiue de ce different, si elle estoit vraye: Les Nauires qui sont à la rade chargez ou vuides de tout fardeau enfoncent plus en l'eau la marée estant haute qu'estãt basse, ce qui faudroit particulieremẽt experimenter aux marées Equinoctiales de la pleine ou nouuelle Lune, & au point de leur plus grande hauteur ou bassesse, ou bien mettre en mer vne tres-grande bouteille, qui auroit le corps tres-ample & le col estroit, & qui enfonceroit jusques à vne marque dans le col. Car vn tel effet, c'est à dire, vne telle diuersité d'enfoncement ne peut venir que ou de la diuerse pesanteur du corps enfoncé & soustenu, (ce qui ne se peut dire icy) ou de la diuerse resistance de l'eau soustenante: & cette-cy ne peut venir que par la diuerse rareté & densité d'vn mesme corps. Et c'est la raison pourquoy les batteaux enfoncent plus l'Esté que l'Hyuer, en eau douce qu'en la salée, en l'eau pure que trouble & grossiere: ce que les Batteliers experimentent passant de l'Oyse meslée à la Seine plus pure, où leurs batteaux enfoncẽt plus. 3. La Lune qui tient l'Empire sur les choses humides a le pouuoir de les éleuer par rarefaction non de les mouuoir par quelque impulsion ou attraction: ce qui se verifie és moiles contenuës dans le concaue des os, & corps compris dans les écailles des poissons & autres.

N. 5. LA cause du Flux expliquée selon la troisiéme façon. Ie dis 1ent. Que le principe de ce mouuement alternatif est en partie celeste & dans le Ciel; en partie Elementaire & dans l'Eau mesme. Pource que d'vne part ce mouuement suit constamment vn mouuement Celeste, & partant c'est vn mouuement de suite, & dependent de celuy qu'il suit: Et encore bien que nous ne voyons point de rapport entre les corps Celestes & Elementaires entre la nature de la cause & celle de l'effet, ce nous est assez de voir la suite de l'vn & vne conjonction & conformité de mouuement auec l'autre: comme aussi c'est le moyen seul, que nous auons pour connoistre les effets qui appartiennent à certaines causes.

D'autre part ce mouuement ne se reçoit pas en toutes les parties du Globe Elementaire;mais seulemēt en la liquide ny en toutes les liqueurs; mais seulement és salées. D'où il faut que celles-cy ayent vn principe qui les rendent capables & susceptibles d'vn tel effet & mouuement: Pource qu'il y a plusieurs Lacs d'eau douce en l'Amerique tel qu'est celuy des Eurons, & vn qui luy communique ces eaux, & plusieurs autres qui sont aussi & plus longs & larges que la mer Caspie qui a 250. lieuës de longueur, & les autres en ont les 300. & 400. & neantmoins n'ont point de Flux; Au contraire il y a des Lacs d'eau salée & qui sont beaucoup moindres comme le Lac Parime de Mexic, &c. qui ont des Flux. Que s'y l'on trouue du Flux dans les eaux douces, c'est qu'il y a tousiours quelque sel meslé. Et s'il y a diuersité de Flux en diuers Lacs. Il y a aussi grande diuersité de sels. Ie dis 2ent. Que le principe Celeste total ou du moins le principal est sans doute la Lune pour les conuenances du Flux auec son mouuement declarées cy-dessus:mais il faut considerer la Lune & la prendre par rapport auec le Soleil: pource que les marées suiuent les mouuemens Lunaires non periodiques, mais synodiques: non simples & absolus; mais relatif au Soleil, & pris par les conjonctions & oppositions auec luy, tantost dans les Solstices, tantost dans les Equinoxes: pource que les mouuemens des marées s'y accommodent. Et pour les disconuenances, & irregularitez des marées, qui s'éloignent de de ce mouuement, cela ne doit pas empescher l'assertion auancée, que l'vn est cause de l'autre; non plus que la chaleur ne laisse pas d'estre effet de la lumiere Solaire; quoy qu'elle ne suiue pas regulierement sa cause. Pource que toutefois & quantes, que plusieurs causes se joignent pour auancer ou empécher vn effet il est impossible, qu'il en suiue vne regulierement, non pas mesme la principale. Ainsi comme les deux premiers mouuemens viennent premierement de la rarefaction faite par le Soleil, & de

& de la condensation faite par les Elemens, ce troisiéme vient aussi de rarefaction causée par la Lune, je prouue autre part que les vens viennent de la, & en la 1e. partie que c'est la cause de la formation des Eaux. Ce qui monstre que c'est vn grand principe pour les mouuemens. Ie dis 3ent. Que le principe Elementaire qui contribuë à cét effet est le sel dissout dans l'eau, 1. Pource que les eaux salées & qui reçoiuent le Flux ne sont distinquées des douces & qui ne le reçoiuent pas, que par cét accident ou plustost par ce meslange du sel. 2. Pource que le sel est vne sorte de leuain, qui fait enfler plusieurs choses: d'où vient que quand on n'a point de leuain pour faire leuer la paste on en fait auec du sel & du vinaigre, ce sel donc est excité à s'enfler par l'influence Lunaire. 3. Pource que les sels sont les principes des generations, de la figuration & conformation d'vne plante comme l'on prouue par plusieurs experiéces en voicy quelques vnes. 1. Si on brûle quelque plante, & qu'on fasse de la lescive vn peu forte des cendres pour en tirer le sel, cette lesciue filtrée exposée au froid à couuert & venãt à se géler ne fait pas vne glace massiue, & toute cõtinuë comme celle de l'eau de Riuiere, des Mers, & des Lacs: mais elle se géle en forme de tourteaux fueilleté duquel toutes les fueilles portent la figure de la plante brûlée: ce qui paroit plus distinctement aux orties, qui ont beaucoup de sel dans elles, & grande varieté en leur figure 2. Iean Fabre l. 1. ch 6. de ses Secrets Chimiques dit que, Si vous ostez le sel de la terre, ou si vous faites boüillir les seméces dans de l'eau, qui prend le sel vous rendez l'vn & l'autre sterile. 3. Et si de cette eau, qui a pris le sel des semances vous en arrousez auec vn filtre la plante qui vient de cette espece de semance elle en deuiendra beaucoup plus feconde. 4. Si on prend le sel des plantes bien pur & qu'on le seme en saison & bonne terre Rochas asseure en son liure des eaux minerales auoir souuent experimenté que la plante en sort de mesme que de la semance. I'en laisse d'autres aussi & plus admirables: puis que celles-cy suffient pour mon dessein. Voyez le traité des sources salées. Or est-il que la Lune a vne force particuliere sur les semances & generations, & les Iardiniers sçauent combien il importe de jetter les semances en terre dans certains rapports auec les Lunes des mois & leurs aages, dans les temps du Decours & du Croissant, &c. & les diuers effets qui s'en ensuiuent, ce qui monstre vne intendence generale de la Lune sur les sels, dans lesquels par les experiences mises cy-dessus res. de la vertu seminale des semances: outre que nous voyons que la Lune enfle les moiles & autres liqueurs où il y a l'esprit de sel.

Ie dis 4ent. Que les diuersitez particulieres de ce mouuement viennent des diuersitez des continents en figure, capacité, situation & des eaux qui ont d'autres mouuemens ou meslanges, l'on verra tout cecy dans les explications suiuantes, & dans les raisons & causes des courantes.

N. 6. *LA maniere auec laquelle se fait le Flux & le Reflux.* Ie dis 1ent. Que Flux est vn cõbat de la vertu rarefactiue residente dans l'eau de la Mer, & dl'impetuosité acquise auec la vertu compressiue des Elemens superieurs & la vertu motiue tendante en bas qui est la grauité. Quand la premiere est victorieuse le Flux se fait: Quand c'est la secõde le Reflux. La 1re. croit & decroit & est changeãte: La secõde demeure tousjours la méme Ie dis 2ent. Que l'effet immediat & total de la Lune est l'éflure, la dilatation & la rarefaction de l'eau qui reçoit ses influences. Elle est insensible si la largeur & la longueur de l'eau & sur tout la profondeur n'est notable: pource que tant plus la rarefaction est petite en chaque partie, tant plus il faut multiplier les parties pour la rendre sensible dans le tout composé de telles parties. Tout ce qui suit de cette exaltatiõ n'est plus deu à la Lune, mais à la grauité, qui porte en bas les parties éleuées & les fait espancher successiuement contre & dessus les costes. D'où s'ensuit vne successiõ des Marées dans les costes qui sont plus éloignées de ce premier mouuement, & pour lesquelles il ne faut considerer la Lune que comme vne cause mediate & éloignée, & les effets ne sont plus contraint de la suiure; mais plustost leurs causes immediates. Ie dis 3ent. Que la rarefaction se fait par la Lune en mesme instant dans tout vn mesme cercle Horaire de longitude du Midy au Septentrion successiuemẽt: dans les cercles de latitude de l'Orient à l'Occident; D'où s'ensuit que l'espanchement se fait dans les cercles de latitude: c'est à dire, vers l'Orient ou vers l'Occident: pource que les influences Lunaires suiuent les applications de la Lune par son mouuement journalier, laquelle s'applique & porte ses influences successiuement sur les cercles de latitude: tout à la fois sur ceux de longitude comme elle fait les mesmes heures successiuement dans les degrez de latitude: En vn mesme instant dans tous ceux de chaque longitude: Et le mesme demy cercle tournant à l'entour de l'axe du monde nous peut faire entendre la succession du principe des Marées. Comme en la Geographie chap. 4. §. 2. & 3. les longitudes & latitudes. Ie dis 4ent. Que les mouuemens qui suiuent de ces enflures & éleuations d'eau par la force de la grauité vont en premiere instance vers l'Orient ou vers l'Occident par les cercles de latitude & puis en sont diuertis & éloignez par le rencontre des Isles, des Rochers, & des Costes, qui leur font prendre vn autre cours, de mesme qu'ils font changer celuy des Riuieres: pource que ces eaux exaltées trouuent la pente de ces costes là & dans les cercles de latitude. Et d'icy on doit conclurre la diuersité des Marées, qui se font en diuers tẽps dans les diuerses parties d'vne coste, qui va de l'Occident à l'Orient, comme en la coste Meridionale ou Septentrionale de la Bretagne. Pource que le mouuement qui suit ces lignes se rend auec succession en diuerses parties plustost ou plus tard selon que le mouuement est plus viste ou plus tardif. Et que les costes s'en éloignent plus ou moins. Ie dis 5*ent*. Que les eaux éleuées pressent les plus basses, & ainsi les pressions se multiplient contre celles qui sont les plus basses & sont portées auec plus de celerité, pource qu'elles reçoiuent les pressions de toutes les parties superieures. De là vient qu'en pleine Mer le Flux & le Reflux est insensible qui dans les Riuages est tres-manifeste. Ie dis 6. Que ces pressions se multiplient & en suite l'effet croit qui est la celerité plus grande des eaux coulantes librement, ou l'éleuation des eaux arrestées violemment & par l'opposition d'vn corps solide, comme d'vn Rocher selon que croit la multitude des parties pressantes vers vn mesme endroit. Ce n'est pas icy le lieu d'expliquer la vertu des pressions, & des incidences obliques: C'est en la Cosmonomie où on examine à fond ces principes, c'est icy le lieu de les supposer & prendre comme principes, de les appliquer sur le sujet particulier que la Mer nous presente & en tirer des conclusions conuenables. Ainsi ie me cõtente de dire icy. 1. Que tant plus qu'est grãde l'eſtduë & en suite la multitude des parties pressées & pressantes vers vn mesme endroit. 2. Que tant plus que le mouuemẽt qui suit de telles pressions tend droit & directemẽt vers le terme où la pressiõ le porte, & en 3e. lieu tant plus que l'incidence des parties meuës qui trouuent resistãce au mouuemẽt direct en est approchante, tant plus grande est la celerité du mouuement ou l'éleuation dans les parties, qui sont pressées de la sorte. Qui conceura bien ces trois chefs expliquera beaucoup de diuersité. Ie les feray voir dans le §. suiuant des courans de la Mer, & maintenant ie les verifie par l'exemple que nous auons dans nos Riuieres de France où la Mer nous fait voir la force de son Flux par les eaux qu'elle y jette, & qui venant auec roideur & hauteur sont nommées la Barre de la Seine. Le Montant de la Garonne, & le Mascaret de la Dordoigne : à cause que leurs emboucheures sont au fond d'vne cauité de terre, & vont se retrecissant comme le vase d'vn entonnoir vers l'embouchure de la Riuiere qui en fait le col: ce que l'on peut aisément reconnoistre dans les Cartes Geographiques de ces Prouinces. Ce qui fait que toute l'amplitude des flots comprise dans le commencement de cette cauité qui est de grande estenduë estant contrainte de se retressir en moins d'espace croit en hauteur & celerité, & l'eau qui est dans ce destroit reçoit la pression & la communication de toutes celles qui sont en toute l'amplitude, & conserue le mouuement acquis jusques à ce qu'vne cause contraire l'aye destruit. Et d'autant qu'en montant elle trouue plus de resistance à son mouuement; en descendant plus de commodité en la Garonne le Reflux est de moindre durée que le Flux. A l'embouchure de S. Laurent l'eau entre sans opposition: en retournant elle va droit contre l'Isle des Terres-Neuues où elle est arrestée ou retardée, & ainsi demeure plus en son retour, & fait le Reflux plus long que le Flux. L'Angleterre fait auec les costes vne espece d'entonnoir depuis Calais vers le Septention & vn autre depuis Calais jusques à la pointe de la Bretagne.

Ie dis 7. Que les autres mouuemés se rencótrans auec cetuy-cy en empeschent l'effet en tout ou en partie, selon qu'ils luy sont plus ou moins contraires. C'est la raison pourquoy en la Mer Mediterranée où l'Oceã entre d'vn costé, & costoye la coste de Barbarie: Où la Mer Caspie, le pont Euxin se déchargent par l'Archipel, il ny a point de Flux en ces rencontres & il est plus sensible és lieux qui en sont plus éloignez comme à Venise.

Ie dis 8. Que les vens, augmentent ou diminuëent les Marées selon qu'ils soufflent à mesmes termes, ou à contraires. L'experience y est tres-certaine. Sous Charles VI. Les Anglois ayant assiegé le Mont S. Michël les Marées qui estoient basses par le moyen d'vn vent qui s'éleua deuindrent si hautes qu'elles noyerent l'Armée des Anglois, ainsi qu'il est escrit dans des memoires dudit Monastere, & dans les ports on voit les Marées auancées ou retardées, augmentées ou diminuées par les vens. Et plusieurs ont attribué l'accroissement du Nil aux Etesies qui soufflent du Septentrion au Mdy, & lors que le Nil coule du Midy au Septentrion. Et les vens renfermez entre les montagnes acquierent vne force pour s'opposer au cours du Nil & arrester ses eaux: mais certes cela ne peut estre suffisant. Les pays bas ont eu quatre déluges auec grande perte & diminution de leurs pays l'an 1570. la Mer enflée couurit plus de cent mille arpens. Dãs la seule Frize vingt mille, noya 72. tant bourgs que villages; L'an 1624. arriua encore vn autre desbordement, les vens peuuent amener telles eaux non les conseruer si le sol par sa bassesse ne les retient ou que l'eau ne reçoiue vn tres-grand accroissement pour se maintenir en telle hauteur.

N. 6. La solution de quelques obiections.

LA plus grande difficulté est de faire venir le Flux de la Lune lors mesme qu'il est opposé diametralemét à cét Astre. On connoit bien comme la Lune peut agir & exciter les esprits de sel marin à s'enfler & grossir l'eau quand elle est presente, dans le point le plus haut le plus proche, & le plus direct à l'égard de la Mer sur laquelle elle agit sans qu'il y aye rien entre-d'eux qui y apporte obstacle, la difficulté est comment elle peut faire le mesme effet sur la Mer qui est la plus basse, la plus éloignée, la plus oblique aux influences Lunaires & qui a vn grand corps opaque entre-d'eux, c'est à dire, toute la Terre. Ce qui neantmoins ce fait tous les iours. Certains font venir cette action par reflexion des rayons Lunaires tõbans sur les Estoiles & reuenans à la Terre, mais ils ne voyent pas que la distance trop grande rendroit ces rayons trop foibles & les regles des reflexions ne les feroient concourir à la Terre. D'autres disent que les influences Lunaires agissent dans les moiles des os & pour y agir passent au trauers des os, de la chair qui les enuironnent, des habits qui les couure, des murailles qui les contiennent. Et que la Terre est à la Lune comme vn Globe de Cristal au Soleil, qui a le plus fort des rayons aux pointes opposées: Ie croirois plustost que le flux opposite vient du precedent par vne espece de mouuement alternatif tel qu'on le voit dans les funependules, dans les cloches branlantes, dans les bras des balances, alternatiuement éleuées, dans l'eau mise dans vn bassin & que l'on a fait aller la 1e. fois d'vn bord à l'autre, *&c.* où la grauité fait le retour & la descéte, & l'impetuosité acquise par la seule grauité faitle tour, & la montée suiuante, qui est presque égale au retour & à la descéte precedente, & tousiours de mesme durée sensiblement. Si vous mettez sur l'eau vn demy Globe concaue & dans ce demy Globe vne Pierre d'Aiman vous serez estonné de voir ces tours & retours quoy que tres-tardifs, qu'elle fera deuant que de se reposer dans la situation Septentrionale. Si on pouuoit faire tenir vne tres-longue corde d'vn point superieur le pois appendu feroit des tours qui dureroient plusieurs heures pour monstrer que l'impetuosité se conserue auec la tardiueté du mouuement, & que l'impetuosité acquise ne se perd que petit à petit, & aprés plusieurs tours & retours. Et qui conceura bien la raison de ces alternatiues ne trouuera pas absurde la response. Si la Mer par les pressions monte au Flux, & par la grauité redescend au Reflux. L'impetuosité acquise en descendant n'estant point corrompuë doit agir, ce qui n'est pas sensible dans l'amplitude de la Mer, comme dans les Costes.

La 2e objection est cette-cy. Il semble que les Marées deuroient decroistre depuis la pleine Lune jusques à la nouuelle, & croistre depuis cette-cy jusques à celle là: pource que la Lune qui en est la cause va croissant & decroissant en lumiere de la sorte, & les moiles & les autres humeurs contenuës dansles animaux & semences suiuent cette loy. *Item*, les Flux deuroient decroistre depuis l'Equateur où les rayons Lunaires sont perpenduculaires jusques aux Poles où les influences sont razantes. Ie respond qu'il le semble deverité: mais il ne se fait pas de la sorte. Peut estre que la Lune en sa conjoinction reçoit plus de force du Soleil pour plus directement agir sur la Terre.

LA SCIENCE DES EAVX

QVI EXPLIQVE EN QVATRE PARTIES LEVR
Formation, Communication, Mouuemens, & Meslanges.

AVEC LES ARTS

DE CONDVIRE LES EAVX, ET MESVRER
la grandeur tant des Eaux que des Terres.

QVI SONT

1. *De conduire toute sorte de Fontaines.*
2. *De Niueler toute sorte de Pente.*
3. *De faire monter l'Eau sur sa Source.*
4. *De contretirer toute sorte de Plans.*
5. *De connoistre toute hauteur Verticale, & longueur Horizontale*
6. *D'Arpenter toute Surface Terrestre.*
7. *De Compter tout Nombre auec la Plume & les Iettons.*

Par le P. IEAN FRANCOIS, de la Compagnie de IESVS.

A RENNES,
Chez PIERRE HALLAVDAYS, Imprimeur & Libraire, ruë Saint Germain à la Bible d'Or.
M. DC. LIII.

en montant, & nous pouuons reconnoistre le mesme en nos Riuieres. Cette cause, fait les courans dans les destroits & entre les Isles comme dans les destrois d'Anian & de Gieso ils sont si rapides qu'on ne peut les trauerser, beaucoup moins aller contre le fil de l'eau: pource que l'eau y passe, qui doit recompenser la diminution qu'en fait le Soleil par les vapeurs attirées dans la Mer Pacifique & qui doit estre tres-grande. Entre les Isles Aromatiques l'eau va plus viste qu'vn trait jetté. Dans le destroit de Caldere à 400. lieuës de Ternate tirât vers les Philipines, l'eau y passe auec telle vitesse lors mesme que la Mer est calme que les Cables de 27. pouces de grosseur pour retenir les Nauires y ont esté rõpus tout net. Dōc par le mouuemēt de la seconde façon les eaux Septétrionales qui vont en la Zone Torride dãs la mer Pacifique sont retressis par les destrois nommez cy-dessus, puis trouuant le large dans l'entrée de la Mer Pacifique rencontrent de rechef les Isles qui leur ostent cette amplitude & les contraignent de passer par les destroits qu'elles laissent entre-d'eux, ou par consequent elles doiuent redoubler leurs mouuemens & faire des courãs qui seront moindres ou plus grãds selon que ces Isles amassent plus ou moins d'eau en amplitude, & que l'entre-d'eux, par où il faut passer est moindre. Et voila la raison de tous les courants qui sont du costé Septentrional en la mer Pacifique. Pour les Isles qui sont dans la Zone Torride & d'vne notable estenduë comme sont les Isles de Salomon, les Maldiues & tant d'autres, Ils ont pour cause de leurs courants, le mouuement de l'Orient à l'Occident, qui est perpetuel dans cette Zone. Et certes ces courants sont des preuues manifestes des mouuemens mis cy-dessus qui n'estant reconnoissables en vne grande amplitude se rendent sensibles estant reduits à l'estroit par l'accroissemēt de cette celerité qu'ils y acquierent. Comme le troisiéme Mouuement du Flux & Reflux, l'est sur les costes. Celuy-cy a encores ses courans de mesme façon & pour les mesmes causes, que les villes maritimes peuuent remarquer aisement, c'est de là que viēt la Barre de la Sene, le Montant de la Dordogne, *&c.* Dans les destroits de Vaigas, des Dardanelles, de Iaquette & autres, les courãts y sont plus moderez quoy qu'assez sensibles; pource qu'ils n'ont vne si grande quantité d'eau à laisser passer, ny vne telle presse des eaux superieures, tant en extension qu'en intension.

La 2e. cause est la figure des terres qui terminent les eaux courantes. Car les pointes & les angles diuisent les eaux qui vont contre: les concauitez les reçoiuent & leurs font vn chemin qu'elles suiuent: les conuexitez les repoussent: les droitures les laissent continuer leur chemin. Et de cette sorte les diuerses obliquitez des costes donnent diuers detours à l'eau conformément aux Reflexions qu'elles causent comme l'on peut voir & verifier dans nos Riuieres, quand elles rencontrent des bords diuersement figurez, ou des Isles au milieu, & en pointe. Et appliquant cecy sur les Mers nous trouuerons de signales & celebres courants, qui viennent de cette cause.

Le premier Mouuement qui dans nostre Ocean va de l'Orient à l'Occident, rencontrant la pointe de Fernambuco se fend & se met en deux, & fait deux courants contraires; l'vn porte les eaux vers le Midy suiuant la coste & la pente d'icelle, & la celerité croit selon que les eaux du premier mouuement y ont plus de largeur. Car il y arriue pour les eaux ce que j'ay dis cy-dessus des vens soufflãts contre vne mõtagne; l'autre porte les eaux vers le Septentrion & dans le Sein-Mexic la concauité duquel luy donne le chemin que les eaux suiuent & qui y font vn courãt celebre. Il s'en fait vn autre vers la Guinée d'Affrique où les eaux vont de l'Oüest à l'Est, depuis le Cap des Palmes, & particulieremẽt six mois durant il est plus grand. Et il le faut tel pour receuoir, soit les eaux qui reuiennent & font vn cercle, soit les Septentrionales, comme j'ay dis cy-dessus. D'icy vient & de la 1e. cause que les eaux de la Mer font des courants dans les Riuieres & y enuoyent leur Flux bien auant, & quelquefois jusques à plusieurs lieuës. L'eau Monte dans l'Inde 30. lieuës. Dans la Tamise 50. Dans le fleuue S. Laurent 80. Dans le Maragnan 100. pource que 1*ent.* les Riuieres y sont presque de niueau & donnent moyen aux eaux éleuées de la Mer de courir loing deuant que de trouuer le Niueau de leur hauteur. 2*ent.* Pource que souuent les terres vont se retressissant vers l'embouchure des Fleuues, & par consequent ramassant dauantage d'eaux qui pressées par les suiuantes pressent les antecedantes & leur font faire vne irruption estrange dans l'embouchеure & sur les costes de la Riuiere où l'eau est plus haute qu'au milieu; pource qu'il y a plus de ressistance qu'aux extremitez.

La 3e. cause qui est tirée des Eaux est l'addition & accroissement d'eau où le rencontre & jonction de plusieurs courants, Tel est le mouuement qui se fait és Bosphores en la Mer Noire dans l'Archipel, qui vient d'vne augmentation extraordinaire des eaux de tant de Riuieres, Lacs & de la Mer Caspie. Et nos Riuieres courent plus viste quand les pluies abondantes grossissent leur quantité. D'autres y adjoustent la figure du lit & du fond de la Mer, d'où vient que dans les Riuieres les Eaux font vn moulinet en vn endroit, vn boüillon en vn autre, vn amás & concours d'eau où il y a vne ouuerture par où l'eau se perd, vn jet d'eau quand l'eau sort par vn endroit auec impetuosité.

De cecy il est facile à juger que les courants qui paroissent admirables ont des causes éuidentes, & que l'on peut faire voir à l'œil en des eaux de moindre estenduë. Et mesmes j'estime qu'vne mesme eau peut faire plusieurs courants, qui trauersant des chemins de diuerse longueur,

gueur, & obliquité & se rencontrant diuersement feront plusieurs Flux & Reflux en vn mesme iour : Et cecy pourroit arriuer en l'Euripe.

§. 11. *La cause des autres Mouuemens plus particuliers & extraordinaires.*

POVR les boüillonnemens ils viennent tous des parties subtiles & legeres qui estant au fond sont poussées en haut, & par l'impetuosité acquise font souleuer l'eau à la sortie plus ou moins selon que la subtilité des parties est plus grãde & l'amas des mesmes est plus gros & fort, ce qui arriue en deux façons : sçauoir, *1ent.* Quand les parties qui sont subtiles s'y trouuent par quelque rencõtre, & *2ent.* Quand elles s'y font subtiles par le changemẽt d'eau en vapeur. Et pour le voir vous n'auez qu'à mettre vn tuïau de paille jusques au fond de l'eau, & soufflant par tel tuïau enuoyer de l'air au fond. Car vous exciterez incontinent vn boüillonnement dans l'eau. *Item*, L'eau chaude boüillonne dans le pot quand la chaleur échauffant les parties plus basses les conuertit en vapeurs, qui s'éleuant en haut excitent ces souleuemens d'ans l'eau qu'elles rencontrent en sortant. Ces boüillons peuuent encore venir d'vne source esparse au fond de l'eau, & qui sort auec impetuosité & violence. Agricola fait le recit d'vne qui est froide & tout ensemble boüillante. Vne autres prés de Montpellier s'appelle pour ce sujet le boüillon.

Pour les jets d'eau dans la Mer. Il n'en faut point chercher autre cause qu'vne source abondante en quantité, haute en situation, & conduite par tuïaux depuis la source jusques au fond de la Mer, où sortant auec violence & impetuosité en vertu de telle celerité de mouuement, elle se fait faire place & monte au trauers de l'eau salée sans se mesler. Nous en auons des exemples visibles dans tant de Fleuues, qui entrans dans la Mer auec roideur & vitesse fendent les eaux salées & vont plusieurs lieuës dans la Mer sans mesler leurs eaux douces auec les salées. Le fleuue Maragnan va bien 10. lieuës entieres : Pourquoy donc de l'eau qui aura autant de vertu ne passera pas 30. 40. & 60. brasses d'eau en montant ? La difficulté est d'expliquer ces jets d'eau qui se font selon les Marées, sçauoir, six heures durant & sont si gros, si grands, si larges, & si estendus qu'ils ne peuuent venir que de la Mer mesme : & venant de la Mer mesme ne peuuent auoir cette hauteur requise de source : puis que la Mer est toufiours de niueau estant laissée dãs sa propre vertu, & que les éleuations d'eau dans les tempestes ne peuuent pas estre principes de ces mouuemens, non plus que des sources pour la raison mise en l'Art des Fontaines. Ie jugay d'abbord cette objection insurmontable : mais considerant ce qui se passe en la Mer de Bretagne j'en trouuay la solution autant manifeste que ie la jugeois obscure & bien cachée, & ie l'explique de la sorte.

Quand à l'Isle d'Oyssant sur la pointe de la Bretagne il est pleine Mer, c'est à S. Malo basse mer, & haute mer icy quand il est basse là. De plus les marées à S. Malo sont plus éleuées que celles de l'Isle d'Oyssant jusques là, que les grandes marées montent à 70. pieds, & vn peu plus auant vers la Normandie elles vont à 100. Ce qu'estant si nous supposons vn conduit ou canal sousterrain qui aille de la Mer de S. Malo à l'Isle d'Oyssant il arriueroit vn grand abysme à S. Malo, qui entraineroit les Nauires tel que j'ay descri celuy de Maël-Stroon, lors que la mer seroit haute : & cette eau ressortiroit par l'autre extremité du Canal dans la mer d'Oyssant. Et d'autant que la mer y seroit basse lors qu'en S. Malo elle seroit haute, l'eau s'éleueroit auec impetuosité comme tendante à la hauteur de sa source, qui seroit vers les Equinoxes de 70. pieds & feroit vn jet tel que ie l'ay d'escris estre veu dans les parties Septentrionales, qui est le vomissement des eaux de Maël-Stroon ou de Nasus-Sanctus, plustost du premier pour faire la difference de six heures. On trouue encore des jets d'eau dans les eaux douces, comme en la montagne de Gez il y a vn puys, qui en temps de grandes pluies jette l'eau par son ouverture haute d'vne pique, c'est sans doute l'eau de cette montagne qui descend par vn conduit caué dans le roc, & recourbé remonte en haut auec autant de vitesse que celle qui est plus haute du costé opposite la pousse & la presse d'auantage.

DES RIVIERES, LACS, ET FONTAINES QVI ONT DES FLVX ET REFLVX, ET AVTRES MOVVEMENS EXTRAORDINAIRES.

CHAPITRE VI.

§. 1. *Des Eaux Douces, qui ont Flux.*

PLVSIEVRS estiment qu'il n'y a Riuiere, qui n'aye quelque petit Flux & Reflux, ce que l'on pourroit aisément remarquer sur les bords d'vn Lac qui ont peu de pente & lors que tout est calme & sans vent : mais s'il y en a il est si petit, qu'il est presque insensible, & se doit rapporter au sel. Ie viens à d'autres tres-aisé à reconnoistre. Pline liure 2. chap. 95. & 105. fait le recit de plusieurs. Au Mexic il y a deux Lacs, qui ont chacun 50. lieuës de tour, & 50. tant bourgs que villages sur les bords; L'vn est d'eau douce plein de poisson, & sans Flux : L'autre est salé vuide de poiſſon & auec Flux, quoy qu'irregulier, & diſſemblable à celuy de la Lune. La ville de Mexic comme vn autre Veniſe eſtoit au milieu du ſalé: mais pour venir à des pays plus proches nous trouuerons des ſources, qui auront leurs flux chaque heure pluſieurs fois, d'autres chaque demy iour, chaque iour, chaque ſemaine, chaque mois, chaque année. En voicy quelques exéples. Au Monaſtere de Haute-Cōbe de l'Ordre de Ciſteaux en Sauoye il y a vne Fontaine qui jette l'eau en telle quantité, qu'elle fait moudre vn Moulin en ſa ſource, & puis rēplit vn grand Lac nōmé Bourget, plein de poiſſons, & entre-autre d'vn nōmé Lauaret qui ne ſe trouue point autre part elle jette ces eaux 6. he. durāt & les retient les 6. he. ſuiuantes, & deuant que de les donner on entend de grands bruits comme des tonnerres: On l'appelle la Fontaine de Miracle. Vitruue liu. 8. chap. 3. fait le recit d'vne au territoire de Come qui coule & croit 12. fois par iour & ceſſe de couler autant de fois. En Biſcaye trois Fontaines diſtantes de huict pieds, & qui vont joindre leur eau en vn ruiſſeau, ceſſent 12. fois par iour de couler: quelque fois 20. fois. Au pays de Foix, dans les Pyrenées prés vn Bourg nommé Baleſtat, il y a vne ſource ſortant d'vn roc creux, qui trois mois l'année, ſçauoir, Iuin, Iuillet, Aouſt, chaque iour coule à gros boüillon, 24. fois & tarit autant de fois, c'eſt à dire qu'elle demeure à couler vne demy heure, & autant à ceſſer: Ce qui ſe fait par des interualles ſi meſurez & ſi égaux, qu'vn Horloge ſonant n'eſt pas plus juſte. Quand elle coule elle fait en ſa ſource vne riuiere large de ſept pieds enuiron, profonde de quatre. Quand elle ceſſe ſon lit eſt tout ſec & ſe paſſe à pied. On entend au cōmencement de ſon cours de grands bruits que font les cheutes d'eau dans les cauernes. Du Bartas en a compoſé vne Epigramme & les Cartes de la France la marquent particulierement & la preſentent comme vne merueille tres-aſſeurée. Au village de Var à vne lieuë de Saumure ſe trouue vn Ruiſſeau qui à ſon Flux & Reflux reglé mais vne fois par iour & à meſme heure, c'eſt à dire, juſques à midy le Flux, juſques à minuit le Reflux. La Bretagne en a de cette ſorte vn à Meſleë & deux biē remarquables à la Lāde de Coüetquidam, l'vne eſt joignant la Chapelle S. Malo, dont l'eau ſe deſcharge à S. Malo de Bignon; l'autre dans la meſme Lande en la paroiſſe de Guer, toutes deux ont Flux & Reflux cōme la Mer, à ce qu'on dit. Gaſſandi fait le narré d'autres qui ont pluſieurs Flux & Reflux en meſme heur. & min. Il y en a vne toute contraire aux precedentes en Languedoc au Dioceſe de S. Pons de Tomiers qui ne garde aucune regle au cours de ſes eaux, ny pour le temps, ny pour la quantité. Car tantoſt elle donnera tant d'eau, qu'il y en aura pour faire moudre vn Moulin; tantoſt ſi peu, qu'il ny en pas pour porter vn baston. Quelquefois elle coulera deux fois par iour: quelquefois elle s'arreſtera trois mois entiers ſans couler; Vne fois elle donnera de l'eau claire: vne autrefois de l'eau boüeuse, aussi on la nomme la Fontaine du Dac ou esprit Follet. Le Lac Gelucalat aux Gorgians deuroit auoir vn nom contraire s'il est vray qu'on ny trouue point de poissons, qu'en temps de Caresme. Ie tiens le fleuue Sabbatique en la Syrie plus asseuré puis que Ioseph Iuif de nation l'asseure, Pline en fait aussi le recit: l'vn le fait reposer 6. iours, & couler le 7e. l'autre le fait couler 6. iours & reposer le 7e. Il vaut mieux croire à Ioseph sur vne chose qui se passe en son pays & dont il pouuoit estre tesmoin oculaire.

En voila assez pour faire voir des Flux Horaires journaliers & hebdomadaires. Pour les annuels les Fontaines ordinaires ont leur flux l'Hyuer quand elles croissent, leur Reflux l'Esté quand elles decroissent. Celle qui me semble plus admirable est vne au milieu d'Elbe prés la Toscane qui croit & décroit annuellement comme les iours artificiels, & ainsi par ces accroissemens & diminutions on mesure la longue ou courte durée des iours: puis qu'au plus grand iour d'Esté elle jette de l'eau en telle abondance, qu'elle peut faire tourner vne roüe de Moulin, & au plus courts iours de l'Hyuer elle demeure presque à sec: en quoy elle est doublement merueilleuse. Sçauoir, 1. d'auoir vne inégalité conforme ou approchante de celle des iours. 2. De croistre lors que les chaleurs font decroistre les autres, & de decroistre lors que les froideurs font croistre les autres. Le P. Cæsius met vne Fontaine toute semblable dans l'Isle de Sardeigne.

Vn Autheur recent a escrit comme vne rareté que le Danube qui va contre le mouuement du Soleil de lOccident à l'Orient retardoit tous les iours sa course vers Midy & alloit plus vistement la nuit que le iour, ce qui se reconnoit visiblement dans les Moulins bastis & surnageans sur ce Fleuue particulierement depuis Budes à Bellegarde: : Mais cette experience n'est pas si propre aux eaux du Danube, que les Méuniers ne la trouuent commune à tous les autres Fleuues: Car ils trouuent plus de farine moulüe la nuit que le iour, l'Hyuer que l'Esté, quoy que la quantité d'eau semble égale. Pource que l'eau peut estre plus dense & pesante par le serain & par les vapeurs qui y tombet la nuit, ceux qui trauaillent dans les Grottes bien éloignées de toute lumiere du iour trouuent que leur chandelle éclaire plus la nuit que le iour & le feu dans les Fourneaux y est plus actif.

---

§. 2. *Les causes des Flux & Reflux des Eaux douces.*

ON peut non seulemẽt expliquer les Mouuemẽs exprimez cy-dessus mais encore les representer par Art dans les Grottes, & dans diuers

Instrumens, qui monstrât le méme effet & tout ensemble la cause feront voir celle qui est cachée & à ses effets visibles. Souuenez-vous seulement de ce que j'ay prouué en la premiere partie, qu'il ne faut faire aucune difficulté de cõceuoir des Tuïaux de toute sorte de façons dans la Terre. Ce qu'estant voicy vn Instrument tres-aisé, qui vous fera couler l'eau deuant vos yeux auec les varietez, que les Fontaines du §. precedent le font. Prenez vn vaisseau A. Capable de 100. mesures. Ayez deux tuïaux l'vn droit B. pour porter l'eau dans le bassin, A. & le remplir, l'autre recourbé en haut, C. D. E. en forme de Scyphon renuersé ou Chante-pleure pour tirer par là l'eau du bassin, A. & le vuider. Il est certain que l'eau du bassin A. ne commencera iamais à couler que lors qu'elle montera par dessus le point D. où finit la montée & commence la descente dans le tuïau recourbé, C. D. E. mais aussi l'eau estant arriuée à ce point de hauteur elle commencera incontinent à couler & continuera iusques à tant que l'eau soit espuisée & arriuée au point C. & tant soit peu plus bas: pource que l'Air y entrera & fera cesser le coulement de l'eau. Il est encore certain que deux choses font couler l'eau par le tuïau, C. D. E. auec plus grande vitesse & abondance: sçauoir, est la plus grande depression ou bassesse du point E. & la plus grande éleuation de l'eau dans A. sur le point E. & pource que par le premier l'attraction est plus grande, par le second la pression: qui sont les deux causes & principes d'vne plus grande celerité, & par le moyen desquels on peut faire vn tuïau, qui donnera en tel tẽps qu'on designera vne certaine mesure d'eau. Ces deux principes se reduisent à vn. I'en donne les regles & la proportion autre part. D'où s'ensuit *1ent* Que l'eau du bassin A. coulera par E. inégalement: pource que l'eau baissant depuis D. & plus haut iusques à C. la pression diminuera, qui est vne des causes. 2. Que puisque l'eau par B. coule tousiours également par E. inégalemẽt, il faut que par E. en vertu de l'attractiõ il sorte plus d'eau lors mesme qu'elle est vers C. que B. n'en donne: ce qui se fait baissant le point E. autremẽt iamais l'eau ne descendroit iusques à C. & par consequent iamais il ne se feroit interruption dans le cours de l'eau. Cela estant supposé & bien conceu voicy ce qui arriuera.

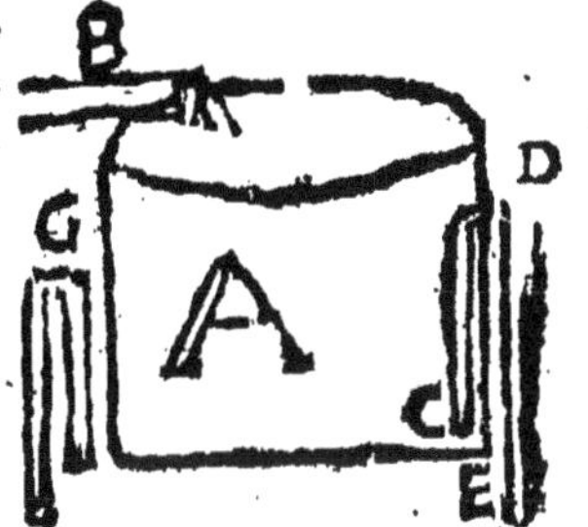

I. Si nous faisons que le Canal B. jette plus d'eau dans A. que le tuïau C. D. E. n'en fait sortir l'eau s'épanchera par dessus le bassin A. Si il en jette autant elle se conseruera en mesme estat & hauteur; S'il en jette moins elle diminuëra. S'il en jette moins que le tuïau E. n'en fait sortir l'eau estant à C. l'Air y entrerera, & l'eau ne coulera plus que lors qu'elle sera remontée iusques à D. & par dessus. Tout cela est éuident. II. Pour faire diuerses interruptions & alternatiues de Flux & Reflux, il faut considerer le temps que l'eau demeure à remplir le bassin A. iusques à la hauteur D. depuis le point C. car tel temps est celuy du Reflux, & que l'eau cessera de couler, puis voir le temps requis pour faire redescendre l'eau depuis D. Car tel tēps est celuy du Flux & auquel l'eau coulera, & selō que l'on trouuera le moyē d'abbreger ou d'allonger l'vn & l'autre temps on fera des Flux & Reflux de diuerses durées. III. Tant plus que l'on agrandira les tuïaux & les vases, & qu'on augmentera l'eau à proportion tant plus on donnera d'eau en quantité durant chaque temps. IIII. Pour determiner les durées du Flux & du Reflux par l'inuention du tuïau recourbé C. D. E. faut sçauoir que par elle la cessation du mouuemēt peut croistre à l'infini, & le cours de l'eau decroistre, ainsi c'est assez d'auoir le terme de la plus grande durée de l'eau coulante relatiuement à la durée du repos pour auoir tout ce qui se peut faire par telle inuention. Voicy la maxime. Tant plus que l'eau coulante par B. qui doit tousiours estre moindre que celle qui sort de E. s'approchera en quantité de celle de E. tant moindre sera la difference des durées entre les repos, & le coulement. Tant plus elle s'en éloignera s'amoindrissant, tant plus croistra la difference des durées.

De cette sorte on fera des Fontaines qui auront leurs cours à quelque proportion de moindre inégalité qu'on voudra à l'égard du repos quant à la durée. V. Pour rendre les durées plus longues il faut alonger le bassin A. & le tuïau C. D. E. & par cét accroissement on fera des Fontaines qui couleront seulement le 7*e*. minute, heure, iour, semaine, mois, année; & se reposeront tout l'entre-d'eux. Et ce que ie dis du 7*e*. pour expliquer le fleuue Sabbatique on le doit entēdre de tout autre durée & proportion. VI. Ie ne trouue pas le moyen facile de rendre le cours de l'eau de plus lōgue durée que le repos a telle proportiō que l'on voudra. Comme aussi ie n'ay point leu de Fontaines qui demeurent plus long-temps à couler, qu'à cesser, & à se reposer. Et s'il y en a l'ouvrier trouuera milles inuentions pour les faire telles. Et quoy qu'il agrée l'estude & la recherche que nous faisons de ces ouvrages, & mesme l'imitation pour en faire de semblables; s'il ne faut-il pas penser que les choses soient comme nous les pensons, il se rit de nos idées & en a d'incomparablement plus sublimes. VII. Suiuant ce que dessus pour expliquer la Fontaine de Belestar il faut dire que neuf mois l'année l'eau de B. est plus grande que celle qui sort par E. & que les trois mois qui sont ceux ou les Fontaines baissent elle deuient moindre, & fait ces alternatiues de coulement & de repos. Et d'autant que l'eau tombe d'vn tuïau tout à coup auec impetuosité sur les Rochers, de la vient le bruit que l'on entend: ce qui explique encore la Fontaine de Haute-Combe. VIII. S'il se rencontrent deux fontaines de nature differēte & que l'vne soit chaude ou salée ou minerale, l'autre soit froide ou douce & commune, il est tres-aisé de les faire sortir alternatiuement par vn mesme trou. Mais en temps different, telle qu'on dit estre vne Fontaine aux Garamentes qui est si froide le iour qu'on ne la peut boire, si chaude la nuit qu'on ne peut la toucher: & celle d'Amon qui le matin est tiede, à midy froide, le soir chaude, la nuit boüillante. Si l'eau estant abondante en B. vn peu plus haut que D. on fait vn trou ou vne décharge pour maintenir l'eau en vne mesme hauteur & laisser couler par là le superflu, l'eau coulera tousiours également par E. & pourra seruir à monstrer les heures & faire vn mouuement regulier & perpetuel propre à monstrer les periodes Celestes, & à faire mouuoir vne Sphere. IX. Mettons vne Montagne, A. E. C. cauée diuersement, *tent.* Si la Mer entrant dans vne concauité A. B. C. par quelque basse ouverture A. B. croit & décroit selon le Flux & Reflux, l'air enfermé trouuant vne sortie superieure par D. E. excitera vn grand son en sortant, 2. Que s'il se trouue retenu dans vne cauité superieure C. D. par l'eau qui rempliroit la partie inferieure de C. D. le mesme Air pressé & se voulant élargir presseroit l'eau & la feroit monter & sortir en forme de jet par D. E. durant le Flux seulement, ou auec plus d'impetuosité par N. le trou D. E. estant bouché, & cette Fontaine auroit le Flux & Reflux de la Mer, ou tousiours ou pour certain temps seulement quand les marées sont plus hautes. 3. L'eau inferieure contenuë en vn lieu de grande chaleur A. B. peut enuoyer tant de vapeurs par B. C. en la cauité superieure C. D qu'elles suffiront pour fournir de l'eau à vne Fontaine. Si A. B. est vn lieu de Souffre, Bitume & de feux sousterrains la chaleur montera par B. C. & se communiquera à C. D. comme fait vn feu de reuerbere & rendra l'eau toute boüillante & brûlante, Si le feu est mediocre la chaleur le sera aussi, & en suite l'eau. XI. La difficulté est plus grande pour la Fontaine d'Elbe ou de Sardeigne & ie ne voy aucun moyen de l'expliquer qu'en disant que la source est au dela du Tropique, du Capricorne, où il y a Hyuer quand nous auons l'Esté, & où l'eau abōde quand elle nous manque, & partant qu'elle vient à nous par vn Canal bien long, qui demeurant plein en sa cauité inferieure, rend les eaux en vn costé selon qu'il les reçoit en l'autre, ou bien que la source est en lieu exposé à certains vens humides qui regnent l'Esté, ou que le Soleil y trouve des eaux qui resout en vapeurs & ces vapeurs montant sont arrestées & attirées par la montagne où est la source.

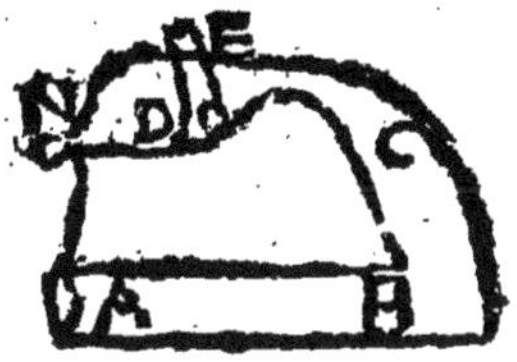

§. 2. *Des Flux qui n'ont point de Source Soufterraine.*

IE ne preted pas reduire sous les loix mises icy certaines Sources d'eau que l'on voit en deux villes tres-celebres de la France, & qui sont exposées à la veuë de tout le monde L'vne est dans le Cemetiere de S. Sernin à Bourdeaux; L'autre dans celuy de S. Honorat à Arles. Au premier entre vne quantité de pierres cauées en Sepulchres il y en a vne supportée sur quatre autres solides, qui font autant de piliers couuerte d'vne cinquiéme à la reserue d'vn trou, par ou on recõnoit l'eau croistre & décroistre dedans selon que la Lune croit & décroit en lumiere : & cela est aussi certain, qu'il est admirable. En l'autre il y a vne Chapelle basse, en elle trois Sepulchres de pierre mis l'vn dessus l'autre. Le plus bas qui est couvert du second, & le troisiéme, qui couvre le second & est découvert sont sans eau: & quand on y en a mis elle s'est euaporée. Le second qui couvre le premier, & est couvert du troisiéme a de l'eau qui croit en diuers temps, & quoy qu'on en aye tiré il en reuient par aprés sans qu'on y en mette. Vne pareille merueille se voit à vne lieuë de Grenoble dans des pierres cauées naturellemẽt: On appelle le lieu les Tines & les Cuves de Sassenage tellemẽt situées qu'il ny aucune aparẽce de Sources: & toutefois l'eau y croit dedans, & son abondance sert d'augure & de presage pour vne bonne année l'vne de vin, l'autre de blé. Au contraire en vne dans le Berri à quatre lieuës de Bourges nommée Fontaine de Malheur, son abondance est signe d'indigence, & sa fecondité marque la sterilité de l'année.

Car nos tuiaux & autres artifices n'ont point icy de lieu. Il ny a point d'autre principe de l'eau que la pierre détachée, & vne pierre qui en a d'autres voisines de mesme nature & d'vn different effet : puis que l'eau ny croit point. Les vns l'expliquent par vne sympathie auec la Lune : les autres par vne vertu attractiue des vapeurs comme j'ay dis de certains arbres. Les autres en font vn miracle en faueur de quelque Saint, qui aura esté mis dans tels Sepulchres. Pour moy ie n'ay que deux choses à dire: L'vne que j'ay apris de ceux qui font les puys, que les Rochers ne laissent pas de transpirer l'eau & l'attirer plus puissamment, que la Terre pure. L'autre que ie tiens de Bacon Chancelier d'Angleterre en son Histoire Naturelle liu. 6. où il escrit qu'en Escosse les pierres tirées des Perrieres situées sur le bord de la Mer cõme elles y sont presque toutes ressentant le lieu de leur naissance se trouuẽt humides & suent deux fois le iour, & dans les marées hautes & dessechent autant de fois & aux marées basses. Et par la les habitans dans des maisons basties de ces pierres connoissent le temps du Flux & Reflux de la Mer; quoy qu'ils en soient bien éloignez, & mesmes sont sujets à des reusmes & fluxions.

Fin de la Troisiéme Partie.

IV. PARTIE.

LA SCIENCE DES EAVX,

ET DE LEVRS DIVERS MESLANGES ET TEMPERAMENS.

MON CHER LECTEVR, Voicy encore vn suiet où tu verras l'Amour Diuin conduit par les Regles de son Art, employer sa Toute puissance à te preparer toutes sortes de remedes, & te presenter ce qui est de meilleur dans le sein de la Terre, afin que tout l'Vniuers contribuë à ton bien : le Ciel par ses influences, la Terre en sa surface par la fecondité de toute sorte de fruits ; & puis en ses entrailles par les vertus cachées qui sortent ou en fumées dans les exhalaisons & vapeurs, ou sont portées auec les eaux iusques aux sources. Ces Meslanges se font en deux façons : Car où les Eaux reçoiuent seulement les vertus & qualitez des mixtes, ou prennent encore les corps mesmes diuisez en petites parties & subtilisées, comme on connoist en la resolution par l'alambic. De la premiere espece les plus celebres sont les chaudes : De la seconde les plus recommandables sont les salées & les minerales. Et voila les trois suiets de cette Partie.

CHAP. SIXIESME.

DES EAVX DE DIVERSE QVALITE', & particulierement des Chaudes.

§. I. LES PRINCIPES DE CETTE PARTIE.

DEvx choses sont necessaires à ce dessein qui en sont les principes: La premiere est vn sujet capable d'agir par vne vertu actiue, ou de patir par vne capacité passiue, ou de tous deux ensemble pour donner du sien aux autres, & receuoir des autres du leur. La seconde est le mouuement d'vn tel sujet pour faire rencontrer les agens auec les patiens, & donner moyen à tous deux de rendre leur pouuoir effectif: pource que les vertus sans ces mouuemens & rencontres demeurent steriles & sans aucun exercice de leur pouuoir; & les mouuemens sans ces capacitez en leur mobile & sujet sont pareillement inutiles & sans fruit. Mais vne grande vertu portée par vn mouuement va laissant par tout les effects de son pouuoir. Si le soleil fait mille productions icy bas, s'il concourt auec toute generation, c'est le mouuement qui luy en donne le moyen: Et si le mouuement du soleil est estimé le principe de toutes nos feconditez, c'est que le soleil est le tout-puissant icy bas.

Pour profiter de la lecture de ce Liure, il faut ou le faire venir deuant ses yeux, ou porter sa veuë sur luy. L'Ecolier n'apprendra rien de son Maistre si l'vn deux ne va trouuer l'autre. Ainsi en est-il pour tout effet Physique, Ciuil & Moral. C'est donc le mouuement qui applique le Soleil sur les terres, la Lune sur les eaux, les agens prés leurs patiens: Ce sont ceux-cy appliquez qui agissent ou patissent. Aussi le mouuement est le dernier des estres en dignité, le premier en necessité. Il ne peut rien de soy: & neantmoins par luy tout se fait. Il n'est qu'applicatif de son sujet: mais le sujet par cette application se rend productif des effets dont il est capable.

I'ay desia fait voir comme ce souuerain Artisan, au lieu de faire aller les eaux droit de la source à leurs emboucheures, leur fait prendre mille contours pour seruir à dauantage de pays: L'on verra en cette partie comme il les fait passer au trauers de mille mixtes pour en prendre les vertus, & qu'elles ne s'en chargent que pour s'en déchaiger au profit des hommes.

§. 2. *Que l'Air & l'Eau sont les deux messagers qui nous apportent les qualitez, vertus & corps elementaires.*

C'Est sur ces deux sujets qu'il est aisé de verifier les deux points declarez au §. precedent, & faire voir que Dieu a mis en l'Eau qui nous nourrit & en l'Air qui nous enuironne & remplit nos pores, peu de vertu actiue, mais vne capacité vniuerselle à receuoir les impressions & le meslange des corps elementaires, auec vn mouuement tres-prompt pour nous les apporter de bien loing, & des endroits où nous ne pouuons les aller querir, & pour nous les liberalement communiquer. Ouy, l'eau va prendre les sucs, les sels, les essences, les esprits, les vertus, les qualitez des corps soûterrains au trauers desquels elle passe. Elle prend la chaleur des souffrieres, des lieux de nitre, de bitume, des cauernes échauffées par diuers feux. Elle reçoit la vertu des vitriols des aluns, des couches de sels, de metaux, de mineraux, & de tout mixte qu'elle rencontre en son chemin. Elle sort de terre chargée & empreinte de diuerses odeurs, saueurs & vertus : fumante en vn lieu, salée en vn autre, douce presque par tout, & mesme on la voit monter douce parmy la salée de la mer, comme salée aupres de la douce de la terre. Elle paroist en mille autres manieres, & se presente à nous pour seruir de boisson, puis de remedes contre diuerses maladies, & fortifier les parties debilitées de nos corps. Estãt sortie au lieu d'aller droit à son emboucheure, elle cherche mille détours pour se communiquer à dauantage de pays. Et pour ce sujet plusieurs la tiennent le principe des mixtes. Les hommes viuent de la chair des animaux ; ceux-cy des plantes ; celle-cy de l'eau ; celle-cy composée de diuers corps & vertus est l'aliment de tout. Ce que plusieurs disent encore des metaux. Voyez ce que i'en dis en l'Art des Fontaines chap. 1. §. 5.

L'air pareillement va puiser les qualitez de tous les endroits du monde d'où les vents peuuent souffler & venir : & si chaque corps a ses fumées & ses transpirations ; si le globe terrestre les forme bien auant dans soy ; s'il les fait sortir ; s'il en jette de toute part de tres-differente vertu. L'air agité ramasse tout cela, l'entraine auec soy, & le fait roder sur la surface terrestre, pour en faire part à ceux qui s'y rencontrent. Et si ce principe n'est pas si sensible que celuy de l'eau, il n'est pas moins efficace : ains il est d'autant plus puissant qu'il agit en tout temps sur nos corps, qu'il penetre plus auant dans les moindres pores, jusques à entrer dans le cœur où est la source de la vie, & qu'il porte quant & soy ce qui est de plus subtil dans les elemens, où resident ordinairement les esprits dont le propre est d'agir : là où les choses denses ne sont que pour les loger, les retenir & resister aux agens contraires qui voudroient les destruire ou enleuer. Aussi les vens qui ne sont autre chose qu'vn air agité, portent auec raison deux titres, d'estre admirables & profitables. La merueille consiste en ce qu'ils ne sont pas si tost éclos qu'ils fuyent le lieu de leur naissance : en ce qu'ils sont si puissans en vn sujet si foible qui est l'air, puis qu'ils renuersent les arbres & les maisons, soûleuent les sables & les eaux en montagnes; & en ce qu'ils sont si inconstans ayans des causes si stables. Le profit se voit sur mer où ils conduisent les nauires, & sur terre où ils amenent les pluyes & les diuers temps : Et ainsi si le soleil est vn principe vniuersel de fecondité qui fait tousiours le mesme; l'air est le second, qui par sa varieté rend les saisons si diuerses, & les années si differentes en abondance ou en disette de biens. C'est luy qui porte tellement les odeurs de chaque indiuidu, qu'vn chien distinguera celle de son maistre, & d'vn animal qui n'y aura passé qu'vne fois; & vn corbeau de plus de cent lieuës apperceura l'odeur de la charogne, & y sera attiré : Pline va jusques à 300. lieuës. Certes il faut bien que l'air soit chargé d'esprits, puis que chaque corps en y laisse des siens : & si les hommes auoient l'odorat des chiens ils connoistroient les metaux & mineraux cachez sous terre, par les fumées qui en sortent.

Mais d'autant que mon dessein est de traitter des eaux, c'est sur le meslange que font les corps elementaires auec les eaux que ie m'arreste icy, & que ie reduis aux trois especes mises à la Preface de cette partie. C'est encore icy où tu verras des miracles de nature, & des choses bien extraordinaires, qui se trouuent en diuers lieux de nostre globe. Ie me retranche icy aux merueilleuses sources qui sont en la France, & n'en diray que bien peu de celles des pays estrangers. Voyez les chez Majolus, les Conimbres aux Meteores & autres.

§. 3. *Des Fontaines d'eau chaude.*

I'Ay monstré cy-dessus qu'elles sont assez communes & conneuës, & qu'vne seule Prouince de France, sçauoir l'Auuergne en auoit en diuers endroits. Ie m'arreste icy sur vne qui a esté vn objet d'admiration à toute l'antiquité, vne matiere de dispute aux Philosophes; & que j'estime estre le plus digne sujet que nous puissions choisir en cette matiere, & la meilleure école pour y apprendre plusieurs veritez; pource qu'elle est en France: elle est ancienne: S. Augustin en a parlé au liu. 21. de la Cité de Dieu, asseurée, visible, abordable & qui se plaist, pour ainsi parler, de nous faire voir à l'œil toutes ses merueilles.

Ce sont deux sources, l'vne d'eau l'autre de feu, qui sortent continuëment par vne mesme bouche iour & nuict, hyuer & esté. C'est la fontaine qui est à trois lieuës de Grenoble dans vn champ qui est au pied d'vne montagne à deux pas d'vn torrent, & sur le chemin du Dauphiné. On y voit deux elemens plus contraires entr'eux que ne sont le loup & la brebis, les vautours & la colombe viure en concorde, paix & societé perpetuelle, & vne mesme source donner de l'eau & du feu tout ensemble. L'eau est visible & froide : le feu n'y est qu'en exhalaison & en fumée delicate laquelle passant par l'eau la fait boüillonner sans l'échauffer. Elle s'allume incontinent qu'on y met vn brandon de paille, ou qu'on remuë vn peu sur l'eau : si on en approche vn flambeau ou vne torche allumée la flamme se prend, se communique par tout, & rend tout le dessus de la surface de l'eau en flamme. On l'esteint à coup de pierre & de baston qui separe les parties de l'exhalaison, ou par vn vent & vn soufflet impetueux où elle mesme manque de matiere. Celle-cy sortant de terre porte vne lumiere, que celle du iour obscurcit & se voit la nuict seulement. La flamme est inconstante en couleur, en durée de temps & autres circonstances que l'on apprendra dans vn liure composé pour ce sujet par Tardin Medecin. Voicy des veritez contestées en l'école que ceste fontaine nous rẽd manifestes, visibles, & hors de tout doute. Premierement que la terre jette de soy des exhalaisons inflammables qui ne viennent point du soleil par attraction, mais des feux sousterrains par expulsion. Secondement, que ces exhalaisons font flammes quand elles sont vnies & multipliées comme dans les Volcans, font vne petite lumiere nocturne quand elles sont plus rare ; sont sans lumiere quand elles sont trop meslées auec d'autres corps & separées par ensemble. Troisiesmement, que ces exhalaisons de la seconde sorte se changẽt en flammes quand on les vnit & condense ; comme quand on leur oppose de la paille : car les succedentes se joignent & s'assemblent auec les antecedentes arrestées dans la paille, & se fortifient où quand les remuant doucement on approche les vnes des autres, & on les fait se rencontrer & vnir. Quatriesmement, que comme l'vnion des exhalaisons fait la flamme, la diuision qui se fait par les coups de baston esteint la flamme. Cinquiesmement, qu'on voit icy la façon de faire & d'esteindre le feu décrite au chap. 1. §. 6. Sixiesmement, qu'il y a des sources de feu aussi perpetuelles que celles d'eau puis qu'il y a plus de mil ans que ces deux elemens sortent de compagnie. Septiesmement, que cette perpetuité ne peut continuer si long temps que par autant de reparations dans la mine & la matiere combustible, qu'il s'en fait de consomption. Que les fumées qui y sont attirées & y entrent, doiuent égaler celles qui en sortent. Huictiesmement, qu'il y a compatibilité entre ces elemẽs, & que l'exhalaison passe par l'eau sans s'humecter ou se mouïller, à raisõ de sa nature visceuse qui ne donne aucune prise à l'eau, non plus que les plumes des canars, ou l'huile. Neufiesmement, cette fontaine nous fait voir en petite quantité, ce qu'accordant à des lacs de plus grande quantité qui ont aussi vn plus grand bassin & sont en lieu propre à des pluyes & tonnerres. On explique des effets si merueilleux qu'on a peine de les croire ; tels sont ceux dont ie traite au §. suiuant.

§. 4. *De certaines Eaux qui excitent les pluyes & les tonnerres.*

A Brescou petite Isle dans le Diocese d'Agde sont trois montagnes; en l'vne nommée Iardin de Dieu pour sa fertilité, il y a vn puys dont les habitans ne permettent pas facilement qu'on s'approche, de peur qu'on y jette quelque pierre, qui remuant l'eau feroient souleuer les orages auec foudres & tonnerres. Il en arriue autant pour vn lac à quatre lieuës de Palmier; où on mal-traitteroit vn homme qui y auroit jetté des pierres. Le lac de Pauen, c'est à dire d'épouuente; en Auuergne, a la mesme proprieté, quoy que non tousiours. Sur les Monts Pyrenées il y a plusieurs lacs qui ont cette force d'exciter les pluyes & les tempestes: mais il y en a vn vers Perpignian qui le fait plus promptement, efficacement, & en plus long espace. En la mõtagne de Tabor en Frãce il y a vne plaine, dãs cette plaine vn lac dont l'eau est tres-claire, froide & abondante en Truites: si on y jette quelque chose pesante les tonnerres commencent à gronder, les éclairs à luire, les gresles & pluyes à tomber. Ie tiens pour fabuleux ce que l'on dit du lac de Lucerne, appellé le lac de Pilate, que les tempestes ne s'éleuent que quand on jette à dessein quelque chose, & non quand elle y tombe sans y penser; comme si l'intention estoit capable d'agir sur ces eaux, & les émouuoir à des effets si estranges. C'est peutestre que quand on y jette à dessein on fait plus d'émotion. Ie ne voy point de moyen d'expliquer ces effets que de placer ces lacs en des lieux éleuez & proches de la moyenne region, où les vapeurs, matiere de la pluye, abondent, & où la froideur est intense cause de la glace. Ce qui se trouue effectiuement dans les lacs mentionnez cy-dessus: & en outre de faire sortir des mesmes lacs de l'eau & tout ensemble du feu en exhalaison, cõme en la fontaine de Grenoble. Ce qui se peut aussi: car de cette façon nous aurons dans l'air les deux matieres requises pour les éclairs, tonnerres, gresles & tempestes. Il n'y reste qu'à montrer cõme l'agitation de l'eau & l'émotion de l'air superieur à ces eaux qui se font en y jettant des pierres, peut appliquer ces causes, & les rendre propres à produire les effets declarez cy-dessus. Ce qui ne se trouuera pas si difficile à ceux qui sçauront la maniere auec laquelle ces Meteores se font en l'air, & que ie suppose icy conneuë, & particulierement comment vn air se trouble soudainement, & se change de serain en nebuleux & obscur, de calme en orageux: ce que les Nautonniers n'experimentent que trop souuent & à leur dam sur la mer, & nous sur terre, quoy qu'auec moindre danger: comment vne petite nuée nommée œil de bœuf, apperceuë est vn signe & cause d'vne tempeste presente: car on n'a qu'à appliquer les causes de ces changemens si subits, & qui neantmoins arriuent souuent sur nos eaux. Remarquez sur ces lieux premierement, qu'ils sont ou proches ou dans la hauteur de la moyenne region, prise à l'égard des pays bas. 2. Qu'il faut jetter des pierres en quantité pour remuer l'air & l'eau, & donner passage dans l'eau à ces exhalaisons onctueuses, qui retiennet la proprieté de leur principe, & pour donner le rencontre, le mouuemét & agitation dans l'air aux mesmes. 3. Que l'effet ne suit que quelque téps apres, comme vne demie heure enuiron. Estant en Auuergne ie m'informay du lac de Pauen, & ie trouuay des hommes dignes de foy à qui l'effet auoit succedé comme ie l'ay dit; d'autres n'auoient veu aucun changement : ce qui me fait adjouster, 4. Que l'effet ne s'ensuit pas tousiours du moins en quelques vns, manque de dispositions requises en l'air, qui ne s'y rencontrent pas en tout temps.

Ie n'ay peu croire ce que plusieurs m'ont dit, que couppant le foin de certains prez on excitoit des pluyes, à raison de certaines herbes qui y croissent. Vn extrait de la Relation du P. Iean Fourcaut Iesuite & Missiouaire aux Pyrenées l'an 1638. m'a fait suspendre mon jugement : Ce Pere grand Philosophe & Theologien, & ce qui est de meilleur tres-bon Religieux, dit qu'en la Vallée de Betsugere au Diocese de Terbe, naist vne certaine herbe nommée Gentienne, vn peu differente de celle qu'on seme dans les iardins, laquelle on ne peut arracher sans que l'air s'obscurcisse d'epesses nuées, d'où vient vn terrible meslange de pluyes & de gresle en plus grande ou moindre quantité, selon qu'on arrache plus ou moins de cette herbe : cause pourquoy ceux du pays n'osent la toucher, & ne permettent pas qu'on en cueille, si ce ne sont des personnes de consideration pour en faire l'experience. Le Pere sus-nommé asseure auec leur permission en auoir fait l'experience, & l'auoir trouuée veritable. Et si les paysans appellent les herbes de cette vertu les herbes aux Sorciers; c'est que le demon s'en peut seruir pour exciter les tempestes extraordinaires & subites. Certes si deux ou trois gouttes de l'esprit de vitriol sont capables d'attirer la teinture des roses miles dans vn bassin plein d'eau, & en teindre en moins de rien toute l'eau ; vn esprit qui aura la mesme vertu attractiue des vapeurs pourra dans l'air ce que l'autre dans l'eau, & cét esprit pourra auoir quelque conjonction auec vne herbe particuliere.

---

§. 5. *Les principes principaux des Feux sousterrains, & des Fontaines, tant communes que medicinales qui en sont produites.*

CEs principes ne sont autre chose que les matieres combustibles qui contiennent le feu prisonnier, & par leur qualité contraire temperent sa chaleur par la fermeté de leur vnion, l'attachent, le condensent, & par la densité de leurs parties le retiennent. Telles matieres sont le soulphre, le bitume, le nitre, les huiles, les poix, les charbons & autres corps gras, onctueux & flammables: & sur tout les trois premiers, qui sõt les causes des eaux chaudes & fontaines bruslantes, & conuiennent en ce qu'ils font feu de flamme, laquelle est differente en clarté, couleur, odeur, saueur, vistesse & action : ce qui vient du meslange des ces corps qui se joignent auec l'huile ou graisse minerale qui est nostre feu potentiel où en principe. La flamme du premier est plus dense & lente: du troisiesme plus rare & viste: du second entre-deux. La couleur de la flamme du premier est bleüastre: du troisiesme blanchastre: du second metoyenne. L'odeur du premier est tres forte & bien conneuë; des autres supportable: le souffre se dissout en l'eau de chaux & de lécive, nullement en l'eau pure: pource que ces eaux ont conuenance auec le souffre. Le salpetre se dissout dans l'eau commune. Le bitume surnage sur l'eau, & est souuent vn souffre huileux.

Le nitre se trouue plus abondant en vne Prouince d'Egypte, qui pour ce sujet porte le nom de Nitrie. Le bitume le plus celebre de tous est celuy du lac de Sodome nommé de luy Alphatites: les oiseaux ne volent point par dessus non plus que sur le lac d'Auerne en Italie à raison des fumées qui s'esleuent de ces lieux. Les hommes n'y enfoncent pas, comme Galien & autres ont reconneu par experiences: ce qui luy vient de la salure & du bitume; l'vne rend son eau pesante, l'autre vnit plus fortement les parties & les rend plus resistantes à la diuision. Les Autheurs font venir ces proprietez de leurs meslanges, & veulent que la graisse minerale meslée auec le sel fasse le bitume, auec la terre le souffre, auec l'eau le nitre: pource que si on mesle du sel auec cét huile mineral, il s'en faira du bitume, si auec l'eau commune la mer. Pour le souffre la couleur luy vient de la lumiere qui est blanche & de la terre qui est noirastre. Son actiuité laquelle appliquée au fer & à l'acier le fond soudainement, luy vient encore de la chaleur intense qui est la qualité de force & de l'esprit terrestre qui donne la vertu aux eaux fortes. Sa fumée meslée auec les liqueurs a vne vertu conseruatiue admirable: & du citre par cette inuention s'est conserué en sa douceur premiere deux ans entiers. Pour le Bitume i'ay peine de luy donner le meslange auec l'eau: pource que tant plus qu'vn bois est sec, ou tant moins qu'il a de l'eau dans soy, tant plus sa flamme est blanche & prompte, ce qui conuient au bitume. La flamme de la chandelle est d'ordinaire en sa racine ou base noirastre, puis bleüastre, en son milieu plus blanche, en sa pointe meslée.

Le Salpetre est vn espece de nitre, & selon quelques-vns c'est vn nitre artificiel: comme le nitre est vn salpetre naturel, estant jetté dans la flamme il accroit sa vertu, & la rend plus actiue & échaufante: & tout ensemble le mesme estant mis dans l'eau la rend tellement rafraichissante qu'on rafraichit le vin faisant tremper la bouteille, qui le contient dans vne telle eau. Il fait l'vn & redouble la chaleur par la jonction de sa flamme auec celle d'vn autre agent: il fait l'autre, soit par l'expulsion des particules plus subtiles de l'eau soit par l'euaporation des siennes, qui s'enuolent auec les precedentes, & demeure vn esprit de congelation qui laisse la vertu de l'eau en son entier; c'est à dire la froideur.

Le bitume échauffe & jette de soy vne fumée flammable. C'est pourquoy il est dit attirer à soy le feu, entant que la flamme excitée en vne partie de la fumée

fumée se va continuant jusques à son principe, comme il arriue en vne traînée de poudre à canon, & comme on voit en la fumée des chandelles & bougies recemment esteintes; à cause que les parties qui estoient dans vne prochaine disposition à la flamme montent auec la fumée, & rencontrant du feu s'allument incontinent; & ce feu des vnes passe aux autres contiguës. Ce qui montre que le bitume s'allumant assez promptement, enuoye auec la flamme des parties qui en ont la prochaine disposition : il brusle non dans l'eau, mais enuironné de l'eau, & s'esteint plutost par l'huile que par l'eau: pource que ses parties sont tellement vnies & d'vne telle nature, que l'eau n'y peut entrer, ny mesme s'attacher & s'vnir auec telle graisse & onctuosité. Et sa vapeur retient tellement cette nature, qu'elle passe au trauers de l'eau sans se l'incorporer & s'en humecter : Aussi les fontaines, comme celle de Grenoble, qui ont des fumées qui s'allument sont de bitume, lequel participe du souffre & de l'huile, n'estant si sec que l'vn ny si liquide que l'autre.

CHAP. HVITIE'ME.

DES EAVX, ET DES SOVRCES SALEES.

L'*Importance.* La salure est la qualité la plus generale de toutes les eaux, qui se trouue en toutes les Mers & en plusieurs autres lieux. Ce qui suffit pour dire qu'elle est aussi la plus vtile: puis que Dieu multiplie d'autant plus les choses, qu'elles sont necessaires & profitables. Aussi Platon dit le Sel amy des Dieux, à cause qu'on le met dans les sacrifices, & des hommes, à cause qu'on le met dans les tables pour en assaisonner les viandes. Et les Chimistes le donnent pour vn des trois principes, esquels ils resoluent les mixtes, & les deux autres qui sont conseruatifs de la vie en leur composition en sont destructifs en leur separation, à cause de leur extremité qui est corrigée par leur vnion mutuelle, & qui se fait par le sel, lequel est vtile, soit vny, soit diuisé. Mais sur tout d'autant que c'est luy qui non seulement fait les sources salées, mais encore les minerales, ie m'efforceray d'en donner vne connoissance plus particuliere. Quelques vns l'ont voulu faire comme vne proprieté inseparable des eaux de la mer : mais ceux-là sont sans experience de l'alambic, qui le separe; & mesme sans discours qui peut nous en aprendre la separabilité par plusieurs moyens, & la separation actuelle par les pluyes. Vne eau salée n'est autre qu'vn meslange de l'eau auec le sel, deux principes tres-importans, & que Dieu a mis en diuers lieux de la terre, soit

O

separément comme le sel en tant de montagnes & lieux soûterrains, & l'eau douce en tant de fontaines, riuieres & lacs; soit conjointement en toute la mer, & en plusieurs lacs & fontaines salées.

II. Quelques lieux où il y a telles eaux. Aux montagnes de Prouence il y a vne fontaine dite de Mories, qui a douze fois autant de sel que l'eau de la mer, puis que de deux mesures égales de ces deux sortes d'eau on tire douze fois dauantage de sel de l'vne que de l'autre. A trois lieuës enuiron de cette-cy il y en a vne autre aux mesmes montagnes, dite de Tortonne, dont on tire quatre fois plus de sel, que d'autant d'eau de la mer Mediterranée que l'on tient plus salée que l'Ocean.

La ville de Salies, de Nauarrin, de Salins en Bourgogne, de Salines en Lorraine, de Gag ville Episcopale, & tant d'autres lieux ont des fontaines salées qui fournissent du sel à tout le voisinage: & Dieu pour ce sujet en a mis en diuers endroits éloignez de la mer. Vers la Pologne proche Colbert il se trouue vne source salée entre deux riuieres d'eau douce, distante seulement de 100. pas, d'où on tire du sel pour 200,000. liures par an. Et cela est assez commun de voir des eaux douces couler & auoir leurs sources proches des salées, & des chaudes proche des froides: Ce qui montre euidemment la diuersité des tuyaux soûterrains, pour faire venir de loin à nous des eaux si differentes en nature, & si proches en lieu sans aucun meslange. Vanelmon en met deux si admirables en Bourgogne, que la difficulté de l'effet me fait douter de la verité de la cause. Il dit qu'il y a deux sources ou puys d'eau salée, de chacune desquelles prise separément on tire moins de sel que de toutes deux mises ensemble: car de 10. liures d'vne on tire vne demie liure de sel, de 10. liures de l'autre vne liure, de 20. liures de toutes deux trois liures.

III. L'Auantage de la France. C'est icy où la France a vne faueur tres-particuliere: Elle a dans ses terres des fontaines salées, comme si elle manquoit du sel de la mer: elle a celuy de la mer comme si elle n'en auoit point dans ses terres, mais en telle quantité qu'on le voit sur ces costes éleué en montagnes, que la chaleur solaire a separé par les vapeurs attirées. Ce qui excite tant de nauires à venir de toutes parts pour s'en charger, qu'on peut dire que ce sont des tresors à la France, & qu'elle a ses Indes Orientales sur les costes du Languedoc, les Occidentales sur celles de la Guyenne, & des troisiesmes sur celles de la Bretagne. Et ce qui est encore plus remarquable, quoy que la mer arrouse & se donne également à tous les pays maritimes, ce n'est pourtant qu'aux costes de France où se forme le bon sel, & propre à l'assaisonnement des viandes: pource que les pays qui luy sont septentrionaux ont trop peu de chaleur, & ceux qui luy sont Meridionaux en ont plus qu'il n'en faut pour luy donner vn juste temperament. D'où vient que Charles Quint ayant commandé aux peuples du Pays bas pour en oster le debit & le trafic à la France de se seruir du sel d'Espagne, il ne fit autre chose que de leur faire reconnoistre la necessité qu'ils auoient du nostre : Car s'estans mis en deuoir de luy obeïr, ils s'apperceurent bien tost que leur sel pour estre trop corrosif & acrimoneux gastoit leurs viandes, les brûlant & dessechant trop, au lieu de les garentir de corruption ; ce qui les fit reuenir en France & y auoir recours.

IV. L*A nature du Sel.* 1. Le Sel n'est pas vn estre simple, mais composé & pesant, d'où vient que l'eau salée pese dauantage que la douce du poids du sel qu'on y a mis, & en suite les nauires y enfoncent moins : & par ce moins on peut connoistre le plus de pesanteur du sel adjousté par les regles d'Archimede, les œufs qui enfoncent dans l'eau douce surnagent dans la salée. Et si on remplit deux bouteilles rondes & sans col, l'vne d'eau douce, l'autre d'eau salée, & qu'on mette la salée dessus la douce, trou contre trou, la douce montera au trauers de la salée, cõme feroit le vin au trauers de l'eau : ce qui montre qu'au fond de la mer l'eau n'y est pas douce, car elle seroit plus legere & monteroit ; & d'autant que le soleil attire l'eau de la surface de la mer, y laissant le sel qui se mesle auec l'autre & la rend plus pesante, cette-cy doit descendre. 2. Cette composition se fait du moins de terre, de souffre, & d'vn esprit qui est à mon aduis la plus grande merueille de la nature. Cecy se prouue par l'anatomie du sel dont ie traitteray cy-apres, où la terre insipide demeure. I'y mets du souffre à cause que le sel s'enflamme, & d'autant qu'il est d'vn naturel caustique. Pour l'esprit c'est celuy qui est l'agent principal dans le sel, & est temperé par les autres parties. 3. Ces parties sont si bien vnies par ensemble, qu'on ne peut en faire la separation que par le plus fort agent qui est le feu, & encore par vn feu éleué à sa plus grande actiuité. 4. Le propre de ce composé est d'attirer & de se dissoudre à l'humide : pource que le sel estant mis en de l'eau incontinent il s'y liquefie, & mesme la rend plus claire par vne mesmeté de transparence. Et s'il est exposé à l'air on le trouuera bien tost mouïllé : ce qui montre qu'il attire à soy l'humide, car sans telle attraction il ne pourroit point auoir rencontré tant d'eau qu'il en a. Et dans le Traité des Fontaines chap. 1. i'ay montré comme le sel de terre en attiroit chaque iour en quantité. Vanelmon tient que 77. liures d'eau peuuent dissoudre 23. de sel ; c'est comme 10. à 3. vn petit plus. De trois liures d'eau de mer de l'Ocean vers S. Malo on n'a tiré qu'vne once & demie de sel tres-blanc. 5. Des sels l'vn est fixe, tel qu'est celuy de la mer qui ne s'éleue pas auec la vapeur ; l'autre volatil, tel qu'est en partie celuy des plantes, & chacun a sa proprieté : & l'air est tellement remply du volatil, que les terres qui sont épuisées de sel par les fruits produits, en attirent pour se rendre fecondes. Insensiblemẽt les choses salées se dessalent dans la longueur du temps, soit que l'air petit à petit dissolue le sel & le retire des corps salez, soit que de luy mesme se subtilisant il s'enuole.

V. LEs proprietez du Sel. I'ay dit cy-dessus qu'il contenoit en soy vn esprit qui estoit le miracle de la nature : en voicy les proprietez. La premiere & principale est d'estre dans les graines & semances le principe de la generation & de la vie. Quand ie dis vie, ie dis ce qui est de plus grand dans l'vniuers : ie dis le degre de l'estre le plus noble qu'il y aye parmy les creatures. Il y a mille moyens d'oster la vie à vne plante & à vn animal : il n'y en a qu'vn pour la luy donner. C'est cét esprit qui fait qu'vn pepin tres-petit fera sortir de soy vn arbre qui s'éleuera en l'air, estendra ses branches de tous costez, & se chargera chaque année de plusieurs fruits. Enfin il n'y a rien de grand, de beau, de pretieux au monde qui ne doiue sa naissance & son estre à ce principe generatif & figuratif : ce que ie prouue au chap. 4. §. par quatre experiences, & le prouueray encore par d'autres en vn §. exprez : côme aussi cette proprieté merite bien d'estre bien appuyée & confirmée. En suite de cette-cy il y en a d'autres encore admirables, quoy qu'inferieures à la premiere. La seconde est d'estre figuratif des plantes & animaux, comme les experiences font voir à l'œil. La troisiesme d'estre le plus fort de tous, puis qu'il surmonte les eaux fortes en vertu de dissoudre les metaux : cetuy-cy dissout l'or, & estant mis auec les autres leur donne la force de le faire. La quatriesme, d'estre si subtil & penetrant, qu'il n'y a vase non vernissé, à la reserue des verres, qu'il ne penetre & passe au trauers. Vous n'auez qu'à faire bouïllir de l'eau salée dans vn pot de terre, pour trouuer le sel blanc attaché au dehors, & qu'à laisser les saumures en ces vases couuertes de tuiles ou briques, pour voir à la longue le sel sur ces matieres en dehors, & le sel en dedans diminué. La cinquiesme est d'estre attractif de l'humide où il se dissout, & puis des teintures : Car si l'esprit de vitriol, de l'alun, & d'autres le font, c'est de ce qu'il est l'esprit du sel ; & de là vient que les eaux vitriolées & alumineuses prénent vne couleur incontinét qu'on y met quelque corps coloré, pource que ces esprits l'attirent & l'espandent par toute l'eau : & c'est vne des espreuues que i'ay declarée au Traité des Fontaines, pour connoistre la nature de l'eau des sources. Quelques vns luy en donnent vne sixiesme, d'estre motif : ce qui est necessaire & suit d'estre figuratif & attractif : Mais si en entend motif de son sujet, i'ayme mieux donner cette proprieté à l'esprit specifique de souffre qui le fait dans l'Aiman ; ce que ie prouue par deux experiences. La premiere est, si l'on met vn Aiman dans la flamme vous luy faites perdre sa vertu motiue ; or c'est cet esprit de souffre qui s'en va. La deuxiesme est, si vous diuisez vne pierre d'Aiman en petits morceaux, si vous mettez ces morceaux en vne cucurbite qui puisse souffrir le feu, si vous la couurez d'vn chapiteau d'acier le feu estant supposé petit à petit à cette cucurbite iusques à croistre à vn feu de rouë, fait sortir de ces morceaux vne poussiere de souffre de couleur de cendre, tres-subtile & impalpable, & fait éleuer & attacher au chapiteau cette matiere qui porte quant & soy la vertu de l'Aiman : mais de beaucoup plus forte que dans la pierre qui en demeure dénuée. Il faut sur le chapiteau mettre de temps en temps de l'eau froide pour le conseruer en ce temperament. C'est Monsieur Massoyer celebre Medecin de Bretagne, qui est inuenteur de ce rare secret.

On luy donne encore pour cinquiesme titre d'estre coagulatif, & de rendre les choses dures & solides, comme aussi il s'attache fortement à ses parties, & faut graduer & exalter le feu à son dernier pouuoir pour l'en faire détacher, comme ie diray bien-tost. C'est l'vnion entre les autres parties : il se mesle & s'vnit auec le mercure comme auec son dissoluant, auec le souffre par la participation qu'il en a, auec la terre qui en est la base & le soustien, & par luy le mercure s'vnit auec le souffre d'où vient le sauon. Il est le principe des saueurs aussi bien que le fondement des fixations, congelations, & indurations.

VI. *La maniere de connoistre la nature du sel, & de ses parties.* Il n'est point de meilleur moyen de connoistre sa nature que par l'anatomie de luy mesme, ny de meilleur ouurier pour la faire que le feu qui le separe des autres principes qui composent auec luy le mixte, & puis met ses parties à part. 1. Pour la premiere separation elle se fait tous les iours dans nos cheminees, où nous pouuons apprendre les principes de Chimie: Le bois que l'on y brusle se resout en trois choses : sçauoir, en fumée qui s'enuole en haut, en cendres qui tombent en bas, & en suye qui demeure entre-deux. La fumée contient la vapeur, l'exhalaison & ce qui est volatil : & si on pouuoit la retenir toute par vn grand vase au haut de la cheminée, comme on fait dans vn alambic par la chappe : & si on pouuoit separer ces fumées diuerses on auroit vne entiere cõnoissance du bois. La suye contient du souffre puis qu'elle s'enflamme & brusle, du sel volatil puis qu'il se dissout en eau, & de la terre, qui va au fond. La cendre a en soy le sel fixe & la terre dont on fait le verre. On separe le sel de la terre par le moyen de l'eau, dans laquelle le sel se dissout. On calcine les autres matieres pour auoir le sel de mesme façon : & voila la premiere operation qui nous détache le sel de tout autre partie que de l'eau. Que si l'eau n'estoit assez nette il faut la faire rassoir, ou la filtrer pour laisser les ordures en bas & auoir l'eau salée toute pure. 2. Ayant telle eau, soit de la mer, soit de l'eau commune, soit d'autre en lesciue, faites la boüillir ainsi nettoyée dans vn vase commun, ou faites l'euaporer dans vn alambic, vous aurez au fond vn sel separé de l'eau, & s'est la seconde resolution, & pour la rendre accomplie sechez ce sel au soleil, ou à vne chaleur douce. 3. Mettez ce sel bien desseché dans vn creuset ; augmentez le feu contre ce creuset luy donnant vn nouueau degré de chaleur : l'esprit qui n'est pas si intimement attaché en sortira, & sortant rompra sa prison en morceaux & petillera : ce qui monstre qui se dilate par la chaleur. Le mesme arriuera jettant du sel dans le feu, ou sur vne pelle rouge de feu. On appelle cette operation decrepiter le sel. Et pour monstrer que c'est l'esprit qui sort, non de l'eau comme quelques-vns croyent. Si vous mettez auec le sel du fer en limaille ou autre metal, cét esprit sortant le diuisera en moindre partie, & reïterant cette operation le reduira en parties si subtiles qu'elles se dissoudront dans l'eau, & feront vne eau claire : ce qui reste est diminué de force aussi bien que de poids. Et c'est proprement cét esprit que ie fay sympatique à la Lune, & qui s'enflant à ces rayons quoy qu'insensiblement, fait enfler la mer sensiblement à cause de la multitude de ses parties enflées. C'est luy qui se reduisant à la densité du sel, & faisant le reflux acquiert vne impetuosité pour recommencer le second flux sans autre influence lunaire, comme il arriue aux cordes d'vn lut, d'vn violon & autres instrumens, qui poussées vne fois font plusieurs tours. C'est encore luy qui peut-estre a dans la nature la durée de la periode lunaire plus connaturelle pour s'estendre, d'où vient vne diuersité de flux dans les mers qui ont diuersité de sels. 4. Si vous donnez à ce sel decrepité vn feu iusques au haut point de son energie vous verrez fondre ce sel, & de cette substance liquide la partie la plus subtile qui est cét esprit, s'éleuera en haut, & estant retenuë par des instrumens communs à ces operations deuiendra vne liqueur subtile, acre, penetrante iusques au verre de fougere qui en est rongé ; principe de la concretion & coagulation des choses solides quand la matiere y est preparée : la partie plus grossiere qui reste en bas est terrestre, sans goust, sans odeur, ny saueur, & sert à l'esprit de prison : comme aussi il est bien raisonnable de l'attacher fortement pour empescher qu'vne chose si subtile ne s'enuole, & vne si pretieuse ne se perde. Elle sert encore auec le souffre à temperer sa trop grande acidité, & le rendre plus proportionné aux mixtes, plantes, & animaux ; en chacun desquels il prend des caracteres particuliers : & comme la lumiere est toute couleur selon la diuersité des sujets où elle est receuë. De mesme le sel est vn principe vniuersel à donner toute figure, lequel en diuers sujets reçoit diuerses determinations. Aussi selon la diuersité de ces matieres & parties, le sel acquiert diuers gousts & vertus : & de là vient vne si grande varieté de sels mixtes, mineraux, vegetaux, animaux. D'icy s'ensuit que le sel n'est point vne exhalaison aduste : puis qu'il est composé de deux parties principales bien éloignées du feu, & que les mers polaires ont du sel où le soleil ne peut rien faire d'aduste.

VII. QVelques experiences de la vertu du sel. I'en ay desia expliqué quelques-vnes pour monstrer en luy la plus noble qualité qu'il aye d'estre le principe des generations : ie le confirme par les suiuantes. 1. Si la fumée ou les exhalaisons qui portent le sel volatil du geniéure ou de quelque autre plante, qui a l'odeur vn peu forte se mesle auec des vapeurs, qui se gelent contre quelque corps froid comme contre les vitres de la chambre : Ces vapeurs en se gelant prendront tres parfaitement la figure d'vn geniéure, ou de quelqu'autre plante de laquelle sera sortie la fumée. Ce qui se peut aysement experimenter en vne chambre chaude & humide lors qu'il gesle bien fort dehors : car ordinairement on y voit le matin ces vapeurs gelées contre le verre sans forme ny figure reguliere, marque d'vn principe simple determinant: mais si on allume deux ou trois rameaux de geniéure, & tandis qu'ils sont allumez on en parfume vne chambre entre plusieurs égales, le lendemain si les vitres sont gelées elles seront figurées en rameaux de geniévre: ce qui ne paroistra pas aux vitres des autres chambree. D'icy on doit tirer la raison pourquoy certains vents engendrent vne multitude d'animaux, comme aussi certaines pluyes; c'est qu'ils en portent les semances dans le sel volatil qu'ils ont, & qui sont les principes necessaires de toute generation & production d'vn estre viuant. 2. Ioseph Querfetan, liu. de la Medecine Hermetique, ch. 23. asseure auoir veu comme la lescive faite de cendre d'ortye, filtrée & bien preparée, puis mise en vne terrine & exposée à vn air gelant, estre conuertie en glace qui representoit mille ortyes: ce qui luy sembla si merueilleux qu'il en fit la description en vers François. Henry de Rochas, liu. 1. chap. 4. des eaux nitreuses dit en auoir fait l'experience par plusieurs fois, & tousiours auec succez. De cette sorte si on ne brusle qu'vne sorte de bois, la lescive forte & nettoyée par le filtre le representera dans la glace qui s'en fera: S'il y a diuerse sorte de bois, la figure sera vn monstre composé de la figure des deux. En bruslant souuent ce sel on luy fait perdre cette vertu, car l'esprit s'euapore. 3. Dauisson, partie 4. des operations Chimiques, chap. 7. ayant tiré l'essence de l'huile de la Terebentine, mise dans la cornuë laissée sur les cendres chaudes l'espace de plusieurs iours, quelques vns en demandent quarante, resta attaché aux parois de la cornuë la figure d'vne sapiniere, & de mille sapins parfaitement bien depeints. Et cette figure estant permanente & durable a esté veuë de plusieurs milliers de personnes dans Paris où elle a esté formée: & mesme la cornuë a esté rompuë pour en distribuer les morceaux à diuers. 4. Querfetan cité parle comme tesmoin oculaire de trente fioles fermées à leau d'Hermes, où on auoit mis les cendres de chaque simple preparée, & lesquelles animées par le feu d'vne lampe formerent parfaitement les figures d'autant de simples dont on auoit tiré les cendres, & par consequent le sel comme de roses, hyacinthes, tulippes, &c. Quelques Chimiques donnent le moyen de le faire, & asseurent y auoir reussi. Le P. Athanase Keircher en son grand Art fait le recit & met la figure d'vne qui creut visiblement dans vne bouteille.

5. Et pour passer des plantes aux animaux, quelques vns adjoustent que si on fait calciner quantité d'escreuisses à feu de reuerberé, & qu'on en tire le sel qu'on mettra dans vne teste de mouton, & cette teste en temps opportun dans le ruisseau où on veut auoir des escreuisses, dans quinze iours enuiron on verra naistre des escreuisses en quantité. Rochas cité dit ainsi: si on met le corail en poudre tres-subtile dans le vinaigre distillé & alkalizé; puis qu'on le laisse durant deux iours infuser en quelque chaleur moderée, & qu'on retire peu apres cette liqueur par inclination & nettement, & qu'on la face euaporer dans vn vaisseau de verre, le sel volatil qui demeure au fonds pro-

duira tant de filamens en forme & figure de branches de corail contre les parois du verre, que sans en auoir veu l'experience on ne pourroit pas se le persuader. Le mesme Autheur auec d'autres, tient que si la lescive des orties bien clarifiée ne peut se geler, que faisant euaporer tout doucement l'eau, du sel qui restera au fond se formera des feüilles comme dessus.

6. Si vous ostez le sel d'vne terre, ce qui se peut faire diuersement, vous la rendrez sterile: mais la mesme laissée quelque temps à l'air exposée au soleil se remplit petit à petit de ce sel & redeuient fertile: Ce qui monstre que le sel volatil est par tout, & le remplacement qui se fait pour perpetuer les choses. De là vient qu'il faut laisser reposer les terres apres auoir porté du fruict; pource qu'elles y ont consommé leur sel, & faut attendre qu'elles en ayent repris soit dans l'air soit par les fumiers. I'en traitte encor à l'Art des Fontaines, chap. 1. §. 1. Rochas cité asseure qu'ayant pris dans vne source de la terre d'vn sel hermetique, luy ayant fait perdre tout son sel par laueures & distilations, & l'ayant mise en vn grenier fermé en temps serain, apres quelque temps l'auoir trouuée salée du sel de mesme goust; puis reïterant ces operations le sel renaissoit tousiours: ce qui monstre comme les terres se perpetuent par autant d'attraction qu'elles font de pertes.

Ie pourrois encore monstrer icy par plusieurs experiences l'autre qualité du sel qui est aussi tres admirable: c'est d'estre fort & penetrant: mais c'est au §. des Eaux Minerales où elle aura vn lieu plus propre.

CHAPITRE IX.

DES EAVX MINERALES.

§. I. DIVERSES FONTAINES QVI ONT des vertus particulieres.

LA Nature non contente d'auoir fait à la France le present d'vn sel bien temperé, ne s'est pas montrée moins prodigue enuers elle de ses liberalitez, & a fait couler dans les eaux de ses fontaines toute sorte d'autres vertus & proprietez medicinales & admirables: & difficilement on produira des fontaines recommandables pour quelque effet autre part, qu'on n'en puisse montrer de semblables en France. Ie l'ay fait voir dans les fontaines qui ont des flux & reflux diuers, & des mouuemens extraordinaires; dans celles qui ont des eaux de tout degré de chaleur:

leur : Voyons-le maintenant dans celles qui ont autres diuerses proprietez.

Il y a des eaux petrefiantes en diuers endroits. Au Fauxbourg de Clermont proche S. Allire, i'ay veu vne fontaine qui a déja fait vne muraille d'vne seule pierre, longue de plus de 200. pieds, haute de trois enuiron, large de plus d'vn, & au bout deux arcades : & si les Echeuins eussent eu soin de l'ayder, luy soûmettant des ceintres, elle auroit auancé & fait vn pont de plus de 30. arcades ; qui seroit vne merueille de nature. La mesme engendre vne crouste de pierre au bois qui a trempé quelque temps dedans son eau. Et prez de Sens il y a vn lac où est vne grosse fontaine appellée Veron, qui se conuertit en pierres poreuses & legeres, appellées Pierres Ponces : Elle a fait à la muraille du moulin qu'elle fait moudre prez sa source, l'épesseur de deux pieds de pierre ; & si on y remedioit elle la grossiroit dauantage. Si on la laisse reposer dans vn vaisseau quelque temps elle se change en petites boules de pierre, en quoy elle change les herbes & la mousse qui naissent sur son bord. Celles qui laissent des croustes dures dans les tuyaux par où elles passent ont vn commencement de cette proprieté, & ne sont pas propres à la boisson.

Au dessus de la ville d'Armacan est vn lac, auquel si vous enfoncez vne pique ou quelque longue perche, & que vous l'y laissiez durant quelques mois, la partie qui est cachée dans la bouë se conuertit en fer ; celle qui est dans l'eau se change en pierre, & le haut demeure bois. Ie tiens plus certain le mesme effet en vn lac qui est en Hybernie, pource que l'Autheur qui le raconte dit l'auoir veu, & l'ay entendu d'vn bon Religieux qui en a veu l'effet dans vn baston. Tous deux disent qu'il le faut laisser tremper vne année entiere : le dernier adjouste que le bois de Hou y est plus propre. Le premier, qu'il ne croist auprez ny herbe ny arbre. Il y en a vne autre vers Rohane à Ambierle sur le chemin de Paris à Lyon, qui amollit la pierre.

Aupres d'Aigue-perce & de la Motte de Montpansier se trouue vne petite source d'eau, dont la fumée tuë les animaux qui en veulent boire promptement, si on ne les en tire, & si on ne les jette dans de l'eau froide & commune : & souuent pour ce sujet on y trouue des oyseaux morts qui y estoient venus pour en boire. Cecy arriue quelque fois en foüissant des puys quand on vient à découurir des endroits par où sortent des fumées minerales & estouffantes, qui portent le feu dans le cœur au lieu d'y porter du rafraischissement : ce qui arriue à ceux qui dorment en vn lieu fermé & où il y a du charbon allumé. Et à Vichy lieu des eaux chaudes, dans plusieurs caues on n'y peut tenir le visage penché long temps vers la terre sans ressentir vn estourdissement, qui vient de telles fumées. Proche Mont-Ferrand vne fontaine jette de la poix gluante. A deux lieuës de Pesenas vne jette vne liqueur dont on tire vn huile medicinal. On attribuë à vne fontaine prez d'Alançon de porter des estoilles (sont petites pierres parfaitement formées en six pointes.) A vn autre en la vallée de Vagny, d'auoir des Agates, Emeraudes & autres pierres pretieuses, dont les Alemans se parent pource qu'elle les jette :

mais ce sont rencontres purement accidentaux. Vne voisine de Fronsac donne vne liqueur qui a le goust de vin; & pour ce est appellée Vineuse: & pour bien boire suffit d'y mesler la sixiesme partie de vin. La fontaine Fronfort en Forest supplee encore au deffaut du vin; vaut mieux que le leuain pour paistrir & faire leuer la paste, & a beaucoup de force pour la purgation des humeurs.

La fontaine d'Aas est nommée l'Eau des Arquebusades, pource qu'elle guerit la playe que le boulet fait dans la chair d'vn homme.

Et si vous demandez particulierement des Eaux Minerales, vous trouuerez que les chaudes sont sulfurées, ou nitreuses, ou bitumineuses; en effet on tire du nitre de celles de Bourbon: Il y en a d'alumineuses en Sainct Meen. Et d'autant que les vitriolées sont les plus fauorables contre les maladies, Dieu les a aussi multipliées dauantage. Les plus celebres sont celles de Pougues dans le Niuernois, & celles de Forges en Picardie, pource qu'elles ont esté plus conneuës, qu'elles jettent l'eau auec plus d'abondance, & qu'elles se font plutost ressentir au goust. On en a trouué plusieurs autres en quantité d'endroits, & on en trouuera encore dauantage si on vient à en faire la recherche & les espreuues mises dans l'Art des Fontaines.

§. 2. Les causes des Sources Minerales.

I. Les *principes de cette question.* Quatre propositions donneront la connoissance de ce que l'on demande. Premierement, l'eau commune passant au trauers des metaux durs & solides, & des corps gras & onctueux n'en prend point ny la vertu ny les parties; pource que la dureté & solidité des premiers resiste tant à son action qu'à son mouuement, & ne luy permet aucune entrée & prise dans eux: la nature des seconds contraire & incompatible auec l'eau n'en peut souffrir l'vnion. Secondement, l'eau commune & empreinte de l'esprit d'vn sel fort est celle qui peut separer & calciner les metaux en partie impalpables, & en tirer les vertus: pource que le sel par sa subtilité perce & penetre dans les pores: par sa vertu corrosiue fend & diuise vn tout en petites parties, qui ont d'autant moins de resistance qu'elles ont moins de grandeur, & d'autant plus de facilité à receuoir l'action, qu'elles ont moins de resistance. Et ainsi si l'eau est le propre dissoluant du sel, l'eau salée est le propre dissoluant des metaux & mineraux qui en sont composez. Et de cette sorte l'eau doit passer deuant par vne mine & couche de terre salée, que par vne de metal ou mineral. 3. Afin que l'eau animée de l'esprit de sel exerce sa vertu sur les mines, il faut que tant la terre salée, que la mine soit d'vne notable estenduë, & que l'eau qui passe au trauers y aye vn mouuement tardif pour s'y arrester dauantage & y estre appliquée plus long temps,

& dans cette longue application receuoir dauantage de vertu; & si chaque partie luy en donne vn peu tant plus que les parties seront multipliées, tant plus les vertus seront fortes & intenses. D'où vient que quand l'eau suit le filon & la veine de la mine elle en deuient bien plus forte que quand elle ne fait que la croiser & trauerser. 4. Comme l'eau doit auoir sa vertu & sa force pour agir, qui consiste en cét esprit de sel: aussi la mine doit auoir sa capacité & disposition pour receuoir l'action de l'eau, & souffrir la diuision de ses parties, qui partant ne doiuent point auoir de si fermes & solides vnions par ensemble, qu'elles ne cedent à l'action du sel: & ainsi ne doiuent estre en vne parfaite durté. C'est d'icy qu'il arriue qu'il ne se trouue point d'eau minerale d'argent, & encore moins d'or; encore bien qu'il se rencontre des sources qui passent par leurs mines, & qu'elles seroient les plus salubres de toutes. L'or est le plus fermé de tous les metaux: rien d'estranger n'y peut entrer, rien de propre n'en peut sortir. Il est le plus resistitif aux actions externes, le moins actif & communicatif des siennes: & si on le peut diuiser en parties homogenées, on ne peut que tres-difficilement separer les heterogenées qui le composent & se retrouuent en chaque partie où elles sont égalemeht & fermement vnies, & selon quelques vns inseparablement.

II. *TRois moyens pour preuuer le contenu des propositions precedentes.* Le premier est la recherche de ces eaux jusques à la premiere source absolument parlant. Le second est la composition des eaux artificielles, qui ont les mesmes vertus & proprietez que les naturelles. Le troisiesme sont les effets communs à toutes deux, & la resolution qui s'en fait par l'alambic & autres instrumens. Le premier nous fait voir les veritez precedentes dans ses premieres causes, & comme l'on dit en l'Ecole *à priori.* Le second dans ses semblables, & *à concomitanti.* Le troisiesme dans ses effets, & *à posteriori.* Voila les trois sortes de moyens demonstratifs.

III. *LA premiere preuue par les causes.* Ie n'ay point leu personne qui aye tant obligé le public en ce point que Henry de Rochas, qui est allé chercher la raison de ces eaux jusques dans leurs propres causes: comme aussi il y a bien de la peine & de la dépense dans telles entreprises; & quand pour le profit il n'y a que la connoissance de quelques veritez, on ne les execute que rarement. Cet Autheur en vn liure qu'il a fait de ce sujet declare amplement en chaque fontaine qu'il a découuert, la verité de nos quatre propositions: Car ayant rencontré & reconneu des sources minerales, ayant fait percer & ouurir la terre suiuant le cours de l'eau, ayant mis des étançons pour retenir les terres superieures, & estant paruenu jusques au foye & jusques au chile de cette sanguification terrestre, c'est à dire jusqu'à la premiere origine, il asseure auoir tousiours trouué en son chemin premierement la terre minerale dont l'eau portoit la vertu; plus auant vne terre vierge, empreinte d'vn sel hermetique ; & enfin plus outre l'eau pure. Et de cette sorte il rencontroit trois sortes d'eaux differentes, ou la mesme eau chargée de trois qualitez. Car à la source elle se formoit eau, à cette terre vierge elle deuenoit salée : & puis ayant le sel pour son instrument, & passant par la mine elle se faisoit minerale, & en portoit les marques & les vertus, pour les communiquer par sa sortie hors de terre aux hommes. Et pour expliquer dauantage cecy i'adjouste le recit de deux fontaines visitées & examinées par luy. On pourra voir les autres dans son liure.

IV. QVelques exemples. Proche la montagne de Pleineselle où le Po a sa source, il y a vne fontaine chaude parmy des lieux tres-froids, dont l'Autheur cité faisant l'analysie trouua que 40. onces de telle eau laissoient (l'eau estant euaporée) 5. onces d'vne matiere boüeuse, & de cette matiere on en tiroit 3. onces de sel presque doux & fort fusible : les autres deux onces fort douces à manier & grasses, mises au feu firent voir vne matiere sulfurée. Ayant fait l'ouuerture & le chemin par où l'eau venoit de sa premiere source à l'autre exterieure & visible, il rencontra vne eau chaude boüillante, bourbeuse & d'vn goust particulier. Perçant plus auant il trouua l'eau froide, mais salée ; & foüillant dauantage il eut vne eau froide, claire, insipide & en nature d'eau commune. Et ainsi il trouua trois eaux differentes dans la mesme suite de chemin. La premiere venoit de la façon declarée en la premiere partie : la seconde d'vne terre vierge chargée d'vn sel hermetique, & qui en estant dépoüillée par laueures, distillations & autres manieres, en attiroit chaque fois de nouueau de mesme goust, quoy qu'elle fust renfermée dans vne chambre : la troisiesme, de la matiere sulfurée jointe auec tel sel ; car l'vn pris separément & sans l'autre, ou mesme joint auec autres matieres n'auoit point cet effet de chaleur & d'ebullition : De mesme que la chaux viue s'allume par la presence de l'eau, & non de l'huile. Et si vous jettez sur le sel de terre l'esprit de vitriol, ces deux corps quoy que froids s'échauffent tellement qu'on ne peut porter auec la main le vase où ils sont. *Ex calcinato plumbo in spiritu aceti, si hunc totum abstraxeris vbi primùm alcali eius combiberit, humidum ex aëre realiter ignem concipit, etiam in pera*, dit Vanelmon.

Le mesme Autheur passe à vne autre fontaine prez le Chasteau de Famolsac, & l'ayant découuerte il trouua vne mine qui estoit vitriol dans l'endroit où l'eau la trauersoit, cuiure où l'eau ne passoit pas, & plus auant le sel hermetique comme cy-dessus : & pour montrer que le vitriol n'estoit autre qu'vn cuiure calciné, mettant l'eau salée sur de la limaille ou grenaille de cuiure, elle se changeoit en vitriol. Il en dit de mesme des autres dont il traitte dans son liure.

V. LA deuxiesme maniere de preuue par les eaux artificielles. Les eaux minerales artificielles ne sont pas moins naturelles que les precedentes : leur temperament est vn effet qui vient de la seule nature des parties, & l'Art n'y contribuë que le chois des parties, la proportion & l'application conuenable; à quoy la nature des parties est indifferente, & les precedentes qu'on nomme ordinairement naturelles sont aussi artificielles que celles-cy : puis que l'application en a esté faite, non par les parties, mais par l'Art diuin, qui par là instruit les nostres de se seruir des vertus minerales aussi bien que de celles des plantes, & faire contre des maladies particulieres des compositions plus propres : en quoy celles-cy ont vn auantage sur les autres, qu'on peut mieux proportionner & adjuster leur temperament à la maladie singuliere : Là où les eaux naturelles sont les mesmes pour tous ceux qui en boiuent quoy qu'ils soient attaquez de bien differentes infirmitez, & qu'ils soient de bien diuerse complexion.

Le tout consiste à donner trois degrez aux mineraux & metaux : c'est à sçauoir, les rendre liquides, de liquides potables, de potables medicinaux. Estant liquides ils pourront plus aisément se mesler auec les eaux & couler auec elles: estant potables ils pourront estre beus sans incommoder la santé de ceux qui les prennent : estant medicinaux ils seront propres à restablir la santé perduë. Pour le premier degré cõme ils sont venus de choses liquides, ils peuuent aussi y retourner : & rien à mon auis n'est capable d'en faire la dissolution, que les esprits des sels propres qui sont compris dans les eaux fortes, auec lesquelles les Orpheures dissoluent l'argent & autres metaux inferieurs, & les separent d'auec l'or, & l'or mesme se dissout auec l'eau regale & plusieurs autre sortes, qui toutes ont cela de commun de contenir diuers sels, comme sçauent ceux qui les composent. Et voila desia vne grande conuenance entre la façon de former les eaux minerales sous terre par Art diuin, & sur terre par Art humain. En la premiere l'eau prend la vertu du sel passant par vne terre vierge qui le contient : & puis estant fortifiée par telle vertu elle va sur la mine pour agir contre elle. Icy c'est vne eau forte qui n'est forte que par le sel qui est en elle, que l'on applique sur le metal pour agir contre luy & le resoudre. Et si vous me demandez d'où vient cette force si admirable : ie diray briefuement ce que ie declare plus amplement dans les Vniuersalitez Cosmographiques, que les metaux sont poreux, solides, denses, & d'vne certaine nature : Ils sont solides par la fermeté de l'vnion des parties: Ils sont poreux, parce que l'vnion n'est pas entiere & en tous les costez des parties : Ils sont denses par la nature des parties terrestres & par la compression des autres : Ils ont leur nature par celle des parties qui les composent. On recherche maintenant des vertus qui puissent passer par ces pores, rompre cette vnion, dilater cette densité, destruire cette nature. Et chaque effet antecedent est vn preparatif & vne disposition pour les suiuans : pource que la penetration applique l'agent aux vnions. La diuision qui s'en ensuit oste la compression, rend les parties de moindre resistance, & plus facile à receuoir l'action : la dilatation les separe encore dauantage & les affoiblit, ce qui les rend plus proches de leur destruction. Ie tiens que les sels peuuent du moins les deux premiers : pource que par leur subtilité ils s'insinuent dans les moindres pores, & passent au trauers des corps & s'enuolent comme i'ay dit cy-dessus, & par leur homogeneité & sympathie, comme ie croy, ils s'attachent auec l'vnion des metaux, & la liquefiant ostent la solidité au metal, comme les couleurs en detrempe, & les colles faites auec de l'eau s'en vont estant detrempées dans de l'eau. Le sel est entre deux extremes incompatible, le souffre & le mercure, le feu & l'eau: le sel qui participe de tous deux en est l'vnion. S'ils passent au troisiesme degré, & s'ils font quelque dilatation, c'est en vertu d'vne chaleur actuelle ou virtuelle : les deux premiers suffisent pour la liquidité.

Mais d'autant que ces eaux fortes ont des qualitez tres-malignes, & preiudiciables à la santé, qu'elles impriment aux metaux qui en demeurent plus pesants, & par les metaux dissous aux eaux qui les contiennent, on les pourra bien nommer liquides mais non pas potables : pource qu'vn corps est fait liquide par l'vnion changeante & passagere de ses parties, & potable par la nature de la liqueur, qui non seulement ne doit auoir rien de contraire à la santé & à la vie des animaux : mais doit auoir de quoy la conseruer & entretenir: Et de cette sorte vn vin ou vne eau empoisonnée, les eaux fortes, les boüillantes, l'eau de la mer ne sont pas potables. Il faut donc trouuer des dissoluans plus benins & fauorables à la santé de l'homme pour dissoudre les mineraux & metaux qui n'ont que des qualitez saines, & les rendre potables, tels que sont l'esprit de sel marin, le vinaigre distilé, l'eau de vie rectifiée, & la rosée de May, &c. Ie me contente d'vn exemple où on verra comme l'Art humain est imitateur du diuin. Pour rendre du fer potable prenez la limaille de fer nouueau la plus deliée que l'on peut trouuer, meslez-la dans vn creuset auec autant ou plus de sel marin blanc (celuy de Guerrande y est tres-propre) & le tout estant couuert se met sur le feu où on l'y laisse iusques à ce que le sel soit tout decrepité : puis on verse cette matiere dans de l'eau pure laquelle en prend la teinture que l'on verse par inclination dans vn vase, & on en jette d'autre iusques à ce qu'elle ne prenne plus aucune teinture. Et puis filtrant l'eau teinte reste & demeure au fond vne poussiere que quelques vns mettent auec la troisiéme partie du sel ammoniac dans vn vase de terre, si bien fermé que rien n'expire, & qu'on laisse sur les cendres chaudes douze heures, & puis le rompant la matiere rougeastre qu'on met digerer dans le duodecuple du vin aigre distillé l'espace de quelques iours, durant lesquels il prend la teinture & rougit. Vne once de ce vinaigre detrempé dans soixante enuiron d'eau de pluye ou de fontaine se boit auec les mesmes façons, purgations, precautions, circonstances que l'eau minerale du fer. Si vous distilez ce vinaigre, restera du sel qui en temps humide se resout en eau. C'est aux Medecins de changer la façon & la dose diuersement selon les diuerses maladies : c'est à eux à prescrire le tout & donner le troisiesme degré de medicinal aux metaux.

VI. LA troisiesme preuue par les effets. Cette-cy est encore euidente, puisque dans la distillation de ces eaux minerales il reste tousiours quelque quantité de sel meslée parmy quelque matiere minerale ou metallique, & les vertus y correspondent. Voyez les façons d'espreuuer & examiner les eaux dans l'Art des fontaines.

§. 3. Du meslange des Eaux auec l'air, & d'vne inuention pour exciter vn vent impetueux.

PVis qu'il me reste quelques pages vuides dans ce dernier fueillet, i'ay creu ne les pouuoir plus vtilement remplir que d'vne verité nouuellément découuerte. Que l'eau non contente de se charger des corps & qualitez terrestres, entraine encore auec soy l'air, & le fait venir estant reserré dans des tuyaux auec telle vitesse & impetuosité, qu'il peut seruir à toute sorte de forges, fourneaux, orgues, mouuemens de rouës, & à tout ouurage qui se peut faire par le vent des plus grands soufflets. Et puis que la fonte de la mine de fer en geuse est celle qui demande du vent en plus grande quantité & vitesse: comme aussi on y employe des soufflets d'vne grosseur extraordinaire; si l'eau tombante par des tuyaux peut faire autant de vent que ces soufflets en donnent, elle pourra aussi faire auec beaucoup de facilité & peu de frais tout ce qui se contente de moins. Cette inuention est en vsage dans l'Italie, l'Alemagne, & on en compte desia en plus de cent endroits dans le Dauphiné. I'ay receu la figure d'vn de ces instrumens de l'Italie & d'vn du Dauphiné: mais non auec toutes les particularitez que ie desirerois, pour m'asseurer entierement du succez. Voicy comment il est composé. L'eau venant de quelque source abondante est reserrée dans vn chenau ou tuyau G. ouuert par dessus, & de là tombe dans des tuyaux E. & F. éleuez verticalemént, qui la vont porter dans deux cuues C. & D. & la laissent tomber sur vne pierre B. en ouale & conuexe pour jetter l'eau de tout costé. Au bas des cuues en H. & I. il y a deux ouuertures pour laisser sortir l'eau, & la pierre B. est éleuée sur la hauteur de l'eau coulante. Ce qu'estant l'air descend auec l'eau dans les cuues par les mesmes tuyaux E. & F. & y estant arriué & chassé par celuy qui suit, sort auec vitesse par le tuyau ou porte-vent A. dans le fourneau qu'on y suppose. Et d'autant que cela se fait auec force, égalité, continuité, & que ce vent est humide, les Maistres Forgerons le reconnoissent plus efficace que ne sont les ordinaires, qui se font auec beaucoup de dépense & de soin par de gros soufflets. Reste maintenant d'auoir toutes les particulieres circonstances de chaque partie de cet instrument. La principale est la cheute de l'eau: pource que tant plus elle

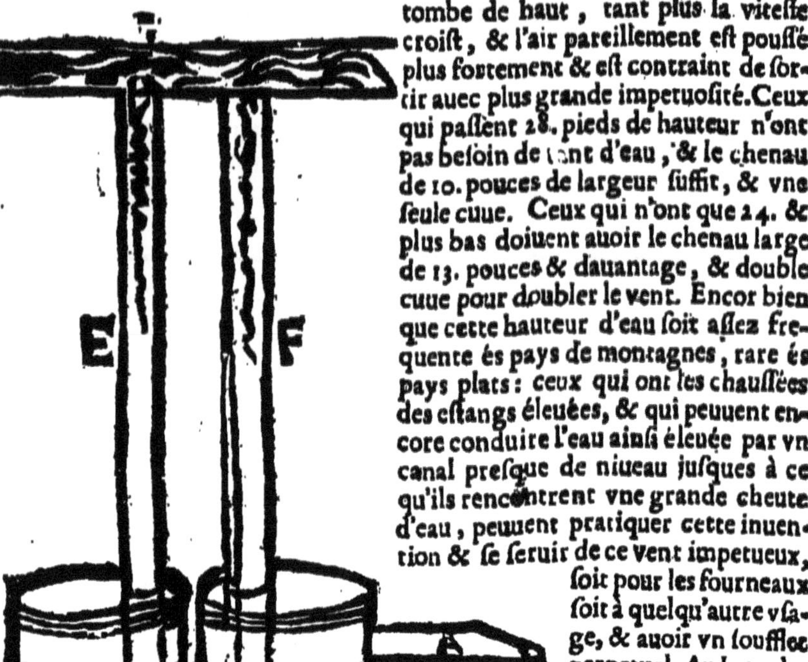

tombe de haut, tant plus la viteſſe croiſt, & l'air pareillement eſt pouſſé plus fortement & eſt contraint de ſortir auec plus grande impetuoſité. Ceux qui paſſent 28. pieds de hauteur n'ont pas beſoin de tant d'eau, & le chenau de 10. pouces de largeur ſuffit, & vne ſeule cuue. Ceux qui n'ont que 24. & plus bas doiuent auoir le chenau large de 13. pouces & dauantage, & double cuue pour doubler le vent. Encor bien que cette hauteur d'eau ſoit aſſez frequente és pays de montagnes, rare és pays plats: ceux qui ont les chauſſées des eſtangs éleuées, & qui peuuent encore conduire l'eau ainſi éleuée par vn canal preſque de niueau juſques à ce qu'ils rencontrent vne grande cheute d'eau, peuuent pratiquer cette inuention & ſe ſeruir de ce vent impetueux, ſoit pour les fourneaux ſoit à quelqu'autre vſage, & auoir vn soufflet perpetuel. Au haut des tuyaux on élargit à vn pied prez leur concauité, & on en fait vne forme d'entonnoir. D'autres font des ouuertures aux coſtez, & y mettent de petits tuyaux pour donner à l'air tout moyen d'entrer dedans. Le tuyau a 6. ou 7. pouces de largeur, & ainſi l'eau n'en occupe qu'vne partie & laiſſe le reſte à l'air. Le porte-vent A. a 5. pouces à l'entrée, & ſe retreſſit à deux, comme la figure montre, pource que le vent ſe ramaſſe & croiſt en celerité, comme i'ay montré cy-deuant pour les courans. Les cuues ſont de bois dans les pays où il abonde, auec cercles de fer, de la hauteur de 4. pieds & demy, de la largeur de trois. Autre part on les fait de maçonnerie, de cinq pieds en hauteur & largeur. Le P. Keircher aſſeure en auoir veu plus de quarante qui ont les tuyaux E. & F. en pente, non à plomb.

On peut conclurre le reſte; ie ſuis contraint de finir icy, & differer l'explication de la raiſon à vne autre occaſion.

L'ART ET LA CONDVITE DES EAVX ET DES FONTAINES ARTIFICIELLES.

Preface & aduis au Lecteur, sur la fin de ce Traité.

DIEV *voyant les Eaux necessaires à la composition & conseruation des Mixtes, des Plantes, & des animaux, en a fait la distribution si grande que la quantité est plus tost excessiue que deffectueuse; si entiere, qu'il n'y a petit grain d'herbe qui n'en reçoiue des gouttes pour s'en nourrir; & si admirable dans les manieres qu'il tient pour les communiquer par tout, que ie ne sçache sujet sur lequel paroisse si visiblement la Bonté Diuine par le don d'vn bien si vtile, & la Sagesse par les inuentions de diuers moyens qu'il employe pour en laisser par tout l'vsage; ainsi que ie declare dans la science des Eaux. Que si on trouue plusieurs lieux dépourueus de cét Element, ou qui en sont trop éloignez on reconnoistra bien tost, qu'ils n'en sont point tellement priuez, qu'ils n'ayent le moyen de l'approcher & de se l'approprier. Et il y en a de si bien disposez à receuoir la conduite des Fontaines, qu'il semble que Dieu vueille par vne situation si fauorable conuier les proprietaires des lieux à acheuer son ouurage, & faire à son imitation par la practique de ses industries pour des lieux & profits particuliers ce qu'il a fait en tant d'endroits pour des publics. Et pour monstrer que ce ne sont pas les Eaux qui d'ordinaire manquent aux hommes; mais les hommes, qui manquent aux Eaux soit de soing & de sçauoir pour les chercher, soit d'inuentions & de trauail pour les conduire: On peut le voir dans tant de Villes & de maisons de Noblesses & autres, qui en ont non seulement pour leurs necessitez & commoditez; mais encore pour leurs plaisirs. Si Rome, si Paris & tant de maisons qui sont à l'entour en trouuent. Si on y a fait tant de Fontaines, de Reser-*

uoirs, de Grottes, & de jets d'Eau, &c. que le nombre en seroit incroyable: il faut se persuader que les autres terres de mesme estendeuë n'en ont pas moins : puis qu'elles ont les mesmes causes, si bien moins de personnes de moyens pour en entreprendre la conduite. Ie trouue trois sortes de manquemens de leur part sur ce sujet. 1. D'ordinaire les hommes au lieu de choisir pour leur demeure des lieux auantagez de la nature pour contribuer à leurs propres & personnelles commoditez & à leur santé, qui s'entretient particulierement par la bonté de l'Air & des Eaux, bastissent & s'établissent en des endroits où ils trouuent des bastimens anciens, & où il ne faut qu'vn peu changer pour les rendre logeables, ou des commoditez pour la recolte des biens que la ter... porte ou pour bastir à meilleur prix, plustost que celles des personnes que l'on cherche pas apres: mais souuent trop tard, ou auec tant de despenses que les frais surpassent le profit. 2. Les mesmes hommes ayant les Eaux à commodité, c'est à dire hautes, proches, abondantes, & perpetuelles ne rencontrent pas des Fontainiers habiles & fideles. Car ils s'en trouuent peu, & de ce petit nombre les vns ne sont que demy-sçauans: comme aussi la diuersité des sources, & des moyens qu'il faut choisir pour s'en seruir en diuerses rencontres est telle, qu'il est tres-difficille d'en auoir acquise vne science entiere & on ne le peut qu'aprés plusieurs experiences & vn solide discours & raisonnement sur elles: les autres portez par vne trop grande auidité de gagner se contentent de faire aller l'Eau de la source au lieu destiné sans preuoir & preuenir diuers inconueniens, & se soucier de la conseruation & entretien de la Fõtaine:& pource ils y employent des materiaux de bas prix & peu durables. Les autres voyãt que la plus-part des hommes sont ignorans en leur mestier en font acroire & blasment les Fontaines déja faites sur vn defaut suruenu & au lieu de mettre le remede à vn ou deux tuïaux, qui en sont la cause persuadent de les leuer tous, & de recommencer tout de nouueau l'ouvrage non pour le faire mieux; mais pour gagner d'auantage. 3. Les mesmes hommes ayant fait venir par tuïaux les sources éloignées au premier manquement de leur Fontaine ne sçachant quel remede y apporter laissent croistre le mal qui rend leur Fontaine inutile ou bien le vont chercher, où il n'est pas, & rompent des tuïaux sains & entiers sans pouvoir d'abbord rencontrer ceux, qui sont rompus & la cause du desordre: Ce qui fait que l'on voit bien peu de Fontaines dans les maisons particulieres conseruées. C'est mon cher Lecteur, pour obuier à ces inconueniens que ie te presente ce petit traité, j'espere qu'il donnera le moyen aux Fōtainiers de faire leurs Fōtaines aussi permanentes & perpetuelles que les bastimens & aux proprietaires la science pour pouuoir conseruer ce qui a esté bien commencé, & remedier aux manquemens suruenans sans auoir besoin de recourir à d'autres personnes.

DES CHOSES REQVISES POVR ENTREPRENDRE de faire vne Fontaine.

TRois choses doiuent estre données de la nature, *& bien reconneuës deuant que de rien resouldre sur ce sujet; & trois doiuent estre practiquées par l'Art, pour y bien réüssir. La nature nous doit presenter* 1ent. *l'Eau en quantité suffisante & en vne distance moderée entre la source & le terme où on pretend la conduire,* 2ent. *Elle nous doit donner l'entre-deux où la terre auec vne pente en proportion conuenable à la longueur du chemin, & la distribution de cette pente dans les parties de cette longueur auec quelque regularité: Et* 3ent. *la disposition & qualité de la terre propre à estre fossoyée, & à receuoir vne pen- reguliere, & les tuïaux. Apres quoy l'Art doit* 1ent. *amasser les Eaux dans vn lieu commun que l'on nomme diuersement: Les vns la Mere Source, les autres le Principal Cisterneau.*

2ent. *Les conduire de l'à au lieu où l'on s'en doit seruir par Canaux ou Tuïaux:* 3ent. *En faire la distribution conuenable en diuers endroits, & leur donner sortie telle que l'on desirera.*

La nature nous fait asses paroistre au dehors le premier des trois points & on n'a besoin que d'vn Niueau juste, & des practiques expliquées en l'Art de Niueler pour le second: Et quant au 3e. *Quelques fossez faits en diuers endroits du passage découuriront bien-tost les facilitez ou difficultez qui se recōtreront pour l'assiete des Tuïaux. C'est sur le premier point où il faut particulierement s'arrester, & trauailler le plus pour en auoir toute asseurance: comme aussi c'est le principal, & celuy pour lequel tout le reste se fait. La nature presente ces trois premiers points en certains endroits auec de grands aduantages: En d'autres elle les rend difficiles: En d'autres impossibles; Or comme c'est vne temerité de vouloir entreprendre des Fontaines dans les lieux de la 3e. sorte; c'est vne grande lascheté de les negliger en ceux de la 1e. & de ne vouloir continuer & acheuer ce dont nous auons de si fauorables commencemens & progres preparez par la nature. Pour ceux de la 2e. sorte deuant que de rien resouldre on doit bien balancer les fruis & les profits que l'on en pretend auec les frais & les despenses que l'on sera obligé de faire tant à les entretenir qu'à les construire Et plusieurs ont plus de deplaisir de leurs Fontaines quand on leur vient souuent dire qu'elles ont cessé, que les tuiaux sont rompus, &c. qu'ils n'ont de contentement les voyant couler, Et méme soit pour ce sujet, soit par ignorance des remedes & des moyens de les entretenir ils les abbandonnent comme l'on peut verifier par tant de Fontaines qui appartiennent à des particuliers & ne coulent plus. C'est pourquoy il faut préuoir les empechemens tant naturels des Rochers qu'il faut rompre, dés irregularitez qu'il faut éuiter ou reduire, &c. que ciuils dés dédomagemens qu'on est obligé de faire, soit à ceux a qui on détourne l'Eau de son cours ordinaire, où elle sert à plusieurs particuliers & à plusieurs vsages, soit à ceux dans les terres desquels on fait passer les Tuiaux.*

DES EAVX DE LA SOVRCE.

CHAPITRE I.

§. 1. *La maniere de découurir les Sources cachées*

NOvs en auons des conjectures par vn discours, & par deux sortes d'effets & des asseurances par deux sortes d'experiences. I'appelle icy Source, tout amas d'Eau qui sort de terre, & commence à paroistre, ou le lieu ou l'eau finit à couler sous Terre & commence à le faire sur Terre, & de cette sorte la mesme Eau fera plusieurs Sources si estant sortie elle rentre dans terre & se cache pour renaistre & reuenir dessus pour la 2e. fois. De celles-cy il y en a de dormantes comme sont tous les puys ordinaires, & de coulantes comme sont celles que nous appellons Fõtaines. Et pour entendre cecy remarquez que les Eaux qui sont jointes à la Terre sont de deux sortes, les vnes se rendent visibles sortant dehors, & suiuant la pente qu'elles rencontrent sur la Surface de la Terre. Les secondes demeurent inuisibles & suiuent le chemin que le dedans de la Terre laisse ouvert & libre à leur passage. Toutes deux vont serpentant par plusieurs tours ou detours, & ont vn cours irregulier à cause que la determination de leur chemin ne vient pas d'aucun principe necessaire & de nature: mais de la seule volõté libre du Souuerain qui creãt la Terre a placé & disposé les montagnes ou eminences, les vallées ou concauitez, les campagnes ou pleines, les descentes ou montées en la Surface terrestre où & comment il luy a pleu. Qui pareillement a mis en nostre Globe diuerses couches de Terre, de Pierres, de Mineraux diuerses concauitez, fentes, plenitudes & continuitez & autres choses semblables selon qu'il a jugé plus conuenable sans qu'on puisse rendre ny inuenter autre raison solide de cette distribution & diuersité de corps, de pente, de situation, de grandeur, *&c.* Que la cause finale, & la liberté de celuy qui a creé ces corps, lequel pouuoit mettre les montagnes où sont maintenant les vallées, & les Mers où sont les Terres, & changer en mille façons les dispositions des parties de nostre Globe. Mais l'vtilité notable, que les hommes reçoiuent de tel ordre choisi & établi de Dieu, nous fait voir la Sagesse & la Bonté de l'Ouvrier.

Cela estant ainsi, nous ne pouuons pretendre de connoistre qu'il y a des Sources d'Eau, des Mines de Metal, des Couches de telle Pierre & Terre en tel endroit plustost qu'en vn autre, par aucun principe naturel & antecedent: mais seulement ou par la veuë des Sources exterieures & sur-terraines, ou par quelques effets sensibles, qui suiuent des interieures & sous-terraines.

Le P. Athanase Keicher en son Magnetisme, dit en auoir rencontré & decouvert par le moyen d'vne verge diuinatoire, qui n'est autre qu'vne éguille semblable aux aimantées my-partie de deux branches d'égalle pesanteur, dont l'vne soit faite du corps sympathique à ce que l'on desire connoistre: (icy c'est l'eau) & l'autre soit de quelque matiere indifferente & sans aucune ny sympathie ny antipathie auec l'Eau: mais tres-égale en pesanteur. Cette éguille doit estre balancée en vn tres-parfait équilibre sur vn piuot cõme sont les éguilles ordinaires des Quadrans Solaires, ou sur vn essieu: comme sont certaines extraordinaires. La premiere a son mouuement libre dans le cercle Horizontal, l'autre dans le Vertical. Cette éguille ainsi posée estant appliquée en diuers lieux declarera par la declinaison de la partie sympathique en la 1e. façon, où par l'inclination en la 2e. l'endroit où est caché ce que l'on cher-

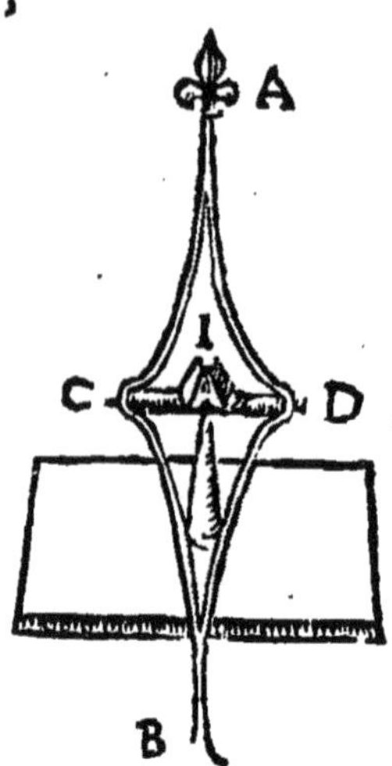

che, moyennant qu'il ſoit dans la portée de ſon actiuité & des fumées qu'il fait ſortir de ſoy. Et s'il ny a point de ces corps les parties de l'éguille resteront touſiours en vn parfait Equilibre. Il y en à qui ſe ſeruent d'vne branche fourchuë d'vn franc couldrier, & qui ſoit d'vne année ſeulement pour eſtre pliante, & diſent que la portant vn peu éleuée en ſa pointe qu'elle ſe pliera & baiſſera vers l'endroit où il y a de l'Or; pource que diſent-il le couldrier a vne inclination à l'Or & à l'Argent, le Freſne à l'airain, l'arbre de poix au plomp, l'Aulne à l'Eau, & generalement que le Genievre, le Lierre, & les arbres qui portent eſpine ont vne affinité auec les metaux. Agricola ſe mocquent meritoirement d'eux, & quoy que l'Aucteur cité monſtre que les plantes & les arbres ſe reſſentent des mines qui ſont ſous eux, en reçoiuent les impreſſions & en portent les marques; ſi eſt-ce qu'il aſſeure n'auoir iamais réüſſi, & rencontré l'inclination de ſon éguille contre les metaux, pour leſquels neantmoins on s'en ſert : ſi bien vers l'Eau ſous-terraine vne partie de l'éguille eſtât d'Aulne: Et encore c'eſtoit le matin où la vapeur ſortant d'vn lieu aqueux eſt plus abondante & rend l'Aulne qui la reçoit plus peſant & par conſequent penchant. Vitruue donne vn autre moyen qui a rapport auec le precedent, C'eſt en vn iour clair, beau, & ſerain ſur le point du leuer du Soleil eſtant couché le ventre contre terre, le viſage tourné vers le Soleil leuant en temps d'Eſté, & ſelon Palladius au mois d'Aouſt où les pores de la terre ſont ouverts & donnent libre paſſage aux vapeurs, regarder par des rayons Viſuels raſans la Terre & remarquer des fumées tremblantes s'éleuer en turbillon de quelque endroit de la Terre: Et ce ſera là où il faudra foüir pour trouuer de l'Eau, qui ſert de matiere à ſes vapeurs montantes, les autres parties qui ſont ſans Sources n'en pouuant donner pour auoir eſté deſſechées, & par le Soleil qui les a attirées & par les plantes qui ont eſté nourries de l'humidité, qu'elles auoient. D'autres en meſme temps font vne foſſe és endrois ou par conjecture ils ſe perſuadent pouuoir trouuer de l'Eau & puis ils y mettent le ſoir vn corps capable ou meſme attractif de l'Eau comme ſont Eſponges, toiſons ou laines ſeches, ſable bien ſec, *&c.* qu'ils couvrent d'vn baſſin, & le matin ils vont reconnoiſtre par l'humidité du baſſin & de leur matiere, & par la difference de la peſanteur la quantité des vapeurs qui ſortent de tels endroits, & par les vapeurs ils inferent l'Eau cachée en bas. Les Egyptiens le 17. de Iuin & les ſuiuans où la rosée a coustume de tomber prennent les vns *du Sable du Nil sec*, les autres vn morceau & vne motte de terre dans la campagne, pesent le tout exactemét la mettant en leur maison: puis la repesent chaque matinée pource que c'est la nuit que la rosée tombe: Et s'ils la trouuét croistre tousiours en poids, c'est vn signe que la goutte pretieuse, c'est à dire, la rosée est tombée, qu'elle a penetré, imbibé, & appesanti cette motte quoy qu'enfermée dans vne chambre, & de la ils s'asseurent que l'air est purifié, que les contagions cessent, que le Nil aura vne fauorable inondation, & en suite se réjoüissent extraordinairement.

Si vous calcinez du Tertre le broyant & petrissant en petites boulles, que l'on adjancera estant bien sechées sur des vergettes de fer en vn petit fourneau, fait exprés auec quelques briques & mettant dessous vn feu de flamme. Si vous mettez ce Tertre calciné dans vne Cucurbite exposé à l'air quoy que tres-serain, il attirera tant d'humidité que si chaque iour vous mettez le feu dessous la Cucurbite, & la chappe de l'Alembic dessus vous en tirerez & ferez distiller de l'eau: ce qui est commun à tout sel bien sec quoy que non si auantageusement. Les autres cherchent des herbes, qui ne se nourrissent que d'vne grande humidité telle qu'est la Tussilage. Les Ioncs, Roseaux, Saules, Oisiers, Aulnes, & autres tant plantes, qu'arbres qui grossissent incontinent en bois, & abondent en fueilles ce qui ne peuuent faire, que par vn abondant aliment qui n'est autre que l'Eau. De plus les grandes verdures des fueilles sont vn effet, & partant vne marque d'vne grande humidité, & particulierement quand cette verdure ne se trouue qu'en vn lieu & qu'elle manque aux enuirons. Ie n'ay aucune experience de ces moyens & ie tiens qu'on s'en peut seruir pour autant de conjectures & non pas pour autant d'asseurances des veines d'Eau cachées sous terre, ausquelles j'adjouste celles-cy. Les montagnes & collines sont les lieux des Sources: Entre les costez des montagnes ceux qui sont exposez aux vens humides & pluuieux tel qu'en France est le vent d'Occidét sont plus abondans en Sources. De plus les montagnes qui vont s'eleuant petit à petit & à peu de pente, retiennent plus d'eau dans elles mesmes: Les autres qui ont vne grand pente la laissent perdre, & couler & n'en prennent pas tant, dans elles mesmes. Les montagnes, qui nourrissent des plantes en quantité, & verdoyantes en couleur ont encore de l'Eau dans leur sein. La raison est celle-cy l'Eau qui est sous terre ny peut venir que par trois moyens. Le *1er.* est par des ruisseaux sous-terrains qui y passent. Le *2ond.* par des pluyes qui y tombent & y entrent. Le *3e.* par les Eaux qui s'y forment. Les premieres Eaux sont casuelles & fortuites à nostre égard pour les raisons mises icy & c'est par hazard qu'on les trouue. La quantité des secondes se peut reconnoistre par la quantité des pluies qui tombent sur vne terre, & par la Substraction d'vne partie qui coule en bas. Car puis que rien ne se perd l'autre partie doit demeurer & entrer dans la terre, & il n'en peut entrer de cette sorte successiuement, que les suruenantes ne chassent les premieres. Or cette quantité depend de trois choses, 1 de l'amplitude de la terre dont il s'agit: Car si l'Eau qui tombe sur les toits d'vn Cloistre en vn iour peut remplir vne Cisterne capable de plusieurs tonneaux; Qu'elle sera la quantité d'Eau, que receura vn quart de lieuë de Terre? 2. Par la situation des mesmes terres, lesquelles estant Horizontales retiennent toute la pluie; estant Verticala laissent entierement couler: estant penchantes la retiennent en partie, & laissent couler l'autre: Et d'autant qu'elles ont moins de pente d'autant plus d'Eau entre en elles. 3. par la nature des mesmes, car selon qu'elles sont plus ou moins spongieuses, sabloneuses, & argilleuses elles laissent penetrer plus ou moins auant, & retiennent plus ou moins d'Eau. Les troisiesmes Eaux ayant pour matiere prochaine les vapeurs tant plus que les terres en receuront tant plus elles fourniront d'Eau: mais d'autant que les vapeurs y sont portées parties par les vens, partie par les chaleurs sous-terraines qui nous sont inconneuës nous ne pouuons juger de ces Eaux qu'en partie, & selon les causes exterieures.

Les experiences qui nous donnent plus d'asseurance doiuent estre practiquées dans les endroits que marquent les conjectures. La 1e. c'est de percer la terre auec de longues Tarieres, & on en fait qui mémes percent les pierres qu'elles rencontrent: pource qu'estant retirées elles rapportent auec elles des corps de diuerses natures & qui nous font juger de ce qui est compris sous la Surface Terrestre, & entre autre l'Eau s'il y en à & si les Tarieres ne sont assez longues on creuse deuant la terre. La 2e. est de creuser la Terre en forme de puys ou de voir ceux qui sont faits pource que s'il y a de l'Eau elle parroistra, ou mesmes si elle en est proche & l'air plus bas, elle s'y rendra, & s'y rendant attirera la plus éloignée. trouuant la pente & se fera vne Source artificielle de laquelle nous pourrons déterminer la hauteur par le Niueau, & la quantité comptant combien de seaux d'Eau il en faut tirer & oster pour la dessecher, & en combien de temps la perte de l'Eau ostée sera reparée par d'autre suruenante, & considerant de quel costé elle vient pour faire vne clef de conroy en forme d'Equierre à l'opposite & par elle l'arrester, & d'icy on jugera de la perpetuité & continuation de l'Eau, ou de l'interruption. Voyez icy ce que ie diray cy aprés des puys.

Si par les inuentions precedentes ou autrement, on a trouué vne Source on doit s'asseurer de la hauteur considerée relatiuement & par rapport au lieu où on la veut conduire: Et si on la trouue plus haute & proche la Surface Terrestre, on a l'aduantage requis du costé de la Source pour ce pour couler. Si tant soit peu basse il ne faut point faire de difficulté de la receuoir dans vn bassin enfoncé dans terre, & où il faudra descendre par deux ou trois marches & degrez: pource que c'est tousiours vn grand trauail épargné que de faire que les Eaux éloignées d'vne ville ou maison s'en approchent, & au lieu d'aller à elles pour les puiser & porter, qu'elles viennent à nous. Si la Source est plus basse, ou si estant haute elle est enfoncée bien auant dãs terre. Ie tiens encore qu'il ne faut point faire de difficulté de l'éleuer par diuerses machines & à force de bras jusques à vne hauteur suffisante, pour delà couler au lieu destiné par des tuïaux: pource que par ce moyen de deux trauaux que l'on a, sçauoir est, à la puiser & à la porter on est deliuré du plus grand & ennuïeux, & en plusieurs maisons les seruiteurs sont grandement soulagez quand par cette inuention on fait aller l'Eau d'vn puys aux Offices, Iardins & autres lieux de la maison.

§. 2. *La maniere d'assembler les Eaux à vn rendez-vous & lieu commun.*

POVR réüssir en ce point il faut considerer toutes les façons d'auoir de l'Eau, voir lesquelles peuuent estre appliquées à vn lieu designé, & entre les possibles choisir la plus auantageuse. Et pource faut sçauoir que l'on peut se seruir de deux sortes d'eaux: sçauoir est, des externes, & des interieures. De chacune il y en de deux sortes, & de toutes 4. Pource que les *1es.* sont celles ou qui tombent en pluyes sur la Surface de la terre, ou qui coulent en ruisseaux & riuieres sur la mesme. Les *2es.* sont ou déja amassées & coulent sous terre comme les exterieures font dessus, ou sont esparses dans l'amplitude de toute vne terre spongieuse comme sont celles qui y tombent en pluie ou s'y forment en goutte, car les vnes & les autres se trouuent par tout & comme par succession d'autres sont receuës ou produites dans les mesmes endroits, les precedentes chassées par les suiuantes descendent petit à petit jusques à ce qu'elles ayent trouué vn ruisseau, ou vne riuiere pour s'y joindre. De ces 4. sortes d'Eaux ceux a qui la nature fauorize tant que de presenter proche de leur demeure des eaux ou coulantes sur la terre, ou sortantes de dedans sont deliurés de la peine de les assembler, & ne doiuent auoir autre soing que d'en profiter selon diuers vsages. Les autres qui n'ont point ce bon rencontre se le doiuent procurer ramassant les Eaux ou des pluies ou des terres, le premier se fera si on a dans vn lieu éleué vne Surface terrestre disposée en forme d'vn reseruoir & Estãg capable. Pource que telle capacité estant remplie d'eau de pluie pourra seruir de Source

& faire vne Fontaine : Ainsi que l'on peut voir practiqué à Poissy à cinq lieuës de Paris. Ou bien si on a vne ample concauité naturelle ou artificielle pour receuoir en forme de Cisterne les Eaux des pluies: mais il faut auoir soing que l'Eau y entre toute pure & nette : Ce qui sera si elle est receuë sur des pierres plattes, ardoises, ou autres situez en forme de toit sur vn contoy naturel chargé d'herbes, si on la fait passer par de petits caillous; afin qu'elle depose ces immondices. Et pour monstrer que l'on pourroit auoir de l'Eau suffisante en quantité, & recõmandable en qualité puis que c'est la meilleure de toutes pour la santé des hommes & fecondité des terres. Vne concauité qui auroit 25. pieds de long, autant de large, & 20. de hauteur contiendroit 12500. pieds d'Eau, ou 900000. chopines de Paris donnant à chaque pied cubique 72. liures d'Eau qui font autant de chopines. Et quand les pluies ne rempliroient telle capacité que 12. fois l'année on tireroit d'elle par iour enuiron 15. tonneaux d'Eau de 480. pots chacun, & ce receptable estant proche d'vne maison ou d'vne ville, épargneroit les frais d'vne Fontaine, de l'entretien de long tuïaux, feroit que le maistre auroit telles Eaux en sa pleine disposition. Ie traiteray de ces Cisternes cy aprés. Pour amasser les Eaux dispersées dans vne étenduë de terre, j'en donne la façon au §. 18. de l'Art de Niueler. Voyez encore ce que j'en dis dans la science des Eaux, & de leur formation au §. de la diuersité des Terres qui ont rapport à l'Eau, & traitant des puys, qui en sont les plus grands principes.

§. 5. *La maniere de faire monter l'Eau des Sources naturelles.*

PVIS qu'elles viennent tousiours d'vn lieu éleué & souuent par des conduits separez; ainsi que j'ay prouué en la science des Eaux: si ces conduis auoient vne force de contenir & retenir l'Eau comme ont les tuïaux artificiels on auroit infalliblement des succés heureux & des grandes éleuations des Sources bien basses; à cause qu'elles viennent de bien haut, & que toute Eau peut monter jusques à la hauteur de sa source. Mais c'est vn grand hazard d'en rencontrer de tels, & ils ne sont que trop rares. Deuant donc que de rien entreprendre la situation du lieu nous doit faire voir que la Source exterieure & la sortie visible de l'Eau doit estre bien plus basse que la Source interieure & inuisible. Ce qui est aisé à juger de la nature & pesanteur de l'Eau qui va tousiours descendant, de la quantité qui estant grande vient de loing & partant de haut, & de la celerité qui comme c'est vn effet de la pression & de la hauteur de l'Eau, s'en est aussi vne marque asseurée, & de plus la solidité du lieu par où elle sort jointe auec la celerité nous doit rendre probable la créance que nous deuons auoir de la solidité du Canal par où elle vient comme quand elle part d'vn Roc. Ce qu'estant supposé la façon de la faire monter est de faire en petit ce que l'on fait en grand dans les Estangs. Ceux-cy par le moyen, d'vne forte chaussée font monter l'Eau jusques en haut. Aussi icy par vne forme de Digue, & Chaussée faite en rōd à l'étour de la Source, & des endroirs par où l'Eau pourroit aller & s'échapper on la contraint de s'éleuer par telle concauité qui fait la partie ascendente d'un Tuïau recourbé Mais comme on ne sçait pas la nature des concauitez, par où l'Eau vient on ne peut aussi juger asseurement du succés. Et quelquesfois au lieu de la faire monter; ce qui a réüssi à quelques vns on le perd; ce qui a nuit à d'autres : pource que l'Eau interieure ne pouuant sortir par son chemin ordinaire sans faire monter l'exterieure retenuë par la Digue, & ne la pouuant faire monter qu'auec vne forte pression applique cette mesme pression contre tous les endrois de son Canal, & si elle en trouue vn de moindre resistance que l'Eau montée elle s'y fait vn nouueau passage & quitte son ancien chemin où elle trouue de la resistance pour prendre celuy qui ne s'oppose pas tant à son cours. Et ce que ie dis des terres en la science de Eaux monstre que l'Eau peut aisément changer de chemin, & le fait souuent. Ceux la sont en pareil danger qui tantost bouchent les Sources tantost les ouurent pour auoir l'Eau en plus grande quantité aprés auoir esté retenuë. Pource que durant cette retention l'Eau se multiplie & cherche de sortir par l'endroit qu'elle trouuera plus foible, & le trouuant abbandonne son chemin ordinaire, & se tient dans le nouueau. Que si l'on veut éleuer l'Eau par artifice, on n'a qu'à voir les moyens diuers que j'en donne dans l'Art d'éleuer les Eaux : Choisir le plus conuenable & l'appliquer à l'endroit le plus propre, soit à la Source soit au rendé-vous, soit au milieu.

§.4. *La maniere de cōnoistre la quātité d'Eau d'vne Source, & d'vn Ruisseau.*

D'AVTANT qu'elle est differente en diuers temps de l'année il est plus expedient de prendre ces mesures dans les temps, où les eaux decroissent & sont basses : ce qui arriue aprés de longues secheresses, & d'ordinaire dans les mois de Iuillet, Aoust, Septembre, Octobre, ausquels la terre se trouue doublement desechée, & épuisée : sçauoir est, *1ent.* par les rayons solaires plus directs, & partant plus efficaces à tirer les vapeurs de la terre, *2ent.* par les plantes, fleurs, fueilles, & fruits, qui tous ont esté nourris de l'Eau de la Terre, que les racines ont beu & succé. Prenez vn ais, faites-y plusieurs trous d'vne mesme mesure, comme d'vn pouce; & qu'ils soient tous dans vne mesme ligne de Niueau : Ayez des bouchons pour fermer ceux qu'il faudra. Ou bien si vous voulez auoir la mesure des Eaux d'vne Fontaine en tout temps, & en voir les diminutions & accroissemens: taillez vne pierre en forme de Parallello-Gramme Rectangle A. B. C. D. dont les costez A. B. B. C. & C. D. seront diuisez en pouces, & subdiuisez en lignes. Mettez soit vostre ais troüé, soit vostre pierre fenduë dans l'endroit par où toute l'Eau du Ruisseau soit obligée de passer: ce qui ce fera bouchant bien tout le reste, & ne laissant aucun passage, que les ouvertures de l'ais ou de la pierre: Et vous verrez par les pouces, que l'eau coulante remplira la quantité de l'Eau de toute la Fontaine. Cette façon ne peut estre exacte: à cause que l'Eau passe en plus grande abondance par les mesmes trous, selon qu'il y a plus d'Eau dessus elle en proportion sous-doublée. Ainsi l'Eau qui passe par vn trou bas d'vn pied sera deux fois moindre, que celle qui passera par le mesme bas de 4. pieds. C'est pourquoy la vraye façon de reconnoistre la quantité d'vne Source est de receuoir l'Eau dans quelque vase l'espace de quelques minutes secondes: comme de 10. ou 20. & la mesurer ou peser pour voir ce que l'on en à. Car de la on jugera combien on en peut esperer chaque iour. Et pour trouver & compter la durée de tant de minutes secondes que vous desirerez, vous n'auez qu'à auoir vne bale de plomp attachée & suspenduë à vn filet long de trois pieds & vn pouce. Car autant qu'elle fera de tours & de retours, ou d'arcs de cercles, soit grands soit petits, en allant & venant d'elle mesme apres auoir esté poussée la premiere fois, autant doit-on compter de minutes secondes.

---

§. 5. *La maniere de connoistre les qualitez des Eaux de Source, ou autres.*

IE ne considere pas icy l'Eau absolument & selon sa nature. Car il est certain, que celle la est plus parfaite, qui joüit de ses qualitez naturelles purement sans meslange des corps, & des qualitez estrangeres: Et ie n'estime pas qu'il se trouue en la nature vne Eau si pure: Comme aussi elle ne seroit propre à la nourriture des plantes & des animaux, pour lesquels Dieu la mise comme leur principe & aliment vniuersel. Ie ne la considere non-plus relatiuemẽt & par rapport aux autres animaux, qui demandent vne eau plus grossiere, l'Eau fresche & coulante d'vne Source seroit nuisible aux Cheuaux, qui est profitable aux Hommes. Ie la prend auec rapport à l'Homme, & comme son breuage ordinaire, par lequel il entretient sa santé: non comme son breuage extraordinaire, par lequel il guerit ses maladies: ce que font plusieurs Fontaines minerales & metalliques. Et prise de la sorte, Ie dis 1ent. Que l'Air & l'Eau sont deux principes externes de santé quand ils viennent à nous chargez de qualitez conuenables & de maladie quand ils en ont de contraires: pource que d'vne part nous viuons dans l'Air, qui penetrant les pores de nostre corps remplissant nos Poulmons, & estant porté jusques dans nôtre Cœur, qui est le principe de vie, laisse par tout ses qualitez. C'est l'Eau qui semble seule estre la 1e. nourriture & l'aliment des plantes, & animaux que nous mangeons, qui cuit nos chairs & nos autres viandes. C'est elle que nous beuons: Et ceux qui s'en passent n'en viuent pas ny dauantage, ny plus sainement. Les hommes ont bien vescu les 1660. ans enuiron auec de l'eau pour boisson & tout ensemble auec des santez si constantes, qu'ils alloient jusques à 700. 800. & 900. ans sans auoir aucun vsage de vin: puis que Noé reparateur du monde perdu par vn deluge fut inuenteur du vin, & en luy d'vn deluge, qui va perdant le monde de santé & de sainteté: & auquel luy mesme fit naufrage aprés en auoir échappé vn vniuersel & par l'effet du vin, il se repentit bien tost du trauail qu'il auoit pris à cultiuer la vigne. Et encore maintenant il y a tant de pays où les vignes ne peuuent profiter, soit par trop grande froideur comme és pays Septentrionaux, soit par excés de chaleur, cõme en la Zone Torride, & dans les Royaumes de Tunquin & de la Cochinchine, il ny à ny pain. ny vin, ny huile, & les hommes ne laissent pas d'y viure long-temps & sainement & plusque nous. D'autre part Dieu ayant fait ces deux Elemens pour nous porter plustost les qualitez estrangeres, que pour nous cõmuniquer les leurs a mis en eux peu de vertus actiues, mais vne grande & vniuerselle capacité passiue: jusques là que ie ne sçache rien qui ne puisse se dissoudre dans l'Eau & ensuite deuenir liquide & potable, & se mesler auec l'Air, & ensuite deuenir tres-subtil & respirable: puisque l'Or, le Mercure, & l'Argent, qui sont si pesants & durs se rendent tels: puisque les choses les plus dures & solides, comme sont les bois des arbres, les os des animaux, les pierres, les metaux & mineraux, viennent d'vne matiere liquide, & souuent des fumées. Le Marbre reduit en poussiere, se dissout dans le vinaigre. Aussi il y a des Fontaines dont l'Eau se change en pierre, telle qu'est celle qui est en vn Faux-bourg de Clermont en Auvergne, & vne autre dans vn village à deux lieuës enuiron de Rion, qui fournit des pierres à des bastimens: ce qu'à Costa asseure d'vne qui est en l'Amerique.

Ces deux Elemens ne peuuent auoir vne si grande communication auec tous les autres corps, & se mesler si diuersement auec eux sans en porter les qualitez, sans produire dãs nos corps des effets tres-differens

& porter par tout vne tres-grãde varieté d'effets; quoy qu'en apparence ce soit par tout vne Eau de mesme nature. Il y a des Eaux qui sont propres à tremper l'Acier & le rendre plus fort, comme celles de Moulins; D'autres qui blanchissent le Linge comme celles de l'Aual: D'autres qui font le Pain meilleur, comme celles de Gonnesse: D'autres qui seruent à la Teinture en Ecarlate, comme le ruisseau des Gobelins: D'autres rendent le Papier blanc, comme celles de Tiers. Il y en a de chaudes. La seule Auvergne en fournit à Busi, à Simeyon, à Vis le Viconte, à Mont-d'Or, à Chaudes-Aigues, *&c.* Il y en a encore à Bourbon Lancy, & à Bourbon l'Archambau, celle de Pont-Gibeau est fumante en Hyuer parmy les glaçons, & glacée l'Esté parmy les chaleurs Caniculaires. Il y en a tant de Minerales & Metalliques, *&c.*

Et certes si vne once de Mercure mis dãs de l'Eau qu'õ aura fait boüillir vne fois est capable sans rien perdre de sa substance ny de son poids d'épreindre mille & mille mesures d'Eau successiuemẽt d'vne vertu qui fait mourir les vers qui se trouuẽt dãs les corps de ceux qui en boiuẽt. Si vne tace d'Antimoine vitrefiée donne vne vertu vomitiue à l'Eau qui y a esté laissée peu de tẽps. Si tant d'autres corps impriment vne vertu par irradiation ce qu'asseure Vannelmon, & que l'experience fait voir à l'Eau dans laquelle trempent ces corps. Si les sels qui contiennent la vertu seminale de toute vie ont pour propre dissoluant toute liqueur, & partant l'Eau pourroit on conceuoir qu'vne Eau viendra de plusieurs lieuës à nous au trauers des terres sans en contracter quelque vertu?

Ceux de la Ville de Dol se voyant attaquez de maladies particulierement les mois de Iuin, Iuillet, Aoust, par telle disette d'Eau, firent venir par Tuïaux au milieu de leur ville l'Eau qu'il failloit aller querir auec peine. Et cette commodité les a doublement soulagez, en tant qu'elle les a deliurez de la peine du transport, & qu'elle presente l'Eau à eux auec plus de fraicheur & d'abondãce ce qui a apporté remede à ces maux anniuersaires. Ie connois vne Communauté qui ayant changé ses Eaux en celles de pluie, & de Cisterne se fit quitte de certaines infirmitez & langueurs, qui affligeoient les particuliers. Le Cardinal d'Armaignac ayant rencõtré en vne siẽne visite vne maison où les peres & les enfans passoiẽt auec vigueur les 100. ans de vie, y fist venir des Medecins Celebres, pour sçauoir d'eux la cause: lesquels rapporterent cét effet de longue vie à la bonté de l'Air, qu'ils respiroient, & de l'Eau d'vne source qu'ils beuuoient. Certes la demeure dans vn tel lieu fut-ce dans vne cabanne doit estre preferée à celle qui se feroit dans vn Palais mal placé & maladif: Et ce lieu deuoit estre recherché & acheté cherement; Enfin les Sources ont esté de telle consideration parmy les hommes qu'elles les ont determiné à bastir leurs maisons, villages, & bourgs proches les Fontaines d'où vient le nom de *Pagus* qui viẽt du Grec & signifie Fontaine. Et ceux qui ny ont eu égard ressentent tous les iours les effets de la faute qu'ils ont fait. Tels ont des thresors de vie & de santé dans les Fontaines qui se procurent plusieurs maladies les quittant & beuuant du vin. Il en faut dire autant de l'Air qui par vne tres-grande diuersité d'odeurs qu'il porte monstre auoir dans soy vne pareille diuersité de principes qui sont les huiles rarefiez des fleurs & autres plantes odoriferantes. Chaque pays y contribuë ses proprietez. Chaque vent les porte bien loing pour les communiquer à dauantage de pays: D'où vient que les vents venans de diuers endrois ont diuerses proprietez, que les vns sont maladifs quand certains vents regnent & que les maux de Poulmons en leur naissance se querissent par le changement d'Air & l'Air natal souuent les remet & rétablit en leur entier. Varron liu. 1. chap. 4. de la maison Rustique asseure que Varron son parent fist cesser la peste & les maladies en l'Isle de Corcyre changeant seulemẽt les fenestres des bastimens: Car bouchant les endrois qui regardoient des vents mal sains, fit ouvrir ceux d'Aquilon; Il remarque encore comme Hippocrate deliura plusieurs villes de la Grece de peste corrigeant par les feux la malignité de l'Air. L'air de l'Aube-épine en fleur fait pourrir les poissons nommez Maquereaux, & les Chasse-Marées qui en ont s'éloignent du chemin où Il y en a de fleurie. Les animaux de venin ne peuuent viure dans l'air d'Hybernie, & les Iardins ont des feconditez particulieres & des bontez dans leurs fruits, selon qu'ils sont plus à découvert exposez à diuers vents.

Ce qu'estant ie dis *2ent.* qu'on ne peut estre assez soigneux de rechercher les qualitez conuenables de ces deux Elemens, & les Magistrats sont tres-loüables, qui procurent de bonnes Eaux, & en quantité à leur Communauté. I. L'Eau pour estre bonne ne doit estre ny trop pure ny trop meslée, elle ne doit estre pure: pource que l'homme a vn corps composé & temperé qui partant doit estre nourri de viandes qui ayent vn temperament approchant du sien pour pouuoir estre plus aisément chãgées en la nature du corps humain. Et les extremitez luy sont des poisons, tel que seroit la chaleur de la flamme, la subtilité de l'Air pur tel qu'il est aux festés des hautes montagnes, la froideur de l'Eau, *&c.* Mais la composition de tout cela luy est bonne ou vn excés est corrigé par le contraire. Elle ne doit non plus estre meslée de vertus medicinales: pource que telle Eau n'est bonne que pour remettre vn temperament déreglé; non pour conseruer vn bien ordonné. II. Quoy qu'elle ne doiue estre pure elle en doit estre si approchante qu'elle en aye les marques pour seruir à la boisson ordinaire de l'homme. C'est pourquoy elle doit estre sans couleur & opacite; sans saueur, sans odeur: pource que ces qualitez montrent vn trop grand meslange de sel, qui est le principe des saueurs, de souffre ou huile qui l'est des odeurs & d'heterogeneïté des parties, qui est la cause de l'opacité, ou de teinture qui l'est des couleurs. Elle a la froideur pour sa qualité interne. Et partant elle doit resister d'auantage à la chaleur. Pour le reste, estant capable de receuoir les qualitez estrangeres elle en est d'autant plus susceptible, qu'elle en est plus exempte & moins meslée; pource que le meslange la fait resister aux qualitez contraires à celles qu'elle a : comme si elle altere oit le goust du vin ce seroit par vn autre qu'elle auroit. La plus legere est la meilleure: pource qu'elle a moins de Terrestreïté qui est plus nuisible à la santé & cause des obstructions & durtez. Et nostre corps estant transpirable se fait aisément quitte de ce qui se peut aisément changer en fumées, ce qui ne conuient à la Terre. Et si les corps viellissant deuiennent terrestres & pesants les corps nourris d'Eau plus terrestre & grossiere auancent leur viellesse.

Ie dis *3ent*. Que l'on connoit les qualitez des Eaux par les sens, par les effets, & par l'Art Chimique. Les sens jugent de la transparence, couleur odeur, saueur, froidure, *&c.* ou de leur nullité. Il y en a qui goustant jugent de la bonté des Eaux comme les autres du vin: mais il y en a plus de ceux-cy, que de ceux-là.

Pour les effets outre ceux que j'ay mis cy-dessus, on doit considerer 1. Les animaux que l'Eau nourrit en elle mesme, les herbes ou mousses qu'elle y fait croistre & qu'elle l'aisse à la longue dans son bassin. Car puis que vne herbe arrousée d'vne Eau profitera autrement que d'vne autre, il faut que ces animaux & ces plantes trouuent dans vne telle Eau la matiere conuenable à leur nourriture. 2. Les maladies qu'elle engendre ou qu'elle guerit en ceux qui en boiuent, la disposition des habitans qui s'en seruent; s'ils sont bien colorez, d'vn teint frais, d'vne voix nette & ferme; s'ils sont de longue & forte vie. Car encore bien que l'Eau ne concoure pas totalement à ces effets, elle y contribuë beaucoup. Et ce qui est commun à vn peuple, doit estre attribué à des principes plus communs. 3. L'on peut & l'on doit faire diuerses experiences sur les Eaux pour reconnoistre les diuers meslanges, qu'elles ont : En voicy quelques vnes. Si vous faites boüillir l'Eau dans vn chauderon estamé voyez l'escume qui vient dessus, la matiere qui va au fond, & les marques & taches qu'elle laisse aux parois du chauderon, car tout cela denote quelque meslange, & l'Eau pure n'a aucune de ces marques. L'escume vient de quelque partie grasse & onctueuse qui par sa legereté surnage, & par le mouuement a esté detachée: Ce qui descend est la partie terrestre: ce qui altere le vase est quelque esprit mineral, quelque sel qui de soy est corrosif & penetrant, d'où vient que si on fait boüillir l'eau salée en vn vaisseau tant soit peu transpirable tel qu'est tout pot de terre non

vernissé

vernissé le sel passe au trauers & paroit sur la face exterieure, & mesmes on voit cette transpiration du sel en des pots de beurre sallé. 4. Si vous faites cuire du legumage comme sont Féves, Pois, Lentilles, &c. dans vne eau qui les cuise promptement; c'est vn signe que l'eau est plus subtile, penetre la peau & porte la chaleur au dedans auec de l'humidité pour dissoudre la durté des legumes: Et partant c'est vne marque de bonté: L'à où tant plus l'eau tarde à les cuire, tant plus elle a de terrestreïté, qui fait les obstructions & durtez. 5. Les Eaux qui ont des couleurs, odeurs, saueurs en prochaine puissance monstrent encore certains meslanges, car si elles sont actuellement colorées elles appartiennent à la 1re. maniere de les connoistre, par exemple, l'Eau qui estant meslée auec des Noix de Galle ratissées, ou des fueilles de Chesne pilées & broyées châge sa couleur en bleu, qui fait leuer la paste sans autre leuain c'est signe de Vitriol meslé: pource que le Vitriol ne fait dans l'eau aucune couleur apparente: mais dans les corps fait noir. La Noix de Galle gris & de ces deux se fait le bleu. Ainsi l'eau meslée auec vin-aigre paroistra sans couleur: mais si vous y adjoustez vn peu de Bresil ratissé qui seul feroit rouge, il rendra l'eau jaune, si auec l'eau meslée de Couppe-Rose il la fera bleuë. Il ny a point d'herbe ny de bois, qui mis dans de l'eau auec de l'Alun ne fasse quelque couleur, ce qui donne le moyen de connoistre les Eaux alumineuses. Les Teinturiers bien experts vous apprendront ces meslanges des couleurs faites des arbres & des plantes, & ceux qui recherchent les mines celles des metaux. Et si on faisoit des espreuues & des examens de toutes les Eaux on trouueroit qu'il y a peu de pays où outre les eaux communes il ny en aye quelqu'vne medicinale. Et de fait on en a decouuert en quantité de lieux depuis quelque temps qui auoient esté auparauant negligées, & inconneuës.

Mais sur tout c'est l'Art de Chimie qui fait profession de faire l'Anatomie des Eaux, d'en separer les parties Heterogenées, & les ayant mises à part de les cônoistre& leur vertu.On ne peut rien souhaiter de plus en cette matiere. Le Chimiste donc fera passer l'Eau d'vne Fontaine par toute les espreuues de son Art. 1ent. il en mettra en plusieurs verres, & ces verres en diuers lieux, & l'y laissera reposer plusieurs iours, semaines & mois, pour voir si elle se conserue ou corromp: l'exposera à l'ardeur du Soleil, ou du moins paroistra sur elle aprés quelques iours vne verdure composée de terre & de sel. S'il y a des peaux colorées cela viêt de quelque metal ou mineral. 2ent. Il la mettra en plusieurs vases d'Alembic; afin de donner le feu de different degré & examinera les differences des premieres secondes, & troisiémes Eaux. Et ce qui restera au fond sera desseche doucement, puis receura vn feu ardent, & en chaque essay on s'efforcera par la saueur, odeur, couleur, & transparence de connoistre la nature de telles parties. 3. Il la battra dans vne baratte pour voir si par mouuement il peut faire quelque separation comme l'on fait dans le Lait celle du gras & du maigre. Ces examens supposent la connoissance des Metaux & des Mineraux & autres Mixtes qui se meslent en leur substance ou en leur vertu auec l'Eau.

En general l'Eau qui s'euapore toute par vne chaleur moderée sans rien laisser au fond à la marque d'vne bonne Eau. & qui n'a rien de terrestre : pource que les corps terrestres n'estant pas capables de rarefaction par vne chaleur mediocre demeurent en leur masse & pesanteur & partant au fond lors que l'Eau s'éleue qui est susceptible d'vne prompte rarefaction.

Pour descendre plus en particulier. On demande qu'elles sont de trois sortes d'Eaux les plus salubres: sçauoir, 1. De celles de pluyes & de cisternes: 2. De celles de Fontaines & de Riuieres, & 3. De celles des Puys? A quoy ie respond *1ent.* Qu'il y a en chacune de ces especes de bonnes & de mauuaises: pource que les Eaux ne peuuent venir du lieu de leur *1e.* formation à nous qu'en passant par des terres qui sont entre-d'eux, ny passet sans prendre & participer peu ou prou des sels, teintures, vertus & mesmes des parties des corps qu'elles recontrent & trauersent en leur passage, ce que tant de Fontaines Minerales rẽdent tres-notoire. De mesme le Soleil n'attire pas seulement les eaux de la Mer & des Estangs: mais encore celle des Marais, des herbes, fleurs, fueilles, & de tant de corps humides qui se dessechent dans l'air, ce qui ne le peut faire qu'en quittant leur humidité, & ne la quittent qu'en l'euaporant en fumée. Il éleue encore conjoinctement les exhalaisons des corps gras, qui se meslent auec les vapeurs & les pluies. D'où vient que l'Esté les pluies sont plus meslées que l'Hyuer pource que l'attraction se fait plus puissamment & en suite de dauantage de corps comme on peut voir dans l'Alambic. D'où vient que dans les Cisternes quelque diligence qu'on fasse on trouue au parois des immondices attachées & quelquefois en vne notable épaisseur : ce qui oblige les proprietaires de les nettoyer de temps en temps. Ie dis *2ent.* parlant en general que l'Eau des Cisternes est la meilleure de toutes. I'ay l'auctorité, la raison, & l'experience pour ce party, pource que c'est le sentiment des Medecins qui ont decidé ce different, & la raison est cette-cy: C'est la mesme Eau, qui sort des puys & des Sources, qui coule dans les riuieres, & qui estant éleuée par le Soleils retombe dans les Cisternes: mais, dans les puys elle est plus grossiere & terrestre & y estant en repos elle se corromp plus aisément : d'où vient que l'eau d'vn puys est d'autant meilleure, que plus on en tire : Celle qui court dans les ruisseaux & riuieres se purifie dauantage par le mouuement & par les diuerses rencõtres. & acquiert vn degré de bonté sur la 1e. mais celle qui est éleuée encherit sur la 2e. par vn nouueau degré de bonté. Aussi c'est la plus legere, claire & susceptible d'vne totale rarefaction. Et entre celles-cy ie tiens celles les meilleures qui sont éleuées par vne chaleur moderée comme sont celles du Printemps qui se conseruent long-temps. Et s'il arriue que les pluies d'vn certain endroit soient préjudiciables, il faut les exclurre de la Cisterne.

L'Experience de plusieurs Maisons, Citadelles, Villes entieres & mesmes des Prouinces & Royaumes qui s'en seruent, verifie cette assertion, où les hommes se portent bien, & on ny remarque aucune maladie prouenante de l'Eau. La Ville de S. Malo s'en sert auec profit. Tout l'Egypte n'ayant point d'Eau de pluie ny en suite aucune Fontaine, à la reserue d'vne ou de deux : puis qu'elles se forment des pluies ou des vapeurs qui les font ne se sert que de l'Eau trouble du Nil receuë en des Cisternes, & conseruée toute l'année. Au Grand Kaire ils la mettent reposer en de grandes Cruches, où ayant mis vne Amande pilée elle deuient claire comme Eau de Roche. En Alexandrie ils ne boiuent de la recente que vers le mois de Nouembre : à cause que deuant elle donne les Fiévres : mais aprés elle est tres-salubre, & mesmes beuë par excés ne fait point de mal.

Que si l'Eau des Cisternes est froide l'Esté cela luy vient de sa nature, & de ce que les chaleurs sousterraines sont euaporées & les solaires ny peuuent arriuer. Si elle est chaude & fumante l'Hyuer cela vient de la chaleur renfermée dans la terre, & tres-agissante. Si elle fume cela monstre sa composition. Plusieurs maisons incommodées par la disette de bonnes Eaux peuuent aisément se procurer de celles-cy dans des tonneaux gardez à la caue, & suffisãment grands pour cõtenir leur boisson.

DES CANAVX ARTIFICIELS.

CHAPITRE II.

§. 1. De leur diuersité.

L'En remarque de deux sortes. Les premiers se contentent de donner vn passage à l'Eau sans la renfermer entierement tels que sont les Aqueducs pour les grãdes Villes & Maisons des Princes, Les tranchées, les pierrées, ou Canaux simples pour les autres & seruent à conduire vne Fontaine en vn lieu particulier àtenir nettes les ruës déchargeât par la les im nondices, à desſecher les lieux humides & pour autres vſages. Ce ne ſont autre que des foſſez,qui arreſtent l'Eau en bas par leur conroy, la contiennent par leur capacité, la laiſſent couler par leur pente continuée. Les vn ſont remplis de caillous ronds ou gros grauiers couuerts diuerſements, l'eau paſſe par l'entre-d'eux; Les autres ont vne concauité par le moyen de deux murettes que l'on fait aux deux coſtez,& d'vne couuerture faite de pierres plattes & fortes en la maniere que j'ay dis au §. 18. de l'Art de Niueler. Les ſeconds ſont Tuïaux qui enferment l'Eau de tous coſtez, & la font monter & deſcendre: ce que ne peuuent faire les premiers. Et certes puiſque ceux-cy ſont le moyen & l'inſtrument vnique pour porter l'Eau de la Source à vn lieu deſtiné en deſcendant & montant. On ne peut eſtre aſſez ſoigneux de s'en procurer, qui ayent la plenitude & continuité de leurs parties cõtre les pores, la ſolidité & fermeté des meſmes contre les vrts & diuerſes rencontres, & la perpetuité contre les corruptions. On en fait de trois ſortes ayant égard à la matiere les *1ers.* ſont de Metal particulierement de Plomp, les *2onds.* ſont de bois particulierement de Cheſne, d'Aune, de Sapin, & d'Ormier, les troiſiémes ſont de terre cuite, particulierement d'vne griſe dont on fait les pots de beurre, & au trauers deſquels le ſel ne tranſpire point. On en fait encore pour le *1er.* chef de chauderons vieux & de Cuiure qui ſont tres-bons, & pour le *3e.* de la matiere dõt on fait le Marbre artificiel;comme auſſi d'autres arbres que des ſus-nõmez,pour le *2on.* Tous trois ſont abſolument parlant bons: Tous ont des commoditez accompagnées d'incommoditez.

Le bois ſe conſerue en l'Eau & en la Terre, ſe corromp en plein air. Le Plomp ſe maintient en l'Air & en l'Eau, ſe perd en certaines terres corroſiues & prés de la Chaux. La terre ſe conſerue par tout. Tous doiuent eſtre viſitez & nettoyez deuant que d'eſtre apliquez.On nettoye ceux de bois auec vn bouton de fer rouge & de la capacité du Tuïau.On nettoye ceux de terre auec bouchons & pierrepõce, & pour le Maſtic qui eſt dedans on le poli & aplani auec vn fer chaud, ceux de Metal ſont nettoyez deuant que d'eſtre ſoudez. On les employe tous auec ſuccés,& quelquefois vn particulier auec neceſſité. Car ceux qui n'õt ny Plomp ny Bois ou que trop cher n'ont pas à deliberer ſur ce point: puis qu'il ne leur reſte que ceux de terre à mettre en vſage: Et puis il y a des endrois qui demãdent des Tuïaux d'vne eſpece comme ie diray bien toſt. Mais les conſiderant en eux meſmes, & par rapport à vne Fontaine en general; Ie dis *1ent.* que ceux de Plomp bien battus, & bien ſoudez ſont tres-propres pour la perpetuité & flexibilité de leur matiere, pour la politeſſe & vniformité interieure de leur concauité, & pour la facilité de leur application, & reparation. Auſſi on s'en ſert dans les plis & curuitez & lieux qui sont des lignes plus irregulieres. Mais pour estre d'vne matiere de pris, & d'vsage ils coustent bon à auoir, sont sujets a estre dérobez, s'ils ne sont profondément enterrez, & encore se doit estre dans l'enclos de la ville, ou de la maison, à laquelle ils appartiennent. Quelques Medecins leurs donnent vne qualité maligne de cereuse,& autre qu'ils veulent estre communiquée à l'Eau, qui y passe, comme fait l'Antimoine vitrefiée & formée en tace qui trâspire vne qualité vomitiue à la liqueur contenuë. Les Plombiers sont tousiours passes, mal sains : Et pour ce sujet on ne boit point en des vases de Plomp & de Cuiure:si bien de terre, de verre, de bois, & d'argent. D'autres au contraire, tiennent que le Plomp purifie l'Eau en attirant d'elle vne qualité terrestre dont il se forme vne crouste. La ceruse ne se fait sans vin-aigre. Quoy qu'il en soit les Tuïaux dans Paris & dans tant d'autres villes ne sont que de Plomp sans qu'on en ressente aucune incommodité. On dit encore qu'ils se rongent és endroits de la terre où il y a de la Chaux, & certaines terres salées & corrosiues. Les Tuïaux de terre cuite ne communiquent aucune qualité estrangère, & rien ny est préjudiciable que l'inflexibilité & la transpirabilité : L'vne fait qu'ils ne peuuent plier sans se rompre & deuenir inutiles, l'autre que l'eau les penetrant, sort par là, & les corromp. La 1e. qualité leur est inseparable à cause de leur extréme secheresse. La 2e. ne se trouue qu'à des Tuïaux faits de certaine terre. Et les pays qui n'ont point d'autre terre sont contrains de les vernisser & plomber hors-mis és endroits qui doiuent receuoir le Mastic, ce qui sert encore à la netteté des Tuïaux ausquels rien ne peut s'attacher. On les espreuue en plusieurs façons : La 1e. est d'en joindre plusieurs ensemble, & en faire vne grande longueur, de bien boucher vne extremité de telle longueur, d'éleuer l'autre à plomp, de remplir d'eau toute cette capacité,& de voir si vers le bas l'Eau ne les trâsperce point. La 2e. est d'en rêplir vn bouché en vne sienne extremité de vin-aigre, ou d'eau salée, ou d'autre liqueur penetrante & corrosiue, & voir le dechet & la diminution qui s'en fera. Et si en l'eschauffant on la fait boüillir la trâspiration s'en fera plustost & plus abondamment. Les Tuïaux & pots de Terre qui ne peuuent souffrir le feu sans se casser, sont plus exempts de pores trauersans que les autres, qui pour en auoir donnent passage à l'Air rarefié & enfermé dans des pores soit fermez soit non, & luy donnent moyen de sortir sans faire des ruptures & creuasses, & c'est la raison pourquoy le verre se casse à la chaleur prompte & ardente. Il y en a qui prennent pour bon signe quand vne piece de tuïau frappée auec vn fusil fait feu: mais cela est commun aux bons & aux mauuais tuïaux. Les Tuïaux de bois ont vne chose meilleure que ceux de terre & vne pire Ils les surpassent en vne, & sont surmontez en l'autre: pource qu'ils sont plus ferines, & moins cassans que ceux de terre & peuuent estre fortifiez par telle épesseur que l'on choisira. Ceux de terre sont plus permanens, moins sujets à pourriture, que ceux de bois. Pour donc rendre les vns & les autres d'vn vsage perpetuel il faut empécher la diuision & cassation à ceux de terre, & la corruption à ceux de bois: Ce que l'on fera mettant les vns dans des lieux immobiles, & où ils ne puissent estre vrtez par quelque corps solide, & enfonçant les autres si auant dans terre, que l'air ny fasse aucune impression. Pour ce sujet on place ceux de terre sur la terre non remuée & propre à receuoir vn bastiment; On les enuirõne de petites murailles, On les couure de pierres plattes, fortes & souuent on rempli l'entre-d'eux de terre de conroy; afin d'éuiter par telles dispositiõs toute rencõtre & vrt d'vn corps solide, & la gelée de l'eau contenuë. Pour ceux de bois l'experience a souuent verifié que le Chesne dont on fait les tonneaux & les seaux ne donne aucune qualité au Vin & à l'Eau qu'il contient: Que le bois mis bien auãt dans l'eau ou dãs la terre se conserue tousiours en sa force & en son entier: témoing tant de pieces de Chesne qui ont esté titées du profond des eaux, ou de la terre aprés des siecles entiers, & ont esté trouuées nettes, saines, & entieres, & plustost auec accroissement de force, qu'auec aucune diminution. Ce qui fait qu'on les reserue pour les plus beaux ouurages de la Menuiserie. Et c'est en vertu de cette consistance que l'on basti tant de Maisons, tant de Palais, & toute la Florissante Ville de Venise sur des pilotis de Chesne, ou de Verne enfoncez en terre & en l'eau. Et il semble que l'air seul dans lequel ils ont creu soit leur ennemy. Et à mon aduis en voicy la raison. L'Air estant subtil penetre les pores où il fait impression & rend le bois tãtost sec tantost humide, tãtost resserré par la froideur, tãtost dilaté par la chaleur, d'où vient qu'il ny a bois si sec, qui en temps humide ne s'enfle & ne grossisse peu ou prou, & ne se retire en temps sec comme on peut voir és portes ventillõs, *&c.* & que les parties du bois cõtiguës à l'air, & qui sont les premieres attaquées se desunissent petit à petit se reduisent en poussiere, & donnent moyen à l'air de porter plus auant son actiuité & continuer à agir de plus en plus dans le dedans du bois. Là où quand le bois demeure tousiours enfoncé dans l'eau ou dans la terre rien de sa substance ne s'exhale, & s'euapore pour l'amoindrir. Rien des substances enuironnantes ny entre pour le corrompre: pource qu'elles sont trop grossieres à l'égard de la petitesse de ses pores. Ainsi le bois ne perdant rien de soy, & n'acquerant rien d'autruy, c'est le moyen de se maintenir en vn mesme estat. Et mesmes la froideur des corps qui le touchent condense plustost ses pores & les rendant moindres empéche tousiours dauantage le dedans de sortir, & le dehors d'y entrer, d'où s'ensuit qu'il en deuient plus solide, plus pesant, & quelquefois il se petrefie.

Le moyen de coupper les arbres pour en faire des Tuïaux est mis dans l'Art d'Architecture. La façon de les percer droit pour auoir vne concauité interieure plus vniforme est diuerse. Les vns se seruent de la roue du moulin mettant & joingnant leurs Tarieres soit à l'essieu de la roue, soit à celuy d'vne l'anterné, telle que ie la descris en l'Art de faire monter l'Eau sur sa Source, chap. 4. Les autres ont d'autres industries. Les tuïaux de terre doiuent estre bien cuits & estre extremement secs pour n'estre dissous & corrompus par aucune humidité, ils doiuent auoir l'épesseur que la cuisson peut souffrir, Ils ont du moins vn pied & demy de long, & 4. font la toise de 6. pieds: Ils sont pointus & retressis en dehors à vn des bouts auec vn rebord ou bordure à deux doigs prés, élargis en dedans & d'vne concauité plus ample à l'autre bout; afin d'y receuoir le bord d'vne moindre conuexité d'vn autre tuïau & le Mastic entre d'eux. Il y en a de coulans & sans rebord pour subsistuer à la place de ceux qui sont trouuez rompus. Les meilleurs de bois sont faits du tronc entier d'vn arbre de mediocre grosseur, qui ont aux deux extremitez deux cercles de fer poussez auec violence pour les empescher de fendre, & de creuer: On les oste les placant dans la terre. On peut & souuent on doit dans la conduite d'vne mesme Eau se seruir de diuerses sortes de Tuïaux: comme de terre cuite dans les champs, de bois dans les endroits où la force est requise, de plomp où il y a de la curuité & des plis, dans les Offices & Maisons, *&c.*

§. 2. *De leur Capacité & Situation.*

ELLE doit estre accommodée & proportionnée à la quantité d'Eau qui doit couler, & auoir plustost du trop que du trop peu. D'où s'ensuit qu'il faut considerer le temps où l'eau est plus abondante comme en Hyuer, & donner au Tuïau l'amplitude requise pour la faire passer. Et si la quantité d'Eau est excessiue en certain temps, il est aisé par des décharges de faire épancher ce qui est de superflu comme ie diray au §. suiuant. Au demeurant il arriue aux tuïaux ce que nous voyons en plusieurs Riuieres, qui vont lentement dans vn lit ample, vistement dans vn lit resserré. On leur donne 2. ou 3. pouces de Diametre, d'où suit la capacité superficielle de 4. ou 9. pouces.

Il est expedient d'apprendre & de mettre par escrit leur capacité, & combien chacun contient d'Eau pour en conclurre le lieu où les tuïaux manquent en la maniere que ie diray cy-aprés.

Quant à la Situation ayant choisi, marqué & preparé le chemin le plus court qu'on pourra on aura soing de placer les Tuïaux sur des lignes droites, profondes, penchantes, & immobiles si le milieu le permet, ou les plus approchantes qu'on pourra s'il ne les souffre pas. Voicy les raisons de ces quatre conditions.

1. Si vous les mettez bien auant en terre, comme 4. pieds vous en tirerez quatre profits. Le *1er.* regarde la qualité des Eaux. Le *2ond.* la conseruation interieure des Tuïaux contre la corruption. Le *3e.* la conseruation exterieure des mesmes contre les ruptures & trāsports. Le 4. la netteté du dedans, *1ent.* L'on garentira l'Eau de la gelée, & de la trop grande froideur l'Hyuer, & de l'excés de la chaleur l'Esté & de cette maniere l'eau sortira en tout temps des tuïaux auec vn temperament agreable estant fresche l'Esté, & tiede l'Hyuer, 2. On deliurera les Tuïaux de bois de la corruption par cét enfoncement, qui empéchera l'air d'agir contre; ainsi qu'il a esté prouué au §. 1. *3ent.* Cét enfoncement éloignera les causes de rupture soit externes comme sont les passages des charretes, les cheutes de diuerses pesanteurs sur les Tuïaux, qui estant enfoncez bien auant ne se ressentent pas de tels accidens, soit internes telle qu'est la mobilité du sol, la gelée de l'eau contenuë qui s'enflant & grossissant romproit les Tuïaux comme il arriue en plusieurs vases. Le mesme empéchera les entreprises, les degats & ruines que les larrons, les ennemis, & les interressez pourroient faire, 4. Vne telle profondeur estāt hors de l'actiuité du Soleil empéchera encore les herbes d'y croistre, à quoy seruira encore de les éloigner des racines des arbres, pource qu'il y en a de si subtiles, qu'elles percent & trauersent les bastimens & les tuïaux, & la moindre ouuerture leur suffit pour s'insinuer dedans.

2. Si vous leurs dōnez de la pente c'est à dire, si vous les faites aller descēdant & montant alternatiuement vous en tirerez trois profits considerables, le *1er.* est le moyen de tenir les Tuïaux nets faisant vne décharge au bas, pource que d'vne part ce qui est de Terrestre dans l'Eau choisit le bas par son poids & ainsi suiuāt la pente du Tuïau descent petit à petit jusqu'au plus bas où il s'arreste, ne pouuant monter. D'autre part la celerité de l'Eau estant plus grande emporte plus aisément les ordures & la décharge estant ouuerte les fait sortir de mesme qu'vn torrent d'eau, emporte les ordures d'vne ruë : A quoy seruira de remuer & d'attirer auec bastons & autres instrumens ce qui seroit plus difficile à sortir.

Le *2ond.* est le moyen de trouuer l'endroit où la Fontaine manque, & où il y a quelque defaut dans les Tuïaux. Ce que l'on connoit par la quantité d'eau qui en sort, par l'éleuation & autres effets dont ie traiteray cy-aprés.

Le *3e.* est la facilité plus grande d'en chasser les vents & les faire sortir, lesquels prennent tousiours le haut comme les corps terrestres le bas & sortent par les ventouses qui y sont faites exprés.

Pour

Pour ce ſujet quand il y a vn grand chemin de Niueau où il faut placer des Tuïaux il vaut mieux les faire aller en baiſſant & hauſſant que de les mettre tous ſur vne ligne de meſme profondeur. Pource qu'vne telle pente remedie aux plus grãds empéchemens des Fontaines dont ie traiteray cy-aprés: car elle donne vn point le plus éleué de tous où partãt l'air ſe va rendre & d'où il peut ſortir par la ventouſe, vn autre le plus abaiſſé de tous ou partant les ordures s'arreſtent, & d'où on les fait ſortir par la décharge & entre ces deux points vne pente pour donner cours à l'Eau du haut en bas auec viteſſe & par elle nettoyer l'entre-d'eux chaſſant, detrempant, & emportant les ordures qui s'y trouuent, & meſmes pour y faire deſcendre vn corps rond auec vn filet qui ſert grandement à nettoyer le Tuïau. Comme ie diray. Il faut que les montées ſoient moindres que les deſcentes; afin que l'Eau deſcendante ſoit aſſez forte pour faire monter celle qui luy eſt oppoſée.

Le mal eſt que ſouuẽt les lieux ne permettent point ces alternatiues: Et s'il les ſouffrent le bas ſe trouue en vn endroit, où il y a vn ſi grand concours d'Eau; qu'il ny a moyen de mettre vne décharge au point plus bas où finit la deſcente, ny en vn point proche: ce qui ſuffiroit. III. Si vous prenez le chemin le plus court que faire ſe pourra vous aurez plus de pente en chaque partie & partant plus de viteſſe: à cauſe qu'on ne peut augmenter le chemin, ſans agrandir la pente qu'en diſtribuant la meſme pente a dauantage de parties, & on ne la peut diſtribuer de la ſorte qu'en donnant moins de pente à chacune. IIII. Si dans le chemin vous ne vous ſeruez que de lignes droites, 1ent. Les Tuïaux de bois & de terre s'y accommoderont mieux. 2. On les nettoye mieux. 3. On prend le plus court chemin entre deux points determinez. V. Mettez les ſur vn fond ferme & ſolide, & s'il eſt mobile ou changeant il faut l'affermir deuant, VI. Si la hauteur de la Source eſt trop grande on peut l'abbaiſſer faiſant vn Ciſterneau au lieu qui aura vne hauteur conuenable. Car il faut ſçauoir, que les Tuïaux inferieurs ſont d'autant plus preſſez par l'eau qui s'y rencontre; que cette-cy a d'eau ſuperieure en plus grande hauteur ſur elle. Que telle preſſion fait ou que l'Eau inferieure tranſpire par les pores des Tuïaux quãd il y en a; d'où viẽt l'eſpreuue miſe cy-deſſus, ou que les Tuïaux ſe rõpent s'ils n'ont la force d'y reſiſter. Que l'Eau preſſée paſſe par des pores par où elle ne paſſeroit pas non preſſée. Ce qui ſe verifie par mille experiences; Les pierres ſont poreuſes puis qu'elles ſe ſechent dedans par euaporation & ſortie de l'humidité, qui y eſt. Les bois le ſont; puis qu'ils ſe nourriſſent par l humidité attirée depuis la racine, & ſe ſechant exhalent des odeurs: & neantmoins l'Eau ny paſſe pas, que dans des fortes cõpreſſions, ou par vne Surface fort delié. Le Chancellier d'Angleterre Bacon dit qu'ayant fait faire vn Globe de plomp assez espais capable de deuxliures d'Eau & l'en ayant rempli & bien bouché le trou, fit frapper dessus à grand coups de marteaux ce qui le fit vn peu applatir. Puis l'ayant pressé auec vn pressoir l'Eau en sortoit de toute part par les pores que l'eau pressée agrandissoit. Et dans les Fõtaines il faut considerer la profondeur des descẽtes pour juger par là de la pression de l'Eau dãs le bas. VII. Si la celerité est trop grande on peut l'amoindrir agrandissant le chemin par la raison mise au point 3. On l'agrandira prenant vn chemin plus detourné du droit ou multipliant les lignes droites, au coing desquelles on peut mettre des pierres percées pour mieux soustenir l'impetuosité de l'Eau. Et pour les percer en rond & auec angle plus facilement on peut se seruir de deux pierres que l'on percera & cauera de la moytié du rond & puis on les mastiquera & joindra solidement par ensemble ce qu'il faut faire particulierement dans les coing & angles qui se font en bas : pource que c'est là où l'eau a plus de force à presser. D'autres y mettent des grãds regards, c'est à dire, de forts & espais Tuïaux entaillez en la façon que ie diray. D'autres de gros Robinets. Tout est bon moyennant qu'on puisse quand on voudra donner par là sortie à l'Eau pour nettoyer les Tuïaux, & puis l'arrester là pour reconnoistre où est le defaut, quand il en suruient.

---

§. 3. *La ionction des Tuïaux par ensemble.*

LEs Tuïaux doiuent estre si bien, si solidement, & si fermement vnis, que de tous ils ne se fasse qu'vne piece continuée depuis la Source jusques à la sortie de l'Eau. Les Tuïaux de Plomp se joignẽt par soudure. Ceux de terre s'vnissent auec emboiture & Mastic qui ne doit point y estre espargné afin que tout le vuide en soit tout rẽpli. Ceux de bois auec virolles & anneaux de fer larges de deux pouces enuiron, trenchans dans les deux extremitez qui s'emboitent dans le solide des Tuïaux & dans les marques qu'eux mesmes ont fait & qui sont en partie cauées & incisées auec des cizeaux propres, en partie poussées dedans à gros coups de maillets jusques à la contiguité des deux Tuïaux. D'autres emboitent les Tuïaux de bois l'vn dans l'autre comme l'on fait ceux de terre & pour ce suiet ils rendent auec des instrumens propres vn des bouts plus concaue, l'autre moins conuexe: mais d'vne conuexité approchante de la concauité, & c'est en la longueur de 3. à 4. pouces enuiron: afin de pouuoir faire entrer le conuexe moindre d'vn Tuïau dans le concaue plus ample d'vn autre : mais auec force & coups de maillets comme on fait vne cheuille dans vn trou, pour le boucher entierement & sans autre Mastic. Ce qui se fait auec succés dans certains pays : mais cette façon suppose qu'on fasse les Tuïaux d'vn tronc laissé en son entier, & assez espais pour y pouuoir prendre cette plus grande concauité, & laisser encore vne espesseur suffisante dans le bois pour receuoir sans se fendre le conuexe d'vn autre Tuïau poussé auec violence. Il est vray qu'on à soing de prendre le plus gros du bois pour le concaue, le plus estroit pour le conuexe ou de le fier de la sorte. Les Tuïaux de Plomb se joignent auec ceux de Terre par Mastic. Et d'autant que le Mastic ne s'attache point où il y a tant soit peu d'humidité, laquelle se trouue dans le bois, quelques yns brussent l'endroit du bois, où ils veulent mettre le Mastic & les joindre auec ceux de Plomb ou de terre pour en oster l'humidité Mais la façon plus ordinaire est de prendre vne plaque de plomb au milieu de laquelle est soudé vn Tuïau, & de l'attacher fortement & auec bons clous dans l'extremité du bois mettant entre-d'eux vne toile cirée & échauffée. D'autres y mettent du feurre. Les Tuïaux de terre se joignent auec ceux de bois par vn de plomb. Le Mastic qui joint les Tuïaux ne doit auoit aucun commerce ny alliance auec l'Eau: ains la plus grande opposition qu'on pourra pour n'en estre iamais dissou. Pour ce dessein il sera composé de deux parties l'vne fera le corps & sera tres-seche pour estre incompatible auec l'eau par cette extréme secheresse, & forte pour donner de la solidité au corps, qui en sera composé: l'autre seruira de colle & sera onctueuse, afin d'auoir repugnance auec l'humidité aqueuse qui esteint le feu & en est la ruine: là où celle-cy le nourrit & en est la vie, & de plus elle se liquefiera au feu pour embrasser la premiere partie qui sera faite de brique non de toute mais des bõs tuïaux, ou de verre, ou de crasse escume, & limaille de fer qui sort des fourneaux à geuse, comme vn excrement vitrefié & tres-fort. Cette matiere doit estre cassée, pillée, sassée, tamisée & reduite en farine & poussiere. L'autre partie est composée de diuers ingrediens, dont le principal est la résine à laquelle on adjouste diuerses sortes de poix & tres-diuersement. Il faut s'arrester à l'aduis & à la pratique des experts.

La difficulté est en cas de brisure ou rupture de remettre vn tuïau entier à la place du rompu. Ceux de Plomb sont les plus aises à racommoder. Pour ceux de terre on à des Tuiuaux coulants & sans bordure qui entrent bien plus auant qu'il ne faut du costé plus estroit dans le concaue du Tuïau antecedent afin de donner moyen à l'autre costé de receuoir dans sa concauité le tuïau suiuant en le ramenant & par ce retour adjustant les deux costez d'vn mesme tuïau auec les deux qui le joignent & y mettant le Mastic necessaire. Que si on trouue vn Tuïau rompu en vn temps où on ne vueille point interrompre le cours de l'Eau, & en vn lieu où la pression ne soit pas si forte on ne fait que remettre les pieces en leur situation, les couurir de linges, peau, mousse, &c. & auec des cordes lier le tout estroitement attendant ou le temps de la nuit ou vn autre auquel le cours de l'Eau pourra estre arresté sans incommodité ou le deura par necessité comme quand l'eau manque pour auoir le temps de tenir secs les tuïaux & y mettre du Mastic qui ne peut souffrir aucune humidité. Que si on pretend joindre les pieces rompuës auec du Mastic: rarement cela est de durée. Il est plus difficile de remettre vn tuïau de bois sain & entier à la place d'vn gasté soit par pourriture soit autrement. Et on est contraint d'y mettre vn Tuïau de plomb entre-d'eux proches, ou de detourner les anciens tuïaux de leur droite ligne pour rendre leurs extremitez plus éloignées & capables de receuoir le nouueau auec virolles à demy enfoncées, & puis les approchant petit à petit on remet le tout en droite ligne.

---

§. 4. *Des diuerses pieces que l'on adiouste aux Tuïaux.*

Ie les reduits à 4. sortes, Les premieres sont celles qui sont pour receuoir les Eaux des Sources naturelles & les faire passer & entrer dans les Tuïaux Artificiels. Les secondes sont celles qui sont necessaires pour la sortie des mesmes Eaux. Les *3es.* sont celles qui sont requises dans l'entre-d'eux pour arrester l'Eau ou la laisser couler quand on le voudra. Les *4es.* sont de simples trous pour donner ouuerture aux vents & à l'Eau en diuerses rencontres. On les nomme diuersement en diuers lieux. Car on appelle les *1eres.* Mères-Sources, Cisterneaux, Maisonnettes, Coffres, Reseruoirs, Bassins, Auges, Repos ou Reposoirs. Les *2es.* Bassins. Les *3es.* Décharges qui sont de grands regards ou Robinets. *4es.* Les trous, Ventouses, Souspiraux Euentails, *&c.*

Les *1eres.* sont le terme de depart des Eaux amassées. Les *2es.* celuy d'abord. Les *3es.* sont au milieu des deux premieres, & les 4. sont entre les *3es.* Le tout consiste à déterminer à chacune son nom pour les distinguer, à bien reconnoistre l'office & la fin de chacune pour leur donner la figure & l'application conuenable pour les faire bien réussir à telle fin. Les *1es.* seront nommées des Cisterneaux: pource qu'en effet sont petits bastimens qui ont le mesme effet & la mesme composition que les grandes Cisternes. Ce sont petites Maisonnettes basties de bonne matiere bien maçonnées, auec pierres platte & fort ciment qui n'y doit estre épargné, de forme quarrée, de 6. à 7. pieds de hauteur, voûtées en dedans, couuertes de pierres plattes en dehors, & fermées à clefs. On y fait d'ordinaire 4. ouuertures pour le plus. La *1e.* est pour donner entrée à l'Eau ramassée. Et cette-cy ne se fait pas quand l'Eau sort tout *1ent.* du bas de la terre soit en pique soit en boüillon, ou autrement. La *2e.* est pour donner sortie à l'Eau entrée & la mettre dans les Tuïaux & d'ordinaire c'est vn fort tuïau de bois garny d'vne bouteille percée de toutes parts, & par des trous si petis qu'il ny aye que ce qu'il faut pour faire passer l'Eau. On pourra l'oster à discretion pour la nettoyer & en oster les ordures qui s'y attachent. Si on veut partager l'Eau, & l'enuoyer de l'à à diuers endroits, il faudra multiplier telles ouuertures. La Bouteille est encore nommée la Pomme, la Grenade, la Grille, la plaque de Plomb à chacun desquels mots il faut adjouster le nom de percée. La 3e. ouuerture est pour décharger les eaux surabondantes & se met en haut, & au point où on veut que l'Eau ne mõte pas plus haut, c'est pourquoy elle demeure tousiours ouuerte. Le 4e. est en bas pour nettoyer le Cisterneau par l'écoulement de toutes les eaux. On la tient bouchée auec du liege qui dure dans l'Eau: mais elle n'est necessaire puis qu'on peut nettoyer le Cisterneau en la maniere que ie diray des Cisternes. La Bouteille ne sera mise tout en bas ou les terrestreïtez descendent ny tout en haut où l'eau n'est n'y temperée à cause qu'elle reçoit le temperament de l'air qui est chaud l'Esté, froid l'Hyuer ny si nette, à cause que les ordures de l'air y tombent, mais vers le milieu & plustost plus bas que plus haut. Il y en a qui laissent à l'entour vn espace en dedans pour y aller, d'autres mettent vne pierre cauée au milieu qui reçoit l'Eau & la fait passer dans la bouteille.

Si on a plusieurs Sources qui toutes se doiuent joindre en vne on fait à chacune son Cisterneau particulier qui doit estre plus haut que celuy qui est le principal, le commun & le maistre rendez-vous des Eaux. Si on mettoit vn gros & ample Tuïau recourbé ou vn coffre diuisé par le milieu plein de grauier gros & rond qui receut l'Eau venant de la premiere ouuerture & là rendit à la 2e. elle se purifieroit beaucoup & entreroit toute pure dans la bouteille laissant ces parties terrestres en bas d'vn tel Tuïau. Quand on a trop de pente mesprisant ce que l'on jugeroit inutile ou de trop forte pression on placera le dernier Cisterneau au lieu qui laissera encore la pente conuenable & la multiplication des Cisterneaux peut estre profitable.

La 2. piece est ou vn Robinet simple pour donner & retenir l'Eau à discretion, ou vn Tuiau simple soit tousiours ouuert soit bouché quelquefois auec vn bouchon soit diuersement ouuragé comme l'on voit dans les Fontaines des Princes & des grands. La distribution se fera dans vn bassin en la maniere que j'expliqueray cy-aprés.

Le nom de regard conuient à toutes les ouuertures que l'on fait entre d'eux pour visiter ces Tuïaux. Ils sont grands ou petits, ceux-cy n'ont qu'vn petit trou: Les autres ont quelque chose de plus, tels sont les Robinets qui se mettent en tous les endroits où il est expediét d'arrester & retenir l'Eau quand on le desirera. Le 1er. endroit est aprés le Ciſteineau commun pour arreſter l'Eau de la Source & a la ſource méme. Il n'eſt par neceſſaire; puis qu'on peut fermer le 1er. Tuïau où eſt la bouteille par vn bouchon. Le 2on. eſt au commencement des Tuïaux, qui ſont comme branches attachées au tronc, & au maiſtre Tuïau, & qui ſont mis pour porter l'Eau à quelque endroit particulier, & en certain temps ſeulement. Le 3e. eſt au milieu des Tuïaux qui ſont trop longs pour pouuoir plus aiſément examiner, reconnoiſtre, & accommoder les tuïaux entre-d'eux, où on remarque du manquement. Le 4e. & le principal eſt au lieu le plus bas où finit la deſcente de l'Eau, & cõmence la montée par vn Angle, qui s'y fait : pource qu'ils y ſeruẽt en deux occaſions & pour deux fins conſiderables en ce ſujet. La 1e. eſt pour retenir l'Eau les Tuïaux en ayant eſté remplis & voir ſi l'eau ſe perd en deſcendant nonobſtãt cette bouchure, & en quel endroit elle ſe perd deſcendant juſques à vn certain tuïau. La 2e. eſt pour la laiſſer couler en dehors, ſoit pour voir ce qui reſte d'eau & connoiſtre le terme de la deſcẽte, ſoit pour nettoyer les tuiuaux par l'impetuoſité de ſon cours, & parce que les immondices s'arreſtent d'ordinaire en bas & à la longue y font des obſtructiõs. Que ſi au lieu des Robinets, qui ſont biẽ chers, on veut y mettre d'autres pieces qui ne ſoiẽt ſujettes à eſtre dérobées, j'en ſuis content moyẽnnant qu'on leur puiſſe donner ce double office, dont l'vn de laſcher l'Eau eſt aiſé, l'autre de l'arreſter eſt plus difficile. Il y en a qui y mettent vn gros tronc d'arbre percé comme tout autre Tuïau d'vn bout à l'autre au milieu duquel on fait vne fente de la longueur de 7. pouces enuiron, de la largeur de 3. qui va ſe retreciſſant juſques à la concauité du Tuïau : Elle eſt bouchée & remplie d'vne piece parfaitement adjuſtée à telle ouuerture, bien preſſée & retenuë par quelque peſanteur miſe deſſus, pour ne laiſſer ſortir aucune goutte d'Eau: On l'appelle clef de bois. Ie la nomme vn grãd regard. On l'ouvre pour les deux fins miſes cy-deſſus & pour nettoyer les Tuïaux par vne maniere particuliere dont ie parleray. La plus grande difficulté eſt quand l'endroit le plus bas des Tuïaux eſt couuert d'vne Eau ſi abondante & perpetuelle qu'õ ne la puiſſe tarir & épuiſer, pource qu'on ny peut mettre aucun regard ny vuider d'eau les tuïaux; Et ie ne voy aucun remede pour les nettoyer que de faire ces tuïaux de Plomb. Les plus courts qu'õ pourra & de la longueur & portée de deux Aiglantiers d'vn fil d'Archal, d'vne branche de vigne ſauuage, ou autres moyens que l'on inuentera pour les nettoyer.

Entre les Robinets, ou pieces équiualentes on fait des petits regards de lieu en lieu comme de 60. ou 80. pieds que l'on tient fermez auec des cheuilles, on les nomme ventouſes. Ce ne ſont que des trous dans les Tuïaux faits exprés, c'eſt particulierement à l'angle d'ẽhaut, & au point qui finit vne montée & commence la deſcente où il en faut vne pour donner moyen à l'air qui tend en haut de sortir, & on la fait en deux façons ou par vn simple trou, ou par vn tuïau estroit & Vertical qui monte sur le Niueau de la Source, quand la commodité le permet comme quand il y a vne muraille pour l'appuier: Et pour lors il ny a point de danger d'y laisser quelques petits trous ouuerts pour donner sortie à l'air monté & pour voir si l'Eau à la hauteur, qu'elle doit.

Tout cecy doit estre tellement bouché & couuert qu'on oste toute liberté aux personnes d'y toucher, excepté à ceux qui en ont charge, & en doiuent respondre.

DES DIVERS OBSTACLES ET EMPECHEMENS QVE LE COVRS DE L'EAV RECOIT DANS LES TVIAVX, ET DES REMEDES QV'ON Y DOIT APPORTER.

CHAPITRE III.

§. 1. *Qu'ils viennent de deux Elemens contigus.*

C'EST vn plus grand bien de preuenir les maux, & les empescher d'arriuer, que de les guerir estant arriuez. Et quand ils arriuent c'est vn grand principe d'y remedier incontinent, lors qu'ils ne sont que de naistre sans attendre qu'ils soient creus. Ce qui est tres-veritable és Fontaines, que plusieurs quittent au 1er. manquement pour ne sçauoir à qu'el Tuïau s'prendre ny a qui auoir recours pour l'Apprendre. D'autres cherchant defaut sans science tombent en de nouuelles fautes rompant les Tuïaux qu'il ne faut pas.

Ie dis 1ent. Que les deux Elemens qui confinent l'Eau, sçauoir la Terre plus pesante, & l'Air plus leger sont les deux ennemis de l'Eau coulante dans nos Tuïaux & que l'Eau mesme par vne forte pression l'est encore des tuïaux quand elle a sur soy vne grãde hauteur d'eau: pource que malgré qu'on en aye ces deux Elemens s'insinuënt auec l'Eau dans les tuïaux & y estant interrompent le cours de l'Eau & sont souuent causes qu'elle s'arreste. Cette raison à deux parties, qu'il faut verifier. La 1e. que la Terre & l'Air entrent dans les Tuïaux est si euidente, qu'il ny a que ceux qui n'ont aucune connoissance des Fontaines, qui en puissent douter. Car ceux qui les gouuernent y trouuent l'vn & l'autre, iusques là mesme que les herbes y croissent d'vne longueur étonnante, les vapeurs s'y forment & éleuent, & à la longue on trouue les immondices attachées aux parois des Tuïaux, & les vens en sortét auec bruit & impetuosité: ce qui se voit és Cisternes. Car quoy qu'on aye vn soing particulier de faire que l'eau de pluie y entre toute pure: si est-ce qu'on ne peut empécher, que la vase ne s'y amasse, & s'attache aux parois: ce qui oblige les proprietaires de les vuider de tẽps en temps, & les nettoyer. Et pour ce qui touche les vapeurs elles y sont si abondãtes, qu'en temps d'Hyuer, où l'Air est condensé on les voit sortir de la bouche des puys, qui y sont construis; de mesme qu'on voit l'haleine sortir de la bouche des animaux en mesme temps. Et certes puis que les tuïaux ne sont pas tousiours pleins d'eau il faut bien que l'air occupe ces espaces vuides d'Eau: Outre qu'il y a telle societé entre l'Air & les deux Elemens, qui le touchent; que comme il accompagne la flamme & monte auec elle: de mesme il se joint à l'Eau, & coule auec elle: d'où vient vn vent rafaichissant, qui suit le cours des Ruisseaux & Riuieres: pource que l'air se rarefiant à l'ardeur de la flamme, monte & se condensant à la frécheur de l'Eau descend; jusques là qu'en plusieurs endrois d'Italie, d'Alemagne, & proche de Grenoble en France, on se sert de la seule cheute d'vne quantité d'eaux dans vn tuïau, pour faire des vens si fors, qu'ils sont capables de faire fondre le fer dans les fourneaux aqueuse & surpassent ceux des gros soufflets qu'on y met d'ordinaire. L'eau encore estant le vehicule des sels, teintures, essences, & des particules impalpables des corps s'en charge passant par diuers endrois, & entre-chargée de la sorte dans les tuïaux. C'est pourquoy il y a des Eaux qui en ont plus que les autres selon qu'elles passent par des couches de terre differente. La 2e. partie Que ces deux Elemens empéchent la conduite de l'Eau est encore tres-euidente par vne experience qui n'est que trop ordinaire; sçauoir que les Fontaines cessent de couler sans qu'il y aye aucune faute aux tuiaux, ny dehors, Il faut donc que le defaut soit dedans: Et il ny peut estre, que ou par la terre qui vient tellement à múltiplier qu'elle boûche le passage, ou par certaines herbes nommées communement Queuë de Renard, qui y viennent tellement à grossir & à croistre, qu'elles remplissent presque la capacité interieure des Tuïaux, & retardent le cours de l'Eau, ou par les vens & l'air qui affoiblissent le costé, où ils sont: & c'est selon la hauteur, qu'ils occupent: & partant s'ils se trouuent en la partie descendente elle peut deuenir si foible, qu'elle ne pourra preualoir contre l'ascendente: ce qui arresteroit le cours de l'Eau. Que si l'Eau vient à se rarefier & changer en vapeurs; Ces espris ainsi élargis cherchent vne place plus ample, & font des efforts si grands pour trouuer vn lieu égal à leur amplitude qui viennent quelques fois à rompre les Tuiaux.

Touchant

Touchant les herbes que l'on y trouue, il y en a qui ne pouuant conceuoir d'vne part la formation des plantes dans les Tuiaux, & dans vne eau coulante & d'autre part ne pouuant pas nier, qu'il ny en croisse & beaucoup en nombre longues & grosses en quantité soustiennét que ces herbes prenent racine en dehors, & puis par vne inclination qu'elles ont à l'eau & à l'humidité elles s'insinuét par l'édroit ou pore par lequel il sort la moindre petite fumée humide & par vne force particuliere qu'elles ont à penetrer & percer jusques dans les pierres poreuses, trauersent l'épesseur du Tuiau & y trouuant leur aliment propre y croissent à merueille. Pource que 1ent. ces herbes ne se trouuent pas dans les endrois où la terre ne contient aucunë racine: comme dans les Tuiaux enfoncez dans les ruës des villes, sables, & autres; 2. Elles sont plus abondantes dans les forests & autres lieux de racines, 3. Plus dans les tuïaux de bois que de terre, & de plomb, 4. on n'en voit que d'vne espece, qui ny peut croistre sans semance. Qui l'y porteroit? D'autres maintiennent que non seulement elles y croissent; mais encore qu'elles y naissent; pource qu'il y a plusieurs herbes qui jettent racine dans l'eau seule: ce qui se verra si on met vne branche de Mante ou Baume sauuage en vne bouteille pleine d'eau pure. 2. La terre qui s'attache aux concauitez du Tuiau peut seruir de matrice, & l'eau peut en porter la semence, comme font certains vens qui engendrent en l'Amerique vne espece de petits animaux. 3. Il est bien difficile de trouuer dans les tuiaux ces trous trauersans pour donner passage à ces herbes, & leur donner vn instinc pour les rencontrer si bien. Mais quoy qu'il en soit de cette difficulté on y en trouue & à mon aduis en les trouuant on pourroit terminer ce different voyant à l'endroit de la racine s'il y a rien qui passe au trauers & comment il y passe, & auec quoy il est continu en dehors.

---

§. 2. *Remedes contre la Terre & les Herbes.*

On les peut reduire à deux sortes. Le premier, le meilleur, & le plus asseuré remede est de preuenir le mal, & luy empescher l'entrée Le 2ond. est de le mettre dehors estant entré. Sur le 1er. puis que nous voyons les sources naturelles estre portées par des conduis de grande longueur, & d'vne matiere plus sujette à meslange continuer neátmoins leurs courses sans ordure, sans interruption, & sans aucun de ses obstacles durant les siecles multipliez. On peut esperer que nous rendant imitateurs de l'Art Diuin nous approcherons de son succés & viendrons à conduire l'eau auec plus de netteté: ce que l'on peut voir en des Fontaines bien gouuernées. Et d'autant que la netteté de l'eau vient de ce qu'elle passe par la terre, comme par vn filtre naturel, où elle dépose ces immondices nous la ferons entrer toute nette dans nos Tuiuaux si vent. nous la receuons pure de la Source & la conseruons telle. Elle viendra telle si les conduis sousterrains ne reçoiuent point les eaux des pluies tombantes par le moyen de l'argille mise sur les canaux de pierre en la maniere d'escrite au §. 18. de l'Art de Niueler. 2. Si nous la faisons passer par du grauier ou sable grossier & rond, mais dans vn Scyphon ample, & recourbé ou dans vn coffre diuisé au milieu par vn ais qui laisse l'espace au fond à l'eau pour passer par en bas; afin que l'eau remontant laisse en bas ce qu'elle a de plus terrestre. 3. Si nous multiplions les grilles & bouteilles percées delicatement. 4. Si nous nettoyons de téps en temps le sable & les bouteilles. Et d'autant que nonobstant toutes ces précautions l'Eau ne peut estre si nette, qu'elle n'entraine, ne charrie, & n'emporte auec soy les sels, les esprits, & mesme les petites parties des corps, qu'elle frotte en passant, il ne se peut faire qu'à la longue les tuiaux ne reçoiuent quelques impuretez: ainsi que j'ay monstré cy-dessus dans les Cisternes, & comme on voit dans les bouteilles ou on en trouue tousjours peu ou prou. Le premier remede & commun est d'y faire couler l'Eau & si l'on veut chaude auec vitesse; Ce qui se fera ou par la pente seule des tuiuaux, ou par adjonction d'vn tuiau Vertical, ou par quelque maniere de Pompe. Car comme dans les ruës les pluies, qui font des torrens impetueux détrempent les boües des ruës, & les meslant auec leurs eaux emportent telles immondices & laissent les ruës nettes; ainsi en arriue-il aux tuiaux. L'autre remede est plus particulier, & c'est de trouuer moyẽ de faire passer vne fiscelle d'vn regard à l'autre, à laquelle on attache vn bouchõ qui estãt promené par tous les tuïaux les nettoye. Pour faire passer cette fiscelle. De Serres met vn Rat par vn des grãds regards dans les Tuïaux, lequel ne pouuant se retourner est contraint d'aller jusques à l'autre regard, & ayant vn filet attaché à la queuë le fait passer tout le long des Tuïaux: & par ce filet on tire doucemẽt la fiscelle. I'aprouue plus l'inuẽtion de celuy qui y met vne taupe pour estre vn animal plus accoustumé à viure sous terre, & à la remuer: mais les regards ordinaires ne sont assez grands pour donner entrée à ces animaux si on ne se sert des grands. Vous pourrez faire le mesme mettant sur l'eau vn globe de Cuivre concaue, & surnageant; pource qu'il suiura le cours de l'eau, particulierement si l'eau descend dans des Tuïaux penchans il descendera auec elle, & entrainera facilement le filet, soit par le mouuement que l'eau luy donnera, soit par son propre poids; Pour lors il sera plein & solide. D'autres se seruent d'Aiglantiers ou de troncs de vigne sauuage, longs, & liez par tout auec fiscelle ou des fils d'Archal qu'ils font entrer dans les Tuïaux. D'autres des baguetes de Ouz liées en leurs extremitez d'vne fiscelle commune qui a entre chaque baquetes l'espace d'vn pouce enuiron : pource que de cette sorte chaque posterieure chasse deuant soy les anterieures, & on en pousse beaucoup de la sorte, & bien auant.

§. 3. *Remedes contre l'Air.*

IL ne faut pas esperer de luy oster toute entrée dans les Tuïaux, c'est tout de l'en chasser quand il nuit au cours de l'Eau. On le fera en 1er. lieu quand on veut remplir les Tuïaux vuides, & partant pleins d'Air si on ouvre les petits regards tout à la fois, & si on les ferme successiuement & auec ordre. Car fait à fait que l'eau coulera par les Tuïaux elle chassera l'Air, & le fera sortir par les regards ouverts : aprés quoy l'eau sortira aussi par les mesmes: mais auec succession, sçauoir est, 1ent. par le plus bas & puis par les plus hauts: Et voila l'ordre qu'il faudra tenir à les fermer: C'est à dire, incontinent que l'Eau commencera de sortir par vn regard: pource que l'Air en sera entierement chassé. On le fera en 2ond. lieu ouvrant les ventouses qui sont mises au point plus haut des Tuïaux : à cause que c'est là le rendez-vous de l'Air. I'en ay traité cy-dessus.

§. 4. *Le moyen de connoistre les defauts d'vne Fontaine déia faite & d'y remedier.*

LE manque d'vne telle Fontaine peut venir en 4. façons : en 2. de la Source & en 2. des Tuïaux. La Source peut manquer 1ent. quand elle mesme tarit & se perd ne jettant plus d'Eau à son ordinaire: ce qui arriue ou par des tres-grandes secheresses, pendant lesquelles les Puys & Fontaines ou tarissent ou s'amoindrissent sensiblement, ou par changement de chemin cōme si on a fait vn Puys plus bas & assez proche l'eau s'y rendra quittāt le lieu plus haut, ou si on a ouvert vn passage à des vapeurs cōme j'en donne deux exēples au traité de la science des Eaux ou par autre cause. 2ent. La Source manque quand elle n'entre pas dans les Tuïaux par la Bouteille: Ces deux defauts peuuēt estre aisément reconneus. Cōme aussi c'est par eux qu'il faut cōmēcer la recherche & mémes y remedier deuant que de passer outre. Les deux fautes qui arriuent aux Tuïaux sont la 1e. Quand ils ne reçoiuent toute la quantité d'eau, dont ils sont capables, rejettant le reste, & qu'ils ne rendent celles qu'ils reçoiuent, c'est signe qu'ils sont bouchez. La 2e. quand ils en reçoiuent continuellement de nouuelle sans en rendre qu'vne partie, ou rien du tout: Ce qui monstre qu'ils sont rompus & qu'ils la perdent dans l'entre-d'eux, pource que l'office des Tuïaux est de receuoir en vne extremité l'Eau, de la faire passer par tout le milieu, & de la rédre toute par l'autre, & ils ne peuuent manquer en vn de ces trois deuoirs sans auoir quelque defaut, & pour le reconnoistre seruez-vous des maximes suiuantes.

I. Faut reconnoistre bien les effets d'vne Fontaine parfaite & de chaque partie, pour s'asseurer par la que tout va bien.

Quand donc les Tuïaux font sortir deux autant d'eau que la Source en y fait entrer ils sont en bon estat: On sçaura la quantité d'eau entrante & sortante en mesme temps, si on se sert de l'industrie mise au Chap. 1. §. 4. pour auoir tant de minutes secondes qu'on desirera. *Item*, lors que les Tuïaux font bien leur deuoir & que la Source les remplit, faut ouurir chaque regard separement, & voir à qu'elle hauteur l'eau sortante s'éleue & prendre cét effet comme vn signe de la perfection d'vne telle partie. II. Quand les Tuïaux ne reçoiuent du tout point l'Eau, la faute est au commencement: Et la Source est ou tarie ou l'entrée dans le Tuïau luy est bouchée. III. Si les Tuïaux reçoiuent seulement vne quantité d'eau moindre que leur capacité sans la perdre, ny la rendre, le defaut est de boucheure & d'obstruction: Et est au Tuïau qui acheue la capacité de l'Eau receuë: Comme si chaque tuïau est capable de deux liures ou chopines d'eau, & que les tuïaux n'en reçoiuent que 200. liures, le defaut sera au 100*e*. Tuïau de ceux qui en sont remplis, & au 100*e*. Tuïau de la Source s'ils vont en pente depuis la Source. IV. Si les Tuïaux en reçoiuent & prennent plus qu'ils n'en rendent, le defaut est de quelque ouverture ou rupture: Et il est d'autant plus grand, qu'il y a de difference entre l'eau receuë, & l'eau renduë: Et de plus il peut estre en vn ou en plusieurs tuïaux. V. Si on ferme les Robinets d'en bas lors que les tuïaux qui y vont descendant sont remplis d'eau depuis le bas jusques au haut, ceux qui conserueront l'eau en telle plenitude seront en bon estat: Ceux qui en perdront monstreront qu'il y a rupture en quelqu'vn d'eux. La rupture sera d'autant plus grande que l'eau descendra plus viste du haut vers le bas, & elle sera dans le tuïau où l'eau descendẽte s'arrestera, sans plus se perdre ny baisser. On pourra determiner ce tuïau voyant combien descend dans les tuïaux vn corps rond & surnageant attaché auec vn filet, ou plustost combien reste d'eau, laquelle on fera sortir par en bas le Robinet estant ouvert, & qu'on mesurera. Si l'eau descend petit à petit & insensiblement jusques vers le bas, l'eau transpire par les pores en vertu d'vne forte pressiõ, laquelle n'est plus quand l'eau vient à vne certaine bassesse: ou le robinet ne ferme pas bien. VI. Si les tuïaux rendent en bas l'eau boüeuse qui est claire en haut & en mesme quantité qu'ils la reçoiuent, c'est vn signe que les tuïaux se nettoyent, & qu'ils seront nets quand l'eau qui entre claire & nette en sortira de mesme façon. VII. Si lors que l'Eau se perd on trouue quelque lieu prés des Tuïaux plus humide que les autres on peut conjecturer que c'est là l'endroit, où les Tuïaux sont rompus. VIII. En recherchant le defaut caché dans les Tuïaux l'ordinaire façon comme aussi la plus seure est de suiure l'ordre, que l'Eau tient en son cours; pource que les fautes la suiuent: c'est à dire, de commencer à visiter la Source; puis les regards qui en sont plus proches: aprés ceux qui en sont plus éloignez, & continuer de la sorte, jusques à ce que l'on soit arriué à celuy, qui manque le premier à son deuoir & à donner l'Eau auec l'abondance & la vitesse qu'il doit, lors que tout est en sa perfection, (ce qu'il faut sçauoir.) Car les fautes qui commencent par quelqu'vn continuent dans les suiuans & ne sont pas dans les antecedens, elles ne sont pas corrigées par les suiuants, ny causée par les antecedens; La vitesse neantmoins peut s'amoindrir dans les antecedens par la faute des suiuans. IX. Si recherchãt la faute de Robinets en Robinets, puis de Regards en Regards on la trouue en vn on conclurra qu'elle est dans vn des Tuïaux qui sont entre tel regard & son anterieur; que l'on connoistra par la descente de l'Eau mise cy-dessus, ou par l'humidité plus grande dans la terre enuironnante. Que si ne le pouuant par ces voyes on est obligé de faire de nouueaux trous & regards, on les peut ou laisser en nature de regards les bouchant auec vne cheuille, ou les boucher pour tousiours, ce que l'on fera dans les Tuïaux de terre y mettant auec violence vne piece de Plomb quarrée & remplissant le vuide de Mastic ordinaire.

On voit assez par ces regles que les Tuïaux alternatiuement descendans & montans sont plus aduantageux pour donner connoissance des defauts suruenans, & les regles mises cy-dessus s'y appliquent mieux. On en oste plus facilement les ordures par en bas, & les vens par en haut, & on chasse mieux ce qui se trouue de mal au milieu. Que si les Tuïaux ne sont pas placez de la sorte on y accommodera ces regles le mieux que faire se pourra.

---

§. 6. Regles pour conseruer vne Fontaine en son entier.

IE suis du sentiment de Deserres, qui tient en son liure de l'Agriculture que les Fontaines bien faites, & gouuernées doiuent autant durer, que les bastimens. Pour arriuer à ce point faut obseruer ce qui suit. I. Il ne faut entreprendre des Fontaines, que la nature au prealable ne presente auantageusement ce qui est de sa part; c'est à dire, la hauteur, quantité, & qualité conuenable de la Source, la distance moderée du milieu & la distribution reguliere de la pente dans le milieu par où on la veut conduire, & nommement, quand ce sont Fontaines pour des particuliers: car on s'en dégoute aisement sur les manquemens qui suruiennent, & rarement les heritiers espousent l'affection de leur predecesseurs quand il y faut tant d'artifice pour suppléer à la nature qui y est comme forcée & violentée: Outre que ce qui est violent n'est pas de durée. II. La deliberation estantprise d'vne Fontaine, il la faut faire auec toute exactitude & ne rien espargner de ce qui doit contribuer à sa perpetuité. Il vaut mieux qu'il en couste dauantage vne fois, que d'y retourner si souuent. III. D'autant que cét Art suppose vne grande science des Eaux, qui ne s'acquiert que par plusieurs experiences, les plus anciens Fontainiers, & qui se sont signalez par le bon succés, & bien reconneu de plusieurs Fontaines doiuent estre cherchez & choisis. Les apprentifs font leur essay au despens des proprietaires qui payent souuent leur faute en payant leur ouvrage. Et mesmes il vaut mieux ne demander d'eux, que ce qui dépend de leur Art, & faire faire le reste par d'autres ouvriers; crainte que laissant le tout à leurs frais ils employent de mauuaise marchandise pour gagner sur le tout. Et puis que leur ouvrage doit durer vn siecle, on peut bien leur demander le garantissage durant vn an. IV. Quand au second Fontainier qui doit gouuerner la Fontaine d'Eau faite il doit estre intelligent de cét Art: & souuent l'ignorance du second ruine l'ouvrage du premier. Quelquefois aussi la science du mesme jointe auec enuie, jalousie, ou auarice, luy fait le dépriser & destruire pour le recommencer & ne pas mieux faire. I'espere que le Maistre ou quelqu'vn de ces domestiques entendant ce Liure pourra présider à telle conduite & obseruer ce qui suit. V. Tant que les Fontaines iront bien il faut se contenter de nettoyer les sables & bouteilles de temps en téps sans rien toucher au reste: pource qu'en y touchant ou remuant on ne peut mettre les choses en meilleur estat; si bien en pire. VI. Incontinent que l'on y apperçoit quelque defaut on doit rechercher & reconnoistre le lieu, où il est suiuant l'ordre mis cy-dessus sans se mesprendre & y remedier durant le mal naissant: & non attendre qu'il soit deuenu plus grand. VII. Le maistre doit auoir les clefs de tous les Cisterneaux & autres ouvrages cachez, & ne doit les confier qu'à des personnes d'vne intelligence, & fidelité reconnuë. VIII. Le méme doit auoir vn Liure instructif de ce qu'il conuient faire, où soient escrits les endrois de chaque Robinet, Regard, Ventouse, du nombre des Tuïaux entre chaque Regard, & de leur capacité: des jets d'Eau qui doiuent sortir de chaque Regard, & de leur hauteur, &c. A quoy il doit adjouster les aduis qui peuuent & doiuent seruir en diuerses occurrences. Ce liure luy en donnera quelques vns, & s'il en apprend d'autres &

& sur tout ceux qui seront propres à ses Fontaines il pourra les marquer en des cayers separez, & joindre ces cayers à ce liure. IX. Le mesme Maistre aura chés soy tout prest ce qui est necessaire pour la conseruation & reparation des Fontaines comme sont les Cimens, Mastics, Tuïaux, & autres choses qui doiuent remedier aux manquemens suruenans. X. Le mesme par luy ou par autre visitera de temps en temps les Fontaines pour reconnoistre, si tout est en ordre : Si tout est fermé & couuert: Si les Bouteilles sont nettes : Si les manquemens ont esté deüement reparez : Si les Tuïaux remis sont de bonne & forte matiere : Si le reste à esté bien conserué. Si les Tuïaux reçoiuent & retiennent l'Eau sans la perdre: ce qu'il reconnoistra incontinent par les regles mises cy-dessus.

DE LA SORTIE ET DISTRIBVTION DES EAVX DES FONTAINES.

CHAPITRE IV.

§. 1. La maniere de distribuer l'Eau d'vne Fontaine à diuers lieux d'vne communauté & à diuers particuliers, ou Offices d'vne Maison.

QVAND il est question de distribuer auec vne juste mesure & proportion reglée l'Eau d'vn mesme bassin à plusieurs particuliers; aux vns plus, aux autres moins, comme il arriue aux Fontaines publiques, Les trous soit égaux soit inégaux doiuent estre tous couchez Horizontalemēt & d'vne mesme hauteur comme A. B. C. sur vn plan Horizontal, ou dans vne mesme hauteur du plan Vertical entre deux lignes de Niueau & Parallelles, & d'vne figure Parallello-Grāme Rectangle, tels que sont D. E. F. &c. qui ne laissent pas d'estre de differente capacité, à raison de la diuerse largeur qu'on leur donne. De plus il faut que l'Eau tombe par chaque trou ou Tuïau dans vn tuïau ouuert & separé; afin que l'on ne puisse faire vne attraction d'eau par Pompes, pentes plus rudes, & autres industries. Cecy fera que chacun receura sa juste portion sans faire aucun tort & préjudice aux autres ny le receuoir d'eux:

Ce qui arriueroit si l'vn auoit son trou plus bas, l'autre plus haut. L'Eau de celuy là couleroit auec plus de celerité, & par consequent en plus grande quantité. Faut de plus sçauoir que les Surfaces & partant les trous sont en proportion doublée des lignes, ainsi que le declare l'Arithmetique Partant celuy qui aura vn trou de trois lignes de Diametre, aura 9. fois plus d'eau que celuy qui n'en aura que d'vne ligne.

---

§. 2. *De la sortie des Eaux de Fontaines.*

SI la facilité qu'à l'Eau à se rarefier la fait le sujet de tant de Meteores, sa liquidité luy fait prendre autant de figures que les corps qui la contiennent en ont: & sa mobilité fait qu'elle sort des Tuïaux en l'Air, auec autant de figures agreables que les Tuïaux en ont de commencées en leurs extremitez, & qui determinent l'Eau à prendre diuerses extensions & mouuemens: Ce qui se verifie à la veuë dans tant de Grottes artificielles basties à l'entour de Rome, de Paris & autres grandes villes ou maisons. Partant celuy qui voudra donner aux Eaux de Fontaine vne sortie auec mille varietez n'a qu'à appliquer ces Tuïaux figurez diuersement, & qu'il aura à bon pris au Tuïau par lequel l'Eau sort auec impetuosité, & y verra l'Eau se former en Euentail, & verré éleué, & puis renuersé, en Pennache, Globe, Parasol, Rosée, Pluie abondante, & delicate, fleur de Lys, en lignes Semediametrales, de tel Poligone qu'on pourroit desirer qu'on nomme Estoile quand il y en à 6. ou 5. Soleil quand il y en a beaucoup d'auantage. On fait faire à l'Eau des boüillons, des Cascades polies, quand elle sort égallement d'vne grande lõgueur, des Camelots ondez quand elle coule d'vne égale espesseur sur vne pierre penchante & vn peu diuisée en sa Surface.

Le plus ordinaire s'est de faire vn jet d'Eau qui montant Perpendiculairement se joüe en haut, tantost d'vn Entonnoir renuersé, tantost d'vn Globe concaue le soustenant, ou faisant dancer en l'Air, ou bien se diuisant au haut en petites gouttes fait voir lors que le Soleil luit dessus vn agreable Arc-en-Ciel, à ceux qui ont le dos tourné au Soleil & l'ombre de leur corps vers le jet, qui sont en certaine distance & ont derriere le jet vn corps opaque. Et cét Arc croit & decroit selon que le corps opaque est proche ou éloigné du jet: On fait des Berceaux d'Eau, des Piquiers, Arquebusiers, *&c.* On fait seruir le jet dessieu du monde & de style pour monstrer sur les marques d'vn Quadran Horizõtal les Heures On la fait tourner les roües, faire chanter dans vne forest representée toute sorte de ramage d'oyseaux. On la fait seruir à mille autres inuentions, soit pour la recreation, soit pour l'vtilité.

L'ART DE NIVELER, ET DE CONNOISTRE LA HAVTEVR OV PROFONDEVR DE CHAQVE LIEV PROPOSÉ, TANT DE IOVR QVE DE NVIT.

[illegible] & aduis au Lecteur.

CEt [illegible] ux choses d'vne rencontre assez rare [illegible] uec l'vtilité. Il est si aisé, que mesmes l[illegible] les plus mediocres en peuuent acquerir la perfection & y réussir heureusement. Il est si vtile que les plus grands ouurages artificiels, qui ornent & accommodent les Maisons, les Villes, & les Prouinces luy doiuent leur bon succés: tels que sont pour faire les diuerses esplanades, plate-formes, terrasses, entablemens, planchers, pauez, & autres effets plus communs dans l'Architectute, Menuiserie, Charpēte, & autres arts les jonctions des riuieres, les marests dessechez, les canaux pratiquez, soit à porter batteaux, soit à flotter le bois, soit à nourrir des poissons, soit à faire diuers mouuemens, & par eux mille effects: Les assemblées d'eau en vne mere source, leur conduite par des Aqueducs, tuyaux, petis canaux, sables, & autres manieres, leur décharge sur des prés pour les arrouser, leur retenuë dans diuers reseruoirs & autres mille ouurages sont dressés & ordonnez par le Niueau.

Cét Art sera mis en sa perfection, si on a vn Niueau tres-juste, si on s'en sert auec toute exactitude, & si on marque ce que son vsage nous aprend auec grand soin & distinctement. Et voila trois points que j'espere rendre parfaits en la premiere partie de ce traité: Apres quoy j'en feray voir le fruit [illegible] diuers vsages particuliers en la partie suiuante.

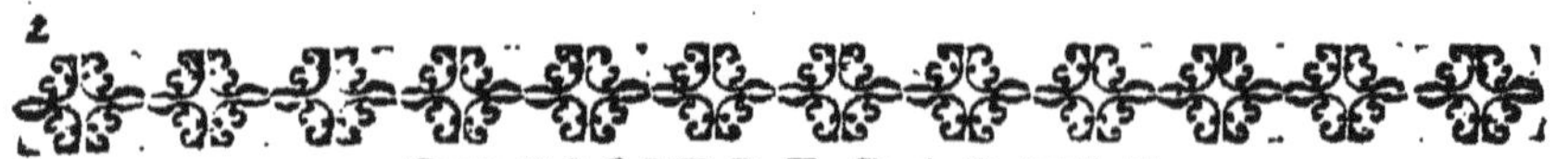

PREMIERE PARTIE DV NIVEAV, ET DE SON VSAGE.

§. 1. *De quatre inſtrumens ordinaires aux Artizans.*

LEs Architectes & pluſieurs autres Artizans ont emprunté de nos Mathematiques quatre ſortes d'inſtrumens pour conduire leurs ouurages & do[illegible] toutes les parties vne juſteſſe conuenable, ſçauoi[illegible]r deſigner, tirer, conduire & examiner toute[illegible] Le plomp pour les éleuations des murailles, des colomnes [illegible]tre corps qui doit auoir vne éleuation verticale. 3. Le Niueau [illegible] la ligne & le plan ou ſurface Horizontale ſur laquelle on doit aſſoir & faire repoſer les corps ſi on veut qu'ils ſoient ſouſtenus ſolidement & entierement ſans que rien porte à faux. 4. Vn Equierre qui contient l'angle le plus regulier de tous: c'eſt à dire, le droit, qui eſt indiuiſible & au milieu d'vne infinité d'aigus moindres ou plus retreſſis & d'obtus plus grands ou plus dilatez, qui eſt propre à terminer deux ſur-faces concourantes comme ſont les coins des murailles, &c.

Et certes il y à bien de la raiſon de ſe ſeruir de ces quatre inſtrumens. Du premier: pource que la droiture eſt la longueur la plus courte, & determinée de toutes celles que l'on peut tirer entre-deux points, c'eſt auſſi la façon la plus belle & vniforme de terminer les corps. Du ſecond pource que l'éleuation verticale eſt la plus determinée & la plus aſſeurée de toutes: ce qui s'en éloigne & penche eſtant facile à tomber, & en ayant déja le commancement. Du 3*e.* pource que le Niueau eſt la meilleure aſſiette tant actiue que paſſiue, qu'vn corps ſolide puiſſe auoir, ſoit pour ſupporter vn autre ſelon toutes ſes parties ſoit pour eſtre ſupporté par vn autre directement & totalement & comme le filet à plomp dõne vne ligne qui met tous ſes points en la plus grande difference de hauteur que faire ſe peut, le Niueau en fait vne droite qui à tous ſes points en la plus grãde égalité de hauteur que faire ſe peut. Ce qui ſe doit entẽdre icy Phyſiquemẽt; pource que la ligne qui en rigeur Mathematique à ſes points d'égale hauteur eſt circulaire, & concentrique au centre du monde. Sur la ligne horizontale on ny deſcend & on ny monte point: Sur la penchante on y fait l'vn & l'autre; mais auec quel[illegible] temperature: Sur la verticale on y monte & on y descent souuerainemẽt. Aussi la verticale est la mesure; qui nous fait connoistre les éleuations & les depressions de chaque point sur vn autre, pource que L'horizontale tient ses points également distants du centre: La verticale les va éloignant le plus que faire ce peut: La penchante est entre deux, & se forme d'vn point, qui se mouuroit sur vne ligne horizontale éleuée verticalement. On se sert du 4*e*. instrument; pource qu'il contient l'angle le plus commode pour joindre les surfaces regulierement: & pource qu'il est le milieu entre deux extrémes. La nature nous aprend le *1er*. par tout filet bandé. Le *2ond*. par le mesme filet bandé, par vn plomp ou autre corps pesant librement suspendu & par la cheute libre de tous les corps pesants. Le 3. par toute liqueur en repos, qui a ses extremitez dans vne situation horizontale & de Niueau. Le 4. est plus artificiel & a esté inuenté pour auoir l'angle droit comme le quart de 90. & la sauterelle pour auoir les autres angles. De ces quatre instrumens ie ne traite icy que du Niueau A. B. D. & du filet à plomp C. dont les vsages tres-frequẽts & les vtilitez tres-grandes meritent bien qu'on soit soigneux d'en auoir vn tres-exact ne se contentant pas de celuy qui est ordinaire aux Maçons, comme aussi nous n'auons besoin que de deux lignes, sçauoir, de L'horizontale, & de la Verticale.

§. 2. *Des diuerses sortes de Niueau.*

I'En trouue de trois manieres. Les *1rs*. sont les communs propres à dresser les principales parties d'vn bastiment par leur assiete. Les autres deux ne se contentent pas de donner vne ligne de Niueau: mais de plus dressent la ligne visuelle par leur droiture ou par le moyen de quelques pinnules qu'on y adjouste & la rendent de Niueau pour trouuer par elle les points éloignés, qui sont de niueau auec l'œil, qui les regarde. Les seconds se font par quelque liqueur, & sur tout de l'eau, qui a cela de propre de mettre & tenir ses extremitez en mesme hauteur: D'où vient que si en deux endroits d'vn Estang ou en toute autre eau calme on plante deux bastons droits égallement éleuez sur la surface de l'eau dormante, leurs extremitez seront de niueau : comme aussi la ligne visuelle conduite par ces extremitez. Et si on ne voit distinctement l'extremité plus eloignée il faut fendre le baston au haut & mettre en la fente vn papier blanc & large. Sur cette proprieté on fait vn tuïau droit & ouuert, qu'on rempli d'eau, & quand il est égallement rempli par tout il a la situation Horizontale : comme aussi le rayon visuel qui luy est parallelle. Toutesfois à cause que l'eau par son humidité gluante s'éleue quelque peu par dessus la hauteur de son continent sans s'épancher: à cause de la longueur de temps que l'eau demeure deuant que d'estre en repos: & pource que le mouuement de l'air luy en communique vn petit, ie ne fay pas grand estat de ces Niueaux quoy que plusieurs les estiment, & de fait l'experience les fait bien tost voir fautifs. I'aymerois mieux en faire vn d'vn tuïau couuert & ayāt en ces deux extremitez deux petits tuyaux de verre éleuez. Car l'eau contenuë mettra ses extremitez de niueau & les rendra visibles au trauers du verre sans qu'aucun des empeschemens mis cy dessus s'y rencontre; La difficulté est de marquer bien au juste l'endroit de l'extremité de l'eau, & y conduire son rayon visuel. La figure est en B.

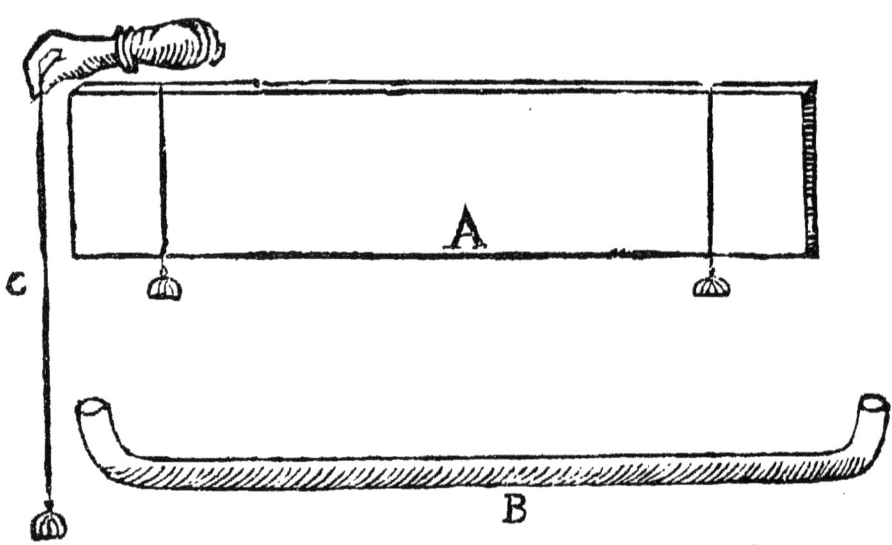

Ie passe à la 3e. façon qui j'oignant vne grande exactitude auec vne pareille facilité doit estre preferée aux autres Choisisses vn ais d'vn bois bien sec, long & droit: faites le costé superieur A B droit, vni, & à equierre des deux qui le joignent : l'inferieur aille croissant depuis les extremitez jusques vers le milieu, où il y aura vne ouuerture ronde C: Attaches à ce milieu vne piece de bois C D pour receuoir le filet à plõp qui sera aussi ouuerte en rond à son extremité D. pour receuoir le plomp, Qu'elle soit canelée & cauée au milieu de sa longueur pour contenir à couuert le filet qui soustient le plomp & pour empescher que les vẽts ne le remuë comme il seroit assez aisé; à cause que le plomp ne monte presque point lors qu'il commence à quitter sa ligne. On couure tout cela à la reserue d'vne fente laissée en bas & découuerte pour voir battre le filet à plomp sur le point ou ligne perpendiculaire auec A. B. On y pourroit encore mettre vn verre grossissant l'objet par dessus le filet.

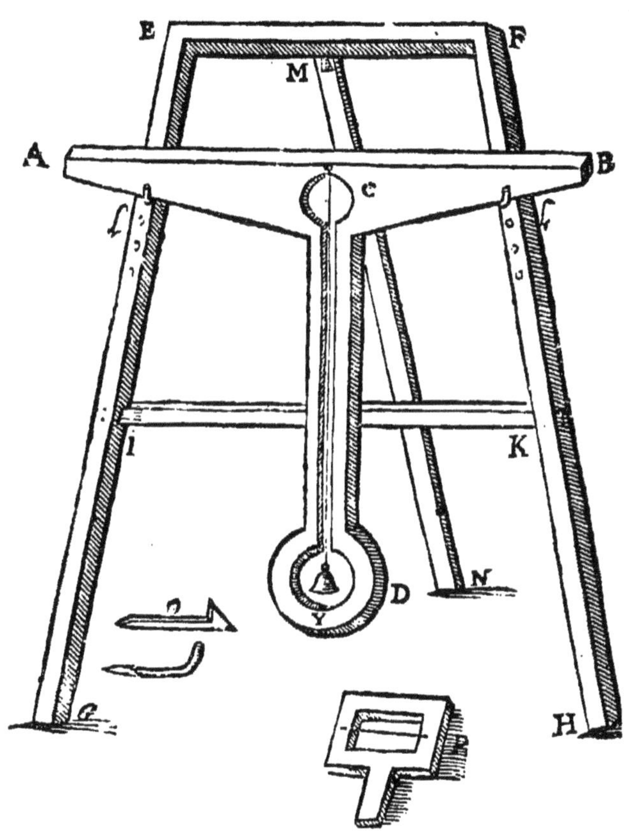

Le filet doit estre délié, pour marquer la ligne auec toute justesse; flexible pour suiure la direction du plomp; poli & ciré pour n'auoir rien que ce qui appartient à sa droiture, Si dessous on met vne piece d'Yvoire, & dans elle la marque delicate de la ligne perpendiculaire à celle des pinnules cela seruira à la justesse. Les meilleures pinnules à mon aduis sont celles de O. qui auec deux filets parallelles conduisent si droit la veuë & son rayon tant par dessus que par dessous, & c'est tout à la fois que diuisant vn objet en deux elles y marquent entre deux la ligne & le point du Niueau. On en peut faire auec deux morceaux de bois attachez parallellement d'vn costé & d'autre vers les extremitez A & B.

Pour apuier cét instrument, & le disposer comme il faut promptement & exctement la façon la plus propre est de faire à peu prés vn instrument comme le cheualet des Peintres E. F. H. G. auec sa queuë M. N. La moindre petite échelle qui aura deux échellons pourra suppléer.

D'autres terminent l'extremité vers D. par vn arc de cercle, afin de pouuoir par son moyen baisser & hausser continuëment successiuement vn costé du Niueau D'autres au lieu d'vn plomp mettent vn index de cuiure mobile pesant à son extremité & pointu pour monstrer précisement le point qu'il faut.

Ce qu'estant ie ne voy pas qu'on puisse rien adjouster ny inuenter pour le rendre plus juste en ses lignes, & plus aisé en son application, Et ceux qui s'en seruiront reconnoistront bien tost cét avantage.

§. 3. *Les moyens pour reconnoistre si vn Niueau est iuste.*

ON éprouue vn Niueau en quatre façons: La premiere est celle-cy. Mettez les deux extremitez de vostre Niueau contre deux murailles, qui font vn coing ou angle ou contre deux choses immobiles & assez proches & disposez les comme il faut, Marquez les points, que ces deux extremitez monstrent sur ces murailles ou autres choses. Puis tournez vostre Niueau mettant chaque extremité sur le point, que l'autre auoit marquée: Et si le filet à plomp tôbe toujours sur le mesme point; c'est vn signe euident de la justesse de l'instrument: S'il tombe sur vn autre point il faut prendre le point du milieu entre les deux autres pour le vray point du niueau. La 2. façon plus parfaite est cette-cy. Mettez le niueau sur son support: Donnez luy sa vraye disposition: Regardez & marquez par les pinnules d'vn costé & d'autre deux objets distans: puis tournez vostre niueau de sorte que l'extremité qui estoit contre vn objet regarde l'autre: & si vous trouuez que le filet battant sur le mesme point les deux objets se rencontrent pour la deuxiéme fois en vne ligne visuelle qui passe par les pinnules comme la premiere asseurez-vous que vous auez vn Niueau tres-juste: Si non il faudra le corriger comme cy dessus prenant le millieu entre les deux marques vitieuses: Pource que deux lignes de niueau prises à terme contraire n'en font qu'vne, & le niueau tourné ne fait qu'vne mesme surface droite : Vne ou deux lignes enclinées & prises à termes contraires se croisent au milieu, & laissent la ligne de niueau entre deux. La 3e. façon se fait renuersant le niueau & l'appliquant comme font les Massons & pource il faut aussi changer le plomp qui doit tousiours battre sur vne mesme ligne soit estant tourné soit estant renuersé. La 4e. ne preuue pas seulement le niueau, mais confirme encore les operations. Côduisez les lignes de niueau à l'entour d'vne montagne, d'vne forest, d'vn lac, d'vne ville, &c. Et si reuenant à vostre premier point vous le trouuez en la derniere operation estre de Niueau à luy mesme marqué en la premiere, vous ne deuez attêdre d'vn homme en cette matiere ny pour l'instrumêt ny pour l'vsage rien de plus juste;quoy qu'absolument parlant deux erreurs côtrairesu & égaux puissent nous conduire à cette justesse de niueau, & pour l'auoir il faudroit alternatiuement tourner le Niueau ce que ie suppose n'estre practiqué.

§. 4. L'Vsage du Niueau en chaque station & operation.

DEvx personnes du moins sont necessaires; trois & souuent dauantay sont tres-vtiles. Le premier aura soin du Niueau & y fera trois choses: 1. Il l'appliquera sur le suppori d'escri-cy dessus : 2. Il le disposera tellement, que le filet à plomp s'adjuste, & tombe directement & précisement sur la ligne perpendiculaire marquée pour cét effet, & quelques vns pour mieux juger de cette conformité & correspondance se seruent de lunettes qui grossissent l'objet, & qui faisant paroistre les lignes plus grosses feront voir la moindre inégalité, qu'elles auront en leur situation. 3. Il considerera la ligne ou surface que feront les rayons visuels conduis & determinez par les pinnules, & distinguera bien le point, où elle va aboutir dans l'endroit, où on desire connoistre la hauteur de quelque point. Le second se trouuera au lieu, où vise le premier par sa ligne visuelle de Niueau, pour y marquer le point sur lequel elle tombe: & pource il aura vn baston long, droit, & éleué verticalement, & dans ce baston vn objet blanc & mobile, pour seruir de but & de signal, & pour marquer le point, sur lequel se trouue la ligne visuelle du Niueau. C'est pourquoy il haussera & baissera cette marque selon qu'on luy dira, & se placera au lieu qu'on luy designera. Le troisiéme prendra la mesure auec toute exactitude. (Car c'est ce que l'on cherche) de la distance qu'il y à entre le point de Niueau trouué, & vn autre point compris dans le mesme baston vertical. C'est pourquoy il faut ou que ce baston soit diuisé en pieds & en poulces (ce qui seroit le meilleur) ou auoir vne mesure juste pour l'appliquer sur telle distance du baston. Il pourra encore mesurer la distance de la ligne de niueau, afin de voir dans qu'elle longueur de chemin se doit distribuer la hauteur trouuée. En regardant le but par les pinnules, il est bon d'en auoir l'œil vn peu éloigné. L'examen est de tourner le niueau, & voir si les mesmes points se rencontreront de niueau en l'vne & l'autre façon.

Le temps clair & serain pour mieux voir, & le temps calme pour n'auoir autre mouuement que celuy que fait la pesanteur du plomp est plus propre que les temps contraires.

Et c'est encore icy où ie maintiens qu'on ne peut rien adjouster pour perfectionner d'auantage & faciliter cette operation, L'exactitude luy vient de ce que les pinnules reglent & determinent tellement ce rayon visuel a vne ligne droite, qu'il ne peut s'égarer, & aller ou plus haut ou plus bas; & de ce que par le moyen des deux lignes penchantes, ou de l'arc de cercle mis dans le niueau en la maniere d'escrite au §. 2. on fait parcourir au niueau continuëment, successiuemnt toute difference de hauteur sans en obmettre aucune entre d'eux, & en se faisant on a tout moyen d'appliquer le filet à plomp comme il faut. La facilité & promptitude luy vient de ce que ce mouuement se fait en vn tournemain.

§. 5. *La maniere de faire le mesme la nuit.*

DEVX lumieres sont requises: l'vne à la fin de la ligne visuelle pour la borner, & pour monstrer le point du niueau, au lieu de la marque blanche pour le iour. Car comme le blanc ou le rouge est l'objet le plus visible dans la clarté du iour: aussi l'est la lumiere d'vn flambeau dans l'obscurité de la nuit: Et partãt elle doit estre mise dans ce baston vertical en la maniere que le iour on y adjoustẽ vn objet blanc. L'autre est dans le lieu du niueau, & sert premierement à voir le mouuement du filet à plomp & à arrester le niueau, lors qu'il bat sur la ligne marquée, Secondement à faire voir la pinnule éloignée de l'œil, ce que l'on fait mettant la lumiere derriere l'obseruateur, 3ent. pour seruir de signal à celuy qui tient l'autre lumiere, & la luy faire leuer ou baisser tourner à droite ou à gauche, selon qu'on leuera ou baissera, & que l'on tournera celle-cy. Le reste est commun auec l'obseruation pendant le iour & se peut également bien faire en l'vn & en l'autre temps.

§. 6. *Le fruit general d'vn tel vsage.*

LA ligne visuelle conduite par le niueau en la façon expliquée s'appelle ligne Horizontale, ou de niueau, ou de mesme hauteur par tout

D'où

D'où s'ensuit, 1. que tous les points qui s'y rencontrent sont de mesme hauteur & distance du centre de la terre : comme aussi tous ceux qui seront contenus en toutes les autres lignes de mesme hauteur, telles que sont toutes celles qui seront tirées d'vn mesme point de la ligne verticale soit immediatement, soit mediatement. Et si on veut se seruir d'vne telle ligne comme d'vn principe pour en tirer d'autres, on n'a qu'a planter deux ou d'auantage de bastons qui auront leurs extremitez superieures dans la ligne de Niueau: car la veuë regardant par ces extremitez remarquera tout point visible que l'on mettra entre d'eux. 2. Que tous les autres points auront autant de difference soit en éleuation sur cette ligne, soit en depression dessous qu'ils auront de distance verticale dessus ou dessous telle ligne de Niueau ou autre de mesme hauteur ; Et partant pour auoir cette distance il faut auoir vn filet à plomp ou tenir le baston éleué verticalement, & y mesurer la longueur qui se trouuera entre la ligne de Niueau & le point determiné compris dãs vn mesme plan Vertical. 3. Qu'vne ligne de Niueau estant donnée il est bien aisé d'en determiner vne infinité d'autres parallelles, & de telle distance entre elles que l'on voudra. Car on n'a qu'a marquer telle distance dans le filet à plomp ou le baston Vertical & la mettre entre deux lignes. Par la elles seront & parallelles & auront la distance & difference de hauteur requise. En la façon que toutes les lignes escrites dans chaque page de ce liure sont parallelles & ont vne certaine distance. 4. Sur vne ligne de Niueau determinée. On trouuera pareillement des lignes penchantes & on leur donnera telle pente que l'on voudra. Par exemple si ie veux auoir en la distance de 15. toises vne ligne penchante de 9. poulces ie prend dans la ligne de Niueau 15. toises, & dans le point qui termine cette lõgueur ie prend vn point plus bas Verticalement de 9. poulces, à la distance de 30. toises ou deux fois 15. ie prends vn point plus bas de 18. poulces ou deux fois 9. *&c.* Ou bien ie prend la ligne de Niueau depuis chaque point trouué, & y adiouste 9. poulces à la distance de 15. toises comme la premiere fois. Et ces points sont ceux par où il faut tirer la ligne penchante regulierement. 5. Vous tirerez auec mesme facilité des lignes irregulierement penchantes qui seront tantost hautes, tantost basses à telle proportion que vous desirerez : pource qu'on n'a qu'a appliquer le filet à Plomp dans la ligne de Niueau en tel endroit qu'on voudra, & luy donner telle longueur qu'on designera & creuser en terre jusques à telle longueur pour auoir vne ligne auec les pentes que l'on demande. 6. Si au lieu de tirer vne ligne inferieure à celle de Niueau on veut en auoir vne superieure, il faudra au lieu de prendre la distance de la ligne du Niueau en bas la prendre en haut, & ainsi on aura au lieu d'vne descente vne montée reguliere ou irreguliere. 7. Pour esplan a de vne estenduë de terre & la rẽdre de niueau ou penchãte, l'on n'a qu'à tenir bãdé vn filet de Niueau ou penchãt au milieu d'vne telle estẽduë, & éleué sur la surface droite que l'on pretẽd auoir d'vne certaine distance comme de trois pieds. Puis planter vn baston en chaque costé opposité, dont l'extremité soit auec les points du filet bandé en vne ligne de Niueau ou penchante selon que l'on desirera. Car ayãt vn filet à Plomp long de la distance designée de trois pieds, par tout où l'extremité superieure se trouuera en mesme ligne Visuelle, auec le baston & le filet, l'autre extremité monstrera l'endroit par où doit passer la surface qui doit estre esplanadée, & partant il faudra remplir de terre se qui ce trouuera plus bas en estre vuide; & vuider ce qui se trouuera plus haut en estre plein. 8. Quand on compare vn point ou vne ligne immediatement auec vne de Niueau touchant la hauteur il faut que le tout soit contenu en vne mesme surface Verticale, dans laquelle seule le filet à Plomp qui est la mesure pour connoistre la difference des hauteurs se trouue.

---

§. 7. *L'Vsage du Niueau dans plusieurs operations & stations continuées.*

IL est necessaire de multiplier les stations, & en chaque station les operations, pour connoistre la difference de hauteur, qui est entre-deux points, objets ou termes assignez, lors que ces deux termes ont vne grande distance entre-eux, ou des éminences, maisons, arbres & autres corps opaques, qui par leur interposition font que l'on ne puisse voir vn des termes par l'œil placé dans l'autre. Et tant plus que ces distances, & ces opacitez croissent dans le milieu & dans les deux objets, tant plus on doit faire de stations, comme on verra dans les exemples suiuants.

Le tout consiste à deux points, dont le premier est d'obseruer en chaque station les points mis dans le §. 4. Le second de joindre tellement chaque station suiuante auec sa precedente, que l'on connoisse par là le rapport de conuenance ou de difference de hauteur entre les deux lignes de Niueau que l'on y prend; & par tous les rapports joints ensemble la conuenance ou difference de hauteur entre les deux termes & objets extremes assignez. On fera cette jonction si on commence la station suiuante par l'endroit où on a finy la precedente, c'est à dire, Si la fin de l'vne & le commencement de l'autre se retrouuent dans vne mesme ligne Verticale: pource que c'est elle seule qui mesure & donne la conuenance ou difference de hauteur entre-deux lignes de Niueau. cõcourantes dans elle, & la seule distance Verticale entre ces deux lignes est ce que l'on cherche. Ce concours & rencontre de deux lignes arriue en trois façons; Car le commencemẽt de la ligne de Niueau que l'on prend, en vne station tombe ou sur le mesme point, qui a esté remarqué par la fin de la ligne precedente, ou plus haut, ou plus bas. Si le premier arriue les deux lignes sont de mesme hauteur & tout ce qui s'y rencontre. Si le 2ond. la ligne suiuante de Niueau est plus haute que la precedente de la longueur de la ligne à Plomp comprise entre ces deux points & faut mesurer & marquer cette distance & difference dans la montée. Si le 3e. la Ligne commençante est plus basse que la finissante de la longueur Verticale contenue entre ces deux points ; & la faut mesurer & marquer dans la descente.

La veuë d'vne practique rendra le tout si clair, qu'elle ny laissera aucune difficulté: & de plus fera voir diuerses industries pour s'accommoder, & le Niueau en des lieux propres. Car si par exemple d'vn lieu commode on considere auec le Niueau, par vne operation la ligne Verticale, qui a terminé la station precedente, & puis vn autre terme ou objet par vn autre operation, c'est tout de mesme que si on auoit mis le Niueau & le point de la ligne commençante dans le point remarqué en telle ligne Verticale, ou neantmoins l'incommodité du lieu ne permettoit pas de placer le Niueau. Pour plus grande asseurance il est bon de changer le Niueau alternatiuement tournant le costé A. en vne station vers l'objet, en la suiuante vers l'œil ; afin que s'il y auoit quelque erreur venant du Niueau en vne station, il soit corrigé en la suiuante.

§. 8. *L'Examen & la preuue des operations precedentes.*

COMME en l'Arithmetique pour s'asseurer des operations on a diuerses manieres de les examiner ; aussi en à on dans le niuelage. La 1e. est de Niueler en retournant par le mesme chemin par où on est venu : Et si l'on trouue autant de hauteur en montant du lieu B. où l'eau doit venir ; par exéple jusques à la source A. que de pente & profondeur en descendant de la source A. à son rendéuous B. C'est vn signe d'vn Niuelage bien exact. La 2e. est de prendre la mesme difference de hauteur entre deux termes A. & B. par deux & trois diuers chemins. Car si on trouue par tout la mesme pente ou difference de hauteur, on est asseuré d'auoir bien operé.

§. 9. *La maniere de marquer ce que nous apprenons en chaque station, & puis en toutes iointes ensemble.*

C'EST le troisiéme point requis pour la perfection de cét art, que les deux practiques suiuantes rendront tres exact & facile.

Puis que nous n'auons par toutes les operations qu'a prendre autant de lignes de Niueau ou Horizontales, qu'il y a de ſtations; & autant de Verticales, qu'il y a de changemẽs de lignes de Niueau: Nous n'auõs auſſi qu'a meſurer exactemẽt ces deux ſortes de lignes & marquer les meſures de chacune: ce que nous ferõs ou par tables, ou par figures. La table aura 4. colomnes pour contenir en la 1. le nombre des ſtations: en la *2de.* la lõgueur de chaque ligne de Niueau: en la *3e.* les Verticales ſuperieures à la ligne de Niueau: En la *4e.* les inferieures à la meſme. La *2e.* façon plus aſſeurée ſe fait par vne figure ſemblable, c'eſt à dire, composée de lignes Horizontales & Verticales: On trace autant de lignes ſur le papier, qu'on en prẽd ſur la Terre & de meſme ſituation: & ſur chaque ligne tracée on eſcrit la meſure qu'on y a trouuée. Ce qui fait qu'on ne ſe m'eſprend pas ſi aiſement: Et telle figure met ſi nettement les éleuations & depreſſions auec tout l'ordre & ſuite des ſtations ſous vne veuë, & ſi diſtinctement, qu'il ny peut reſter aucun doute. Auſſi c'eſt ſur elle, que l'on peut juger ſi l'entrepriſe eſt poſſible ou non, que l'on peut voir la varieté des pentes particulieres, & autres circonſtances, & préuoir les facilitez ou difficultez, qui s'y rencontreront. Voicy la Figure jointe auec la Table. Où la derniere ſtation à deux lignes Perpendiculaires; ſçauoir, de chaque coſté vne de trois pieds.

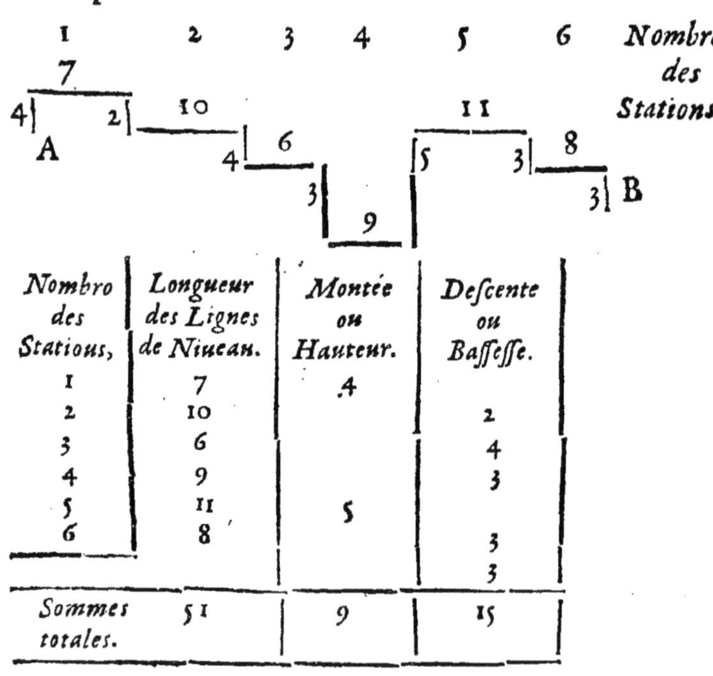

Nombre des Stations,	*Longueur des Lignes de Niueau.*	*Montée ou Hauteur.*	*Deſcente ou Baſſeſſe.*
1	7	4	
2	10		2
3	6		4
4	9		3
5	11	5	
6	8		3
			3
Sommes totales.	51	9	15

Cela estant fait adjoustez toutes les montées en vne somme, & toutes les descentes en vne autre : puis ostez de la plus grande la moindre, & ce qui restera appartiendra au tiltre de la plus grande & monstrera la difference, qu'il y a du premier terme au dernier: comme dans l'exemple mis icy les descentes de A. à B. jointes ensemble font 15. pieds, les montées font 9. pieds. Ostant 9. de 15. reste 6. nombre qui contient la hauteur du point A. par dessus B. où on veut conduire l'eau.

La demonstration est la mesme sur diuerses lignes de hauteur, que sur vne mesme où elle seroit tres éuidente.

Quant à la longueur des lignes Horizontales on peut si l'on veut les joindre ensemble pour auoir la distance d'vn terme à l'autre par vn tel chemin, ou bien la prendre sur le terrain mesme, & icy le nombre monte à 51. chesnes ou cordes.

PARTIE SECONDE PRACTIQVES ET APPLICATIONS DE L'VSAGE DV NIVEAV SVR DES SVIETS PARTICVLIERS.

I'AY *rendu l'Art de Niueler tres-infallible par la premiere partie, Ie le monstre tres-vtile par cette seconde. Et si la nature se sert de nos deux lignes, sçauoir, de l'Horizontale, pour terminer les Globes Elementaires; & de la Verticale, pour determiner les mouuemens des corps qui les composent; l'Art qui applique la nature les employe tres-vtilement pour mille effets; mais particulierement pour la conduite des eaux. Comme les practiques suiuantes monstreront.*

---

§.10. PRactique 1e. *Trouuer la hauteur d'vne Montagne par le Niueau.* Deux personnes cõmençans par le haut & finissanten bas en viédront à bout. L'vn portera le Niueau, le disposera, conduira son rayon visuel par les Pinnules, l'autre descendãt plus bas auec vne perche droite, lõgue, & éleuée verticalemẽt la plãtera en diuers endrois jusques à ce que l'extremité superieure se trouue en meme hauteur, & dãs le rayon visuel du Niueau. Apres quoy le premier descendant mettra son Niueau où l'autre auoit mis sa perche, pour cõmencer la station suiuãte par l'endroit, où a fini la precedente, & l'autre ira en bas chercher l'endroit, où le haut de sa perche éleuée à plomp se rencontrera auec la ligne Visuelle du Niueau: Et cela estant continué jusques au pie de la montagne. On n'a qu'a multiplier le nombre des stations, qu'on a fait, par la hauteur que la perche a par dessus le Niueau, & le produit donnera la hauteur de la montagne: Comme si on a fait 53. stations: si la perche à 3. toises de hauteur (celle du Niueau estant deduite) la montagne aura de hauteur Verticale 159. toises. Et vne fois la hauteur du Niueau, qui doit estre comptée en la derniere station; pource que la perche doit estre mesurée depuis la terre jusques au haut.

Les Geometres le font par le quarré Geometrique, & par le quadrant Astronomique, par les ombres Solaires, par les rayons razans des Estoilles, & dans l'Arpentage ie le fais par d'autres façons.

---

§. II. PRactique 2e. *Determiner la hauteur d'une source sur le lieu où on pretend la conduire.* Cette practique nous instruit des Eaux, qui peuuent faire des Fontaines dans les ruës des Villes, dans les Iardins & cours des maisons, y faire des jets d'eau, *&c.* quj peuuent grossir l'eau des Moulins, & les faire trauailler d'auantage; qui peuuent arrouser des prairies, & les rendre fecondes, qui peuuent faire diuers canaux, *&c.* Et pour en venir à bout on n'a qu'a obseruer ce qui est escrit au §. *7e.* & *9e.*

Mais en ce point icy, & aux suiuants, ce n'est pas assez d'apprendre la difference de hauteur, qu'il y a entre les deux points extremes: Il faut encore sçauoir les diuersitez qui se rencontrent dans le milieu & l'entre-deux. On y considere les diuers chemins que l'on peut prendre & en chacun *1o.* la lõgueur à laquelle il faut distribuer la hauteur trouuée d'vn terme sur l'autre, ou en tout ou en partie, également ou inégalement, *2o.* La pente de chaque partie & la plus grande bassesse pour sçauoir la pressiõ que l'eau y sera dans les tuïaux, *3o.* La regularité ou irregularité de telle pente? *4o.* Si la montée deuance la descente, ou non *5o.* les empeschemens tant naturels dans le rencontre des rochers qui arrestent l'eau, des sables qui la perdent, des éminences ou concauitez, *&c.* que ciuils dans le desdommagement, qu'il faut faire à ceux, à qui on oste l'eau, & par les terres desquels on la fait passer, du consentement qu'il faut auoir des proprietaires.

Le Niueau passant par tous ces endroits nous instruira en partie de cela, l'information qu'on fera des qualitez de la terre & du droit ciuil nous enseignera le reste. Ie declareray le tout plus particulierement dans le traité des Fontaines.

§. 12. PRactique 3. *Rendre les Riuieres nauigables.* C'est les rendre grandement profitables au public. Et quoy que se soit auec tres grand frais que l'on a rendu la Vilaine nauigable depuis Rhedon jusques à Rennes où ie suis: si neantmoins on compte les denrées & marchandises qu'elle a porté depuis 80. ans, & les charrois repargnez on trouuera que le profit surpasse déja 100000. fois & plus la despense. L'Aual & tant d'autres villes, qui ont trauaillé sur leurs riuieres en diront tout autant.

La profondeur de l'eau, & le repos ou vn mouuement modeté de la mesme sont les deux conditions, qui font vne eau nauigable, & partant vne Riuiere. La profondeur est requise pour supporter sur soy, & dans soy le Nauire sans qu'il puisse estre arresté par le sable, qui se trouue au lit & au fond de la riuiere, ou vrté par les pointes de rochers qui s'y éleuent souuent. Le repos est necessaire pour faire qu'vn Nauire puisse auancer également bien de tout costé. Le mouuement ayde la nauigation qui se fait à mesmes termes, resiste à celle qui se fait à termes contraires: & tant plus que le mouuement croit en celerité, tant plus croist la resistance. D'où vient que le mouuement trop viste d'vne Riuiere oste l'esperance de la pouuoir remonter, & donne vne juste crainte en y descendant de rencontrer quelque vrt qui renuerseroit le Nauire & le briseroit.

Quatre choses empeschent la profondeur, sçauoir, 1. La trop petite quãtité d'eau, 2. Le trop grãde largeur du lit. Car l'augmentatiõ de la largeur est la diminution de la profondeur d'vne mesme eau, 3. Les pointes de pierres & rochers qui sortant du lit dans certains endroits ostent autãt de la profondeur de l'eau par leur éleuatiõ, & brisent les Nauires par leur durte pointuë, & 4. Le trop peu de hauteur des bors ou des terres qui bornent les Riuieres. Trois choses augmentent la celerité de l'eau, sçauoir est, 1. La grandeur de la pente, l'abondance & accroissement des eaux, & l'estressseur du lit. C'est donc à ceux qui entreprennent de faire les Riuieres propres à porter Batteaux de voir s'ils s'y rencontrent quelques vns de ces sept empeschemens & si on peut les surmonter. Le Nil n'est pas nauigable en ses Catadoupes, ny le fleuue de S. Laurent en ses Saults pour la cheute de l'eau & vn mouuement trop precipité. Mais aussi en recompense ils le sont aprés d'auantage; pource qu'ayant perdu tout à la fois beaucoup de pente, ils en retiennent moins & se rendent plus aisez à remonter. La Riuiere de la Plata est en la longueur de 12. & 14. lieuës herissée de rochers que les eaux vitent auec tant de bruit que l'on l'entend de 4 lieuës. Maragnon estant resserré en vn endroit y passe auec tres grande celerité: Sagné qui descend à Tadoussac fait vn courant estrange en vn endroit où il est barré & restressi par des rochers voisins qui le bornent de part & d'autre& sans aller si loin nous trouuerons des exemples de ces empeschemens en nos Riuieres de France.

On remedie au trop peu d'eau joignant d'autres Riuieres ou gros ruisseaux creusant le fond, faisant des Ecluses, Digues & autres inuentions pour retenir l'eau jusques à vne certaine hauteur: Ce qui est bien aisé dans les endroits de peu de pente. Et si on approche les bords rendant le lit plus estroit contre le 2. empeschement on fera auec les Ecluses, qu'vn peu d'eau coulante aura vne profondeur suffisante. Contre le 3e. faut rõpre ces pointes auec feux, marteaux, coings d'acier, pouldre à canon, ou changer de lit, *&c.* On oste le 4e. par Digues & Leuées. Le 5e. rendant le canal ou chemin par où l'eau coule dans vne méme pẽte plus lõg. Car s'il est deux fois plus grand la pente est deux fois moindre en chaque partie, & le mouuemẽt deux fois plus tardif: S'il est trois fois plus long, la méme pẽte est distribuée à trois fois dauãtage de parties, d'où s'ensuit que chacune n'aura que le tiers de la pente, ny du mouuement prouenãt de la pesanteur. Les deux autres empeschemens ne sont ny grands ny difficiles à oster, soit par la multiplication des canaux, soit par l'élargissement du lit.

Les hommes en adjoustent vn huictiéme faisant des Ecluses dans toute la largeur de la Riuiere pour retenir l'eau, & la contraindre à couler contre les roües de leurs Moulins, ou dans vn canal particulier, ou autrement. Et souuent icy l'interest particulier, qui pretend des dédomagemens extraordinaires, & desraisonnables empesche l'execution du bien public, si vne auctorité souueraine ny interuient. On y remedie faisant vn canal detourné, ou plustost dans l'Ecluse vne chãbre à eau auec deux portes dont la 1e. s'ouure, la 2e. estant fermée pour faire entrer le Batteau, puis la 1e. se ferme la 2e. estant ouuerte pour le faire sortir. On rencontrera d'autres manieres & assez subtiles sur diuerses Riuieres: Et de cette sorte l'Ecluse sert à faire hausser l'eau, & tout ensemble à donner passage aux Batteaux sans oster que peu d'eau à vn Moulin. L'Importance de cét affaire merite bien qu'on visite ces Riuieres pour y considerer dans les effets les auantages & desauantages de ces inuentions.

§. 13. PRactique 4. *Determiner les endroits où deux Riuieres se peuuent ioindre, de quel costé, & par quel milieu on doit faire le Canal commun.* Absolument parlant, & n'ayant égard, qu'a la pente requise, toute Riuiere en quel point que se soit peut auoir cette conjonction, & communication d'eau auec toute autre Riuiere en quel endroit qu'on voudra la prendre: & il ny a plus que le milieu, qui y puisse apporter empeschement par diuers obstacles tants naturels que ciuils comme sont les mon-

montagnes qu'ils faudroit cauer, les cauitez & abyſmes qu'il faudroit combler, les entõnoirs & ſables qu'il faudroit boucher, les rochers qu'il faudroit rompre & percer, les fleuues & marais qu'il faudroit trauerſer & deſſecher, *&c.* les trop grandes longueurs où il faudroit trauailler: Car prenant vn point A. quel qu'il ſoit dans vne Riuiere, & le comparãt auec le point B. d'vn autre Riuiere tel que l'on voudra le choiſir, ou A. ſe trouuera plus bas & il receura les eaux de B. ou plus haut, & il les communiquera à B. ou égal, & ils s'entre-communiqueront leurs eaux & en rempliront le canal commun. Et partant rien ne peut empeſcher l'execution, que les obſtacles du milieu mis cy-deſſus: & qu'il faut bien conſiderer, deuant que de rien entreprendre. Car comme ſe ſeroit preſumer par trop de ſoy meſme que de vouloir ſurmonter certains empeſchemẽs que la nature ou pluſtoſt Dieu ſon auteur a mis ſi forts & ſi grands, qu'ils doiuent éloigner de nous toute penſée de ſemblable deſſein: auſſi c'eſt eſtre trop peu ſoigneux de ſon bien, que d'en quitter la penſée & la volonté d'acheuer dans pluſieurs endroits ce où la nature a mis de bons cõmencemens, & de grandes diſpoſitions. Et pour ceux qui n'ont ny ces grandes difficultez, ny ces grandes facilitez il faut balancer les frais & deſpenſes, qu'il y faudroit faire auec le profit qui en prouiendra, lequel ne peut eſtre que tres-grand. I'ay mis en ma Geographie Chap. 5. §. 5. où ie traite de ce point pluſieurs exemples de ces préſomptueux, qui ayant deſſein de joindre des Mers ou certaines Riuieres, & y ayant fait trauailler pluſieurs mille ouuriers n'ont eu que confuſion de leurs entrepriſes. Et de ces ſages, qui s'y voyant inuitez par les preparatifs naturels ont trouué de la facilité en l'execution, du ſuccés à la fin du trauail, & de grandes & perpetuelles vtilitez dans l'vſage. Car c'eſt cette communication d'eau, qui rend la communication de toute ſorte de marchandiſes, & denrées & les voyages des perſonnes tres-aiſez: qui rend le Royaume de la Chine ſi abondant mettant en chaque partie le commerce de ce qui croit par tout le Royaume. Et ſi on dit qu'il vaut mieux le croire que d'y aller voir; On peut en recõnoiſtre le profit dans la Flandre & autres endroits où on a fait telles jonctions: Comme auſſi c'eſt particulierement és pays bas pour auoir plus grande abondance d'eau; & plats pour auoir facilité à y practiquer vn canal. La France a des Prouinces Maritimes, où elles ſont aiſées; telle qu'eſt la Bretagne, qui n'a point de hautes montagnes, & n'a aucun endroit éloigné d'vne Riuiere nauigable de plus de ſept lieuës.

Le tout conſiſte à choiſir des Riuieres nauigables ou propres au deſſein que l'on a: Dans ces Riuieres des endroits qui s'approchẽt d'auantage: Dans ces endroits les points, qui ont l'entre-d'eux plus aiſé a eſtre foſſoyé, & receuoir le canal. Ce chois eſtant fait il faut Niueler ces entre-d'eux de tous les costez que l'on pourra y esperer vn canal, & la figure qui sera faite de chaque chemin particulier selon la methode mise au §. 9. donnera tout moyen de juger de ceux qu'il faut rejetter, & de ceux dont on peut esperer vn bon succés, sur lesquels on obseruera les trois points, que ie mets au §. suiuant.

---

§. 14. PRactique 5. *Donner l'ordre qu'il faut tenir à faire des Canaux artificiels pour y proceder auec le plus d'asseurance: & le moins de despense que faire se peut & de leur diuersité.* Ie les reduis à trois sortes : Les premiers sont petis & la plus part sousterrains pour auoir & former vne source, ou en continuer vne déja faite jusques à vne mere source. Les autres sont tres-grands pour porter Batteaux, & joindre les Riuieres nauigables. Les troisiémes sont entre-d'eux & mediocres & seruent à faire flotter le bois, mouuoir des Roües, nourrir des poissons, *&c.* chacun demande de l'eau en quantité & en durée selon la capacité de son lit & l'vsage que l'on en pretend. Les premiers ramassent les eaux sousterraines, les autres supposent l'eau ramassée: Tous requierent le Niueau pour leur conduite. On y trauaillera auec la plus grande asseurance, & moindre despense,que l'on peut, gardant ces trois points. Le *1er.* est vn Niuelage de tous les diuers endrois & chemins par ou on peut conduire vn canal d'vn point à vn autre auec la figure exacte de chaque pente & longueur en la façon declarée au §. 9. & mesme il est bon de planter des piquets par les diuers endrois pour y reconnoistre ce que l'on aura m arqué. Le *2ond.* est vn essay, c'est à dire, vn petit canal propre à faire couler vn filet d'eau, ou certains puits cauez en certains endrois. Le *3e.* est l'effet, c'est à dire, l'agrandissement de ce petit canal, & l'accomplissement de tout l'ouurage. Le premier point nous donne la connoissance totale du dehors, & de la possibilité & facilité de l'ouurage : Le *2ond.* nous fait voir le dedans des terres : si ce sont rochers, ou sables, ou terres, & de qu'elle nature elles sont, la facilité ou difficulté, que l'on aura à les creuser. Le mesme nous fait voir qu'el sera le cours de l'eau,& partant ce qu'il faut conseruer ou changer pour auoir le *3e.* c'est à dire, vn canal parfait & tres-accompli ; & les deux joints ensemble nous en donneront toute asseurance.

---

§. 15. PRactique *6. Preparer vn canal à faire flotter le Bois.* Paris ne subsiste que par cette inuention, & par la multiplicité de canaux de cette sorte, qui se vont rendre mediatement ou immediatement à la Seine, & luy fournissent sans charroy le Bois des forests entieres, &

nonobstant cela ie crains que le manque ny commence par le bois: à cause du long temps d'vne part, que la nature demande à former les arbres d'vne grosseur suffisante pour faire des bûches, & de la grande quantité de bois d'autre part, qui se consomme dans tout Paris qui croit en estenduë, lors que les forests decroissent. Et si on dit que les Villes beaucoup plus grandes comme en la Chine subsistent, c'est qu'elles sont ou en vn climat plus chaud pour n'vser tant de bois, ou plus maritime pour en auoir de plus loing: comme aussi on parle d'en faire venir à Paris de bien loing par Mer. Les villes, qui se pourront procurer ces canaux pour faire venir à eux le bois des forests voisines, Les Seigneurs qui pourront faire descendre celuy de leurs amples forests, & qui y est sans debit en Mer proche, ou en quelque Riuiere donneront de l'assistance à ceux qui en manquent, & tant les vendeurs que les acheteurs y trouueront du gain. I'en ay veu l'experiẽce en vn que j'ay entrepris d'vne lieuë & demie: Trois choses y sont requises, l'eau en quantité quoy non endurée, la pente en suffisance, & la distribution de cette pente auec quelque regularité. Pour le 1. l'eau du ciel, & des pluies d'Hyuer ramassée en vn Estang est absolument capable de faire flotter tout le Bois d'vne forest: pource que c'est assez que l'on fasse flotter durant l'Hyuer seulement, où les pluies sont abondantes vne fois chaque 15. iours ou plus selon que les pluies seront plus frequentes, & que l'amas des eaux viendra d'vne plus grande estenduë de terres penchãtes. Et plusieurs des canaux pour Paris n'ont point d'autre eau, que celle des pluies: ce qui suffit, à cause qu'a chaque-fois qu'on lasche l'eau dans le canal on fait flotter plusieurs milliers de bûches. Sur le 2*ond*. point la pente d'vn poulce dans la longueur de six vingt poulces, & en suite d'vn pied dans la distance de 120. pieds est raisonnable pour rendre le cours de l'eau ny trop rapide, ny trop tardif. On peut & on doit l'amoindrir, quand les eaux sont abondantes. Ie mets le 3*e*. point: pource qu'vne concauité & cheute fera perdre la pente tout à la fois, & quand elle est profonde fait remontrer les terres: ce que l'eau des canaux ne peut souffrir qui demande continuation de pente ou du moins de Niueau.

L'Ordre dans l'execution consiste és trois points du §. precedent. Le 1. est de Niueler le lieu d'vn point extreme à l'autre par tous les endrois où on trouue la continuation de la pente, & si on peut voir ceux où il y en a plus, & ceux où il y en a moins on aura tout moyen de choisir dans l'entre-deux ce qui sera le plus conuenable. Le 2*ond*. est de fossoyer vn petit canal propre à faire flotter de la paille & des petites bûchetes, pource qu'estant agrandi il seruira à faire flotter le gros bois. Le 3*e*. ayant reconneu les auantages ou desauantages de ce petit canal, & de chacune de ses parties, on agrandira celles qui sont jugées commodes, où la terre est aisee a estre fossoyée, & où le cours de l'eau est moderé, & on changera les autres, ou le succés ne seroit pas si fauorable. La largeur de 3. pieds enuiron est suffisante, pour auoir l'eau en plus grande profondeur: outre que l'eau aura bien tost agrandi le canal. Ainsi au 1er. point on connoist le dehors, au 2ond. le dedans, en tous deux le succés du 3e. qui est ce que l'on pretend. Le mal-assez ordinaire est que quand la nature presente la pente & des terres propres; les hommes, qui en sont les proprietaires y forment tant d'oppositions, & auec tant d'animositez, qu'on est contraint de quitter le tout.

---

§. 16. PRactique 7. *Faire vn Canal à porter Batteaux d'vne Riuiere à vne autre.* Comme celuy-cy est d'vne vtilité & importance d'autant plus grande qu'il porte des choses plus pretieuses, que n'est le Bois à brusler: aussi demande-il bien d'auantage de largeur, & de profondeur: & par consequent plus d'eau tant en grosseur qu'en durée, pour le conseruer en sa plenitude, pour estre nauigable aussi bien en montant qu'en descendant. Les frais aussi en sont incomparablement plus grands: Et ils ne se font, qu'en des lieux, où il y a vn tres-grand cõmerce, & pour des villes tres-amples & marchandes. Le §.13. monstrera les lieux par où faut le tracer: le 14. & 15e. donneront l'ordre, qu'il y faut garder, & le 12e. expliquera les conditions pour le faire nauigable luy donnant vne notable profondeur dans vne mediocre largeur, & petite pente. Seulement quãt à l'ordre au lieu du petit canal, que ie mets au §. 15e. pour preparatif & pour essay ie serois d'auis en cettuy-cy de creuser des puits de lieu en lieu, dans les endrois par trop eminens, & où il faut bien creuser pour trouuer la profondeur & la pente requise: pource qu'on les fera auec beaucoup moins de frais que le petit canal, & on ne laissera pas de recõnoistre égalemẽt bien les diuersitez des terres & les facilitez ou difficultez, qu'on aura en les ostãt. Le Niueau en fera voir la cõmunication.

Et si l'entre-d'eux demande plusieurs canaux éleuez les vns sur les autres, on a trouué l'inuention par le moyen de certaines portes mises à chaque canal d'arrester & d'éleuer l'eau jusques à vne hauteur suffisante, pour faire entrer les Batteaux dans le canal superieur. Car de cette sorte multipliant les canaux on multiplie les montées des eaux & des Batteaux à telle hauteur que l'on veut, moyennant que l'on y aye de l'eau en abondance pour remplir ces canaux: Ce que l'on voit executé auec merueille dans le canal de Briare. On en voit encore de diuerse façon dans la Flandre & autres pays. Et l'importance de ces entreprises merite bien qu'on ne se contente pas d'en voir la description dans les liures: mais l'effet sur les lieux mesmes.

De ces deux ſortes de canaux plus difficiles on peut bien conclurre la façon de faire les autres, qui ſont plus faciles : tels que ſont ceux qui ſont tirez d'vn point plus éleué d'vne Riuiere d'où ils prennent leurs eaux, conduis par des chemins deſignez , & ſe vont rendre en vn endroit plus bas de la meſme Riuiere : Ce qui ſe fait pour diuerſes fins, comme pour remplir les foſſez d'vne Ville, d'vn Chaſteau,& maiſon de Nobleſſe, pour auoir vn reſeruoir à poiſſon,pour enfermer vne terre & en faire vne Iſle, pour auoir l'eau à vne certaine hauteur par le moyen d'vn Baſtardeau, Chauſſée, & Ecluſe, & partant vne cheute ſuffiſante à faire des Caſcades, à faire des Moulins à blé, à Pompe, & autres vſages : pour en arrouſer des Prez qui ſeront plus bas, dans leſquels on peut practiquer des conduits auec le ſeul Soc d'vne Charruë. En tout cecy le Niueau nous donnera la difference de hauteur entre d'eux points donnez d'vne Riuiere comme entre le point qui détourne l'eau de la Riuiere dans le canal, & le point où elle y rentre, & le moyen de la diſtribuer au milieu comme l'on voudra.

---

§. 17. PRactique 8. *Deſſecher les Mareſts & les lieux plus humides.* Cette Practique a fait que des terres de non-valoir ſont deuenuës de tres-grand profit. Au pied de Clermont en Auuergne vne grande campagne inondée, & infructueuſe a tellement changé par la deſcharge de ſes eaux ; que c'eſt vne merueille de voir la multiplication du grain, qu'elle rend en ſa moiſſon ſur celuy qu'elle reçoit en la ſemant Pluſieurs s'eſtoient efforcez de la deſſecher, qui manquant de la ſeule ſcience du Niueau y ont bien dépenſé de l'argent ſans profit, maintenant elle enrichi ceux qui l'ont entrepris auec plus de ſçauoir. En Hollande pluſieurs terres retenant le limon, & la graiſſe ont perdu par ce moyen la trop grande quantité d'eau, dont elles eſtoient noyées, & payent maintenant auec excés à leurs proprietaires par l'abondance des fruits qu'elles portent les frais qu'ils ont fait à les deſſecher. Dans les Cartes de ces Prouinces on les depeint auec des lignes parallelles & d'autres trauerſantes pour repreſenter les foſſez. Mais ſur tout en Angleterre il y a vne Prouince entiere, qui eſtãt pour les eaux croupiſſantes la plus ſterile de tout le pays eſt maintenant eſtimée auec verité la plus fertile de toutes par l'écoulement de ſes eaux. On en a fait vne carte particuliere, qui eſt dediée aux Seigneurs, qui ont entrepris de la deſſecher, & joüiſſent auec grand profit de leur trauail,

Il eſt certain que cecy ſe fait par des foſſez & tranchées, qui vont en pente: pource que l'eau, qui cherche les lieux bas ne manquera pas de s'y rendre, & y eſtant de ſuiure la pente des foſſez deſchargeant de l'humidité superfluë les terres plus éleuées. D'où vient que là où on ne peut trouuer de la pente comme il arriue en tant de lacs, on ne peut aussi y tarir les eaux, qui s'y rendent. Il est certain encore que c'est par le Niueau, qu'il faut auoir cette pente. La difficulté est de bien choisir les endrois par où on doit faire ces fossez. Et pour ne rien entreprendre de superflu, ny oublier de neccessaire & d'vtile quand la descharge n'est pas reconnoissable aisément: Ie tiens qu'il faut joindre les deux premieres parties de l'Arpentage auec le Niuelage, c'est à dire, qu'il faut 1ent. visiter tous les lieux auec trois instrumens, sçauoir, auec la cheine pour auoir la longueur des lignes, soit terminantes soit trauersantes la piece de terre; auec le quart de 90. pour auoir les Angles, que font ces lignes en leur rencontre; & auec le Niueau pour prendre leurs hauteur. 2o. appliquer ces trois instrumens sur la circonference, pour en auoir la figure entiere: puis sur les lieux où l'eau abonde & surnage, d'où il faut tirer des lignes auec leurs hauteur à diuers endrois de la circonference. 3o. faire la figure racourcie comme ie monstre en l'Arpentage auec la figure des pentes de toutes les lignes en la maniere descrite au §. 9. Et si on en faisoit vne releuée auec cartons on auroit vne representation entiere de la piece de terre. Sur l'vne & sur l'autre on jugera de toutes les façons & de leurs auantages ou desauantages, & en ayant choisi vne il faudra obseruer l'ordre mis au §. 14.

---

§. 18. PRactique 9. *Faire vn Canal sousterrain pour amasser les eaux d'vn lieu ample, & éleué, & les faire rendre à vne mere source.*
Il y a deux sortes d'eaux cachées sous terre: Les vnes sont déja ramassées, & ont leurs cours par diuerses cauitez soit faites comme sont les fentes dans les carrieres, les couches de gros sables & diuers conduis soit encommencées, & que l'eau par son mouuement va agrandissant & perfectionnant. Les autres sont esparses dans toute l'estenduë & l'espaisseur de la terre, & viennent ou des pluies tombées, ou des vapeurs conuerties en eau: ainsi que j'explique en la science des eaux. Et celles-cy n'ont point d'autre mouuement, qu'vn bien lent en bas, où elles sont arrestées par vne couche de pierre ou d'argille & dont elles suiuent la pente ou remplissent la concauité. Le cours des premieres dépend vniquement, & totalement du premier & souuerain determinateur, qui en la creation du monde a mis les pentes & les lits des Riuieres sur terre, les passages & ouuertures sous terre en tel endroit qu'il a voulu, les pouuant aussi bien mettre autre part que l'a où ils sont presentement. Partant si on est si heureux que de fouïr dans l'endroit où ces cours d'eau sont, ou si on en approche tellement qu'ils soient attirez dans la cauité

faite, il faut s'en seruir sans rien chercher d'auantage. Si non on doit auoir recours à la 2e. sorte d'eaux, desquelles on peut determiner le cours leur presentant vn lieu plus bas pour leur donner moyen de descendre: & vuide pour leur donner place & les receuoir comme on en peut voir la practique & l'effet dans les puits : mais au receallable on doit considerer sur la terre, 1o. Si elle est haute en sa situation pour auoir de la pente à faire couler les eaux, 2o. Si elle est ample en son estenduë; afin que plus de parties fournissent de l'eau, 3o. Si elle est de peu de pente en sa surface pour retenir d'auantage les eaux des pluies & ne les laisser couler en bas, 4o. Si elle a son conroy bien bas pour contenir dans soy d'auantage d'eau & en plus grande profondeur. Et pour s'asseurer de tout faut cauer des puits dans diuers endroits des lieux par où on doit faire la tranchée: D'où on verra ce que l'on en pourra esperer.

La resolution de la Tranchée estant prise on luy donnera ces conditions. 1o. On la fera embrasser & contenir dessus soy vne grande amplitude de terre. 2o. Tant plus on creusera auant jusques dans le cõroy naturel, tant plus on aura d'asseurance d'y faire rendre toutes les eaux superieures; autrement la faisant plus éleuée on y attirera bien des eaux superieures, mais aussi on en pourra bien perdre, qui descendront plus bas. 3o. Il faut donner de la pente jusques au rendé-vous commun des eaux. Ainsi si on commence par le bas on ira en montant : si par le haut en descendant, & le Niueau determinera le tout, & l'eau coulante en fera voir l'effet. 4o. Dans le bas de cette Tranchée penchante on y practiquera le canal en cette sorte. On mettra tout au bas du bon conroy, de l'Argille bien paistrie : Sur ce conroy on fera auec des pierres seches deux murettes distantes entre-elles enuiron d'vn pied: on les couurira de pierres plattes & fortes : Et si le pays n'en donne pas, on peut faire vn simple ou double Canal auec de fortes briques. Sur vn tel canal & deuant vers le haut on mettra du gros grauier, des caillous ronds & sur cela de la mousse, & de l'argille, & sur cela la terre commune, afin que l'eau boüeuse des pluies ne s'y mesle point : Derriere ce canal & vers le bas faut mettre de bon conroy pour arrester les eaux. D'autres ny font que mettre vne grande quantité de caillous ronds qu'ils couurent comme cy-dessus : D'autres plus magnifiques font des aqueducs comme à Paris pour les Fontaines d'Arcueil, où on a plus amassé d'eau par les tranchées faites dans le chemin, que dans la source premiere.

---

§. 18. PRactique 10. *Faire vn amas d'eau par le moyen d'vn Estang, & en determiner les bornes, & la capacité.* L'Estang est vn amas d'eaux reseruées dans vne concauité, qui couste à faire: mais estant vne fois bien fait rend à son maistre de grands profits sans qu'il soit besoin de beaucoup de despense pour l'entretenir.

Pour le faire on a égard au lit, à l'eau & la chaussée. La nature doit presenter les deux premiers, l'art faire le 3e. Le lit n'est autre qu'vne terre concaue de tout costé à la reserue d'vn endroit, que l'on bouche par vne Chaussée. On en prend l'estenduë par l'Art d'Arpenter pour voir combien elle contient de journaux ou arpens, & ensuite cõbien elle nourrira de poissons par le Niueau, la profondeur & concauité qui donne moyen aux poissons d'éuiter & se quarantir des froideurs ou chaleurs excessiues se retirãt au fond. On cõsidere la nature du fond; l'herbe qui y croistroit, l'on cõpare le profit que l'on en tireroit & que l'õ perd l'innondãt auec le gain que l'on a de la pesche, & de l'eau qui sortant fait mouldre des Moulins, arrouse des Prez, *&c.* On passe au ciuil reconnoissant le droit que l'on a sur les terres, qui en seront inondées; le dédomagement que l'on en doit faire, *&c.* Pour l'eau elle doit estre suffisante à remplir la capacité du lit, & pour ce sujet on considere la quantité des eaux que les sources peuuent fournir, & l'estenduë des terres penchantes qui receuant les eaux des pluies la font découler dans tel espace. La plus grande crainte est pour les mois d'Aoust, Septembre, Octobre où le Soleil & les plantes & fruits ont desseché la terre. L'vn attirant par ses rayons plus directs & efficaces les vapeurs de la terre, les autres s'estans nourris de l'eau que leurs racines ont beu & succé.

La Chaussée a son fondement sur le conroy naturel qui se doit aussi trouuer en tout le lit; comme les bastimens l'on sur vne terre ferme & non remuée: pource que ceux-cy demandẽt l'immobilité & la stabilité, celle la l'arrest de l'eau qui s'écouleroit par en bas si la terre n'auoit cette vertu de la retenir: aussi on l'espreuue quand y faisant vn trou & vne cõcauité, l'eau que l'on y met y est conseruée cõme dans vn trou de pierre.

Le Niueau doit présider à tout cecy. C'est luy qui ayant marqué les points où la Chaussée sera terminée trouuera à l'entour des terres les points qui seront de Niueau auec la hauteur de la Chaussée, ou plustost de la descharge des eaux, plantera des piquets par tous ces endroits pour faire voir les terres couuertes par l'eau de l'Estang, & les endroits qui borneront l'estenduë de l'eau. C'est le Niueau qui determinera la profondeur des eaux & autres circonstances appartenantes à la hauteur. Dans l'Art des Fontaines ie traiteray encore des Estangs, où ie mettray ce qui manque icy.

Fin du Niuelage.

L'ART DE FAIRE MONTER L'EAV PAR DESSVS SA SOVRCE, PAR TOVTES SORTES D'ELEMENS & de Vertus Motiues.

PREFACE.

LES Hommes voyans l'admirable fecondité que la Terre reçoit de ce que les Eaux sont esleuées sur le lieu de leur demeure ordinaire, c'est à dire à la moyenne region de l'air : puis distribuées en pluyes auec poids & mesure sur nos terres où elles profitent à merueille, se changeant en toute sorte de mixtes, de plantes, & d'animaux, dont les parties quoy que solides se font de ces liqueurs; se sont efforcez par tout moyen d'en faire autant des Eaux qui sont dans les terres de leur domaine. Et certes le bien extraordinaire qu'apporteroit cette esleuation des Eaux, pour par apres les pouuoir descharger sur les iardins, prairies, champs & autres terres voisines, & s'en seruir à mille vsages de profit & d'ornement; merite bien que l'on recherche auec ardeur cette inuention, comme l'vne des plus vtiles que l'on pourroit trouuer. C'est ce qui m'a obligé à faire ce Traitté, auquel, afin que rien ne m'eschappe, ie parcourray tous les Elemens & Vertus Motiues pour les faire reüssir à ce dessein. Cette varieté outre l'agréement *qu'elle produira, fera que ce qui sera moins vtile à l'vn, sera tres-commode à vn autre; & que chacun pourra choisir la façon la plus conuenable au lieu où il s'en veut seruir.*

CHAPITRE PREMIER.

PROPOSITION FONDAMENTALE de ce Traitté.

Toute liqueur homogenée, & partant l'Eau estant enfermée en vn tuyau recourbé, monte iusques à la hauteur de sa source par sa seule vertu : & ne peut passer cette hauteur, que par vne autre vertu & differente de l'eau contenuë dans le tuyau. I'explique cette Proposition par quelques remarques, & ie la prouue par quelques raisons. Les remarques sont comprises dans les Points suiuans. I. Le corps liquide dont il s'agit icy conuient auec le solide en pesanteur & en grosseur, differe en vnion de ses parties qui sont stables & constantes en vn; passageres & changeantes en l'autre. D'où vient que le corps de liquide deuenant solide en se glaçant ou durcissant, acquiert la fermeté de ses vnions, qu'il perd lors que se fondant il change sa durté en liquidité. Entant que pesant en l'vn & en l'autre estat, il ne peut que descendre & tendre en bas, & par cet effort resister à tout corps qui s'opposeroit à telle descente, & qui voudroit descendre à son prejudice: Entant que gros il ne peut qu'occuper vn espace esgal à son estenduë: Entant que liquide & facile à changer d'vnion, il a vne facilité à se mouuoir, à couler par les lieux penchans, à remplir les concauitez, & à s'accommoder à leur figure. D'où s'ensuit que quand il est enfermé dans vne concauité solide, il est contraint de suiure le chemin de son continent; il descend, il monte, il demeure dans le niueau, selon que les parties du continent concaue sont descendantes, ascendantes, ou de niueau. Et d'autant que tout cela se fait en vertu de sa liquidité, de là vient qu'icy nous ne traittons que des corps liquides. II. Entre les corps liquides les vns sont homogenées, & de mesme nature telle qu'est toute l'eau des riuieres, qui a la mesme pesanteur dont il s'agit icy: les autres sont heterogenées & de diuerse nature, telle qu'est la liqueur de l'eau comparée auec la liqueur de l'huile, de l'argent-vif, & la proposition s'entend des liqueurs homogenées. III. Par le nom de Tuyau i'entends tout corps concaue, pour auoir dans soy vne capacité à contenir vne liqueur, & solide pour la retenir dans soy, sans luy permettre de sortir par autre ouuerture que par l'extremité. Et de ces corps il y en a plusieurs naturels & soûterrains, comme ie montre autre part par diuerses experiences: plusieurs artificiels, comme sont les tuyaux de nos fontaines. Il y en a de plus de droits & de recourbez qui ont des parties descendantes & montantes : & c'est de ceux-cy dont ie parle en la proposition. IV. Par le nom de Source on entend ordinairemẽt le lieu, d'où l'eau sortant du sein de la terre commence à paroistre: Icy il se prend pour l'endroit où la liqueur commence à entrer & s'enfermer dans le tuyau, duquel elle est contrainte de suiure le chemin, sans pouuoir plus trouuer autre passage pour auancer, que par la longueur du tuyau, ny issuë pour sortir, que par l'autre extremité. V. La hauteur de la source, & de quelque point que ce soit, n'est autre que la distance qu'il y a entre ce point, & le centre de la terre. D'où s'ensuit, que ceux qui auront esgale distance; tels que sont tous ceux qui se trouuent en vne mesme surface spherique concentrique au centre du monde, auront aussi vne mesme hauteur. 2. Que ceux qui auront moindre distance d'vn pied, d'vne toise, d'vne perche, &c. auront la mesme bassesse que tous & chacun des points de la surface precedẽte. 3. Que toutes les lignes qui seront tirées d'vne surface à l'autre, quoy que tres differentes en longueur, auront la mesme mesure de hauteur, qui est la distance de la ligne verticale comprise entre les deux surfaces qui terminẽt ces lignes: & cette distance est appellée pente, descente, bassesse, profondeur; quand on prend ces lignes du haut en bas, hauteur, éleuation, montée, ascension; quand on les prend du bas en haut. 4. Cette distance verticale est inégalement distribuée dans ces lignes qui la contiennent, & tant plus elles sont longues, tant moins chaque partie en contient: pource que tant plus vne mesme grandeur est communiquée à dauantage de parties, tant moins chaque partie en doit auoir. VI. Le Niueau est l'instrument qui nous donne les lignes & les surfaces de mesme hauteur & distance du centre par tout, & le Filet à plomb est la ligne qui nous declare par sa longueur la distance entre deux lignes de niueau, & la pente qu'ont les lignes qui vont de l'vne à l'autre, ainsi qu'il a esté dit en l'Art de niueler. VII. L'eau monter à la hauteur de sa source est finir à monter à la hauteur d'où elle a commencé à descendre: & ainsi l'eau doit premierement commencer à descendre; & celle qui descend doit contraindre son antecedente de monter par le chemin que le tuyau recourbé luy presente, pour donner plus de place à celle qui descend auec plus de force, que celle qui monte n'a de resistance: d'où s'ensuit que dans le mesme tuyau, mais dans diuerses parties l'eau est agissante & patissante. Car comme l'vne ne peut descendre que naturellement & par sa pesanteur; l'autre ne peut monter que violemment & par vne autre vertu. Item, comme l'vne ne peut descendre par vne partie, qu'en faisant monter l'autre par vne autre, celle-cy ne peut auoir autre cause de sa montée, que la descente de l'autre: ainsi celle qui monte est patissante; celle qui descend est agissante.

Cela estant bien compris ie dis premierement, qu'entre deux points de

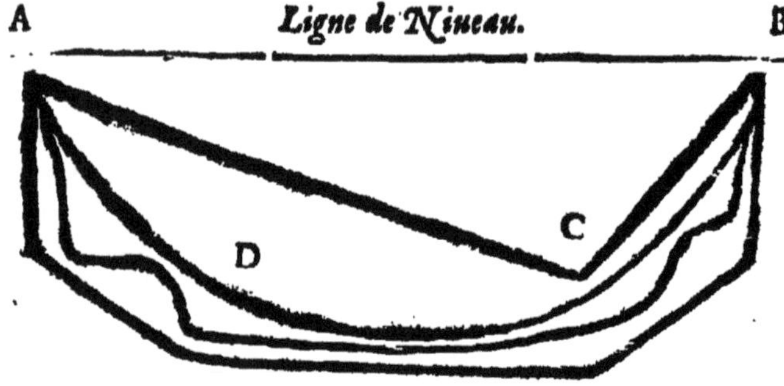

niueau, tels que sont A. & B. on ne peut tirer qu'vne ligne droite; mais pour des courbes, & des composées de droites ou de courbes, ou de toutes deux, on en peut tirer vne infinité, qui vont croissant à l'infiny en longueur. Chacune de ces lignes ne peut auoir vne descente d'vn de ces points, comme de A. qu'elle n'aye vne montée pour reuenir à l'autre, sçauoir à B. & de necessité la montée y est tousiours égale à la descente, quoy qu'elle soit inégalement distribuée : pource que ces lignes commencent & finissent par des points de mesme hauteur. Et de plus elles finissent leur descente, & commencent leur montée par vn mesme point, & partant par vne mesme bassesse. Ce que ie dis des lignes se doit entendre des tuyaux de quelle grosseur qu'on voudra les faire, qui suiuront la conduite de ces lignes.

Ie dis secondement, que si on met de l'eau par A. dans toutes ces sortes de tuyaux tant qu'ils pourront en contenir, que telle eau enfermée dans ces tuyaux ira tousiours en remplissant la concauité iusques au point B. qui est de niueau auec A. sans ny s'arrester plus bas, ny monter plus haut; encore bien que les tuyaux y montent, & qu'il y aye de l'eau en A. pour les remplir. Cette proposition se verifie par experiences, se prouue par les causes d'vn tel effet, & se confirme par vne absurdité qui suit du contraire. Les experiences en sont si asseurées, que cette proposition est passée en prouerbe, est receuë de tous comme vn principe, & plusieurs n'ont point d'autre niueau, que celuy que l'eau mesme fait dans vn bois caué & ouuert par enhaut, comme ie declare en l'Art de niueler. On peut s'en asseurer sur des tuyaux recourbez, que l'on peut faire auec toute la diuersité, qu'ont tous ceux des fontaines; quoy que ce ne soit pas auec pareille longueur : Mais comme vne grande & petite balance ont la mesme nature, aussi ont les grands & les petits tuyaux. La raison n'est autre que l'équilibre & l'égalité de vertu dans les deux parties opposées. Et comme és balances le repos arriue entre deux pesanteurs opposées, quand il y a égalité de force, & qu'vn poids ne peut pas ny preualoir contre l'autre pour n'estre pas plus fort, ny ceder à l'autre pour n'estre pas plus foible. Ainsi en est-il dans les scyphons ou tuyaux recourbez. Et d'autant que le tout consiste à bien conceuoir la nature du contrepoids : faut sçauoir que c'est vn poids contre ou contraire à vn autre. C'est vn combat mutuel de deux poids, qui disputent entre eux le mouuement naturel de descente. Si ces poids sont inégaux en vertu, le plus fort agit & emporte le foible, & le fait monter luy descendant; le plus foible cede & tout ensẽble resiste au plus fort, & le fait descendre plus lentement qu'il ne feroit. Le plus fort donne vn mouuement violent au plus foible : & celuy-cy retarde le mouuement naturel du plus fort, luy faisant perdre quelque degré de sa celerité : Ainsi tous deux agissent & patissent; mais l'vn est plus agissant que patissant, l'autre plus patissant qu'agissant. Si tous deux sont égaux en vertu ils seront également agissans & patissans, & se tiendront en repos. Si au lieu d'vn poids on met vne vertu motiue comme la main, elle sera agissante & patissante de mesme façon, que le poids à la place duquel elle est substituée: & l'homme sentant l'effort qu'il fait, & la resistance qu'il souffre en l'application de sa main, aura moyen de iuger de l'action & passion du poids.

Pour faire ce combat les deux poids combattans doiuent auoir vne vnion & attache locale entre eux ou dans vn troisiesme corps, afin qu'il y aye vne mutuelle communication de mouuemens, de sorte que l'vn soit contraint d'auoir ou le repos auec l'autre, ou vn mouuement : Ils doiuent de plus auoir vne telle situation dans leur vnion, que le mouuement de l'vn comme de descente, fasse vn mouuement contraire comme de montée à l'autre, & que ce mouuement se fasse auec vne certaine proportion de celerité auec la celerité de l'autre; ce qui suit des deux conditions precedentes. Et par-tout où on trouuera ces trois conditions, par tout on aura la nature & l'effet du contrepoids. Entre plusieurs façons deux sont plus ordinaires, & partant plus conneuës : la balance pour les corps solides, & les scyphons renuersez pour les liquides. Car en ces deux sortes d'instrumens on y remarquera visiblement vne communication de repos ou de mouuement, qui est la premiere condition; vne contrarieté de mouuement, qui est la seconde, auec vne certaine proportion de celerité entre ces mouuemens contraires, qui fait la troisiesme. La communication les fait rencontrer en mesme champ de bataille : la contrarieté les rend aduersaires, & fait le combat : la proportion leur donne vne espece de resistance, qui croist en la montée selon que croist la celerité. Dans les balances la communication vient de ce que les poids sont attachez

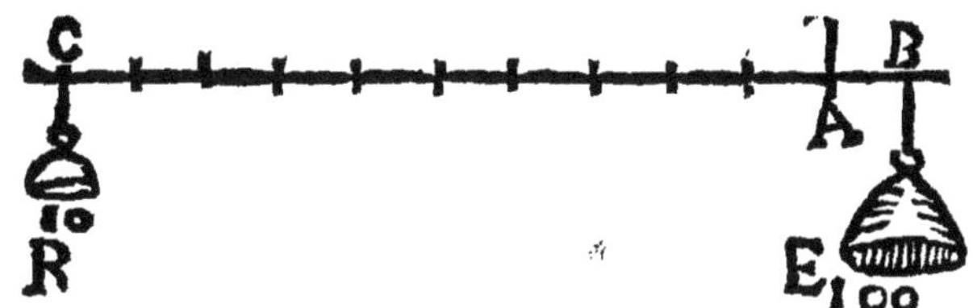

auec vne ligne diametrale, C. B. La contrarieté de ce que les semidiametres de cette ligne ont tousiours mouuemens contraires. La celerité & proportiõ de la distance qu'ont les poids en B. & C. auec le centre A. car la celerité croist selon telle distance. Dans les scyphons renuersez la communication vient de l'vnité & continuité d'vn tuyau : la contrarieté des parties ascendentes & descendentes : la celerité de la petitesse d'vne partie d'vn tuyau relatiue à la grosseur de l'autre, comme l'eau en B. a vn mouuement 10000. fois plus viste qu'en A. où il est 10000 fois plus tardif. D'où vient que pour auoir égalité de vertu entre deux poids opposez il ne faut pas auoir esgard à la seule pesanteur de ces corps : puis qu'vn corps pesant vne liure, comme le poids mis en C. où l'eau contenuë en B. peut en contrebalancer vn de 100. liures, & mesme l'emporter : ny à la seule resistence des celeritez : mais il faut les joindre par ensemble, & les prendre tousiours conjointement. Et de cette sorte pour faire l'équilibre il faut qu'il y aye entre deux poids deux proportions de mesme interualle & nature, c'est à dire la mesme proportion de pesanteur que de celerité : & de plus il faut que la plus grande celerité soit jointe auec la moindre pesanteur, afin que le plus de l'vn recompense le moins de l'autre ; c'est à dire qu'il y aye d'autant plus de celerité d'vn costé, qu'il y a moins de pesanteur du mesme, comme on peut voir dans les poids des figures precedentes. Car alors le mouuement est impossible de l'vn par l'autre, & par consequent le repos est necessaire.

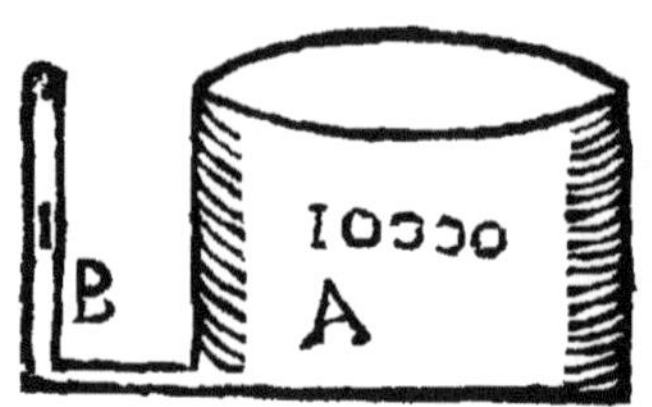

La pente distribuée diuersement est encore vn chef qui rend le mesme corps plus ou moins agissant, selon que les parties sur lesquelles il doit se mouuoir ont plus ou moins de pente, ainsi que l'on peut voir en la liqueur contenuë en la partie du tuyau A. B. deux fois plus longue, & par consequent deux fois plus pesante, qui se tient en l'équilibre auec l'eau deux fois moindre, comprise en l'autre partie B. C. deux fois plus courte du tuyau A. B. C. mais qui a en ses parties deux fois plus de pente.

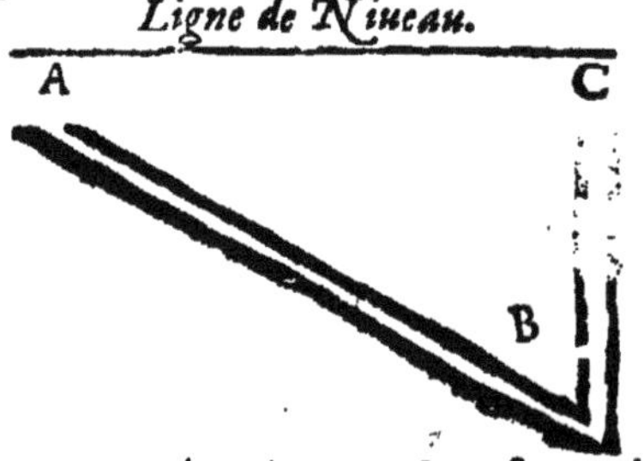

Or est-il, que dans toutes sortes de tuyaux qui reuiennent à mesme point de hauteur, il arriue que l'eau qui les remplit a cette égalité de vertus en ses parties opposées : donc elle doit auoir le repos. Et si on fait addition ou substraction de pesanteur ou de celerité d'vn costé, on rend incontinent vn party plus fort, & qui partant fait monter l'autre ; ou plus foible, & qui partant cede à l'autre la descente.

Ce discours contient le principe le plus grand & le plus vniuersel de la Mecanique, & des Machines mouuantes; & demande pour estre bien prouué vne ample explication de diuerses experiences, & de plusieurs raisons que ie deduis en la Cosmonomie; me contentant icy d'en auoir fait la proposition. La troisiesme raison est, qu'il s'ensuiuroit vn mouuement perpetuel si en quelque cas l'eau pouuoit monter par l'eau mesme sur sa source: pource que telle eau estant éleuée en sa sortie sur le point de sa source & de son entrée dans vn tuyau, trouueroit de la pente pour y retourner, & en ce faisant continuer tousiours le mouuement encommencé, ainsi que l'on peut aisément monstrer sur les deux figures mises cy-dessus. Or est-il que le mouuement perpetuel est vne des choses qui ont esté de tout temps recherchées, & n'ont point encore esté trouuées.

De ce principe concluez premierement, que non seulement l'eau renfermée soit dans vn, soit dans plusieurs tuyaux joints auec vn opposite, monte à la hauteur de sa source: mais encore toute l'eau des estangs, des lacs, & de la mer calme tient toutes ses extremitez de mesme hauteur, & fait vne infinité d'équilibres: & si on mettoit vne goutte ou quelque corps sur vne partie de ces extremitez, on la rendroit plus pesante que les autres, & en suite elle descendroit & feroit éleuer les autres plus legeres iusques à vne autre égalité. 2. C'est de là que toute liqueur par ses extremitez est terminée en rond, & fait vne partie de la surface spherique concentrique au centre du monde: & si vn vase estoit mis au centre du monde & plein d'eau, elle feroit vn demy globe sur le vase. 3. C'est de là encore que l'on entreprend souuent de faire monter l'eau des sources naturelles sur le lieu de leur sortie: pource que continuant à les enfermer comme dans vn tuyau par vn conroy qu'on y met, on l'oblige de monter iusques à la hauteur de sa source interieure. Ie traitte dans l'Art des fontaines des precautions qu'il y faut apporter, & des dangers qu'on encourt souuent en l'entreprenant. 4. Si le tuyau ne remonte pas iusques à sa hauteur, l'eau qui en sort le fait suiuant la ligne droite que le tuyau tient en son extremité, & auec vne celerité qui croist en proportion simple selon que l'eau superieure croist en proportion doublée. Et si le tuyau porte droit en haut, l'eau s'éleue droit & fait vn jet qui ne va jamais à la hauteur de la source, pour les empeschemens que ie mets autre part. 5. Si les liqueurs sont heterogenées & de differente pesanteur, la plus pesante aura son extremité plus basse que la plus legere, en la proportion que l'vne est plus legere ou pesante que l'autre: comme à cause que le Mercure est quatorze fois enuiron plus pesant que l'eau: si on le met d'vn costé du tuyau & l'eau de l'autre, celle cy aura quatorze fois la hauteur de l'autre; partant dans les scyphons recourbez on reconnoist la proportion des pesanteurs entre les liqueurs differentes par la difference de leurs hauteurs, comme les pesanteurs absoluës par la proportion des celeritez ou distances du centre dans les balances ordinaires. 6. De mesme s'il y a de l'air meslé auec l'eau dans les tuyaux, comme il n'arriue que trop souuent, cela rend ce costé là plus leger,

& fait que le tout montera plus haut que le costé où il n'y aura que de l'eau toute pure. 7. Si les tuyaux vont montans par-dessus la ligne de niueau, A. B. ils ne se rempliront pas par la pesanteur de l'eau mesme, comme font ceux qui vont descendant : mais estans pleins, & moins hauts de 31. pieds, l'eau contenuë sera en équilibre quand les deux extremitez seront dans la ligne de niueau, comme A. & B. & si vne partie descend plus bas, l'eau qui y sera contenuë coulera en bas, & attirant l'autre la fera monter.

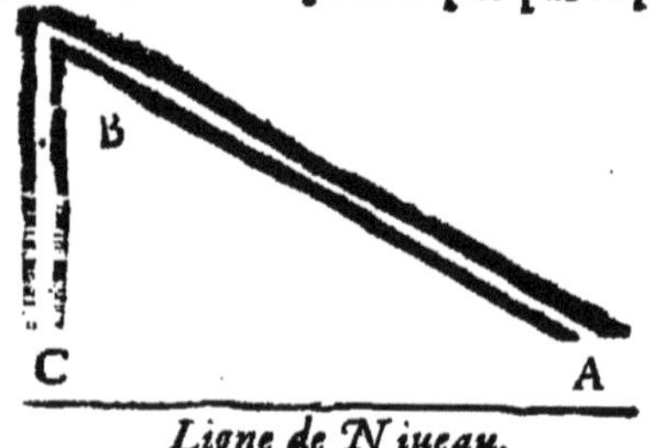

Ligne de Niueau.

Si donc on pretend faire monter l'eau sur sa source, il faut chercher vn autre principe que l'eau comprise dans telle hauteur. Et ceux-là sont bien trompez qui se persuadent le pouuoir faire mettant vne plus grande quantité d'eau d'vn costé que d'autre. Ce principe ne peut estre autre, que celuy qui rendra l'eau legere la conuertissant en vapeurs : comme fait le soleil sur terre, & le feu elementaire dans la terre; ou celuy qui laissant l'eau en sa pesanteur la fera monter : & c'est celuy-cy que nous recherchons particulieremẽt. On peut dire en general que la vertu qui éleue l'eau par-dessus sa source à vne certaine hauteur, est égale à l'eau qui seroit contenuë dans la partie du tuyau, qui seroit du costé opposite éleué jusques à la mesme hauteur : pource qu'vne telle eau auroit le mesme effet.

CHAPITRE II.

Le Moyen de faire monter l'Eau sur sa source par la lumiere solaire, & de se seruir de celle que la mesme lumiere a éleuée.

LE Pere Athanase Keircher au liure 2. pract. 4. probleme 5. de l'Aiman, donne la figure & la description d'vn instrument par lequel il pretend par la seule chaleur du iour, & par la froideur de la nuit, faire monter autant d'eau qu'il en faut pour auoir vn mouuement perpetuel; & si égal, qu'il est capable de montrer toutes les heures du iour, & de faire les mouuemens des Orbes celestes. Ie croy que cette pratique est assez asseurée és pays Meridionaux, où la chaleur du iour est grande, comme aussi la froideur de la nuit,

nuit, & où les iours sont presque égaux en durée aux nuits: Ie la tiendrois douteuse l'hyuer és pays Septentrionaux. Elle a pour principe la rarefaction excitée par la chaleur, & la condensation qui vient par la froideur auec la fuite du vuide.

Outre cette façon bien particuliere, on montre és Meteores que le soleil changeant l'eau en vapeurs l'éleue en la moyenne region, & bien haut pardessus sa source, d'où elle retombe en pluye. Ce qu'estant, qui pourroit receuoir la pluye en vn lieu éleué & spacieux, comme seroit vne concauité située au haut d'vne montagne, & y faire la forme d'vn estang, celuy-là auroit vn grand reseruoir d'eau pour s'en seruir à sa commodité. Et il se trouue quantité d'estangs qui n'ont point d'autre eau que celle de la pluye, qui tombant sur des terres voisines & penchantes, se va rendre dans la concauité preparée: ou bien qui auroit vne ample cauerne aussi éleuée s'en pourroit seruir comme d'vne cisterne, y obseruant les precautions que ie donne pour les cisternes dans le Traitté des Fontaines. Que si la nature ne nous presente pas ces commoditez il faut que l'art supplée, preparant les concauitez au bas de quelque pente, receuant l'eau qui tombe sur les toicts soit dans des amples cuues mises au grenier, soit dans des cisternes faites en bas, soit dans des tonneaux mis à la caue pour auoir vne eau propre à boire quand d'ailleurs on en manque. Dans les sieges des Villes, & dans les Nauires quand on a necessité d'eau on reçoit l'eau de la pluye dans des toiles cirées, qui se vont descharger dans des tonneaux mis sous vn trou qui est fait au milieu de ces toiles.

CHAP. III.

La maniere de faire monter l'Eau sur sa source par le moyen du Feu & de la chaleur.

LE Feu fait le mesme que la lumiere celeste, mais il est bien plus à nostre commandement pour estre appliqué en tel temps, en tel lieu, en tel degré, & sur tel sujet que nous desirerons. On fait par l'vn & par l'autre changer l'eau en vapeurs, qui s'éleuent incontinent sur leur source: puis estans éleuées en haut dans les alambics ou autres semblables instrumens, retournent en eau & redescendent: Mais il faut que telle eau soit bien pretieuse pour estre faite de la sorte, à cause qu'elle couste trop de soing, de temps & de frais. Et ie ne voy point qu'on puisse se seruir du feu pour principe de l'éleuation de l'eau auec quelque vtilité qu'en la maniere suiuante. Et deuant que de donner l'instrument propre pour nostre dessein, i'en donneray vn exemple dans vne petite capacité qui est facile en sa pratique, certain en son succez, euident en sa raison, & vtile en ses effets. Prenez vne bouteille qui aura le col le plus long & le plus estroit que l'on pourra, & qui au contraire aye le corps & le ventre le plus ample & capable que faire se pourra. S'il y a des verreries proches à commodité, faites en faire tout exprez, & des longs tuyaux pour les attacher, auec de bons mastics au col de la bouteille, afin de voir & de s'asseurer iusques à quelle hauteur l'eau peut monter. Que si vous ne rencontrez vne bouteille qui aye ces conditions, seruez-vous en d'vne commune qui en approchera de plus prez. Approchez du feu petit à petit le corps de la bouteille, & faites le chauffer le plus que vous pourrez: puis la retirãt du feu prõptement mettez la bouche & l'ouuerture de cette bouteille dans de l'eau preparée & contenuë en quelque vase; & le tout estant éloigné du feu, & mis en vn lieu froid, vous verrez l'eau monter petit à petit par toute la longueur du col, & remplir vne partie notable du corps de la bouteille. La raison est celle-cy. La bouteille estant proche du feu s'échauffe, & auec elle l'air interieur: cét air échauffé se rarefie; se rarefiant occupe dauantage de place, & pour en occuper plus il est contraint de sortir en partie de la bouteille, & de n'en laisser qu'vne moindre partie, mais bien rare & bien estenduë: comme si l'air est plus rare quatre fois qu'auparauant, il n'y a que la quatriesme partie de l'air precedent qui demeure dans la bouteille, laquelle estant par apres mise promptement dans l'eau par le seul endroit qui est ouuert, & en vn lieu froid, se refroidit & auec elle l'air interieur qui est resté. Celuy-cy se refroidissant se resserre en vn espace plus estroit; se retirant de la sorte il quitte vne partie de l'espace qu'il occupoit; le quittãt vn autre corps succede pour éuiter le vuide: ce corps qui succede ne peut estre autre que celuy qui se trouue à la partie par laquelle seule on y entre, c'est à dire, que l'eau. Pour passer maintenant de cette inuention agreable à vne profitable, & faire monter l'eau du puys ou d'vne cisterne dans vne chambre par le feu, c'est de faire en grand volume & grande estenduë ce que ie viens de décrire en vne petite; c'est à dire, au lieu du corps de la bouteille G. qui n'est capable que d'vne mesure d'eau, mettõs vne chambre entiere, bien fermée de toutes parts, en forme d'vne grãdissime cuue couuerte d'vne voute hemispherique, & capable de plusieurs tonneaux d'eau, D. E. C. Au lieu du col de la bouteille mettons vn long tuyau A. B. qui prenne depuis le bas du puys où est l'eau, iusques au dedans de la chambre, & infalliblement l'effet s'en ensuiura auec proportion. Toute la difference est du petit au grand, & de ce que l'on porte la bouteille au feu là où icy on porte le feu à la chambre, qui doit auoir trois conditions. Premierement, elle doit estre bien fermée de tous costez, & partant reuestuë de bon & fort ciment, ou d'vn plomb bien battu, bien soudé & bien épais, ou plutost de lames de cuiure pour contenir l'eau, & tout ensemble souffrir vne grande chaleur ; & ne doit auoir aucunes ouuertures que celles qui seruent au dessein que l'on a, & qui sont contenuës aux deux conditions suiuantes. Secondement, il faut oster à l'air tout moyen d'entrer & sortir que par vne petite fenestre faite exprez, qui s'ouurira facilement estant poussée de dedans en dehors, & se fermera tousiours dauantage estant pressée par dehors & poussée en dedans: & ainsi elle seruira à faire sortir auec toute liberté l'air interieur rarefié, & à empescher l'air exterieur d'y entrer quand l'interieur sera condensé par le froid. On la pourra mettre au haut dans le milieu de la voute E. comme la clef, afin qu'elle se ferme de sa propre pesanteur : on donnera au corps qui bouche la forme d'vn cône conuexe couppé vers la pointe, à cause que c'est vne figure qui bouche parfaitement bien le concaue & en dauantage de parties : ou bien mettez en quelque lieu vne souppape ou vn robinet juste. 3. Il y faut souder deux tuyaux, l'vn A. B. pour faire monter l'eau du puys à la chambre, l'autre C. F. pour la faire sortir de la chambre en tel lieu que l'on voudra. Le premier doit auoir vne de ses extremitez B. qui trempe dans l'eau ; l'autre, A. doit s'éleuer dans la chambre iusques à la hauteur de l'eau qu'on veut auoir, afin que l'eau éleuée iusques à A. tombe sur le fond, & ne puisse plus retourner par le tuyau A. B. Le second doit auoir vn robinet F. où le conuexe fait en cône couppé vers la pointe, fermera iustement le concaue, sans auoir autre ouuerture pour mieux boucher tout. On l'éleuera quand il faudra faire sortir l'eau de la chambre & la distribuer à diuers vsages. Reste maintenant le moyen d'échauffer l'air interieur, en faire sortir vne partie, puis rafraischir & condenser par apres celle qui restera dedans. En voicy quelques manieres. 1. Si la chambre D. E. C. ioignoit à la cheminée, à vn four, fourneau, poisle, ou autre lieu échauffé, & qu'il n'y eust qu'vne plaque de fer, ou de cuiure, ou de brique bien cimentée entre-deux, le seul feu de ces instrumens suffiroit pour grandement échauffer l'air de la chambre, le rarefier, & le faire sortir par la petite fenestre E. qu'il faudra pour lors tenir ouuerte, & auoir soin de tirer le cône conuexe, & par apres encore plus de le remettre le feu estant retiré, & la froideur de la nuit & de l'air commun seroit aussi suffisante pour le remettre en sa densité commune, & encore le resserrer dauantage. Par la condensation il tiendra moins de lieu & quittera de celuy qu'il remplissoit en sa rareté, en quittant il attirera le corps qui seul y peut succeder; c'est à dire l'eau qui bouche le trou B. & qui s'y trouue, l'attirant il en remplira le bas de la chambre D. E. C. lequel estant plein sera vuidé par le robinet F. & l'air exterieur rentrera par le trou E. qui sera ouuert, afin que l'eau sortant l'air succede. L'operation estant ainsi acheuée il faudra la recommencer chaque iour. 2. On y peut faire vne espece de petit poisle, ou faire entrer par la fenestre E. vne boule ou barre de fer rouge de feu; ou bien faisant vn espace entre deux, cõme on fait és marmites doubles où on fait cuire la chair auec la flamme d'vne ou de deux lampes, ou bien faire des tuyaux de cuiure montant en spirale dont les extremitez soient hors de la chambre & tout le milieu dedans, car si on fait promener vne flamme de haut en bas par ces spirales, elle aura bien-tost échauffé le dedans, & si on en adjouste vn autre pour y faire couler de l'eau de haut en bas, ou mesme y pousser auec des soufflets de l'air froid & condensé, on l'aura bien-tost refroidy. On peut encore se seruir de l'inuention du Medecin Sabot en son Architecture, qui fait porter la chaleur du feu d'vne cheminée inferieure és chambres superieures du logis. Au demeurant remarquez que tant plus que la capacité de la chambre sera grande, & celle du premier tuyau A.B. petite, particulierement si l'eau est bien basse, & que l'air sera plus échauffé, & le tout bien bouché tant mieux & tant plus auantageusement l'affaire reüssira. On augmentera par là la cause attirante, & on amoindrira la resistance de la cause attirée, d'où s'ensuiura vn attraction plus facile & qui durera dauantage.

Sur tout il faut auoir soing d'interdire toute entrée à l'air qui passe par les pores moindres quand l'attraction de l'eau se fera; & pour ce le tuyau A. B. peut estre de cuiure, de plomb bien battu, & encore mieux de verre enfermé dans du bois, car il n'est point poreux; & on en peut tirer de grandemét longs.

I'ay donné les raisons de ces effets, suiuant la façon ancienne de raisonner sur le vuide que la nature fuit & abhorre: mais ceux qui s'atachent aux experiences nouuelles, maintiennent que la souppape E. se ferme estant pressée de dehors en dedans, par la colomne d'air qui luy est superieure, & que l'eau monte par le tuyau A. B. pressée par vne autre colomne de l'air, qui se trouue sur la surface de l'eau enuironnante ce tuyau. Ce qu'estant, l'effet de nostre inuention demeure encore plus asseuré, moyennant que la hauteur du tuyau ne passe pas trente pieds enuiron.

CHAP. III.

Maniere de faire monter l'Eau par le moyen de l'Air.

ON le peut premierement par des moulins à vent, aussi bien que par ceux d'eau, qui feront joüer des pompes & autres instrumens hydrauliques propres à porter l'eau bien haut & en diuers endroits : & ainsi ce que ie diray au §. suiuant des moulins à eau pour l'esleuer, doit estre appliqué icy, & on le peut pratiquer en diuers endroits auec grandissime profit de plusieurs Villes, Maisons de Noblesses & autres, qui pour estre dans vn lieu par trop esleué, ont d'ordinaire trop d'air & du vent par excez, & manquent d'eau ; & pourront se seruir de cét excez pour suppleer ce defaut, employant la force du vent à attirer de l'eau. On le fait secondement par compression de l'air, qui se voulant remettre au large chasse tout ce qui luy empesche cét élargissement, & par consequent l'eau si on luy oppose. De plusieurs instrumens en voicy vn bien simple & facile, & qui pour son vsage peut estre nommé Hydraulique, Pnefmatique Pyrotechnique, puis qu'il peut faire jouër l'eau, le feu & l'air : il est plus recreatif & instructif, que profitable.

Prenez vne bouteille de figure ronde, pource qu'elle est plus capable, de verre pour sa matiere, pource qu'il est diaphane & fait voir ce qui se passe dedans, ou de metal si vous voulez auoir vne grande rarefaction & vn effet extraordinaire: qu'elle soit bien boûchée de tous costez à la reserue d'vn trou A. en haut où il faut mettre vn tuyau A. B. qui prenant du bas B. monte vn peu par dessus A. s'il est simple il luy faut faire l'ouuerture A. fort estroite, afin qu'il sorte moins d'eau à la fois, & que le jet dure dauantage : que s'il porte vn robinet on y adioustera vn tuyau fort estroit en son extremité quand l'eau en sortira ; & on l'ostera quand on la faira entrer dedans, soit auec vne syringue, soit en soufflant simplement, soit l'eschauffant. Il faut auoir grand soing que rien n'entre & ne sorte que par le tuyau : ce qui se fera y mettant de bon mastic, ou soûdant le tuyau auec le vase de metal. Cela estant jettez-y de l'eau, soit par substraction de l'air interieur, laquelle se fait ou par aspiration, ou par la chaleur, qui rarefiant l'air le fait sortir en partie, &

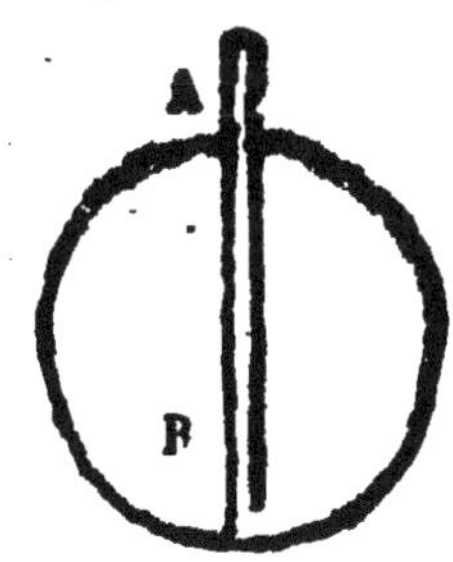

l'air demeuré se condensant attire l'eau qui seule se trouue au trou A. soit l'y iettant auec vne syringue, pressant plustost la bouteille contr'elle que la syringue contre la bouteille. Iettez-y encore de l'air le plus que vous pourrez, & que le vase pourra souffrir, afin qu'estant condensé & pressé violemment il chasse l'eau auec impetuosité pour se remettre & restablir dans vne rareté conuenable. Vne experience rendra tout cecy euident à entendre & aisé à pratiquer : voicy les effets qui suiuent de ce que dessus. Premierement, l'eau pressée par l'air retenu violemment en moindre espace, & que ne requiert sa nature, veut s'eslargir, & ce faisant fait sortir auec violence & impetuosité l'eau par le tuyau B. A. & fait vn jet d'eau tres agreable : secondement, si vous mettez ce jet d'eau dans vn lieu esclairé du Soleil, & deuant vn lieu ombragé, vous verrez dans les petites gouttes de ce jet les couleurs de l'Arc en Ciel : troisiesmement, la mesme eau fera tourner vne petite roüe, ou autres giroüetes, & porter en l'air vn entonnoir, ou autre corps rond & leger: quatriesmement, si au lieu d'eau elementaire on y jette de l'eau de vie rectifiée & eschauffée, & qu'on mette le feu au haut du iet, on y verra vn feu qui durera autant que le jet : cinquiesmement, si on ny met que de l'air bien pressé, on pourra voir la pesanteur de l'air qu'on y a fait entrer par force, pesant la bouteille deuant & apres la compression, & prenant la difference des pesanteurs, car l'excez de la seconde pesanteur sera celle de l'air, qu'on y a fait entrer par force. Ce qui reüssira bien mieux que dans l'exemple d'Aristote d'vn ballon desenflé, & puis enflé ; à cause qu'on peut icy objeter le changement de la figure qui pourroit apporter quelque empeschement au mouuement & à l'inegalité : sixiesmement, on verra encore la grandeur de cét air à qui conuient cét excez de pesanteur, si on fait entrer le trou A. du tuyau dans vne petite vessie bien aplatie, car ouurant le robinet l'air condensé sortant de la bouteille entrera dans la vessie, l'enflera & laissera à la bouteille sa premiere pesanteur, & cét air pourra aisément estre reduit à vne figure ronde & sa grandeur estre reconneüe.

Que si vous voulez auoir les mesmes effets dans vn instrument qui soit du moins autant recreatif & plus vsité & aisé à faire joüer ; vous n'auez qu'à faire faire vne Eolipile de cuiure vn peu espais & bien soudé, pour auoir vne grande force resistitiue, qui aye vn tuyau au haut recourbé pour jetter des vapeurs quand le vase sera situé ayant le tuyau en haut, & de l'eau quand il aura le tuyau en bas : & celuy-cy peut seruir pour remplir vn lieu d'vne odeur agreable, lors qu'estant remply d'vne eau odoriferante on la fait sortir en vapeurs : & ie me persuade qu'on pourroit en donner la douge à des malades, aussi vtilement que l'on fait aux eaux chaudes de Bourbon ; & ainsi on auroit bien prés ce que l'on va chercher bien loing, auec beaucoup de despence, d'ennuy, de fatigue & de hazard. Car remplissant l'Eolipile d'vne eau propre à fortifier les parties de nostre corps affoiblies, & rauiuer les membres perclus ; on la fera sortir d'vn tel instrument en eau ou en vapeurs, & auec tel degré de chaleur que l'on pourroit desirer.

CHAP. IV.

Les moyens de faire monter l'eau sur sa source par l'eau mesme.

E plusieurs manieres i'en choisis deux, qui sont de pratique. La premiere est de faire joüer vne pompe, ou faire attraction & eleuation de l'eau auec vne chaine de seaux par le moyen d'vn moulin, soit à vent és lieux esleuez, soit à eau és lieux abaissez. Plusieurs cherchent des sources d'eau bien loing, qui ayant de l'eau ou du vent capable de faire tourner vne roüe à moulin, ont le moyen d'auoir vne source bien abondante & tout ensemble bien éleuée : abondante en ce qu'vn tel instrument pourra faire ioüer deux & trois pompes tout à la fois, & c'est continuellement: éleuée entant que l'eau attirée par vne pompe dans vn reseruoir, éleué, par exemple, de vingt pieds, pourra estre attirée par vne seconde de vingt autres pieds, & par vne troisiesme de vingt autres; & la troisiesme ne demande pas ny plus de force, ny plus de pieces que la premiere, mais seulement vne piece de fer F. D. plus longue. De plus vne faite comme ie diray cy-apres peut suffir pour toute hauteur. Remarquez que vous n'estes pas obligé d'éleuer l'eau qui fait tourner la roüe; vous pouuez attirer celle d'vn puys voisin ou d'vne source proche, qui sera à commodité & bonne pour boire & seruir aux offices. De plus on se peut seruir de cette inuention vne heure par iour, ou plus ou moins de temps, selon la quātité d'eau que l'on veut auoir éleuée, & puis on laissera le reste du temps le moulin moudre la farine. C'est par cette inuention que dans le College des Pensionaires de la Fleche, auec vne roüe on éleue l'eau d'vn puys voisin, à la hauteur d'enuiron 23. pieds dans vn reseruoir, d'où par apres on la distribuë & dispense dans les offices du College : & à mon aduis plusieurs Villes, Chasteaux & Maisons s'en pourroient seruir auec beaucoup de profit: trois pieces assez simples adjoustées aux communes d'vn moulin font le tout. Remarquez donc que dans tous les moulins il y a vn grand arbre nommé essieu, qui est le premier mobile du moulin; il est appuyé & soustenu sur deux essieux ou bastons ronds de fer: il a en dehors vne grande roüe à seaux ou à aisles que l'eau fait mouuoir, en dedans vne autre roüe à dents, laquelle par ces dents fait mouuoir vne lanterne à fuseau, éleuée verticalement & appliquée aux dents plus hautes ou basses qui ont vn mouuement plus approchant de l'horizontal; & ceste-cy fait tourner la pierre du moulin. C'est à cette roüe dentée & interieure que nous adjoustons nos trois pieces; la premiere est vne lanterne à fuseau A. située horizôtalement & vis à vis des dents, qui estant au milieu de la hauteur ont vn mouuement plus approchant du vertical. Elle est portée sur son essieu de fer B.C. lequel aura en son extremité C. vn coude C D E. c'est à dire, sera plié de sorte qu'il fera deux angles droits, vn en C. l'autre en D. côme montre la figure. Cét essieu s'aprochera de la roüe à dét quand il faudra faire joüer la pôpe; s'en reculera quâd on aura suffisâment de l'eau. La seconde est vne longue barre de fer D F. attachée en bas, & en son extremité inferieure D. auec le coude de l'essieu B C. laquelle entrera par son trou rond en E. & pourra libremét tourner par ce rond sans en pouuoir sortir. En l'extremité superieure F. elle sera atachée à la troisiéme piece FG. qui est encor vne barre de fer en forme de balâce, & partât soûtenuë & retenuë au milieu H. par vn essieu immobile, à l'entour duquel elle peut se mouuoir, comme sont les bras des balâces montâs & descédans. Et côme à vne extremité F. elle ioint la barre de fer D F. à l'autre elle sera vnie auec le piston G I. de la pompe qu'elle fera joüer & par luy attirer l'eau en haut. Toutes ces ionctiôs & vniôs se font auec des essieux, afin que les pieces ayét liberté de s'accômoder mieux aux mouuemens qu'elles doiuent auoir; car la roüe à dent du moulin tournant fera mouuoir la lanterne A. ceste-cy l'essieu B. C. & auec luy le coude C. D. E. celuy-cy fera hausser & baisser la barre de fer D. F. cette-cy éleuera & abaissera les extremitez F. & G. de la barre de fer F. G. & celle-cy le piston G. I. & celuy-cy en se leuant attirera l'eau, en se baissant la poussera dans le tuyau preparé pour la receuoir.

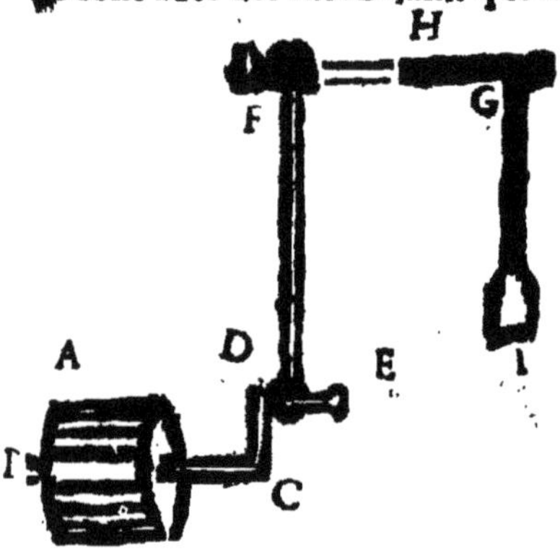

Le Pere Athanase Keircher au liure 2. de sa Magie Magnetique, partie 4. à la fin du probleme 5. descrit vne façon de faire mouuoir & ioüer vne pompe par le moyen du vent, lequel fait mouuoir vne roüe située non verticalement, comme sont toutes celles des moulins à vent, mais horizontalemét, & faite auec des aisles recourbées & côcaues d'vn costé, conuexes de l'autre, selon que montre la figure qui a esté contretirée sur celle de son liure : ce que lisant i'auois peine à me persuader vn bon succez d'vne telle machine; à cause que le vent pousse à mesme terme les deux parties de la roüe, laquelle neantmoins ne peut se mouuoir & tourner à l'entour d'vn essieu, que les moitiez opposées ne se meuuent à termes contraires : cela estant vne proprieté de tout mouuement circulaire. Mais ayant communiqué la description de cette machine à Monsieur

Naudot

Naudot Curé de Sainct Brisson au Moruan, il se resolut incontinent de l'executer, & en est venu heureusement à bout : puisque le mouuement d'vne telle roüe horizontale causé par le vent, fait joüer vne pompe qui luy fournit de l'eau en suffisance pour son jardin & sa maison. Ce qui me fait dire qu'vn tel instrument peut estre vtile en tant de lieux, qui ayant trop de vent & trop peu d'eau, ou trop basse, peuuent employer ce trop pour oster ce trop peu. On peut encore le perfectionner si on oppose au vent des ais en forme d'vn entonnoir, pour assembler dauantage de vent, le conduire contre la moitié qui en doit estre meuë, & le destourner de l'autre qui seroit empeschée en son mouuement contraire. Ainsi qu'il arriue qu'appliquant des plaques de fer aux deux extremitez de la cheminée, on fait que toute la fumée se ramasse & tend vers le milieu, où il y a vne roüe composée d'aisles penchantes faites de fer blanc pour la faire tourner, & par elle plusieurs broches deuant le feu. L'experience apprendra plus de particularitez de cét instrument.

Outre ces moulins cét element peut encore seruir à ce dessein, par vne maniere assez particuliere, que ie ne sçache auoir encore esté pratiquée qu'à trois lieuës prés Nortlinguen: en voicy la description. Soit donnée vne source abondante au milieu d'vne montagne, de laquelle on en vueille faire monter vne partie iusques au haut par le moyen de l'autre. Trois vases ou trois capacitez à contenir l'eau, A. B. C. sont requises, trois tuyaux à la porter D. E. F. & vn quatriesme G. pour donner passage, & trois robinets H. I. K. pour tenir ces concauitez tantost ouuertes tantost fermées. Des trois capacitez deux A. & B. seront mises és endroits où on aura la commodité de l'eau : la troisiesme C. au lieu où on en manquera, & où on la voudra faire monter : la premiere A. sera à decouuert, les deux autres B. & C. seront tres-bien boûchées de toute part, excepté par les tuyaux qui y sont marquez : la seconde B. a trois tuyaux qui y ont leurs extremitez iointes : le premier est E. qui fournit l'eau à B. quand on ouure le robinet K. & cette eau vient ou de A. ou de quelque autre source separée ou amassée des pluyes, ou autremēt : le second est F. par où l'eau contenuë en B. coule & descend quand il en est de besoin, & quand le robinet I. est ouuert, le troisiesme est G. qui monte depuis N. iusques au haut du vase C. en T. & fait descendre l'air contenu en C. pour remplir le vuide, que l'eau qui tombe du vaisseau B. feroit, & pour attirer l'eau dans le vase C. que cét air quitte. C'est pourquoy il faut donner au tuyau F. plus de profondeur que le tuyau A. D. n'a de hauteur, qui ne doit passer trente pieds, afin que l'eau qui tombe par F. soit plus forte que celle qui monte par D. & que celle-cy ne puisse resister à l'attraction de celle-là. Le troisiesme vase C. n'aura aussi ouuerture que par les tuyaux & trous R. & T. & par le robinet H. Le tuyau E. estant ouuert, & F. fermé, par I. fera remplir le vase B. puis le tuyau E. estant fermé, & I. estant ouuert par le moyen du robinet, fera desemplir le mesme vase B. par l'eau qui descendra par F. & cette eau descen-

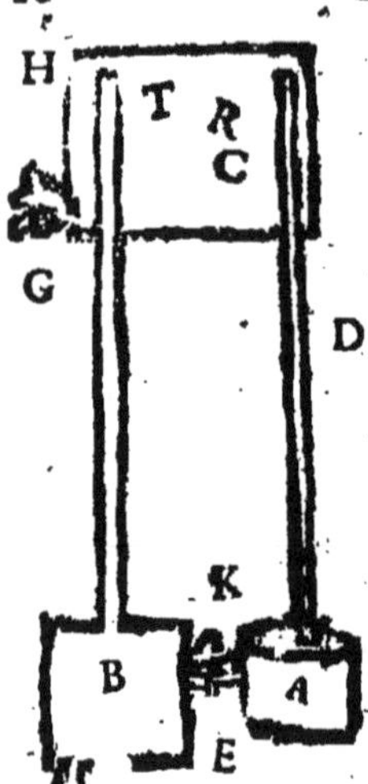

H T R C G D K B A E F I

dante attirera lair par N. T. du vase C. qui se rarefiera, ou attirera l'eau de A. autremét il s'ensuiuroit du vuide: & d'autant que l'air resistera plus à vne grande rareté, que l'eau à l'attraction & eleuation ; à cause de l'abondance de l'eau que ie suppose s'écouler par F. cette-cy attirera l'eau de A. par l'air premierement rarefié ; puis resistant à vne plus grande rarefaction, l'attirera, dis-je, jusques à R. d'où elle tombera dans le reseruoir C. & de là elle sera conduite par le robinet H. où on desirera. Il n'est pas besoin que l'eau vienne en B. de A. ny que ces deux eaux soient ensemble ou de niueau : l'vne peut estre d'vn costé de la montagne, l'autre d'vn autre : celle de A. doit estre d'eau claire pour monter & seruir à boire, cóme est l'eau d'vne source, d'vn puys, d'vne fontaine ; & pour B. toute eau est suffisante, pource qu'elle ne sert que pour attirer l'autre, si on ne l'employoit à tourner vne roüe. La capacité B. doit estre grande, & peut estre faite en forme de cisterne, auec du bon & fort mastic, afin de contenir beaucoup d'eau, & condenser par sa froideur l'air qui doit succeder à l'eau coulante.

Il y en a qui adjoustent vn troisiesme moyen d'éleuer l'eau sur sa source par l'eau mesme : Sçauoir est par vn tuyau recourbé, & éleué sur ses extremitez : car si l'extremité par où l'eau doit sortir est plus basse que celle par où l'eau doit entrer, on n'a qu'à attirer l'air par aspiration pour faire suiure l'eau : & depuis qu'il en sera vne fois remply il commencera à couler par l'extremité plus basse, & continuëra ce mouuement tant qu'il y aura de l'eau en l'autre plus haute ; pource que la partie de l'eau descendante est plus forte que la montante. & le mesme demeurant le mesme, fait tousiours le mesme. Et de là ils se persuadent pouuoir transporter l'eau d'vne source qui sera dans vn costé d'vne montagne, comme dans l'Occidental, en vn lieu plus bas du costé opposite comme de l'Oriental, par le moyen d'vn tuyau qui monteroit iusques au haut de la montagne, puis redescendroit plus bas, & ne seroit different de la chantepleure que comme le grand l'est du petit semblable. Ce qui certes seruiroit à plusieurs maisons : & mesme ils pretendent en ce cas par vne maniere de pompe, de pouuoir tirer l'eau qui passe par tels tuyaux, soit tout au haut, soit en d'autres endroits : & c'est auec la facilité comme si la source estoit en tel lieu. Ausquels ie responds premierement, que cela ne se peut quand le tuyau monte sur la source plus haut de 31. pieds : ce que les experiences nouuelles nous ont appris. Ie dis secondement, qu'absolument parlant cela se peut, quand la montée de l'eau ne passe pas trente pieds enuiron : mais les difficultez qui se rencontrent soit à remplir ces tuyaux & les laisser couler en mesme temps, & c'est autant de fois qu'on voudra le faire apres vne interruption, soit à empescher toute entrée à l'air lors qu'ils sont pleins & qu'ils coulent, sont si grandes, que ie ne sçache aucun lieu où cela soit mis en pratique, ny aucune fontaine cöduite par tuyaux où l'eau doiue monter deuant que de descendre; si bien ou elle monte apres auoir descendu, pource qu'icy elle est poussée par l'eau descendente premierement, là elle est attirée par vne qu'il y faut mettre deuant. Ie dis tiercement qu'on ne peut attirer l'eau dans tels tuyaux par le moyen d'vne pompe, qu'auec vne force qui surmonte la resistance de toute l'eau, qui est contenuë depuis la source jusques au lieu de l'attraction; pource qu'on ne peut l'attirer à telle hauteur, sans donner à telle eau vn mouuement propre, particulier, dépendant de telle attraction, & different de celuy qu'elle a lors qu'elle est attirée par l'eau descendante: d'où s'ensuit qu'vn tel mouuement requiert vne vertu toute particuliere en celuy qui l'attire, & correspondante à toute l'attraction qui se fait entre les deux termes assignez.

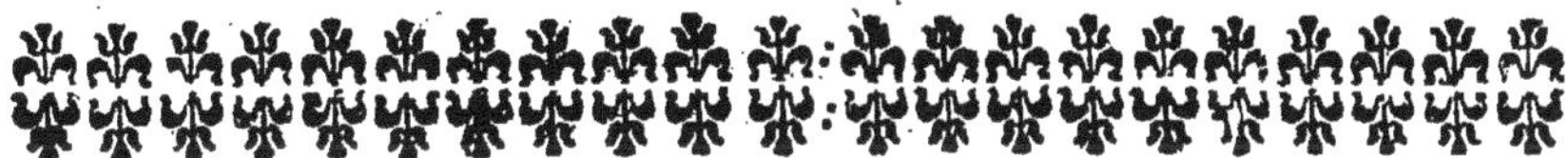

CHAP. V.

Le moyen d'éleuer l'Eau sur sa source par la Terre, & par les Vertus motiues qui s'y retrouuent.

§. 1. Des manieres auec lesquelles la Terre y contribuë.

C'Est dans cét element où nous trouuerons les trois choses requises pour l'éleuation des eaux: sçauoir est, les continens pour receuoir & retenir l'eau; les instrumens pour attirer en haut ces continens pleins d'eau; & les vertus motiues pour donner le branle & le mouuement à ces instrumens, & par eux à ces continens. Par le premier i'entend tant de sortes de seaux, de tuyaux, & de concauitez, qui ne contiennent l'eau qu'à raison de leur solidité, & ne sont solides qu'en suite de leur nature terrestre. Dans le second point ie comprends toutes les machines mouuantes, qui tirent leur force du mouuement circulaire pour trois proprietez qu'il a: sçauoir est, d'estre continuel & sans interruption; d'estre contraire dans les semidiametres d'vn mesme diametre; & d'auoir en chaque partie vne celerité de mesme proportion qu'ont les distances de ces parties auec le centre. La continuité fait que l'on ne s'arreste point dans tel mouuement si l'on veut & que quand l'on veut: sa contrarieté fait le contrepoids & le combat mutuel de deux vertus motiues: la diuerse celerité seule prise relatiuement fait que toute vertu peut preualoir contre toute autre, & estre surmontée de toute autre: à cause qu'on peut recompenser ce qui manque à vn party foible en vertu motiue par l'addition de celerité, ou oster ce qu'il a de fort par la substraction. C'est pourquoy ie reduits toutes les machines mouuantes à trois especes tirées du mouuement circulaire: Car ou premierement ce sont diametres de cercles, tels que sont les balances, les Romaines, leuiers, ciseaux, tenailles, rames, marteaux, mailllets, trebuchets, manivelles, aisles de moulins, mats de nauires, arbres poussez par les vents en la partie éloignée de leurs centres: & partant auec force & continuité, ce qui fait qu'ils en sont secoüez, ébranlez, & enfin déracinez. Ou secondement ce sont cercles, comme sont polies soit simples, soit multipliées, roües pour contenir vn animal qui s'y meut, rouës qui se meuuent par lanternes à fuseaux, pignons, ou autres roües dentées, dont le plein des vnes entre dans le vuide des autres; & de cette sorte font vn mouuement de telle celerité ou tardiuité que l'on veut. Ou troisiesmement ce sont pieces composées de lignes droites & circulaires, telles que sont les vis sans fin, les vis d'Archimede, ou autres. Et de ces especes, ou seules, ou multipliées, & meslées par ensemble, on arriue à ce point de surmonter toute resistance finie, tant grande soit-elle par vne finie, tant petite soit-elle, & de donner à vn enfant l'effet de mille Geans. Et c'est encore la terre qui fournit la matiere de ces instrumens par sa solidité; sur lesquels tous on pourra verifier les conditions du contrepoids mises au premier Chapitre. Touchant le troisiesme point & les vertus motiues premieres & principales de tous ces engins, ie les reduis à trois sortes; sçauoir est aux hommes, aux animaux, & aux elemens. Le trauail des hommes couste beaucoup, celuy des bestes moins, celuy des elemens rien: & il n'y a que les instrumens sur lesquels ils doiuent agir qui coustent à faire. Les hommes & les animaux le font par la vertu qu'ils ont de se mouuoir, qui est bien plus vniuerselle que celle des elemens. Ceux-cy le font ou par les deux qualitez premieres & actiues, sçauoir par la froideur pour condenser, & par la chaleur pour rarefier, ou par leur vertu motiue de pesanteur ou legereté, ou par leurs mouuemens soit naturels, tels que sont les cheutes & courantes des eaux soit imprimez, tels que sont les agitations de l'air par les vents. I'ay parlé cy-dessus des trois Elemens plus legers, reste ce Chapitre pour le quatriesme, qui est la Terre, sur laquelle ie traitteray briefuement des trois points mis icy qui viennent d'elle, & appartiennent à l'éleuation des Eaux.

---

§. 2. *Des Vases propres à contenir l'Eau, & à l'éleuer.*

IE traitte dans l'Art des Fontaines de la diuersité des tuyaux: ie m'arreste icy sur celle des seaux, qui sont ou ordinaires; tels que sont ceux dont on se sert communément pour tirer l'eau des puys, & la porter; ou extraordinaires: Et de ceux-cy les vns sont attachez à vne roüe, & ont chacun vn essieu tournant dans les trous, qui les soûtiennent pour conseruer tousiours les seaux en vne situation verticale, & l'eau dans le seau qui ne se renuerse, qu'estant arriuée en haut; & c'est par le rencontre d'vn crochet ou autre qui fait tourner ou le seau, ou l'essieu qui le porte & luy est attaché vers le tiers de sa hauteur. Les autres sont joints à vne chaine, ou bien ce sont certains gros tuyaux, soit ronds, soit quarrez, dans lesquels passe la chaine de fer garnie, & portant des plaques adjustées à la concauité du tuyau: & ces plaques font le fond d'autant de seaux, qui ont pour costez la longueur correspondante du tuyau. Et ces fonds auançans dans le tuyau portent l'eau d'vne extremité à l'autre, & la versent en telle abondance, qu'on en épuise les marais, les estãgs, les creux & amas profonds d'eau. Ces chaines dans l'vne & l'autre façon conuiennent en leur forme, en leur support, & en leur mouuement: car elles sont deux en nombre pour mieux supporter les seaux ou les plaques, continuës & sans interruption ny extremité en leur longueur, pour auoit vn mouuement continuel & non interrompu, parallelles entre elles en situation, pour estre par tout de mesme façon. Les pieces & parties dont elles sont composées, ne sont autres que des longueurs de fers, qui ont vne extremité fenduë & diuisée en deux parties percées; l'autre est simple & troüée: & cette-cy entrant dans la fente d'vne autre piece, s'y emboiste & y est retenuë par vn baston de fer qui passe par les trois trous qui s'y rencontrent, ainsi qu'il arriue és charnieres; & d'autant que le mesme baston par sa longueur trauersant comme vn échelon la longueur de ces deux chaines, joint tousiours deux pieces de chacune; de là vient qu'il les tient en vn parallelisme continuel, & les fait plier en ces endroits. Les seaux de l'vne sont faits en la forme qu'on juge plus propre pour puiser, porter, & vuider l'eau dans vne capacité preparée. La forme de Sabot est assez ordinaire: les plaques dont l'autre est fournie sont faites auec vne piece de bois, qui ne touche pas la concauité du tuyau pour ne retarder le mouuement: c'est pourquoy on en met vne autre dessus de feutre ou de cuir qui s'y adjuste dauantage, & est supportée par la precedente pour ne laisser perdre l'eau. On les joint auec des chaisnes par des clauettes. Le support est ou vne lanterne à fuseaux, ou vn essieu, portant quatre fers à équierre, sur lesquels se plient les chaisnes qui renuersent les seaux, lesquels montent verticalement jusques au haut. Le tuyau peut estre éleué verticalement, ou mis en pente selon qu'on le jugera plus à propos.

C'est aux Salines, Ardoisieres, Carrieres, Mines & autres endroits où il faut épuiser vne grande quantité d'eau, qu'on peut voir ces inuentions & autres semblables. Le Medecin Sabot en son Architecture descrit la Machine des Ardoisieres d'Angers, où auec vn cheual il dit qu'on tire en deux heures & demie de la profondeur de 22. toises, ou 132. pieds, 75. muis d'eau: d'où s'ensuit que de la profondeur trois fois moindre de 7. toises, 2. pieds, ou de 44. pieds, elle attireroit en trois heures 270. muis d'eau, qui suffiroient à fournir cinq iours durant l'espace de 12 heures chaque iour vn pouce d'eau: ce ne seroit que quatre muis & demy par heure. L'artifice est tres-simple, puis que le tout consiste à deux seaux bien capables alternatiuement montans & descendans, & qui sont arrestez & déchargez par vn crochet. Certes vne ville qui auroit vne source abondãte & saine, pouroit bien la faire monter par vn tel moyen, & puis l'enuoyer à la ville par tuyaux. Dans le Grãd Kaire il y a au Chasteau vn puys surnommé de Ioseph, caué dans le roc profond de 232. marches, duquel on tire l'eau auec des seaux attachez à des chaisnes en la maniere décrite. Le mouuement & l'attraction s'en fait par des bœufs: il y a deux autres instrumens qui font vne espece de seaux propres à éleuer l'eau; & d'autant qu'ils ont vne subtilité particuliere, i'en fay la description dans le Paragraphe suiuant.

---

§. 3. *De la Vis d'Archimede, & des deux Cercles canelez qui portent & iettent l'eau.*

FAut sçauoir *tant.* que la spirale est vne ligne, qui se fait par vn mouuement composé de deux simples; sçauoir d'vn circulaire & d'vn autre croisant & trauersant le premier, & particulierement à angle droit. Elles se font sur diuerses surfaces, & diuersement: les vnes sur vn plan droit, & viennent du mouuement d'vn point sur vn semidiametre qui tourneroit circulairement: & qui feroit vn tuyau en spirale sur vn grand cercle terrestre, qui n'auroit de difference & de distance de hauteur entre son premier & dernier point que la longueur d'vne lieuë, distribueroit cette distance à vne ligne qui auroit plus que le cercle de la terre de longueur; & qui continuëroit ces spirales jusques au centre, donneroit vn chemin tres-long à la liqueur contenuë deuant que d'y arriuer. Les autres se font sur vn plan spherique, comme sont les lignes spirales du soleil, que i'ay expliqué amplement au chap. 12. §. 2. de ma Geographie. Les troisiesmes se font sur des cônes par le mouuement d'vn point sur la ligne qui en tournant décrit le cône. Les quatriesmes sur les cylindres qui se font lors qu'vn point auance sur vne ligne droite quand celle-cy tourne circulairement à l'entour de l'essieu du cylindre: Car le point en ces quatre façons porté par ces deux mouuemens laisse pour vestige vne spirale, qui va croissant ou décroissant és trois premieres, demeurant égale en la quatriéme. Et d'autant que c'est de cette quatriesme que ie traitte en ce lieu, il est necessaire de s'en donner vne idée: ce que l'on fera les voyant en tant de vis qui seruent à presser ou éleuer les poids, à fermer & ouurir les bouteilles & boistes rondes, &c. Et il est aisé d'en faire vne sur vn baston rond auec vn filet: & mesme il est expedient de l'auoir toute faite deuant ses yeux; de s'imaginer que le filet est vn tuyau propre à porter de l'eau; de luy donner le mouuement requis icy, & d'y reconnoistre les proprietez qui s'en ensuiuent, & qui y seront visibles. On y fait diuersement les tuyaux à porter l'eau, & on en fait plusieurs sur vne mesme colomne. Ie n'en mets qu'vn icy pour seruir d'exemple. Vne telle colomne garnie de tuyaux spirales aura la situation ou verticale, A. C. ou horizontale, O. D. ou penchante, & entre-deux A. B. Estant éleuée selon la premiere façon A. C. toutes les parties d'vn tel tuyau iront montant du bas en haut, ou descendant du haut en bas; & de cette sorte toute liqueur mise au haut descendra par sa propre pesanteur. Estant couchée horizontalement selon la seconde façon, chaque spirale a vne moitié ascendente, & l'autre descendente; & ces deux moitiez sont diuisées par le plan vertical, qui passant par l'axe A B. de la colomne marque deux lignes dans la surface colomnaire, dont l'vne I. F. est la plus haute de toutes, l'autre O. E. est la plus basse. Partant si on vient à mettre vne goutte d'eau ou de Mercure dans vn tel tuyau, il descendra incontinent au point plus bas de la spirale, & y demeurera sans pouuoir reculer ny auancer; pource qu'il ne le peut faire qu'en montant: Mais si on vient à faire tourner circulairement vne telle colomne à l'entour de son essieu, le point le plus bas où est l'eau quittera cette ligne inferieure, O. E. montera de necessité & laissera sa place de bassesse à vn autre plus auancé vers vne extremité; & celuy-cy à vn troisiesme, & ce troisiesme à vn quatriesme, &c. Et de cette sorte il se fera vn changement successif & continuel de tous les points de la spirale au lieu plus bas, qui est dans la ligne inferieure décrite cy-dessus, & marquée par le plan vertical immobile: En suite de quoy l'eau pour tenir tousiours le lieu le plus bas, & ne point monter, changera successiuement continuëment tous les points de la spirale, s'y mettant lors qu'ils viennent au lieu plus bas, c'est à dire, à la ligne décrite, & se trouuera par ce mouuement estre arriuée d'vne extremité de la colomne à l'autre, sans auoir ny monté ny descendu, pource que la ligne O. E. estant sur O. D. ne monte ny ne descend.

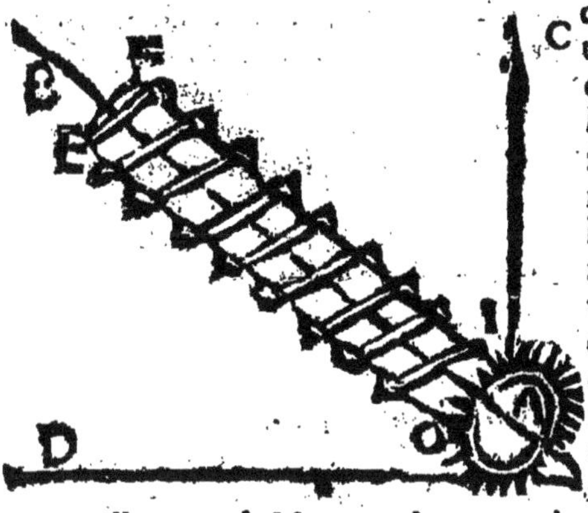

Que si on donne à la colomne la troisiesme situation de penchante, elle conseruera encore en montant la proprieté de l'horizontale, qui est d'auoir des parties ascendentes & descendentes, & en suite en chaque spirale vn point le plus haut, & vn autre le plus bas de tous, quoy que ces deux points ayent tousiours moindre differéce de hauteur selon qu'ils s'éloignent de l'assiete horizontale O. D. Et quand on vient en éleuant la colomne de les mettre de niueau, la spirale commence à prendre les proprietez de la situation verticale de monter tousiours, quoy que ce soit auec moins de pente qui va croissant selon que l'éleuation s'approche de la verticale. En suite de quoy l'eau estant mise dans vne spirale qui a les proprietez de la situation horizontale, se rendra incontinent au lieu plus bas de chaque spirale, c'est à dire, au point qui se rencontrera en la ligne O. E. que le plan vertical immobile & passant par l'essieu A.B. marque en bas. Et si par le mouuement du cylindre on fait que toutes les parties de la spirale continuëment successiuement occupent le lieu plus bas se rencontrans dans la ligne O. E. l'eau s'y rendra aussi & ira parcourant toutes les parties de la spirale, & de cette sorte passera d'vne extremité à l'autre par tout le milieu. Que si on dit que ce lieu plus bas va montant auec & dans la ligne O. E. ie l'accorde : mais d'autant que le point du tuyau qui occupoit le lieu le plus bas, & le quitte par le mouuement, monte dauantage que celuy qui y succede, & entre dans la ligne O. E. l'eau se trouuant entre deux montées choisit la moindre pour éuiter la plus grande : ce qui a fait dire qu'elle monte en descendant, & descend en montant, pource qu'elle change du lieu où elle est à vn plus haut à la verité ; mais plus bas que celuy où elle seroit portée, demeurant en la mesme partie du tuyau. Voila toute la subtilité de cette machine que l'on peut démonstrer à l'œil. Quand elle peut auoir pour moteur l'eau coulante d'vn ruisseau contre vne rouë qu'on luy attache en bas, ou le vent contre des aisles mises en eau, l'vsage peut estre de grand profit & de peu de dépense. Autrement ie la trouue plus ingenieuse que fructueuse : On pourroit hausser vne partie de l'eau par vn canal pour en fournir à la vis, l'autre partie seruant à faire mouuoir la roüe.

L'autre instrument a pour effet vn jet d'eau, mais bien grand pour sa petitesse : c'est pourquoy il peut seruir aux incendies, & particulierement quand le feu est à la cheminée. Il est composé de deux rouës A. & B. épaisses, canelées ou dentées, & mobiles chacune à l'entour de son axe, & l'vne en suite de l'autre : c'est pourquoy l'vne est tellement jointe à l'autre, que le plein & conuexe de l'vne entre dans le vuide & concaue de l'autre pour le remplir. Tout cét artifice est couuert de tout costé d'vne boiste C. D. E. F. faite en dedans de deux cercles concaues & concentriques à ceux des deux rouës, & si adjustez auec le tour des rouës, qu'ils ne contiennent precisément que l'espace requis pour les laisser tourner ; car tout autre espace seroit préjudiciable. Cette boiste contient deux tuyaux à l'opposite l'vn de l'autre, E. & C. l'vn pour tirer l'eau, l'autre pour la rendre & jetter : Aussi l'vn E. doit auoir vne largeur par tout égale ; l'autre C. vne extremité & sortie fort étroitte. Il doit auoir de plus deux endroits pour placer les essieux des rouës, A. & B. l'vn desquels A. doit estre tourné auec vne maniuelle quand on s'en veut seruir. Le reste s'apprendra dans la fabrique. La raison de cét instrument est tres-claire : Cét instrument estant plein d'eau & appliqué dans vn vase d'eau du costé E. le plus auant que faire se peut, & la maniuelle estant tournée vistement à l'entour de l'essieu qui tourne sur A. fait tourner la rouë A. & cet-

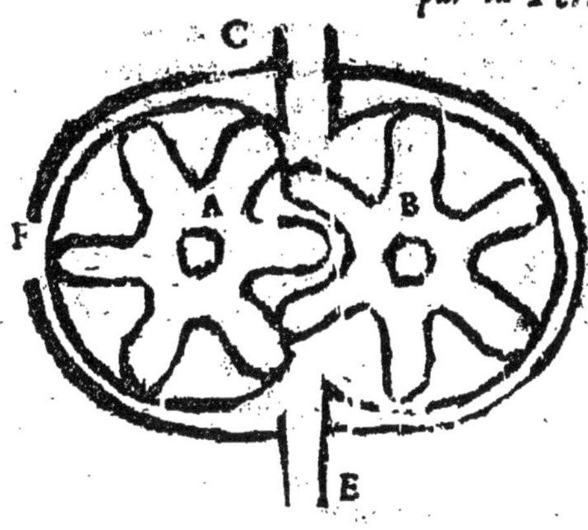

te-cy la roüe B. mais de telle sorte que les moitiez qui vont de F. à C. par F. & D. monte, ayant le concaue des roües plein d'eau, & les moitiez qui reuiennent de C. à E. ont leur concaue vuide d'eau, pource chaque concaue est remply d'vn conuexe. Ce qui fait que l'eau portée de E. à C. ne pouuant retourner à E. ny demeurer dans C. pour les eaux suruenantes qui la chassent, est contrainte de sortir auec grande impetuosité, à raison de la vitesse du mouuement & de la petitesse du trou.

---

§. 3. DES POMPES.

CET Instrument estant assez ordinaire, pour auoir beaucoup de subtilité en son inuention, & d'vtilité en son vsage, merite bien vne description particuliere: outre que les elemens & autres principes du mouuement mis cy-dessus s'y peuuent mieux accommoder & appliquer que sur les autres. Quoy que les Pompes soient bien differentes en façon & figure, elles conuiennent neantmoins toutes à faire vn continent, vn espace & vne capacité nouuelle pour y receuoir l'eau voisine, & puis à défaire le mesme continent pour en chasser l'eau; ainsi que l'on voit dans les soufflets communs que l'on élargit pour auoir le premier, & y attirer l'air au lieu de l'eau, & puis que l'on retressit pour auoir le second & en chasser l'air. Ou bien c'est retirer vn corps tel qu'est le piston D. d'vn espace C. qui en estoit occupé pour le remplir de l'eau, & puis remettre ce mesme corps D. dans tel espace pour le vuider de l'eau qui le remplissoit, & l'en faire sortir. I'appelle cét espace & cette concauité C. la chambre, qui doit estre par tout bien fermée à la reserue de deux endroits, où l'on doit pratiquer deux petites portes ou fenestres en E. & H. dites communément souppapes, dont l'vne le seruira pour laisser entrer l'eau seulement de dehors en dedans, sans qu'elle puisse sortir par le mesme de dedans en dehors; & pour cét effet s'ouurira estant poussée en dedans, & se fermera tant plus qu'on la poussera vers le dehors. L'autre N. au contraire seruira à faire sortir l'eau de dedans en dehors seulement, sans qu'elle puisse rentrer de dehors en dedans: Et pource on la fait ouurir la poussant en dehors, & se fermer la pressant vers le dedans. Le corps D. qui se retire & se remet dans la chambre C. se nomme piston. Le principe qui fait entrer l'eau dans la chambre C. qu'on élargit & qu'on vuide eſt la crainte du vuide qui s'en enſuiuroit, ſi l'eau qui ſeule ſe trouue à l'ouuerture & à la porte E. n'y entroit quand le piſton en ſort. l'eſtime que c'eſt vne colomne d'air qui preſſe l'eau contre telle porte I. & l'y fait entrer. Le principe qui fait ſortir l'eau de la chambre que l'on retreſſit par N. eſt ſans doute la crainte de la penetration, qui autrement s'en enſuiuroit ſi l'eau demeuroit dedans quand le piſton y entre.

Voila en quoy conſiſte toute l'inuention & le ſecret des Pompes; & tant plus que quelqu'vn mettra ces points en pratique auec plus de perfection, tant plus trouuera-il vn ſuccez fauorable. Et d'autant que pluſieurs inuentent diuerſes manieres de les appliquer, de là vient la grande diuerſité des Pompes. Sur quoy ie dis premierement, que l'on fait en deux façons vne chābre pour receuoir & chaſſer l'eau receuë: ſçauoir eſt, ou par élargiſſement & compreſſion d'vn meſme continent & des parois qui le font, comme on voit dans les ſoufflets, & on l'enſeigne dans les ſeins du cœur, ou par le mouuemēt d'vne colomne D. adjuſtée à la concauité C. d'vne autre A.B.M.N. Car D. eſtant abaiſſée remplira l'eſpace C. & eſtant éleuée le laiſſera vuide. Et pour ne rendre trop difficile le mouuemēt de D. on ne luy donne que la longueur neceſſaire à ce deſſein: & meſme d'autant que le cuir eſt vn corps qui s'enflant s'adjuſte auec le concaue C. ſans reſiſter par trop au mouuement, on y en met, & ſouuent on en fait la porte des ſouppapes.

Ie dis ſecondemēt, que les ſouppapes ſont compoſées de deux parties, dont l'vne contient l'ouuerture, l'autre la ferme: & tant plus que l'vne joint mieux auec l'autre, tant plus la ſouppape eſt parfaite. Heron les fait plattes de deux plans droits, cōme l'on voit en la figure A. Salomon de Caus, ſpheriques de deux plans ronds, l'vn conuexe, l'autre concaue comme en B. Les autres de deux parties de cône comme en C. Toutes trois abſolument parlant ſont bonnes & ſe pratiquent auec ſuccez. Et meſme les diuers endroits où on les doit placer en demandent pour plus grande commodité d'vne eſpece particuliere, comme les ſituations verticales s'accommodent aux droites. La troiſieſme me ſemble la meilleure abſolument parlant, pource qu'elle bouche le rond ouuert en dauantage de parties & mieux, comme l'on en peut voir le ſuccez aux robinets bien faits, qui ne laiſſent paſſer aucune goutte de liqueur & fermen en vertu de deux cônes couppez vers la pointe.

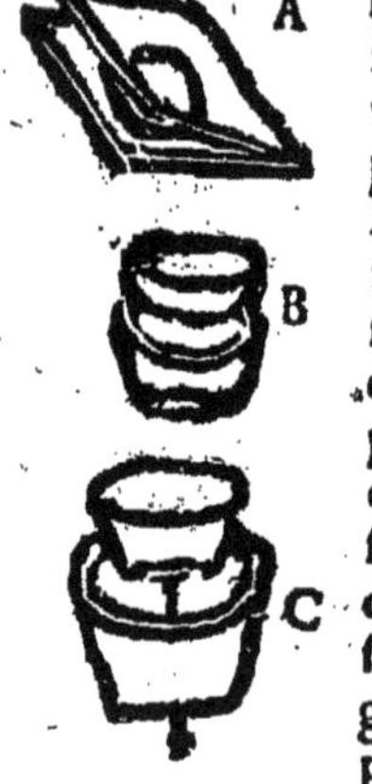

Ie dis tiercement pour la situation que cette chambre & tout cét artifice se peut placer en trois endroits : sçauoir est, ou dans l'eau que l'on doit éleuer, ou dans le lieu où on doit l'éleuer, ou au milieu & entre-deux. Au premier cas l'eau entre dans la chambre, & est éleuée par pression & expulsion seulement, & crainte de penetration. Au second par attraction seulement & crainte du vuide. Au troisiesme par toutes deux, sçauoir par attraction de l'eau jusques à la chambre, & par expulsion depuis la chambre jusques à la hauteur destinée. La seconde façon a esté jusques à present la plus ordinaire, & est encore presque par tout en vsage : Mais la premiere est à mon aduis la meileure de toutes. Pource que premierement, l'air qui entrant par les moindres fentes & pores, arreste ou retarde l'effet des pompes dans les deux autres façons, n'a aucun lieu en cette-cy. Secondement, pource que cette façon est toute appuyée sur la crainte de penetration qui éleue l'eau en toute hauteur : là où la crainte du vuide ne passe pas 31. pieds. Tiercement, les principes qui ouurent & ferment les souppapes y sont en leur plus grande force, & vont s'amoindrissant selon qu'ils s'en éloignent. Et certes l'experience en vne ou deux que l'on a déja faite dans Paris authorise ce party, par la facilité que l'on a d'y tirer l'eau, & de l'éleuer tant haut qu'on veut.

On fait souuent double pompe pour auoir de l'eau plus continuëment, & afin que lors que l'vne se remplit l'autre se desemplisse, & quand l'vne prend l'autre rende l'eau.

Ie dis que la pompe est bonne quand il faut éleuer l'eau en vn lieu où il faudroit la porter par des chemins bien plus longs, pource qu'on épargne autant de trauail.

---

§. 5. *Des Vertus motiues, & des instrumens qui les aydent à éleuer l'Eau auec beaucoup de facilité & peu de force.*

PVis que dans ces éleuations trois choses se rencontrent, vn poids qui est éleué (c'est icy l'eau) vn instrument qui par son mouuement l'éleue, & quelqu'vn qui meut cét instrument & luy donne le mouuement : l'appelleray le premier pour plus grande distinction, le poids attiré, & sa vertu la resistance ; & sous ces mots i'entend tout ce qui est meu par force & auec resistance de sa part. Par le mot d'instrument ou machine mouuante, i'entends toutes les inuentions que l'on a pour éleuer, entraîner & pousser vn corps. Et par le nom de moteur toute vertu motiue qui donne le premier mouuement à l'instrument, & par luy au poids attiré ; afin que cette doctrine que i'applique sur l'eau soit si vniuerselle, qu'on la puisse verifier sur toute sorte de mouuemens elementaires, & s'en seruir.

Touchant les moteurs ie les ay reduit au §. 1. à trois sortes, & ie n'ay rien à y adjouster ; si ce n'est que l'homme & certains animaux peuuent éleuer l'eau non seulement par leur vertu motiue, & en tirant à force de bras, ou en traitant; mais encore par leur seule pesanteur appliquée par le mouuement de progression, lors qu'estant mis dans vne roue qui a dans son essieu la corde qui attire le seau, l'homme y marche : pource qu'auançant le pied d'vn costé il rend ce costé plus pesant, & le fait venir au milieu. Et cette façon qui est commune en plusieurs puys, carrieres & autres, seroit sans doute la moins penible de toutes, & presque sans trauail, n'estoit que ce mouuement est vne montée perpetuelle : puis qu'en auançant le pied on le met plus haut que l'autre, & on y éleue tout le corps. Et c'est ce en quoy consiste toute la difficulté de la montée.

Pour les instrumens ie donne icy quelques regles & principes, qui sont si vniuersels qu'il n'y a machine mouuante sur laquelle on ne puisse les apliquer, & si efficaces qu'il n'y a mouuemét qu'on n'y puisse pratiquer, & poids qu'on ne puisse éleuer. Le premier chapitre en a déja donné quelque ouuerture, il le faut joindre à celuy-cy pour en auoir par abregé l'entiere intelligence, car l'ample explication est reseruée à la Cosmonomie.

I. Par vnion locale i'entend toute vnion qui rend permanente la presence ou la distance locale entre deux parties : telle qu'est l'vnion inhesiue des accidens auec leurs sujets, de la forme substantielle auec la matiere; l'vnion adhesiue ou de continuité des parties d'extension; toute attache soit naturelle par tant de vertus sympathiques, antipathiques, craintes de vuide ou de penetration, & autres : soit artificielle par tant de sortes de chaines, liens, cordes, emboistures, inclusions, &c. pource que, quoy que ces vnions de leur nature facent vne jonction des parties bien differente de la locale, elles la supposent comme vne disposition necessaire, & ne peuuent subsister sans elle; & pour se maintenir elles sont obligées de la conseruer, & en suite les parties vnies en mesme presence locale entr'elles. Ce qui fait que telles vnions, outre ce qu'elles ont de propre, ont cela de commun d'estre des vnions locales.

II. Le mouuement d'vne partie ou d'vn corps est cause du mouuement des autres parties du corps, qui ont l'vnion locale décrite cy-dessus, auec la partie qui reçoit le premier mouuement de quelque moteur, & le donne aux parties vnies : pource qu'il est impossible de conseruer la mesme presence entre deux parties (ce que l'vnion locale requiert) & que l'vne se remuë sans l'autre: ce qui se verifie sur tous les mouuemens que nous auons deuant les yeux. Les accidens ont le mesme mouuement local que leurs sujets; l'ame que son corps. Les parties d'vn baston, d'vne corde, & de toute extension solide suiuent le mouuement de la premiere, qui le reçoit immediatement de quelque moteur: & les parties sont attirées & attirantes selon l'ordre de leur vnion adhesiue : comme la troisiesme partie du baston dans l'ordre de l'vnion de continuité est attirée & meuë par la seconde, & en mesme instant est attirante & mouuante la quatriesme, & ainsi de toutes les autres qui suiuent.

III. Le mouuement d'vn corps a d'autant plus de perfection, que de vitesse : s'il est dix fois plus viste, il est dix fois plus parfait. Ie prouue cette proposition, qui est la fondamentale de la Mecanique, par quatre moyens demonstratifs. 1. Par le formel & la nature du mouuement, qui n'est autre qu'vne application successiue du mobile en plusieurs lieux. Or est il qu'vn mouuement dix fois plus viste contient dix fois le plus tardif, comme le nombre de dix comprend dix fois l'vnité : ou c'est le plus tardif adiousté ou multiplié dix fois dans le mesme mobile. 2. Par l'effet formel immediat & immanent, qui n'est autre que faire parcourir vn espace au mobile & l'y appliquer. Or est-il qu'vn mouuement dix fois plus viste fait en mesme temps dix fois plus d'applications de son sujet que le plus tardif, & fait parcourir à son mobile autant d'espace en vne heure que le plus tardif en dix. 3. Par l'effet transitoire & passager, qui est de mouuoir les autres corps vnis localement, ou d'empescher leur mouuement. 3. Par la cause d'vn mouuement dix fois plus parfait. Or est-il qu'vn mouuement dix fois plus viste requiert vne cause dix fois plus grande, & met vn effet dix fois plus parfait, comme de mouuoir vne resistance dix fois plus grande que celle du plus tardif, ou vne dix fois moindre, mais par vne celerité dix fois plus grande. L'equilibre dont i'ay traitté au 1. chap. montre euidemment ce qui est requis pour faire egalité de vertu motiue entre deux sortes de moteurs, qui disputent par ensemble le mouuement naturel de descente; & entr'autre fait voir que ce qui se doit mouuoir dix fois plus vistement, demande vne cause dix fois plus grande en vertu pour l'empescher d'agir.

IV. La grandeur & la perfection d'vn mouuement local se prend de deux chefs seulement, qui ne doiuent estre pris separément, mais conjointement. Le premier est la grandeur de la vertu motiue ou resistance : le second, de la celerité, pource que la celerité estant pareille tant plus qu'vn poids croist ou autre vertu tant plus, il faut que le moteur croisse en vertu pour l'attirer & luy donner le mouuement : & de mesme les poids ou resistances estans egales, tant plus qu'on leur donnera de celerité, tant plus le moteur doit croistre en vertu pour la conferer : comme aussi la pesanteur agrandie n'est autre que la vertu multipliée : ny la celerité accreuë que le mouuement multiplié. L'vne croist en extension, l'autre en intension, & la vertu extensiue grande agissāt sur vne moindre recompense en intension & en celerité, ce qu'elle ne peut donner en extension, comme ie monstre par exemples & par raisons en la Cosmonomie. L'experience y est tres-manifeste pour le premier : Vn poids de 100. liures resistera dix fois dauantage qu'vn de dix; & celuy qui portera le premier employera dix fois plus de force que celuy qui portera le second. C'est plus de tirer à soy dix hommes & vne poutre, qu'vn homme ou vne busche. Et pour le second : qui trainera ou portera vn fardeau en vn heure par vne lieuë, fera plus dix fois qu'vn autre qui en mesme temps ne l'attirera que par la dixiesme partie d'vne lieuë. Et c'est ce que i'ay demonstré au point precedent & troisiesme. Ie dis encore qu'il n'y a que ces deux chefs : pource qu'il est impossible d'en inuenter, vn troisiesme. Ie dis de plus qu'il faut les prendre conjointement : pource qu'ils sont inseparables. Et il est impossible non seulement de voir, mais aussi de conceuoir, vn mouuement sans celerité determinée, & sans mobile pareillement determiné : à cause que la celerité est la determination & difference essentielle du mouuement, & le mobile en est le sujet necessaire. On dira que la vertu motiue peut estre sans mouuement : Ie responds qu'elle ne peut agir & mouuoir vn autre corps que par le mouuement & en la vertu qu'elle donne au mouuement, & ne peut empescher le mouuement d'vn poids opposé que par vn effort & inclination au mouuement d'vne celerité relatiue telle, qui est vn mouuement encommencé, ou plutost la cause prochaine.

V. Ces deux chefs faisans deux especes de quantitez diuisibles à l'infiny, peuuent croistre & décroistre de mesme, & en suite sont capables de toute comparaison & proportion, que font les complications & combinations diuerses à l'infiny de ces deux sortes de grandeurs. Et c'est ce qu'il faut bien considerer & reconnoistre la vertu de chaque proportion & comparaison. Pour laquelle il faut sçauoir, que l'augmentation du poids, qui est la grandeur extensiue, peut estre corrigée, temperée & affoiblie par la diminution de la celerité, qui est la grandeur intensiue ; comme aussi la diminution du poids ou de la vertu motiue sera recompensée, supplée & fortifiée par l'accroissement de la celerité relatiue. Dites-en de mesme de l'augmentation de la celerité, qui peut receuoir diminution par celle du poids, & de la diminution de la mesme vitesse, qui peut estre reparée par la grandeur du poids. Ce qu'estât on trouuera vne infinité de complications de ces deux chefs, qui feront égalité de vertu, de force & de resistance auec celle qu'on voudra designer, & toute vertu qui en surpassera vne comprise dans cette infinité, surmontera chacune des autres. Et pour éclaircir cette verité paradoxe, mettons vn homme A. qui aye la vertu motiue à tel terme que l'on voudra, égale à celle qu'a vn poids de 10. liures, pour se mouuoir à vn terme seulement, c'est à dire en bas; & que cette vertu puisse faire vn mouuement de dix degrez de celerité. On demande maintenant quels sont les poids qui pourront estre retenus en equilibre & en repos par vn tel homme auec la vertu determinée; & puis quels sont les mouuemens qu'il pourra faire ? A quoy ie responds premierement, qu'il n'y a aucun poids tant actuel dans le monde, fust-ce le globe terrestre tout entier, que possible dans la toute-puissance Diuine, que cet homme ne puisse retenir & l'empescher de descendre : car tout poids qu'on peut presenter sera ou de 10. degrez, ou de moins, ou de plus : si on dit le premier, l'homme A. le retiendra ou immediatement auec la main, ou mediatemẽt par quelque instrument, comme dans vne balance le poids estant mis d'vn costé en égale distance du centre qu'a l'homme de l'autre costé, pour auoir des celeritez égales : & de cette sorte tout ce à quoy le poids de dix liures pourra contrebalancer, pourra estre contrepesé par l'hõme A. pource que sont deux vertus égales extenſiuement & intenſiuement. S'il eſt moindre, c'eſt aſſez qu'il ſoit attaché à vn point qui luy donne d'autant plus de celerité ſur dix degrez de A. qu'il a moins de peſanteur ſur 10. liures du meſme : s'il eſt plus grād faut le mettre en tel endroit qu'il aye d'autāt moins de celerité ſur les dix degrez de l'homme A. qu'il a plus de peſanteur ſur dix liures de ſa vertu. Ie reſpond ſecondement, que pour trouuer ces nombres des peſanteurs, qui jointes auec les celeritez facent des reſiſtances équiualentes, & ſoient retenuës par vne meſme vertu A. il faut multiplier la vertu donnee qui eſt icy de dix liures, & diuiſer la celerité aſſignée, qui eſt icy de dix degrez, par vn meſme nombre quel qu'il ſoit : d'où s'enſuit qu'on peut faire autant de complications & comparaiſons diuerſes & équiualentes qu'il y a de nombres poſſibles, c'eſt à dire infinies. Si donc ie multiplie 10. liures par 5. i'auray 50. ſi ie diuiſe dix degrez par le meſme 5. i'auray 2. Ie dis qu'vn poids de 50. liures auec la celerité de deux degrez ou de deux liures, auec la celerité de 50. degrez, fera equilibre auec le poids de dix liures & la celerité de dix degrez. Dites-en de meſme de tous les deux nombres qui viendront de la ſorte, & par tout autre nombre tant entier que rompu : & la raiſon en eſt de ce que la multiplication dōne vn produit qui croiſt ou décroiſt autāt & en meſme proportion ſur le multipliable, que le quotient d'vne diuiſion faite par vn meſme nombre décroiſt ou croiſt ſur le diuiſible ou diuiſeur. Que ſi on donne le poids qu'il faut éleuer, comme de 1000. liures pour trouuer la celerité qu'il luy conuient, ie diuiſe 1000. par les 10. de l'homme A. & ie diuiſe les dix degrez de celerité par le quotient troué 100. & viendra vne dixieſme de celerité pour joindre auec 1000. liures de vertu, pource que c'eſt le meſme nombre 100. qui eſt le multipliant & le diuiſeur.

Ie reſponds tiercement, que l'homme A. peut mouuoir tout poids qu'il peut retenir, & pour le mouuoir il ne faut qu'oſter de la celerité neceſſaire à l'equilibre pour faire l'homme A. ſuperieur.

VI. Puis que noſtre vertu motiue eſt bornée à certains degrez de vertu & de celerité, ſans eſperance qu'on puiſſe l'augmenter, & que les poids qu'on nous preſente à mouuoir le ſont auſſi : lors qu'ils ſurpaſſent la portée & l'actiuité de noſtre faculté, ce qui arriue ſouuent ; il faut de neceſſité auoir égard au ſecond chef, c'eſt à dire à la celerité, & donner au poids plus de diminution de celerité deſſous la noſtre, que le poids n'a d'accroiſſement de vertu deſſus noſtre faculté, pour nous rendre plus ſuperieurs par le chef de celerité, que nous ne ſommes inferieurs par celuy de peſanteur ; & faire que la tardiuité donnée au poids oſte l'auantage qu'à le poids ſur noſtre faculté, ſelon les regles miſes cy-deſſus. Ce qu'eſtant, reſte ſeulement à trouuer le moyen de faire par quelque choſe miſe entre deux, que noſtre faculté faiſant vn mouuement connaturel à ſa vertu, en imprime vn ſi tardif dans le poids, que noſtre celerité ordinaire ſoit plus grande ſur celle du poids que la vertu de peſanteur de celuy-cy n'eſt ſur la vertu de noſtre faculté.

VII. Il ne faut point chercher autre part le moyen d'auoir toute proportion de celerité entre le moteur & la chose meuë, que dans le mouuement circulaire d'vn semidiametre, qui contient en ses parties actuellement toute diminution possible de celerité, & rend actuelles & effectiues toutes les tardiuitez possibles: pource qu'en chaque mouuement il va décroissant de celerité continuëment depuis la celerité du point extréme, qui fait la circonference iusques au repos de l'autre point qui fait le centre, sans rien obmettre de tout ce qui est possible entre ces deux termes, qu'il ne rende actuel.

VIII. Il ne faut non plus chercher autre part l'application de ce principe & mouuement que dans les trois especes d'instrumens declarées au §. 1. & tirées du mouuement circulaire pour les corps solides, ou de la diuerse capacité des scyphons pour les liquides, ou de la diuerse obliquité d'incidence pour tous deux. Ces instrumens ont en leurs extremitez des celeritez relatiues, differentes en toute proportion qu'on desirera, & les communiquent à tout ce qu'on y attache: & voila justement ce que l'on cherche.

IX. On connoistra la vertu de chaque instrument par la celerité qu'il y a entre les deux points, où on doit appliquer en l'vn le moteur, en l'autre la resistance: comme si la proportion est centuple vn homme par vn tel instrumét retiendra vn poids cent fois plus pesant que n'est le pouuoir de sa vertu. Et pour connoistre cette proportion on n'a qu'à mesurer les espaces que parcourent ces deux points en mesme temps: car la proportion des espaces sera la mesme que des celeritez, comme dans l'instrument que ie mets icy. Il faut prendre la longueur de dix tours de la maniuelle F. & la longueur que fait vn point de la corde D. en mesme temps, & comparer par ensemble ces deux longueurs: ce qui est tres-aisé, car leur proportion sera celle des celeritez; & celle-cy montrera la force de l'instrument.

X. Le moteur deuant mouuoir le poids proposé par l'vn des instrumens mis cy-dessus, doit auoir la force non seulement d'éleuer le poids que l'on presente, mais encore de mouuoir l'instrument par lequel on fait l'éleuation du poids, & lequel a sa difficulté & sa resistance propre & particuliere, que l'on reconoistra quand on le remuëra tout seul & sans y attacher aucun poids.

XI. De plus, cela est commun à tout instrument d'augmenter autant la durée du mouuement, qu'il diminuë la vertu que le moteur doit employer à tel mouuement: & partant de ce chef on perd autant d'vn costé qu'on gaigne de l'autre, pource que le moteur se maintient dans vn mouuement conuenable à la grandeur de sa vertu motiue & à la celerité qui luy est propre & qui conuient à telle vertu, à laquelle il accommode le mouuement d'vne extremité de l'instrument à laquelle il s'applique, & cét instrument par communication du mouuement dans ses parties va le porter à l'autre extremité où est le poids, mais auec difference de celerité; & ainsi si la celerité y est dix fois, par exemple moindre le temps du moteur sera dix fois plus grand pour faire parcourir au poids vn espace dix fois moindre.

XII.

XII. Pour le chois de cés inſtrumens voicy ce que i'en iuge. Tant plus les inſtrumens ſont ſimples, tant plus ſont ils efficaces à mouuoir : pour ce que chaque partie a ſa reſiſtance particuliere & ſon empeſchement. Partant multipliant les parties on multiplie les obſtacles & les difficultez, & ſi on n'a qu'a éleuer l'eau du bas du puys en haut, on le peut faire auec ſeaux, ſoit multipliez en chaine, ſoit ſimples, & les éleuer par la plus ſimple machine.

Entre les machines mouuantes égalemen ſimples ou compoſées; celles qui font le mouuement par vne aplication plus directe & à angle droit ſont meilleures que celles qui le font à angles non droits, pource que le mouuement d'vne partie ſe communique plus entierement, & ſelon toute ſa force ſur vne autre qu'elle pouſſe à angle droit, que quand elle ne la pouſſe qu'obliquement: ce qui vient de la nature du coup droit & oblique, dont l'vn a bien plus de force ſur la choſe frappée, que l'autre. Ce qui fait que ie priſe dauantage les mouuemens qui ſe font par pignons & lanternes à fuzeaux jointes auec des roües d'entées, que par les vis ſans fin; quoy que celles-cy ſoient de beaucoup plus ſimples : comme auſſi tels mouuemens ſont plus ordinaires dans les horologes à rouë & autres. I'en ay mis icy la figure d'vn, propre à tirer l'eau d'vn puys; où vne manivelle F. meuë par vn homme fait tourner l'axe F. G. & auec luy la lanterne O. cette-cy fait tourner la rouë K. L. cette-cy l'eſſieu A. B. & auec luy le cilyndre C. & auec celuy cy la corde C. D. & par la corde le ſeau D. H. qui eſt attrapé & réuerſé par vn crochet E. dans vn auge de pierre. Quelques vns au lieu des dẽts mettent du fer de la figure I. dans la rouë K. L. & vne corde en rond qu'ils tirent. D'autres la font croiſer & paſſer par la lanterne O. ou par vn cercle caué. Enfin de deux inſtrumens égaux en vertu & en proportion declarée cy-deſſus, faites les mouuoir tous ſeuls & également, & voyez celuy qui le fait auec plus de facilité; car ce ſera celuy qui doit eſtre preferé à l'autre.

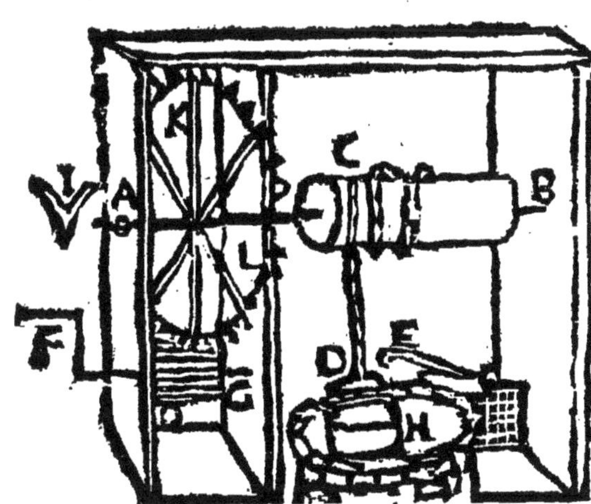

XIII. Voila à mon aduis le moyen de ſoulager le moteur, traitté brieuement; mais ſi efficacement q'on ne peut rien produire de plus ſolide : puis que cela ſe fait par l'amoindriſſement de celerité qui eſt vn chef tres-aſſeuré, & ſi entierement qu'on n'y peut rien adjouſter ; puis que ce chef eſt vnique, & on n'en peut point inuenter d'autre. Ce qu'eſtant ainſi ſi on vient à éleuer de l'eau sur sa source, & tout ensemble sur le lieu destiné, & où on desire l'auoir par quelqu'vne des machines mises icy : de deux moyens que l'on a de la rendre à vn tel lieu, sçauoir ou de l'y porter, ou de l'y faire aller par tuyaux ; il n'y a personne qui ne voye celuy-cy plus auantageux, si le milieu peut souffrir la conduite des tuyaux.

Pour confirmer dauantage ce que dessus, i'adjouste cét instrument, par lequel vn moteur appliqué à la maniuelle A. auec la force d'vne liure, pourra retenir puis leuer vn poids de 10. 000. 000. liures. Mais aussi le poids ne fera qu'vn pouce en hauteur quand le moteur en fera 10. 000. 000. tournant la maniuelle à l'entour de son centre & essieu. Et si ce n'estoit la difficulté que tels instrumens adjoustent à leur mouuement, ce seroit vne merueille d'en voir les effets. Vous verrez encore en la page 5. nostre principe appliqué sur les balances, & vn poids E. de 100. liures, mais mis en B. proche d'vne partie du centre A. estre retenu par vn poids K. moindre dix fois : mais en C. plus éloigné de A. dix fois que B. où il doit auoir dix fois plus de celerité. En la page 6. l'eau en A. de 10000. liures est retenuë par vne en B. d'vne liure : pource que A. ne peut mouuoir B. que luy donnant vne celerité 100000. fois plus grande que la sienne.

Si on m'objecte que par vne pratique nouuellemét inuentée on fait monter l'eau sur sa source par la seule pesanteur du milieu de l'air & sans attraction, ie l'accorde : & ie dis que c'est vn principe de plusieurs & de tres-belles cónoissances, non d'aucun ouurage.

L'ART ET LA MANIERE DE CONTRETIRER TOUTE SORTE DE PLANS.

DES LACS, FORESTS, PRAIRIES, PROVINCES, & de toutes autres estenduës de terre & d'eau, & en faire des Cartes Geographiques, Hydrographiques, Chorographiques, Topographiques.

§. I. *QUE C'EST QUE CONTRETIRER UN PLAN & en combien de manieres on le fait.*

TIRER le plan d'vne surface terrestré presentée n'est autre que faire vne figure sur vn plan racourcy, si semblable à l'original qu'il n'y aye que difference de grandeur quant à la quantité, & que l'vne serue d'antecedent à connoistre toutes les quantitez de l'autre, en la maniere que ie l'explique au chap. 4. §. 7. de mon Arithmetique. Et pour connoistre les longueurs de l'vne c'est assez de compter en l'autre les parties de l'échelle des petites mesures.

Il y a deux façons de tracer vne telle figure. Les vns le font sur le lieu mesme par vn mesurage actuel, prenant la longueur de chaque costé auec vne chaisne, & la grandeur de chaque angle auec quelque instrument. Les autres le font de loing par des rayons visuels. La premiere façon n'est propre que pour les moindres estenduës: la seconde conuient à toutes celles qui peuuent estre veuës de deux endroits du moins. I'ay mis & expliqué amplement la premiere dans l'Art d'arpenter. I'ay décry la seconde dans ma Geographie, chap. 17. pract. 4. & c'est celle que ie mets encore icy comme en son propre lieu.

§. 2. *Les pieces qui composent l'Instrument propre à ce dessein.*

ON fait plusieurs sortes d'instrumens pour prendre la figure d'vne surface proposée, ausquels on donne des noms specieux de Cosmographe, Pantographe, Grafometre, Trigonometre, &c. Ils sont bons, & estans bien marquez, diuisez & appliquez donnent les quantitez que l'on demande assez exactement: mais ils sont chers, & ne se rencontrent en leur perfection que bien rarement. En voicy vn plus simple, & sur lequel ceux qui auront les precedens les pourront appliquer, & de tous deux on en fera vn tres-accomply & tres-aisé. Deux planches d'vn bois bien sec, d'vne surface tres-droite & bien polie, & vne regle bien diuisée en sa longueur selon l'industrie mise en l'Art d'arpenter à la fin, pour seruir d'échelle de petites mesures, ayant deux pinnules en ces extrémitez pour conduire les rayons visuels, & vn petit trou en vne pour tourner à l'entour d'vn point choisi, font toute la matiere & les pieces de nostre instrument. De ces deux planches l'vne se nomme Horizontale, & reçoit la delineation & la figure: l'autre Verticale, qui dirige la veuë, & en bas marque les lignes correspondantes aux visuelles. Et par ces noms on connoist déja la situation que chacune doit auoir dans le lieu où on s'en veut seruir: c'est à dire, que l'vne doit estre de niueau & immobile dans l'operation; l'autre doit estre mise à plomb, ce qu'elle aura estant perpendiculaire à la premiere, & doit estre mobile sur & à l'entour d'vn point de la premiere. Ie dis pour le plus: pource que l'vne des deux dernieres pieces, telle qu'est la regle, suffit pour la plus-part des operations comme l'on verra; & toutes trois ne sont requises que pour certaines: Et mesme on peut au lieu de regle & de planche verticale y mettre des filets à plomb, attachez aux points des stations, dont l'vn descendra droit de chaque point de station: les autres passeront par diuers endroits de l'extremité de la planche deuant que de descendre droit en bas. Car la veuë peut estre parfaitement dressée par la partie pendante de tels filets, qu'il faut garentir de l'agitation des vents; & la ligne peut estre parfaitement marquée par la partie des mesmes filets, qui est couchée sur la planche horizontale. Car voila les deux operations qu'il faut faire & pour lesquelles seules les pieces sont requises. La premiere est de dresser le rayon visuel contre l'objet: la seconde, de marquer la ligne que fait vn tel rayon sur la planche horizontale si on veut auoir la figure horizontale. Sur les verticales si on veut auoir les hauteurs. Pour ne charger de lignes la mesme planche horizontale on peut à chaque Topographie attacher sur elle vn carton, vn papier, ou vn velin bien bandé, & sur iceluy tracer les lignes prescrites, puis l'ostant de dessus la planche on s'en seruira selon que l'on desirera & la planche demeurera en son entier. Si l'on veut adiouster vne boussole dans la mesme planche, ce sera pour auoir le rapport qu'ont les points marquez en la figure, auec les quatre points cardinaux du monde.

§. 3. *L'usage de cét Instrument.*

1. CHoisissez les lieux d'où vous pouuez commodément apperceuoir les objets particuliers que vous desirez marquer en vostre carte pour estre les lieux des stations, il en faut deux du moins. 2. Mesurez l'entre-deux exactement selon la maniere commune,& mise au chap. 2. §. 3. de l'Art d'arpenter. 3. Marquez sur vostre planche horizontale, ou sur le carton blanc y attaché, cette ligne reduite au petit pied: c'est à dire, tracez-y vne ligne droite qui aye autant de petites parties prises sur l'échelle des petites mesures que vous en auez troué en la grãde ligne bornée des deux points chosis pour stations. On l'appelle la ligne des stations, & les points extrémes les points de station. 4. Transportez-vous au point de vostre premiere station, & placez-y vostre planche horizontale, luy donnant la situation de niueau, & pour la conuersion faites que la ligne des stations regarde directemét le point de l'autre station: ce qu'estant arrestez vostre planche en telle assiette. 5. La planche estant ainsi disposée & affermie toute l'operation consiste à marquer les lignes des rayons visuels, qui passans tous par le point commun de la station, vont se terminer sur les objets que l'on pretend marquer; & pour ce faire on se sert ou de la planche verticale, ou de la regle, ou des filets à plomb pendans verticalement. 6. Passez à la seconde station, & y disposez la planche horizontale de niueau, & de telle sorte que la ligne des stations regarde directement le point de la premiere station, & alors vous n'auez qu'à regarder d'vn tel point les mesmes objets que vous auez enuisagez en la premiere station, & marquer les lignes des rayons visuels: & si vous faites dauantage de stations, sur chacune il faut faut faire les mesmes operations.

§. 4. *Quelques regles & principes pour l'vsage de cét Instrument.*

1. LA connoissance de la juste distance entre les deux stations, l'échelle des petites mesures, & la delineation des rayons visuels sont les trois principes d'où tout le reste suit & dépend, & on n'y peut manquer sans que l'erreur ne se communique au reste: pource que le premier est la base de tous les triangles, & le terme par ses deux extremitez des autres lignes. Le second est la regle & la mesure de toutes les lignes racourcies. Le troisiesme fait les angles, esquels le moindre manquement au commencement va tousiours croissant dans la continuation des lignes. Pour donc les choisir auec toute exactitude, & donner à chacun sa juste grandeur & position, remarquez les points suiuans. 2. La ligne des stations se trace la premiere à discretion sur la planche horizontale, selon qu'il a esté dit au §. precedent. Si on la prend sur vne échelle des petites mesures, il faut luy en donner autant que la lon-

gueur effectiue & representée en a de grandes & veritables : si non il faudra la diuiser en autant de parties égales qu'il y a de veritables mesures dans la ligne representée, & la faire seruir pour tout le reste d'échelle de petites mesures. 3. Si on a des endroits propres à seruir de stations : mais que l'entre-deux ne puisse estre mesuré, comme il arriue souuent, on pourra retenir ces lieux pour des stations, afin de ne perdre la commodité qu'ils presentent à ce dessein, & pour ligne racourcie on choisira celle qui entre les marquées dans la figure aura sa correspondante dans l'objet plus mesurable : & alors il faudra diuiser la ligne choisie en autant de parties égales, qu'on en aura marqué de veritables en sa correspondante : Et ces parties seruiront d'échelle de petites mesures pour toutes les autres lignes. 4. Pareillement on peut varier les stations pour diuers objets particuliers, & se seruir d'vn point marqué par deux stations pour obseruer quelque lieu particulier qui ne se voit que d'vn tel point. 5. Touchant l'échelle des petites mesures quand elle est dépendante de nous, il faut auoir égard à l'étenduë du pays, qui doit estre l'objet de la representation, & à la carte qui en doit estre le sujet, afin qu'il n'y aye aucune partie de la figure sans carte : ce qui seroit si les parties estoient trop grandes, ny partie de la carte sans pays ; ce qui seroit si les parties estoient trop petites. 6. Il est expedient que les stations ayent vne notable distance pour rendre la base des triangles plus sensible, & la difference des angles plus grande, & en suite la parallaxe. 7. Si on fait la figure de tout vn pays il faut multiplier les stations, & choisir des lieux qui ayent quelque communication auec les lignes tirées par la precedente station, pour joindre les obseruations faites d'vn point auec celles qui sont faites des autres points. 8. Qui voudra contretirer vne figure déja faite, & l'agrandir ou l'amoindrir tant qu'il voudra, n'a qu'à agrandir ou amoindrir l'échelle des petites mesures, & prendre vne plus grande ligne des stations. Il y a des instrumens propres pour cét effet. 9. La ligne que la boussole montrera pourra seruir de ligne commune à laquelle les autres seront rapportées ; ainsi que i'ay dit à l'Art d'arpenter.

---

§. 5. *La demonstration & l'examen de l'Instrument, & de son vsage.*

IL se fait vne parfaite similitude entre la figure tracée sur la planche, & celle qui est originaire & primitiue sur la terre, à cause que les triangles dont l'vne & l'autre sont cõposées, & esquels toutes deux se resoluët sont parfaitement semblables. Ils sont tels ; à cause que les angles sont parfaitement égaux, ce qui suffit pour la similitude des triangles. Ils sont tres égaux ; à cause que les deux qui se font dans les points des stations sont les mesmes pour l'vne & l'autre figure, d'où s'ensuit l'égalité du troisiesme. De plus en ces triangles semblables nous connoissons la proportion d'vn costé auec son correspondant, & les parties par lesquelles on mesure l'vn & l'autre. Ce qui suffit pour cognoistre tout le reste, & auoir les mesures absoluës de l'original par les relatiues de la copie, ainsi qu'on entendra mieux par le Traité de la Similitude mis en l'Arithmetique, chap. 4. §. 7.

On examine les operations faites, premierement changeant ou multipliant les stations, & voyant si on rencontre les mesmes points & distances: secondement, mesurant quelques distances particulieres, & voyant si elles correspondét auec les petites mesures dans les lignes correlatiues. 3. Ioignant les lignes meridiennes que la boussole donne auec celles des rayons, & voyant si les anglee s'accordent auec ceux que les mesmes lignes font auec la ligne de station.

§. 6. *Le moyen de se seruir la nuit de ces instrumens, & d'en connoistre les hauteurs des objets.*

IL seruira la nuit si on rend visibles les objets qu'on doit enuisager. On les rendra tels mettant sur les pointes des clochers, sur les faistes des montagnes, sur les sommets des arbres des flambeaux allumez, tels qu'on en met au haut des masts des nauires: si on y allume des feux, si on fait monter droit en haut de grosses fusées, quand les lieux sont enfoncez. Si on tire verticalement des bombes & grenades gauderonnées par des mortiers, & des boulets par des mousquetons enuironnant les corps dvne matiere combustile, dont la flamme ne s'esteint ny à la pluye, ny au vent.

Et si ont veut sçauoir la pente des terres, la hauteur des clochers & des montagnes, la profondeur des valées & les inegalitez d'vn lieu: ce qui peut seruir à vn General d'Armée pour camper; à vn Ingenieur pour ioindre les riuieres, dessécher les marais, &c. Il faut se seruir des trois pieces declarées au §. 2. Et pour conceuoir l'office de chacune, la planche verticale continuée contiét le plan d'vn cercle vertical, & la mesme dressée en deux stations contre vn mesme objet montre dans son cócours la ligne verticale, en laquelle se trouue l'objet qu'on enuisage, & que l'on veut marquer. En la figure horizontale on se contente d'auoir les points de chaque objet, qui sont marquez sur la planche horizontale par la ligne verticale de chaque objet: mais en cette-cy on cherche le point mesme dans ceste ligne qui est representatif de l'objet. Et pour l'auoir faut prédre en haut ou en bas de la surface horizótale l'angle que fait la ligne visuelle qui tend à l'objet auec la ligne horizótale representatiue du mesme, selon la façon precedente, & qui tend à la ligne verticale de l'objet; pource que cette ligne ira rencontrer dans la verticale tirée du point marqué sur la planche horizontale le vray point de l'objet. Or pour auoir ces lignes soit tendantes à l'objet tant dessus que dessous la surface horizontale, soit verticales & tirées de la figure horizótale, la planche verticale auec la regle, ou les filets à plomb auec des perles mobiles y peuuent bien seruir. On les peut encor auoir par vn quart de 90. Si les deux statiós ne sót de niueau il faut prendre l'angle que fait la ligne de pente auec l'horizótale & y auoir égard.

§. 7. *Les auantages de cette pratique.*

CEtte façon est premierement tres aisée; en ce qu'elle est tres simple & en suite tres courte, soit en la construction de l'instrument, soit en l'operation qui ne requiert aucune supputation Arithmetique ny regle Geometrique, puis qu'elle donne d'abord ce que l'on cherche. Secondement, tres euidente & asseurée puis qu'elle est appuyée sur vne demonstration solide & tres claire. Troisiesmement, tres vniuerselle puis qu'elle est pour tout lieu, pour tout temps, & pour toute dimension. Quatriesmement, tres exacte par le moyen des examés qui l'asseurent. Et cinquiesmemẽt, tres vtile pour les cõnoissances qu'elle nous donne, & qui sont les suiuantes. Nous cognoissons premierement tous les points de la surface terrestre proposée & representée par ceux de la figure representãte; car chaque point de cette-cy monstre vn point de celle-là, & tous les raports qu'il a auec tous les autres en vertu de la similitude expliquée au lieu cité de l'Arithmetique. Secondement, toutes les distances & lignes que l'on peut tirer d'vn point à vn autre, & leurs longueurs dans la mesme surface, car celles-cy contiendront autant de grandes mesures, que la ligne representante & tirée des points representans, en aura de petites. Troisiesmement, toutes les figures faites & faisables sur telle surface: pource que toute figure est composée de lignes; or il n'y a point de ligne dans la terre qui n'aye sa correspondante, & correlatiue dans la figure semblable: & tous ces trois points sont conneus en vertu de la seule similitude. Quatriesmement toutes les surfaces comprises dans telles lignes & figures, & la surface totale representée par toute la figure; & cette cognoissance demande la pratique des regles Geometriques, qui par les lignes données d'vne figure concluẽt celle de la surface contenuë dans elles: on les pourra voir dans l'Art d'arpenter. Cinquiesmement, les hauteurs de chaque point que les lignes verticales donneront, si on obserue ce qui est expliqué au §. 6. pour les auoir, & c'est en vertu de la similitude qu'on aura cette cognoissance. Sixiesmement, cette façon nous aprẽd la doctrine des parallaxes, puis qu'on fait icy sur vne ligne des stations rapportées à des objets proches, ce que font les parallaxes sur des objets celestes, qui ont pour base commune de leurs triangles le semidiametre terrestre, qui y est comme icy la ligne des stations, & toutes les regles que l'on donne pour les parallaxes, peuuent s'accommoder & se verifier sur nostre figure & façon. Septiesmement, ce que ie dis en general se peut appliquer sur mille sortes de surfaces terrestres particulieres. Pour s'en seruir à faire vne carte Geographique d'vn pays, il est bon de se seruir de lunettes à long tuyau pour voir de loin, & distinguer les objets éloignez: de l'instrument que i'ay donné en la Geographie pour connoistre les distances droites par les sons, & de la boussole pour auoir vne ligne commune, à laquelle on peut rapporter toutes les autres, & connoistre les habitudes de situation que chaque lieu a à l'egard d'vn autre.

§. 8.

§. 8. *Vn exemple expliqué sur vne figure.*

IL est bon de la considerer lisant les §§. precedens, & y reconnoistre les diuerses lignes dont on traitte. D'vne part l'original y est figuré : c'est à sçauoir l'estenduë A.B.L.H. & dans elle vn bastion composé de diuerses parties, qui sont autant d'objets particuliers, & qui doiuent estre apperceus de deux points pour le moins, que l'on choisit pour estre les deux lieux où se doiuent faire les obseruations, & qui sont nommez les lieux des stations. Icy ce sont les points A.& B. & la ligne A.B. qui en est terminée est dite la ligne des stations : & d'autant qu'elle sert de base commune à tous les triangles qui se font vers les objets particuliers, & qu'elle est vn principe de connoissance, elle doit estre exactement connuë.

D'autre part pour auoir la copie & abregé de cét original, & vne figure toute semblable de l'objet proposé, on se sert de la planche 1.2.3.4. sur laquelle on tire à discretion la ligne des stations 1.2. dont les deux points extremes 1. & 2. representent les deux points A. & B. choisis à ce dessein. On la porte en A.& en B. On luy donne en chacun de ces lieux la situation horizontale,& puis la conuersion conuenable la tournant iusques à ce que la ligne des stations continuée par vn rayon visuel, alle trouuer iustement le point de l'autre station : ce qu'estant fait on l'arreste en cette disposition. On prend & on marque sur elle toutes les lignes qui vont du point representatif de la station où l'on est à ces objets particuliers : Et y se trouuera 1. que les lignes tirées de la sorte de deux stations feront auec la ligne des stations 1.2. autant de petits triangles & racourcis qu'il y en a de grands sur la ligne A.B. 2. Que les petits sur la planche 1.2.3.4. sont parfaitement semblables aux grands sur l'estenduë A.B.L.H. pource qu'ils ont les angles égaux. 3. Qu'en vertu de cette similitude la proportion est la mesme de chaque petit triangle à son grand correlatif, & de chaque partie de l'vn à la partie correspondante dans l'autre. Partant qui connoist cette proportion en vne partie peut s'asseurer que c'est la mesme en toutes les autres. Or on la peut connoistre ayant mesuré la grande ligne des stations A.B. ou autre, & ayant mis autant de parties en la petite 1.2. qui est la correspondante : car chacune de ces parties (dont on fera vne échelle) prise sur toutes les autres lignes des petits triangles representeront mesme mesure sur les lignes des grands.

L'ART ET LA MANIERE

DE CONOISTRE LES HAVTEVRS VERTICALES

& autres longueurs des Corps terrestres par le rayon celeste ou visuel, soit le iour au soleil, soit la nuit aux estoilles ; & c'est ou sans instrument Geometrique, ny operation Arithmetique, ou par regles Geometriques & supputations Arithmetiques.

§. I. *DE TROIS SORTES DE LIGNES PARALLELLES sur le Globe naturel de la terre.*

CEs trois sortes de lignes qui sont estimées & tenuës pour parallelles, sont premierement toutes les verticales d'vn mesme pays : secondement, toutes les horizontales qui sont perpendiculaires à ces premieres lignes : & tiercement tous les rayons qui viennent d'vn mesme astre sur la terre. Ie mets pour les deux premieres lignes cette restriction dans l'estenduë d'vn mesme pays : à cause que les lignes verticales de deux pays bien éloignez ne sont pas sensiblemẽt parallelles, puis qu'elles font vn angle sensible en leur rencontre dans le centre, & s'éloignent sensiblement. Ie dis de plus pour toutes les trois, qu'elles sont estimées parallelles : pource que parlant absolument & en rigueur Mathematique, elles sont concourantes : Les verticales au centre du monde, les rayons dans l'astre dont ils partent, & les horizontales en diuers points. Mais d'autant que le point du concours est distant de nos verticales de tout le semidiametre terrestre, c'est à dire de plus de trois mille Italiques, elles font vn si petit angle en leur concours, qu'il est insensible : en suite de quoy elles s'éloignent ou s'approchent si peu en vn petit espace, qu'il n'y a subtilité de veuë, ny exactitude d'instrumens qui puissent apperceuoir le moindre changement de distance, si la longueur n'est bien notable. Car si, par exemple, le semidiametre est de mille lieuës, de 3000. pas la liuë, c'est à dire de 3: 000: 000. pas le semidiametre : & si deux de ces lignes semidiametrales qui concourent au centre sont en nostre circonference éloignées de 100. pas, ou 500. pieds: En chaque 100. lieuës de hauteur, qui est la dixiesme partie de toute la longueur semidiametrale, elles ne s'approcheront que de 10. pas, qui est la dixiesme partie de la plus grande & finale largeur; & gardant la mesme regle de proportion en chaque 10. lieuës que d'vn pas, en chaque lieuë que d'vn demy pied, en chaque 208. pieds, que d'vne ligne seulement, & encore n'est-elle pas entiere, ce qui n'est pas sensible. Que si les verticales sont parallelles, leurs perpendiculaires qui sont les horizontales le seront aussi, ou plutost leurs plans. Mais quant aux rayons solaires comme le concours est incomparablemẽt plus éloigné de nous, que n'est le centre du monde: aussi leur éloignement & diuersité de distance entre eux est tout à fait imperceptible en l'espace de 100. lieuës: & encore bien plus celle des rayons stellaires, qui viennent de bien plus loin. I'ay décry autre part les instrumens pour reconnoistre ces trois sortes de lignes, & les determiner.

---

§. 2. *Des triangles que font ces trois sortes de lignes.*

IE dis premierement, que ces trois sortes de lignes se joignent ensemble dans leurs extremitez, & forment vne infinité de triangles composez d'vne hauteur verticale, d'vne longueur horizontale, qui souuent est marquée par l'ombre solaire de la hauteur, & d'vn rayon celeste, qui passant par le point extréme de la hauteur, va se terminer sur le point extréme de la longueur. Car chaque chose éleuée verticalement, le iour estant serain, a son ombre, & la nuit vn rayon de chaque estoille qui rase le point le plus haut: & cette hauteur auec ce rayon ont en bas vne ligne horizontale, auec laquelle ils font vn triangle rectangle: & ainsi il y a autant de triangles en mesme temps que de choses éleuées. Que si les éleuations ne sont pas verticales ou les plans horizontaux, ils ne laissent pas d'auoir vne ligne verticale & vne horizontale que l'on trouuera, l'vne par le filet à plomb, l'autre par le niueau.

Ie dis secondement, qu'entre ces triangles la plus part sont inconneus, & ne peuuent estre mesurez sur eux-mesmes, ny conneus par application d'vne mesure, pource que telle façon de mesurer suppose la presence que nous ne pouuons auoir auec le dedans d'vne montagne où est la ligne verticale, qui prend droit du bas de la montagne en haut & l'horizõtale, qui prend du pied de la verticale au terme de l'ombre. De mesme il n'est pas facile de passer vne riuiere pour voir sa longueur; encore bien que cela soit possible absolument. Ainsi en est-il de tant d'autres quantitez. Quelques vns sont conneus, comme sont tous ceux que font les hauteurs mediocres, & dont les longueurs peuuent estre mesurées, telles que sont les perrons, les fenestres qui enuoyent sur le plancher de la chambre leur ombre; les petites murailles, & toutes autres telles éleuations perpendiculaires: mais particulieremẽt les triangles que l'on fait exprez, & à dessein de nous seruir d'antecedent : comme quand on éleue à plomb vn baston droit d'vne mesure determinée & commode, comme de 4. 5. ou 6. pieds sur vn plan bien à niueau & exposé au soleil: Car de la hauteur verticale du baston, de la longueur horizontale de l'ombre, & de la ligne radieuse qui joint & lie les deux extremitez de ces deux lignes, se fait vn triangle rectangle, duquel tous les costez sont aisez à mesurer & à connoistre: Et ce sont tels triangles dont il faut se seruir, pour connoistre les autres en la façon que ie diray.

Ie dis en troisiesme lieu, que tous ces triangles sont entre eux parfaitemẽt semblables, & que partant par vn qui sera conneu on pourra connoistre tous les autres qui ne le seront pas. Ils sont semblables à cause qu'ils sont composez des lignes parallelles, & en suite ont les mesmes angles, ainsi que i'ay prouué à l'Arithmetique, chap. 4. Et ainsi ils ont tous mesme proportion: c'est à dire, que si l'ombre horizontale de l'vn est, par exemple, deux fois moindre que la hauteur d'vn corps opaque, qui en est la cause, qu'en mesme instant dans tous les autres triangles qui se font par le rayon venant d'vn mesme astre, la longueur de l'ombre sera pareillement deux fois moindre que la hauteur du corps qui la fait.

Ie dis en quatriesme lieu, que pour venir en connoissance de tous les triangles inconneus, il est necessaire d'en auoir vn entierement conneu ; & de plus vn terme ou vn costé de chacun des autres qui sont inconneus en leurs autres quantitez & independãs totalement entr'eux; c'est à dire qui n'ont rien de commun : parce que la premiere connoissance d'vn triangle conneu ne m'aprend rien pour les autres semblables, sinon la proportion qu'ont les costez par ensemble, qui est la mesme que celle du triangle conneu : mais cette proportion se pouuant appliquer & trouuer sur toutes quantitez, il la faut determiner à vne particuliere par quelque obseruation qui nous donnera la connoissance d'vn costé particulier de chaque triangle, & pour lors tous les autres costez de ces triangles seront determinez à des quantitez particulieres & connoissables par les deux connoissances precedentes. L'vne de la quantité ou mesures absoluës, l'autre de la proportion ou mesures relatiues qu'elle a auec vne autre : ou bien l'vne de la proportion qu'ont les costez d'vn mesme triangle entre eux : l'autre de la proportion qu'ont les costez d'vn triangle à ceux d'vn autre. D'ordinaire cette quantité est vne longueur horizontale appartenante à ces triangles : pource que ce sont les quantitez sur lesquelles nous marchons, que nous pouuons prendre sans operation Arithmetique par vne simple numeration & addition d'vnitez que chacun sçait, en faisant vne mecanique application de mesures. Et si on prend pour mesure vn des costez du petit triangle autant de fois qu'on le trouuera dans le costé, qui luy correspond dans ce grand triangle, autant de fois les autres costez du petit triangle se trouueront dans les costez correspondans du grand, sans qu'il soit besoin de les mesurer dauantage, ou par autre mesure.

On entendra tout cecy plus clairement dans les pratiques qui suiuent, où ie donneray sept façons de sçauoir les hauteurs, qu'on ne peut mesurer par application de mesures. Ce Paragraphe, & mesme tout ce Traité sera parfaitement entendu si on conçoit bien ce que ie dis en l'Arithmetique des proportions & similitudes des figures, chap. 4.

---

§. 3. *Premiere façon de connoistre le iour les hauteurs verticales, telle qu'est celle d'vne tour.*

IE prend pour le triangle inconnueu celuy que fait vne tour A. B. G. par la hauteur verticale A. B. de ses murailles, par la longuenr horizontale A. C. de son ombre, & par celle du rayon B. C. qui joint ces deux lignes en leurs extremitez, & pour le triangle conneu celuy que fait le baston I. H. éleué perpendiculairement, & que ie prends de cinq pids ou d'vn pas, de six pieds ou d'vne toise de longueur, ou de quelque autre mesure. Icy ie le prends d'vn pas Geometrique. Ie marque donc en mesme temps l'extremité de l'ombre tant de la tour en C. que du baston en K. pour auoir les points qui terminent en bas l'vn & l'autre triangle : ie prends dans le petit triangle I. H. K. la longueur horizontale I. K. & ie l'applique tant de fois que faire se peut sur la longueur horizontale A. C. du grand triangle A. B. C. pource qu'elle seule est mesurable : Et autant de fois que ie l'y trouue comprise, ie dis qu'autant de fois la petite hauteur du baston est contenuë en la grande de la tour ; comme si I. K. est dix fois en A. C. le baston I. H. sera dix fois en la hauteur de la tour A. B. qui partant sera de dix pas, c'est a dire 50. pieds de hauteur, pource que ces deux triangles sont paralelles: estant tels ils sont semblables, estant tels ils ont mesme proportion, qui se reconnoist par application d'vn costé du petit triangle sur le correspondant du grand, car le nombre de ces applications sera celuy de la proportion, par lequel on doit multiplier tous les autres du petit pour auoir leurs correspondans dans le grand ; & si vous voulez faire sur la surface terrestre vn triangle égal, vous n'auez qu'a coucher le rayon B. C. sur la surface horizontale, de sorte qu'il fasse auec la ligne de niueau A. C. le mesme angle B. C. A. & à l'autre extremité A. tirer vne ligné perpendiculaire iusques à ce qu'elle rencontre le rayon B. C. & elle sera égalle en longueur à la hauteur de la tour, qui aura esté prise sans instrument Geometrique & sans operation Arithmetique.

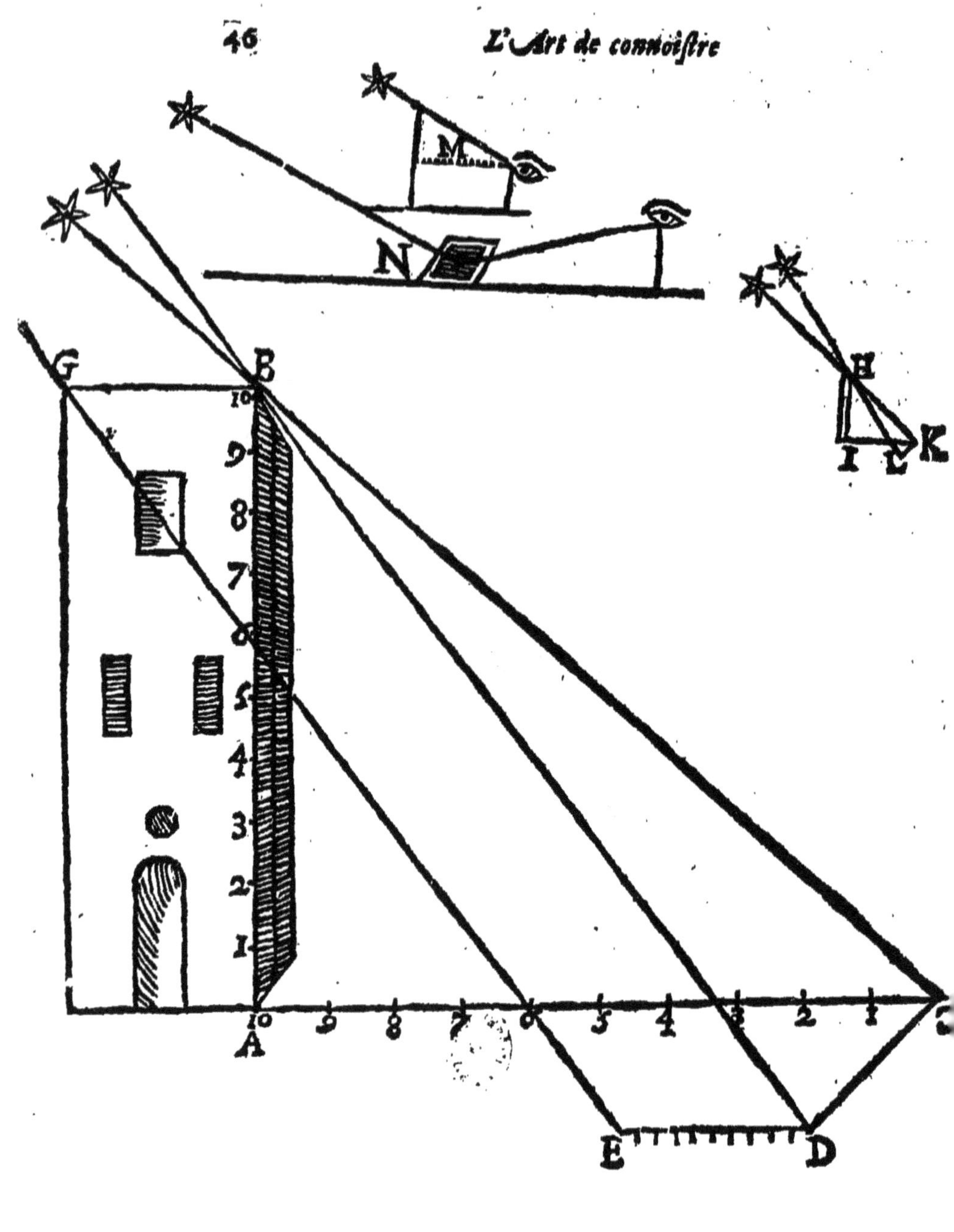
M
N
G
B
H
I
L
K
10
9
8
7
6
5
4
3
2
1
A
10
9
8
7
6
5
4
3
2
1
C
E
D

§. 4. *Seconde façon pour connoistre les mesmes hauteurs, & les longueurs horizontales qui les joignent sans s'en approcher.*

SI pour diuerses raisons ie ne puis approcher du pied de la tour, & que ie ne puisse mesurer la longueur horizontale, qui joint la verticale conseruant les marques que i'ay fait en la premiere façon pour l'vn & pour l'autre triangle ie reitere la mesme operation en vn autre temps, auquel l'ombre aura bien changé aussi bien que le Soleil : & ie marque pour la seconde fois l'extremité de l'ombre de deux hauteurs, sçauoir de la grande en D. de la petite en L. le temps est laissé au chois & à la commodité des hommes ; puis ie prends la difference qu'il y a entre les deux ombres tant de la tour sçauoir C. D. que du baston K. L. i'applique celle-cy K. L. sur celle-là C. D. iusques à ce que ie l'aye parcouruë & égallée entierement, & autant de fois que i'auray compté cette petite distance K. L. dans la grande C. D. autant de fois faudra-il compter la petite hauteur I. H. du baston, c'est à dire cinq pieds dans la grande A. B. de la tour, & la petite longueur I. K. ou I. L. dans la grande A. C. ou A. D. & le petit rayon H. K. ou H. L. dans le grand rayon B. C. ou B. D. car la connoissance de toutes ces lignes vient d'vne seule tres facile. Pource qu'on trouuera quatre triangles de chaque costé sçauoir du costé de la tour A. B. C. A.B.D. D.C.B. & A.C.D. du costé du baston H.I.K. H.I.L. H.K.L. & I.L.K. Secondement ces quatre premiers de la tour sont semblables à ces quatre autres du baston, & partant tous les costez de ces quatre petits sont des mesures contenuës autant de fois les vnes que les autres dans les costez correspondans des grands triangles, comme dix fois ce que l'on connoist par le mesurage & la comparaison d'vn seul, & la proportion commune estant conneuë on n'a qu'à faire la multiplication des autres costez par elle comme icy par 10. pour auoir les correspondans dans les grands triangles.

La raison d'vne similitude entre tant de triangles est la dependance qu'ils ont par ensemble ; pource qu'en tout il n'y a pour les costez de quatre triangles que six lignes diuerses qui en requierent douze, d'où s'ensuit que chacune doit seruir deux fois & à deux triangles, & partant si l'vne entant que costé d'vn triangle a vne certaine proportion, elle la communiquera à l'autre triangle qu'elle compose. Outre que ces six lignes terminent vne figure piramidale, & la petite est parallelle à la grande : Enfin les angles sont égaux. Que si l'on passe à vne troisiesme station & operation & qu'on trouue tousiours les mesmes mesures, on pourra conclurre auec asseurance la verité de l'operation, & se seruir de la troisiesme pour vn examen des autres.

§. 5. *Troiſieſme façon pour faire le meſme la nuit par les eſtoilles.*

C'Eſt de faire par les eſtoilles la nuit ce qu'on fait le iour par le Soleil, & au lieu du rayon ſolaire on ſe ſert du ſtellaire & viſuel; qui ayant la meſme droiture & les meſmes points extremes que l'autre, a auſſi toutes les meſmes proprietez & effets. Et la façon de proceder ſoit par vne ſtation, ſoit par deux eſt toute la meſme: Et pour mieux entendre le tout ie mettray icy les conuenances & differences, les auantages & deſauantages de cette façon comparée auec les precedentes. Les auantages ſont ceux-cy: le premier eſt; il n'y a qu'vn ſoleil contre pluſieurs eſtoilles qui paroiſſent tout à la fois, & celuy-cy en contient quatre: car premierement on peut faire par pluſieurs eſtoilles en meſme temps, ce que l'on eſt contraint de faire ſucceſſiuement & en diuers temps par le ſoleil. Secondement on peut prendre la hauteur d'vn corps éleué de quel coſté que l'on voudra; à cauſe que l'on trouue des eſtoilles éparſes de tout coſté: ce qui n'eſt vray du Soleil qui nous eſt touſiours meridional. Troiſieſmement, on le peut faire en tout temps de la nuit d'vne diſtance fort diuerſe, & preſque telle que l'on pourra deſirer, & d'vn endroit tel que l'on choiſira; à cauſe de la diuerſe hauteur & ſituation des eſtoilles. Quatrieſmement, on peut beaucoup varier cette pratique, & examiner celles qui ſeront faites par autant de façons qui reſtent d'eſtoilles ſur l'horizon. Le ſecond auantage eſt que le Soleil ſe voit le iour, les eſtoilles la nuit, d'où vient que l'on peut en temps de guerre auec plus de ſeureté, & eſtant plus à couuert, meſurer la hauteur d'vn baſtion, & d'autres hauteurs ſemblables que le iour, & prendre la largeur du foſſé. Le troiſieſme eſt que le rayon de l'eſtoille eſt plus indiuiſible; à cauſe que l'objet eſt plus petit, & eſt plus parallele; à cauſe que l'objet eſt plus loing: là où l'ombre du ſoleil eſt meſlangée en ſon extremité de lumiere, & ne peut eſtre ny diſtinguée ſi exactement, ny partant marquée ſi preciſement.

L'vnique deſauantage eſt que l'on ne peut pas bien remarquer les deux termes du grand triangle la nuit par où paſſe le rayon; ſçauoir eſt le point le plus éleué de la hauteur verticale, & celuy où ſe termine la longueur horizontale. Voicy quelques remedes que l'on y peut apporter. Pour auoir en pleine nuict le premier point, ſçauoir la pointe des clochers, des rochers & des montagnes: ie ne vois aucun moyen de ſe les rendre viſibles qu'en y portant des flambeaux, ou remarquant en un temps tres ſerain le point qui commence à nous éclipſer vne eſtoille quand nous approchons de cette pointe, & qui commence à nous la faire paroiſtre quand nous nous en éloignons. Touchant le ſecond point on peut remedier à cét inconuenient par quatre manieres & auoir exactement la fin de la longueur horizontale où tombe le rayon qui raſe le haut de la verticale. Premierement par vn baſton de la hauteur de l'œil planté en vn tel endroit & de telle ſorte que le rayon qui friſe & raſe la hauteur

teur de la tour puisse aussi frizer & raser le haut du baston, & que la veuë par son rayon visuel passant par les deux extremitez du baston & de la tour aille tout droit rencontrer l'estoille; car pour lors ce point du baston sera vn des termes du grand triangle, le haut de la tour le second, & pour le troisiesme il faut prendre le point de la tour qui est de niueau auec le haut du baston; & ce qui est plus bas que ce point sera adjousté auec la hauteur de la tour qu'on trouuera par les operations descrites icy: on en verra vne figure en M. Secondement par nous mesmes sans baston; car si nous regardons vn astre par vn rayon razant le haut de la tour, & si nous remarquons l'endroit de nostre œil laissant tomber droit vn plomb ou autres poids du lieu de l'œil sur le plan horizontal: ce point marqué nous seruira pour terme de nostre triangle qui nous donnera la hauteur de la tour depuis le niueau de nostre œil en haut, & par ainsi il faudra y adjouster la hauteur de nostre œil ou la hauteur de ce point de niueau pource qu'elle est hors du triangle. Troisiesmement, par le moyen d'vn miroir N. couché horizontalement en vn tel endroit que par luy nous voyons en vne mesme ligne & l'astre & l'extremité de la tour: & pour auoir au iuste le point du miroir on en cachera vne partie iusques à ce qu'on ne voye plus l'estoille; car le point lequel estant caché nous oste la veuë de l'estoille est celuy que l'on cherche, & qui fait vne des pointes du triãgle, la figure est en N. Quatriesmement, si on regarde par les deux pinnules d'vn astrolabe ou autre instrument le haut de la tour & l'astre puis le mesme instrument demeurant immobile si on regarde par les mesmes fentes du haut en bas le point que le rayon marquera sur le plan horizontal, ce sera celuy que l'on cherche. Que si on a de la difficulté à marquer l'extremité du grand triangle, il y en a bien dauantage pour celle du petit: en voicy quelques façons. La premiere est d'auoir vne table à niueau & sur elle vn style mobile & perpendiculaire à la table en quel endroit qu'on le puisse mettre, & s'il y en a plusieurs il faut qu'ils soient égaux en hauteur: ce qu'estant preparé choisissez vn point determiné E. en l'extremité de la table pour le point de l'œil, par lequel on regardera vn astre en plusieurs temps diuers ou plusieurs astres en vn mesme temps: mettez vostre style en tel endroit que le rayon visuel de l'estoille passe par la pointe de ce style: puis marquez le point dans la table qui respond perpendiculairemẽt à la pointe du style. Faites-en autãt du mesme point de veuë E. sur vne autre estoille, & si vous voulez sur vn troisiesme, & vous aurez en perfection les petits triangles que vous desirez: Car ceux cy sont égaux à ceux qui se feroiẽt si le style estoit vnique & immobile pour plusieurs estoilles; puis qu'en ceux-cy les rayons iroient se terminer en des points aussi distans qu'en ceux là sont les styles, comme il est aisé à demonstrer & à voir dans la figure, où deux estoilles A. & I. rayõnantes par la pointe H. en diuers endroits F. & E ferõt le triangle HFE. égal à celuy HLE. qu'elles font rayõnant dãs vn mesme point E. mais par des styles égaux & mis en diuers lieux: à cause que les rayons d'vne mesme estoille sont parallelles, & ces deux sortes de triangles

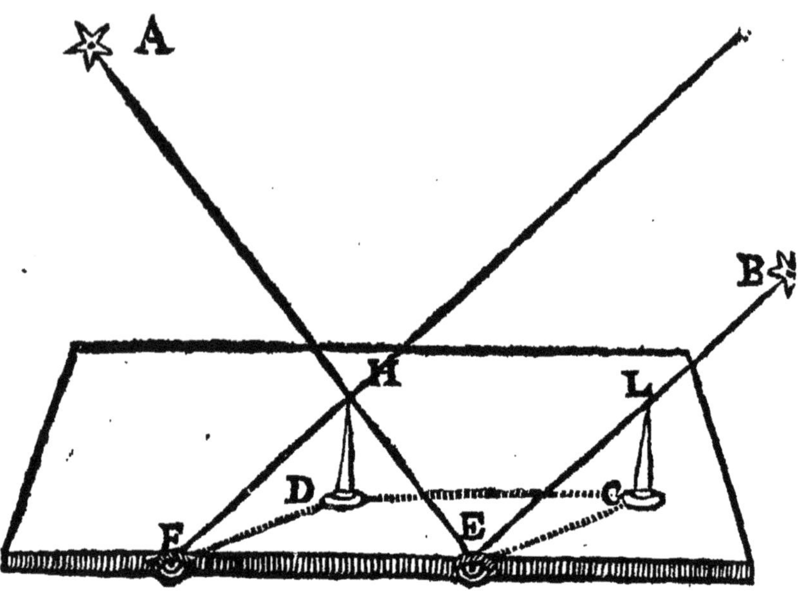

joints enſemble font vn parallellográme, FELH. dont ceux d'vne ſorte en font vne moitié, ceux de l'autre l'autre moitié. La ſeconde eſt par pluſieurs baſtons éleuez verticalement, ainſi que l'on peut voir en la figure M. dont l'vn qui ſeruira de ſtyle ſera plus haut d'vne meſure determinée comme de cinq pieds, que les autres qui ſeront entre eux d'vne meſme hauteur, & marqueront les points de l'œil, c'eſt à dire les endroits, d'où l'on pourra voir par l'extremité du ſtyle pluſieurs eſtoilles en meſme temps, ou vne en diuers temps, & vous aurez encore vos triangles conneus. Et ſi à cette connoiſſance vous adjouſtez celle d'vn coſté des grands triangles meſuré par le coſté correſpondant du petit, on aura tous les autres de meſme façon que i'ay dit en la premiere & ſeconde maniere.

§. 6. *Quatriesme façon de faire le mesme dans les Crepuscules.*

CEs temps icy participent du iour & de la nuit, & nous donnent les aduantages de l'vn & de l'autre sans nous laisser les desauantages : Ils ont assez de iour pour nous donner la veuë des points plus éleuez que la nuit nous osté : ils ont assez d'obscurité pour nous laisser la veuë des estoilles que le iour nous oste. Profitant donc de ces moyens nous n'auons qu'à faire les quatre obseruations & pratiques mises au §. 4. pour auoir deux stations & obseruations, soit en mesme temps, soit en diuers temps par deux estoilles ou planettes qui restent visibles, particulierement par celle de Venus & de la Lune. Et pour estendre cette pratique durant le iour on peut faire les deux obseruations, l'vne par le soleil, soit luisant à plein, soit veu au trauers d'vne nuée : l'autre par la Lune quand elle paroist dans le iour ; ce qui arriue souuent, ou par Venus, ce qui arriue plus rarement. Remarquez qu'il est bien necessaire en toutes ces manieres de faire les obseruations de la grande hauteur A.B. & petite H.I. en mesme temps par la mesme estoille, mais non pas pour diuerses. On peut faire les obseruations par vne en vn temps, & par l'autre en vn autre que l'on jugera plus commode : ce qui certes facilite grandement ces manieres.

§. 7. *Cinquiesme façon de faire le mesme par l'ouye.*

LA quatriesme maniere qui nous peut conduire à la connoissance des grandes quantitez, comme de la hauteur d'vne montagne, se sert de deux sens pris conjointement : pource que d'vne part par l'ouye nous apprenons en la maniere mise en la Geographie, chap. 17. dans le grand triangle A. B. C. la ligne trauersante B. C. qui contient la distance comprise entre le sommet de la montagne B. & le lieu C. de l'obseruateur. D'autre costé par la veuë nous auons l'angle que fait au point C. la ligne B. C. auec l'horizontale A.B. ce qui suffit pour auoir par regles Geometriques les autres costez.

§. 8. *Sixiesme façon de faire le mesme par le rayon reflex.*

CEtte-cy se fait par reflexion, couchant vn miroir en C. horizontalement sur le niueau du bas A. de la tour A.B. puis regardant par luy le haut B. de la tour ; car deux triangles semblables se font icy, l'vn grand A.B.C. l'autre moindre C. D. E. & autant de fois que C. D. du petit se trouuera en C.A. du grand, autant de fois D. E. se trouuera en A. B. & C. E. en C. B. Ce second triangle manque à la figure ; on le peut suppleer auec la plume.

§. 9. Septiesme façon par les rayons intentionnels & visuels des objets.

CEtte-cy se fait par des instrumens Geometriques, qui sont tres-diuers en noms, en forme & en façon : mais qui conuiennent tous au principe de similitude, & à faire vn triangle conneu dans l'instrument parfaitement semblable à l'inconneu dans l'objet. Et d'autant que ces petites parties ne peuuent estre des mesures pour appliquer sur les longueurs des grands triangles, mais des nombres pour en compter autant de grandes : il faut adjouster à ces instrumens Geometriques des operations Arithmetiques.

Ie reduis ces instrumens à trois sortes, sçauoir est au quarré Geometrique, au quadran Astronomique, & au simple triangle. Et si on en donne d'autres ils sont composez de ceux-cy; comme les deux premiers du troisiesme. Ordinairement on joint les quadrans ou quarts de 90. auec les quarrez: pource que le quadran B.A.C.F.contient déja la moitié d'vn quarré,entant qu'il a ez deux lignes extrémes A.B.& A.C.les deux costez d'vn quarré,& il n'en faut adjouster à l'opposite que deux autres B.E. & C.E. paralleles aux precedentes, pour auoir le quarré tout entier ABEC. On diuise d'ordinaire les deux costez ajoustez BE. & CE. en parties égales:les vns le font en 10. autres en 12. autres en 100. Tant plus il y en a,tant mieux. On s'en sert comme d'échelles de petites mesures pour les costez non diuisez. On se sert tant du quarré que du quadran en deux façons. La premiere est quand on leur donne vne situation stable & immobile: sçauoir à A. B. l'horizontale à A. C. la verticale & au rayon visuel qui passe par les pinnules A. D. la penchante. La seconde façon est quand on met les pinnules sur vn des costez, comme sur A.C. & A.B. & que le rayon visuel leur est parallelle, & au lieu de regle A. D. on met vn filet à plomb. Ceux de la premiere façon sont dans les Astrolabes & autres instrumens. Les autres sont les quarrez separez : sur quoy faut remarquer les points suiuans. Premierement, qu'en toutes les deux façons il se fait dans l'obseruation en chacun de ces quarrez deux triangles; l'vn A. B. H. qui est tout acheué dans le quarré ; l'autre A. C. G. qui ne l'est pas qu'en continuant tant la ligne ou du rayon A. D. ou du filet à plomb, que celle d'vn des costez C.E. jusques à leurs concours en G. Ce qu'on peut faire auec la plume la figure ne le faisant pas. Secondement, que ces deux triangles sont semblables entre eux, & ont leurs angles de mesme grandeur. Si A. H. B. a vn angle H. B. A. droit. L'autre A. C. G. a A. C. G. droit. Item H. A. B. est égal à A. G. C. pource que sont deux angles alternatifs entre deux parallelles C. G. & A. B. par le l. 1. d'Eucl. De mesme C.G.A. est égal à H.A.B. pour estre de mesme façon entre les parallelles A. C. & B. E. Tiercement, que chacun de ces deux petits triangles sont semblables au grand qui se fait dans l'objet d'vne ligne verticale, d'vne horizontale, & d'vne troisiesme radieuse qui joint les

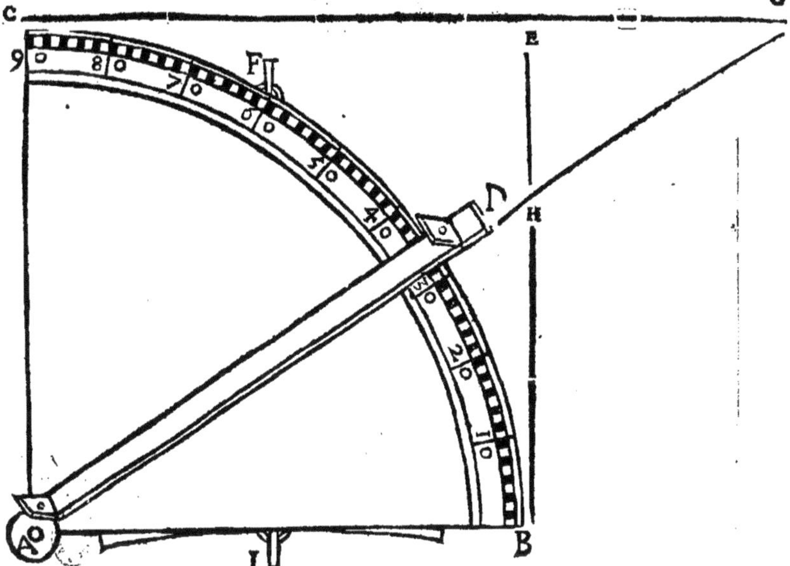

de ux autres : pource que chacun de ces trois triangles a vn angle droit, chacun a sa ligne verticale, & qui partant est parallelle à celle des autres, & la mesme ligne qui couppe vne verticale couppe aussi l'autre; & qui partant fait des angles égaux dans ces trois triangles : ce qui suffit pour monstrer que le troisiesme est aussi égal. Quatriesmement, que les deux petits triangles sont conneus en toutes leurs lignes : pource qu'on n'a qu'auec vn compas voir combien chaque costé contient des parties, selon lesquelles on a diuisé vn des costez, & mesme par les parties d'vn triangle on doit trouuer celles de l'autre, & vn triangle doit seruir d'examen pour l'autre. Cinquiesmement, si vous auez vn costé du grand triangle conneu, vous n'auez qu'à mettre son correspondant dans le petit pour le premier nombre de la regle de trois, le costé conneu du grand pour le second, vn autre costé du petit pour le troisiesme, & ce qui viendra pour le quatriesme sera le costé correspondant dans le grand triangle. Ainſi tout conſiſte à bien connoiſtre les coſtez correſpondans dans les deux triangles, & ce ſont ceux qui font les meſmes angles; puis à bien diſpoſer les nombres des trois coſtez conneus dans la regle de trois pour en tirer le nombre d'vn coſté inconneu: le premier & le troiſieſme ſont du petit triangle, le ſecond & le quatrieſme du grand. Sixieſmement, ſi on fait deux ſtations il ne faut que prendre la difference de diſtance qu'il y a depuis le pied de la verticale au pied de l'obſeruateur. Et pour l'auoir du premier coup il faut faire les deux obſeruations en vne meſme ligne de diſtance.

Quant au quadran qui tire toute ſa vertu de la Geometrie: mais qui pour ſon plus noble objet & vſage eſt ſurnommé Aſtronomique, on aura par luy les meſmes triangles que cy-deſſus: & n'y a que cette difference qu'on y conſidere les lignes comme ſinus droits tangentes ſecantes, que l'on trouue par des regles particulieres miſes au Traitté des Sinus, & par des tables qui les contiennent. Pour les triangles on en fait diuers inſtrumens, le baſton de Iacob, l'Arbaleſte, le Trigonometre, & autres qui donnent des petits triangles ſemblables & conneus à d'autres grands & inconneus ſont les principaux.

---

§. 10 *Comparaiſon entre ceſte façon & les precedentes.*

IE ne traitte pas icy plus au long de ces inſtrumens, ſoit à cauſe qu'ils ſont tres communs, qu'on en trouue l'vſage dans tant de liures de la Geometrie pratique, ſoit à cauſe que ceux qui conceuront la force de noſtre principe de ſimilitude n'auront aucune difficulté d'en faire l'application ſur ces inſtrumens, & s'en ſeruir ſans autre liure; ſoit pource qu'ils ſont plus difficiles, & requierent plus d'appareils & d'operations: car outre qu'ils ſuppoſent nos operations ils en adjouſtent d'autres beaucoup plus difficiles, & meſmes les deux ſtations ne ſe peuuent faire de tous les coſtez d'vne ſurface: mais ſeulement dans vne ligne droite ſi on ne veut prendre la diſtance des deux lignes depuis la verticale. Ainſi ils ont nos erreurs s'il y en a, & y adjouſtent les leurs propres qui ſont de trois ſortes & preſque ineuitables: ſçauoir, celles qui viennent de la fabrique & diuiſion des inſtrumens, 2. de leur application, & 3. de l'vſage, ſoit en la priſe & marque des degrez & de leurs parties, ſoit aux operations Arithmetiques. Mais dans les façons declarées cy-deſſus l'homme n'y fait rien; il ne ſe ſert d'aucune operation Arithmetique ny d'inſtrument Geometrique: C'eſt le ſoleil & les eſtoilles qui marquent par leurs propres rayons, & acheuent les triangles ſemblables, tant grands que petits, & l'homme n'a qu'à prendre au iuſte les extrémitez de ces triangles naturels auec les precautions que ie mettray au §. 12. & meſurer les grands par les coſtez correſpondans dans les petits.

Ie laiſſe encore la huictieſme façon qui eſt par des tables, comme encor plus rare à auoir, & auſſi difficile dans les obſeruations & operations.

§. 11. *Application des façons precedentes sur la hauteur d'vne montagne, d'vne nuée, d'vne bombe, & sur les longueurs horizontales.*

POur les appliquer sur les plus grandes hauteurs terrestres que nous ayons deuant les yeux, choisissons vne montagne, & mettons deux personnes de mesme costé : sçauoir l'vn plus prez de la montagne, l'autre plus loin. Que chacun d'eux regarde, soit en mesme temps, soit en temps different par le mesme point du sommet de la montagne, vn astre different chacun le sien. Pour voir ce sommet il y faut mettre vn flambeau si c'est la nuit, & regarder l'estoille non au trauers du flambeau (cela ne se peut) mais le plus prez que l'on peut : & puis apres auoir égard à ce peu de distance. Il faut encore qu'en mesme temps que chacun d'eux remarque le point du rayon visuel passant par le sommet de la montagne : obserue par la mesme estoille, ou fasse obseruer le sommet de quelque hauteur notable, mais connuë ; comme d'vne maison, d'vne tour, ou d'autre chose éleuée à plomb , pour auoir des triangles semblables & conneus en tous leurs costez : car la distance conneuë entre les deux obseruations de la tour ou maison, & appliquée sur la distance entre les deux obseruations de la montagne, donnera la seconde connoissance pour toutes les autres longueurs des grands triangles : comme si vne distance est dix fois en l'autre, la hauteur de la maison ou de la tour sera dix fois en celle de la montagne.

Pour la hauteur d'vne nuée il en faut choisir vne qui soit premierement sur vne large campagne & de niueau, pour donner moyen aux obseruateurs de se mettre en diuers lieux selon que les estoilles le requerront, & auoir vne longueur horizontale. 2. qui aille si lentement qu'elle semble immobile, comme il arriue en vn temps sans vent : afin d'auoir moyen de la regarder de diuers endroits en vne mesme partie, & par elle l'vn vne estoille, l'autre l'autre en mesme temps, & pour lors on aura deux grands triangles & deux stations : & si incontinent apres on fait deux petits triangles sur les mesmes estoilles en la maniere declarée cy-dessus, on aura moyen d'auoir ce que l'on pretend, gardant exactement ce qui a esté mis en la seconde maniere.

Dans les pays où il y a des montagnes grandement éleuées, les nuées plus basses que le sommet passant au trauers marquent leur hauteur dans l'endroit par où elles passent, & qui estant tres-reconnoissable est aisé à mesurer.

Si on desire trouuer la hauteur des bombes, fusées, & autres objects visibles & éleuez par le mouuement, il faut les suiure de veuë de deux endroits du moins, conduisant auec la main vne regle, la dressant droit contre l'objet qui monte, & l'adjustant auec le rayon visuel : Ce qui se peut faire, & l'acoustumance le rendra facile, puis que nous en voyons qui mirent & tirent les oiseaux volans, les liéures courans, &c. Car si chacun des obseruateurs arreste sa regle au plus haut point de son éleuation, & qu'il continuë son rayon juſques à vn point du Firmament, que l'on remarquera, ou plutoſt qu'il remarque l'angle que ſa regle fait auec la ligne horizontale ou verticale, on aura moyen d'auoir la hauteur par petits triangles ſemblables & conneus en la maniere décrite.

§. 12. *La maniere de connoiſtre par ces façons les longueurs horizontales.*

QVand on obſerue la meſme hauteur par deux ſtations on ne connoiſt pas ſeulement la hauteur verticale, mais encore la longueur horizontale, ou la diſtance qu'il y a de la verticale à l'vne & à l'autre ſtation : & de cette ſorte on peut connoiſtre toutes les diſtances horizontales qui ſont entre deux points, deſquels on pourra voir le meſme point de hauteur, comme ſeroit le meſme ſommet de montagne, de chaſteau, de ville éleuée, &c. la meſme pointe de clocher, ou de tour, la diſtance fuſt-elle de dix lieuës : Car ayant veu ou fait voir vn meſme point de hauteur de deux points deſignez par deux eſtoilles, & ayant fait ou fait faire les petits triangles ſemblables ſur vne autre hauteur conneuë, en la maniere qu'il a eſté dit au §. precedent, on aura vne diſtance horizontale conneuë, correſpondante à celle qu'on deſire connoiſtre : & pour auoir l'autre connoiſſance requiſe qui eſt la proportion, il faut faire encore vne troiſieſme ſtation propre à nous donner vne partie de cette diſtance que nous pourrons aiſément meſurer.

On peut encore auoir les longueurs horizontales inacceſſibles entre les pointes de deux montagnes de meſme hauteur, les obſeruant ou faiſant obſeruer en meſme temps par vne meſme eſtoille ; les rayons de laquelle ſeront parfaitement paralleles, & marqueront ſur la terre la meſme diſtance que les ſommets des montagnes ont en l'air, & il ſe fera de ces rayons & des deux diſtances vn parfait parallellogramme. Partant on n'a qu'à meſurer la diſtance dans la terre en vne plaine vnie & de niueau pour auoir celle de l'air. Que ſi les montagnes ne ſont pas de niueau il faut prendre l'angle que fait la ligne qui va de l'vne à l'autre auec la ligne de niueau, & y auoir égard, ſoit par regles Geometriques, ſoit par des petites hauteurs & connuës, qui auront premierement la meſme hauteur, & feront des rayons de meſme diſtance : ſecondement, la meſme difference de hauteur, en diminuant de l'vne ce que requiert d'vn meſme angle, & feront vne autre diſtance qui aura la meſme difference auec la premiere, que les montagnes d'égale hauteur en auroient auec celles qui ſont de differente hauteur.

Remarquez dans les experiences du Soleil, que pour auoir le vray point du rayon ſolaire il faut le regarder par vn trou d'eſpingle fait dans vn carton,

L'ART D'ARPENTER TOVTE SORTE DE SVRFACE TERRESTRE, TANT DE LOING, QVE DE PRES.

ADVIS AV LECTEVR.

IE ne voy point de profession où les fautes soient dans vne matiere importante si frequentes, & tout ensemble moins reconnoissables, qu'en l'Arpentage. Elles sont d'importance; pource qu'elles se font sur le partage des terres, qui entre les biens externes sont les plus stables & considerables. Elles sont frequentes; pource qu'elles viennent de trois chefs qui ne se recontrent que trop souuent, sçauoir, ou de la malice de ceux qui sçachant les regles ne les suiuent pas sollicitez par ceux, qui y ont interest: ou de l'ignorance des autres qui ne les sçachant point ne laissent pas de prendre le tiltre d'Apenteur, & d'en faire l'exercice: ou de la diuersité des moyens que l'on propose, & que ie ne tiens pas tout à fait infallibles. Elles ne sont recõnoissables: à cause qu'il y a trop peu de personnes capables [illegible] juger & de les découurir. Mais puis qu'il y a trois sources de ces fautes & trois sortes de personnes ou elles se retrouuent: le mal des premiers estans dans la volonté, des seconds dans [illegible]entendement, des troisiémes dans le chois de diuers moyens; le remede est d'interdire aux premiers l'vsage d'vn Art dont ils abusent: de ne le permettre aux seconds, qu'aprés auoir esté bien instruits, & d'establir les façons les plus asseurées pour desabuser les troisiémes. C'est aux Iuges des lieux de punir les premiers: C'est aux Maistres en cette science à qui il appartient d'[illegible]seigner les seconds, d'examiner les façons, que l'on met en auant, d'approuuer les bonnes & de rejetter les autres: C'est aux Souuerains sur les rapports de ces Maist[illegible]utorizer les façons approuuées, de decrediter les rejettées, & en [illegible] l'vsage & la practique. Ce petit liuret seruira aux seconds, & representera ce qui peut estre de parfait & de deffectueux dans les diuerses façons, que l'on donne, & que [illegible] practique pour l'aide des troisiémes.

§. 1. *LA fin & le deuoir de l'Arpenteur & les moyens qu'il a pour s'en bien acquitter, qui font la distribution & les points qu'il faut expliquer en ce traitté.* La fin & l'office de l'Arpenteur est de trouuer & declarer la grandeur d'vne Surface terrestre comprise dans les bornes, qu'on luy designe. Le moyen qu'il a pour arriuer à cette fin consiste à trois sortes de practiques, sçauoir est, *1ent.* A obseruer la figure qu'on luy marque sur la Surface Terrestre, *2ent.* A reduire la figure au petit pied & *3ent.* A mesurer la figure reduite & trouuer la Surface contenuë. Le *1er.* point demande l'exacte obseruation de deux choses, qui composent la figure: c'est à dire, de la longueur des lignes, qui bornent la Surface Terrestre, & de la grandeur des angles, que ces lignes font en leurs concours: pource que les mesmes lignes par le changement des angles, ou les mesmes angles par le changement des lignes feroient des figures de tres-differente capacité: mais ces deux choses jointes ensemble rendent vne figure determinée, & incapable d'aucun changement; Aussi c'est cette double obseruation, qui fait tout l'antecedent requis pour determiner & conclure tout ce que l'on cherche: Sçauoir, la grandeur de l'estenduë de la Surface droite contenuë dans vne telle figure. Et si on vient à mãquer dans la juste mesure de ces deux quantitez, c'est errer dans les principes: Et cét erreur se communiquera & mesme ira croissant par les multiplications, que l'on fait dans les conclusions que l'on en tirera.

Le second point est vne triple reduction de la figure conneuë par la double obseruation mise cy-dessus. La *1e.* se fait prenant la figure du plan droit Horizontal correspondante à celle qui a esté prise sur le Terrain irregulier. La *2e.* consiste à reduire cette grãde figure au petit pied, & en faire vne beaucoup moindre: mais toute semblable sur vn plan racourcy. La *3e.* à diuiser cette figure racourcie en d'autres facilement mesurables; telles que sont les Parallelo-Grammes Rectangles & non Rectangles, les Trapezes & les Triangles. Le *3e.* point contient le Mesurage de ces figures reduites qui se fait par les operations Arithmetiques selon que les regles Geometriques ordonnent.

Voila tout ce qu'il faut practiquer en l'Arpentage, & par consequent les trois points qu'il faut expliquer en ce lieu, apres les auoir monstré necessaires ou du mo[illegible]les. Pource que le premier & le dernier sont [illegible]essité abso[illegible]econd est tousiours bien vtile, souuent necessair[illegible] & pour la [illegible]ction j'en fay la dispute suiuante

DISPVTE SVR LA PREMIERE REDVCTION.

CHAPITRE. I.

D'AVTANT que de trois points mis cy-dessus il ny a rien de douteux que la *1ere.* reductiõ, qui est ignorée & negligée de la plus-part des Arpenteurs; & mesmes jugée inutile, & contraire à cét Art par d'autres. Deuant que d'en expliquer l'vsage ie represente icy les raisons, qui m'ont porté à la joindre auec les deux autres.

Ie dis *1ent.* qu'il faut distinguer trois sortes de Surfaces, qui peuuent estre contenuës dans les bornes proposées. La *1e.* & la plus grande de toutes est l'exterieure telle qu'elle paroist à nos yeux auec toutes ses irregularitez & inégalitez. La *2e.* est la droite qui en approche de plus prés, & qui conseruant les mesmes bornes oste toutes les inégalitez de la *1e.* La *3e.* est l'Horizontale entre les droites, qui a vne figure parfaitement correspondante à celle du Terrain, & est determinée par les lignes à Plomp tirées de la figure du Terrain sur la Surface Perpendiculaire à ces lignes, & partant Horizontale & de mesme hauteur par tout, & cette-cy est moins est[illegible]uë que les autres. Ces trois Surfaces sont les mesmes dans les pleines & campagnes de Niueau, dans les pays plats, dans les Estangs, sont tres differentes dans les montagnes, [illegible]ont entre d'eux & assez peu diuerses dans les autres terres. On demande maintenant laquelle de ces trois il faut mesurer.

Ie dis *2ent.* Que l'on ne doit pas prendre la piece de terre selon la *1e.* façon; mais du moins comme vne Surface platte & droitte, sans auoir égard aux Seillons, Fossez, Vallées, Collines, & autres petites irregularitez, que l'on remarque en la *1e.* Ie tire cette assertion des propres principes & regles des Arpenteurs qui font trois choses tendantes à la connoissance d'vne Surface droite. La *1e.* est de prendre les bornes par des lignes droites quoy que le Terrain ayent des [illegible]itez, & des éminen[illegible] La *2e.* de faire le rapport & la reduction de [illegible] obseruée [illegible] racourcy tres-droit & bien vni; tel qu'est [illegible]ille de papi[illegible] parchemin, ou autre plan semblable.

Le *3e.* est de mesurer le contenu par les lign[illegible]arquées sur le papier,

& selon les regles Geometriques. Or est-il que la 1e. practique monstre, qu'il faut du moins mespriser les petites inégalitez. La 2e. qu'il faut prendre vne Surface droite & pareille au racourcy : autrement la copie ne s'accorderoit pas auec l'original ; ains seroit quelquesfois beaucoup differente. La 3e. ne donne que la Surface droite terminée par la figure obseruée, & reduitte : pource que les autres, qui ayant les mesmes bornes ne sont droites, sont infinies en nombre, & en diuersité de concauité, sont indeterminées & irregulieres : par exemple, les lignes qui font vn quarré, vn cercle ou autres figures n'ont qu'vne Surface droite, dont elles sont les bornes, mais elles en peuuent auoir vne infinité de courbes, & irregulieres qu'elles termineront. Or les regles de la Geometrie qui font multiplier vn costé par vn autre ne donnent que la Surface droite, & non autre: comme il est tres-euident.

Ie dis en 3e. lieu qu'entre les Surfaces droites l'Horizontale est la plus reguliere de toutes. Trois sciences entre autres fauorizent le chois de cette Surface. La Geometrie parce qu'elle est la plus courte & la plus reguliere dasvne surface Pherique. La Sphysique, parce qu'elle est la plus naturelle & determinée, & la Iurisprudence ; parce qu'elle est la plus pure & le fond de toute la possession.

Pour le 1er. auantage la Surface Horizontale est entre les droites ce qu'est entre les lignes la Perpendiculaire, laquelle entre-d'eux parallelles est prise seule pour determiner, contenir, & mesurer leur distance à l'exclusion de toute autre. De plus si l'Arpentage de la 1e. Surface est tousiours impossible, celuy de la 2e. est tres-difficile, & souuent impossible, & il ny a que celuy de la 3e. dont on puisse donner des regles asseurées, & vniuerselles, auec des examens pour [illegible]ifier les operations; comme on verra cy-apres & par consequent il ny a qu'elle qui soit reguliere. Sur le 2ond aduantage la Surface Horizontale estant celle, qui supporte entierement ce qui est sur elle, la nature y tend & d'ordinaire ne s'en éloigne que de peu, pour donner pente & cours aux eaux. La nature est encore partout determinée, & l'Art d'Arpenter qui juge d'vn objet naturel ne doit, & ne peut laisser la liberté à l'Arpenteur de fauorizer ou de préjudicier à vne personne luy faisant trouuer tantost plus tantost moins de terre dans l'enclos des mesmes b[illegible]es, ny de pouuoir determiner diuersement le contenu d'vne mesme [illegible]re : Autrement vn tel Art ne seroit pas vne practique asseurée, vniuerselle, infallible, & [illegible]ritable. Ce seroi[illegible]ost vn principe de changement, de fraude & de [illegible]rie, & deu[illegible]teurs pourroient donner diuerses mesures à vne [illegible] piece de [illegible], sans qu'aucun d'eux manquast en son Art, & que l'on puisse attribuer cette diuersité à autre principe qu'al'Art. Il est donc necessaire qu'[illegible]ye vne Surface, determinée d[illegible] vn circuit assigné, & que l'on trouue touſiours la meſme par quel endroit & façon qu'on vueille la meſurer. Or eſt-il, qu'il ny a que l'Horizontale, à qui cela conuienne, & qui ſoit la plus courte de toutes.

Touchant le 3*e*. aduantage toutes les Surfaces Terreſtres ſituées ſur vn meſme plan Horizontal ne nous rendent pas poſſeſſeurs de plus de terres pour porter fruits & ne peuuent faire qu'on y baſtiſſent plus de maiſons, qu'on y plante plus d'arbres, qu'il y croiſſe plus d'épics de blé, de ſept de vignes, & autres plantes, qui croiſſent & s'éleuent Verticalement, que dans la Surface Horizontale correſpondante. Or eſt-il que voila les fins, pour leſquelles on cherche la poſſeſſion des terres. On pourra monſtrer cecy à l'œil en la figure ſuiuante, où la ligne penchante & telle que l'on voudra tirer de A. juſques C. tant irreguliere ſoit elle ne receura pas dauantage de lignes Verticales que l'Horizontale correſpondante & inferieure A.B. ou toute autre qui luy ſera parallelle.

C.

A. B.

On le pourra encore verifier en deux arpens, dont l'vn ſera en pente, l'autre de Niueau, leſquels quoy que differens en eſtenduë ne porteront pas d'auantage d'épics de blé Et c'eſt de là que la Surface Terreſtre priſe en rigueur eſt ſeulement Horizontale & ne contient que deux dimenſiõs la lõgueur & la largeur ſans y rien meſler de la hauteur ou profondeur, pource que *Eius eſt cœlum cuius eſt ſolum.* Celuy qui eſt Maiſtre proprietaire, & Seigneur d'vne telle Surface eſt auſſi poſſeſſeur de tout ce qui luy eſt ſuperieur juſques au Ciel, & inferieur iuſques au centre & eſt compris entre les lignes à Plomp qui [illegible]ent par la figure. 1. Comme, on ne compte pas les profondeurs des abyſmes ny des puits, ny les hauteurs des degrez on ne doit non-plus compter les éleuations des montagnes. [illegible] Si on ne prend pas la montée & la deſcente des foſſez, & des ſeillons qui ſont petites montagnes artificielles: On ne doit non-plus prendre celle des montagnes qui ſont de grands ſeillons naturels. 3. La Surface Verticale pour grande qu'elle ſoit n'eſt eſtimée & conſiderée en l'Arpentage que pour la ligne Horizontale ſur laquelle elle eſt dreſſée: Donc la penchante ne ne doit eſtre priſe que ſuiuant l'Horizontale qui luy eſt ſoumiſe. 4. Quand on Arpe[illegible] les terres qui ſont couuertes d'eau comme vn Eſtang on ne prend pas autre Surface que la droite Horizontale que les bornes de l'Eſtang donnent ſans auoir égard à tout[illegible] concauitez du lit [illegible] lequel l'eau repoſe. 5. Les lignes penchan[illegible] composées d'H[illegible]zontales & de Verticales, Et ſe font par [illegible]l qui eſt po[illegible] par vn mouuement double, ſçauoir eſt, Vertical & Horizontal, comme par vne mouſ[illegible] qui ſe mouuroit ſur vne ligne Horizontale éleuée Verticalement: Or est-il que la ligne Verticale n'est point comptée ny mesurée dans l'Arpentage donc, &c. On objectera 1ent. que puis que la terre est vn Globe la Surface en est Spherique conuexe & non pas droite. Ie re[illegible]nds qu'en l'espace de 6. à 7. lieuës elle peut en toute rigueur Pyhsique passer pour droite; encore bien qu'elle soit Mathematiquemẽt spherique. On dira 2ment. que la Surface des grandes montagnes estant couuerte d'herbes rępantes qui suiuent la pente du sol où elles croissent sans se dresser Verticalement nourrira plus d'animaux, portera d'autant plus d'herbes qu'elle croit en estẽduë & sera d'autant plus fecondequ'elle est plus grande que la SurfaceHorizõtale correspondante. De plus les pentes font que les arbres ont leurs racines dans terre & leurs brãches dans l'air en partie les vnes sur & sous les autres, d'où s'ẽsuit qu'vne terre penchante peut contenir plus d'arbres que l'Horizontale: Ie responds que les vendeurs & acheteurs peuuent & doiuent considerer les qualitez des terres aussi bien que les quantitez, c'est à dire, les circonstances diuerses qui rendent vn sol fertile ou sterile: comme sont la situation australe, qui tourne la terre vers le Soleil, ou Boreale qui l'en détourne, le meslange de certaines terres propres ou contraires à la nourriture des plantes, l'arrousement ou la secheresse, &c. mais tout cela ne doit pas porter l'Arpẽteur à mesurer autrement les terres tant les bonnes, que les les mauuaises. C'est à luy qu'appartient la determination de la seule quantité, & ainsi il ne doit pas se soucier de la qualité.

On opposera en 3e. lieu que l'ordinaire façon d'Arpenter est de prendre la figure sur le terrain sans penser à cette 1e. reduction: De 100. Arpẽteurs on n'en trouuera pas deux, qui y prennent garde: Les particuliers, & les parties qui y ont interest en demeurent d'accord: Les Iuges & les descentes de Iustice l'auctorizent: Les liures l'enseignent, Les contracts anciens & nouueaux, les rapports autentiques fais par les Arpenteurs le confirment, & la 1e. pensée de t[illegible] est qu'Arpenter c'est sçauoir l'estenduë visible de la terre, qu'on specifie par les bornes.

Ie satisfais à cette objection qui semble conuainquante par plusieurs responses. 1ent. Ie dis que quand il s'agit d'vne verité vne raison demonstratiue vaut plus, que mille auctoritez au contraire: Ainsi ie maintiens que de 100. Arpenteurs les 2. font mieux que les autres 98. & que ceux cy ne s'accordent point à la determination d'vne S[illegible]face, comme les autres deux. Et quant aux Iuges, aux Proprietaires [illegible] Parties, il faut bien qu'estant ignorant de cet Art il se tiennent à la dec[illegible] des Arpen[illegible]rs, qui sont estab[illegible]s de la quantité; Et pource qu'il faut croire cha[illegible]n ce qui est [illegible]ofession. Outre qu'il y en a qui [illegible]ent cette reduction comme necessaire, tel qu'est Erard. & Monsieur Sarrasin que j'estime le plus habile practicien de nostre siecle. Et il les autres y manquent; c'est à cause de la difficulté, qu'ils ont à le faire. I'espere neantmoins la leur rendre assez aisée par les practiques suiuantes. Et faire que chacun s'en pourra seruir : Ie respond 2*ent.* Qu'il n'y a point d'autre moyen pour Arpenter regulierement & l'Art n'aura iamais l'infallibilité en ses regles & preceptes qu'en prenant la Surface Horizontale pour estre seule determinée & la moindre de toutes, & qui donne la liberté d'en prendre d'autres, donne la liberté aux Arpenteurs de trouuer tantost plus tantost moins d'Arpens dans vne mesme piece de terre : ce que j'estime absurd & injuste. C'est pourquoy j'estime tres-à propos d'etablir vne regle vniuerselle & asseurée de l'Arpentage pour oster le moyen aux Arpenteurs de fauorizer vne des parties & de prejudicier à l'autre, & le public y a vn grand interest. Vn tel establissement doit venir d'vne auctorité souueraine. Ie respond en 3*e.* lieu que tant que les Arpenteurs seront tolerez en leur façon ordinaire, qui est approchante de la vraye ils sont obligez de n'affecter pas de prendre leurs mesures par des endroits irreguliers, comme sont les creux, pentes grandes & les lieux alternatiuement baissans & haussans, & particulierement quand ces montées & descentes ne sont pas communes & vniuerselles dans toute la piece de terre, ains propres à vn endroit seulement : mais par des lignes les plus droites qu'ils pourront pour approcher de plus prés de la verité; Et les vendeurs & acheteurs en pourront estre instruis. Il est bien vray qu'és campagnes & pays plats, la difference ne peut estre que petite, C'est sur les lieux montueux, composez d'éminences & de concauitez, où elle est plus grande & tres-sensible.

Ie dis 4*ent.* Que la figure Horizontale est en trois points differente de celle qui est composée de lignes penchantes, sçauoir est, en longueur de Lignes, en grandeur d'Angles, & en amplitude de Surfaces: Pource que les lignes & les Surfaces sont tousiours plus grandes dans les figures penchantes que dans les Horizontales correspondantes : Et quant aux Angles ils sont tantost plus grands, tantost moindres. Vne representation oculaire fera mieux & plustost conceuoir la verité & la raison de cette proposition, qu'vn long discours. Prenez donc vn plan Horizontal tirez-y vne figure telle qu'il vous plaira & que vous en trouuerez en Arpentant les terres : Sur cette figure éleuez vne colomne Verticalement : Couppez [illegible] colomne auec des intersections droites, ou courbes, penchantes [illegible] non, & vous aurez toute sorte de figures penchantes & semblables aux figures de la 1*re.* sorte & [illegible] irregulier, lesquelles seront correspondantes à la figure Ho[illegible], sur laquelle la colomne a esté éleuée : Et sur ces deux sortes de figures vous pourrez verifier la proposition. Et pour abbreger d'auantage cette practique vous n'auez qu'à prendre deux plans droits comme [illegible] deux cartons, deux papiers vn peu forts, & les tenir éleuez Verticalement sur deux lignes d'vn plan Horizontal & joints ensemble, de sorte qu'ils fassent l'Angle des deux lignes. En les approchant ou reculant on leur fera faire toute sorte d'Angles; Cela estant vous n'auez qu'à coupper ces deux plans diuersement, ou seulement marquez & tracez les lignes que feront les intersections & vous verrez clairement toutes les parties de la proposition. Et quant aux Angles, Si vous couppez ces deux plans joints ensemble auec vn plan droit vers le haut ou vers le bas, l'Angle que feront les lignes d'vne telle intersection sera moindre que l'Horizontal; si partie en bas partie en haut, l'Angle sera plus grand: pource que la base égallement distante du point du concours s'amoindrira au *1er.* cas, s'agrandira au *2ond.* Que si vous couppez vn des plans Horizontalement & l'autre obliquement en bas ou en haut. Si l'Angle des plans est droit celuy des lignes demeurera par tout droit, s'il est aigu les lignes de l'intersection feront vn Angle plus grand, & qui croistera jusques au droit. S'il est obtus l'Angle deuiendra moindre & décroistra jusques au droit. De plus les lignes penchantes qui sont les secantes à l'égard des Horizontales décroissent fort peu au commencement jusques à 6. & 7. degrez de pente, ont fort petite difference entre elles & les Horizontales, tres-grande vers la ligne Verticale.

PRACTIQVE DV PREMIER POINT QVI consiste à l'obseruation de la figure & contient l'Art & le moyen de contretirer toute sorte de Plan.

CHAPITRE II.

§. 1. DEs *diuerses façons d'obseruer la figure.* On arriue à cette circonstance de loing & de prés: De loing quand de deux endroits distans & éleuez, on peut apperceuoir la figure proposée a obseruer: ce qui se fait auec vne simple planche en la maniere que je l'ay declaré au Chap. 17. Pract. 4. de ma Geographie: Et plusieurs s'en seruent pour prendre les Plans des Villes, Citadelles, Lacs, Campagnes, & d'autres pieces de terres découuertes, & pour faire des Topographies. De prés mesurant sur les lieux, & prenant diuersement les dimensions de la piece de terre presentée. Ce qui se fait en trois façons, & en trois sortes de lignes, sçauoir est, ou par celles qui font la figure mesurable & bornent tant le dedans qui en est contenu, que le dehors, qui en est le contenant, ou par quelques vües de dedans, ou par quelques vües de dehors. Les *1ers.* s'attachent immediattement au circuit, prenant la longueur des lignes, & la grandeur des Angles de la figure qui borne la piece de terre, B. V. I. H. O. E. R. D. C.

Les

Les 2onds. ayant tiré vne ligne droite V.L. par le milieu, & à peu aprés par la plus grande distance ou deux parallelles, si la largeur est grande tracent en diuers endroits & points de telle ligne selon que l'on juge plus conuenablement des Perpendiculaires E.I. S.H. F.O. G.R. O.C. à la premiere ligne V.E. qui vont jusques aux extremitez de la largeur tant d'vn costé d'autre : & s'ils peuuent qui vont rencontrer les Angles du circuit I.H O.R.C. Les 3es. enfermét la piece de terre dans vn Parallello-Gramme Rectangle : pource que l'excés & le surplus de la figure dont on demande le contenu estant visible est plus aisé à soustraire d'vn tel Parallello-Gramme & ce qui reste est ce que l'on cherche, telle est la figure N. M. T. K. I'ay mis ces trois façons dans vne mesme figure, pour en faire mieux voir la comparaison, & pource que la jonction fait mieux juger de leurs aduantages ou desauantages, & le rencontre du contenu pris par ces trois façons en vn mesme nombre de mesures asseure l'Arpenteur de son operation : & particulierement les deux dernieres façons joinctes par ensemble s'entre-aident grandement : à cause 1ent. qu'il y a plus de figures Rectangles qui sont aisées à mesurer, & qui ne requierent point la connoissance des costez & des Angles que la figure mesurable fait, qui certes sont deux grands auantages. 2ent On n'a que des Angles droits à l'entour de ces lignes qui ont vn examen facile. 3. On voit la difference des largeurs & longueurs en diuerses lignes parallelles comme entre K.N. T.M. & D.G. jointe auec F.O. E.I. pour la largeur & entre N.M. K.T. & V.L. pour la longueur, entre lesquelles il faut choisir la moindre largeur & longueur pour la veritable

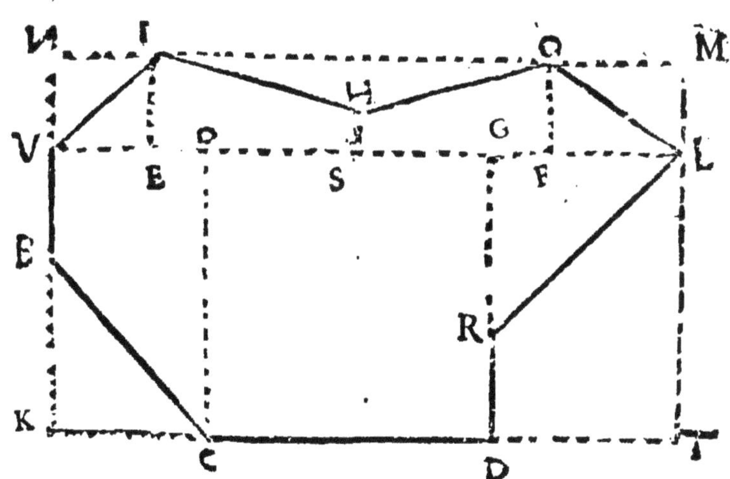

Ie dis 1ent. que toutes ces façons sont bonnes, & qu'il est expedient

que l'Arpenteur les entende bien & les puisse practiquer soit pour s'asseurer en diuerses occasions où il y a du doute par le rencontre de ces façons, soit pource que les diuerses circonstances des lieux, les necessitez des temps ostent souuent le chois de ces façons à l'Arpenteur & le contraignent à s'arrester à vne & quitter les autres, comme s'il s'agit de mesurer l'estenduë d'vn Estang on ne peut se seruir de la 2e. façon non plus que lors que l'on ne peut trauerser la Surface mesurable à cause des Bouchures, Murailles, Riuieres, Rochers, Precipices, Sables espaix, & autres empeschemens interieurs. Que si au contraire ces oppositions & obstacles se trouuent au dehors. La 3e. façon est renduë impossible, & si au contours mesme la 1e. Et partant selon diuerses occurrences on est obligé d'agir diuersement.

Ie dis 2ent. que chacune de ces façons a des aduantages particuliers. La 1e. est la plus vniuerselle puis qu'elle conuient à toute figure, 2. La plus précise & exacte; puis qu'elle enferme tout ce qui est de la figure mesurable, & exclud tout ce qui n'en est pas: elle n'a rien de manque ny de superflu; Rien a oster ny à adjouster. 3. La plus independente, puis qu'elle subsiste sans les autres façons; la où celles-là ont souuent besoin d'auoir les lignes, qui terminent la piece de terre, & 4. La plus scientifique & demande plus de connoissance dans la Geometrie, plusieurs instrumens, & plus difficiles à auoir: Et c'est pour cette derniere condition, que les Arpenteurs qui nesont pas pour la plus-part grands Geometres, ny capables de l'estre ne s'en seruent pas: Les autres deux sont plus accommodées à leur portée: comme aussi plus en vsage. Voicy leurs aduantages. 1ent. Elles n'ont pour Angles que quatre droits, & partant pour instrumens à les prendre qu'vn qui a les fentes des Pinnules mises en croix (j'amerois mieux mettre 4. filets ou espingles éleuées à plomp pour les raisons expliquées dans l'Art de Niueler.) Or les Angles droits demeurent les mesmes dans les plans tant penchans qu'Horizontaux comme il a esté dit cy-dessus, ont vn examen tres-aisé & exact: pource que vn Angle droit appliqué 4. fois sur vn mesme point doit remplir toute la place qui l'enuironne, & s'il le fait c'est vn signe asseuré d'vne grande iustesse: pource que le moindre defaut y seroit 4. fois, multiplié, & partant paroistroit bien sensible. Outre que ce seroit assez de changer la croix, & voir si vn Angle fait par les rayons passans par deux costez de la croix est égal à celuy que les rayons immediatement suiuanst, font. De plus ces Angles sont faits des costez; qu'il faut multiplier pour auoir le contenu. 2ent. Elles n'ont pour lignes, que celles dont on se sert immediatement pour mesurer le dedans de la figure sans auoir besoin des autres lignes, qui terminent les figures, & sont difficiles à estre conneuës soit en leur longueur, soit en leur Angle, & c'est quand les lignes de ces croix tombent dans les points ou les Angles de la figure se font, *3ent.* De trois points, qu'il y a en l'Arpentage, le *1er.* est plus facile par cette façon, que par les autres, le *2ond.* est entierement osté, & le *3e.* est bien plus court & aisé : pource que on peut sur les obseruations faites sans auoir besoin d'aucune autre ligne ny reduction mesurer la Surface, dont on cherche la grandeur.

Et certes si cette façon se pouuoit aisement accommoder sur toute figure, elle seroit sans contredit preferable à toutes les autres. Et d'autant qu'elle doit se seruir de lignes Parallelles, outre la maniere de les tirer que leur croix leur donnent & les autres manieres tirées de la Geometrie, on peut les auoir par les ombres Solaires, que font les filets à Plomp en méme instant de tẽps & dans vn mesme pays, & par les rayons visuels des Astres qui passent par les mesmes filets : car telles lignes soit d'ombre Solaire le iour soit de rayons Stellaires la nuit prises sur vn Plan Horizontal sont parfaitement Parallelles : & par celles-cy on en peut trouuer de toute autre façon leur donnant vn mesme Angle auec celles-cy. L'Eguille aimantée dans les Boussolles dont ie parleray bien tost, leur donnera encore le moyen de les auoir de mesme façon. La *3e.* façon a d'ordinaire deux aduantages dans les Forests sur la *2e.* Le *1er.* est de n'auoir point de bois a deffricher pour se faire des routes. Le *2ond.* est de pouuoir tirer des lignes Perpendiculaires aux costez de la figure, qui iront se rendre dans les Angles de la figure que l'on doit mesurer & feront des Trapezes que l'on mesure sans connoistre le costé qui est commun au Trapeze & à la figure mesurable. Que si la Forest auoit des chemins droits & à Angle droit: ce qui est tres-rare. La *2e.* y trouueroit son auantage. Il ny a que l'irregularité des lignes extremes, & qui bornent la Surface mesurable qui n'estans pas droites font de la difficulté en toutes ces trois façons dont l'vne peut seruir d'examen à l'autre. Ie tascheray cy-aprés de presenter des moyens pour les reduire à des droites.

---

§. 2. L'*Ordre general que l'on doit tenir en l'obseruation.* Il faut tout *1ent.* reconnoistre grossierement, & à peu prés la figure de la Terre proposée soit la voyãt de loing, soit tournãt à l'entour, soit la trauersant pour connoistre de quel costé est sa longueur, & sa largeur, ses irregularitez, ses obstacles à faire des routes, la droiture ou curuité des chemins pour les faire seruir de route : Si toute ou vne partie notable peut estre reduite en ligne, & figures regulieres & facilemẽt mesurables ou nõ, *&c.*

Sur cette veuë de la piece de terre il faut se determiner de la façon qu'on prendra en l'obseruation, & des endroits que l'on choisira pour la practiquer: & conformément au dessein qu'on aura pris, faut faire faire les routes, preparer des picquets, & marquer par eux les extremitez de chaque ligne droite, où les Angles se font. On aura soin de faire les lignes les plus longues que faire se pourra pour auoir moins de stations, & pour ne multiplier les routes & les operations sans necessité; d'eut on faire entrer dans leur enclos quelque estendue de terre qu'on doit soustraire, ou laisser en dehors de celle que l'on doit adjouster: à cause qu'aprés on peut vser de compensation, & auoir égard à tout cela par la subtraction des 1eres. & par l'additiõ des secõdes : & mesmes ie ne voy point de meilleur moyen pour transcrire & reduire vne ligne courbe & irreguliere que de prendre la corde d'vn tel arc, c'est à dire, la ligne droite qui prend d'vne extremité à l'autre, & puis tirer des Perpendiculaires à cette-cy, pource que de cette sorte on aura les points par où il faudra tirer cette ligne irreguliere.

---

§. 3. L'*Obseruation de la longueur des Lignes*. Le tout consiste à trois points, 1*ent*. A auoir vne juste mesure. 2*ent*. à la bien appliquer. 3*ent*. à bien marquer les applications. La mesure doit estre d'vne matiere qui ne soit sujette à se dilatter ou retressir, telles que sont les cheines de boucles de fer, de cuiure, ou des costes de Balaines diuisées en poulces jointes ensemble, auec boucles, charnieres, ou lizieres imprimées en couleur d'huile, & cousuës: La cheine de fer portera la diuision si on fait chaque boucle sans largeur d'vn poulce de longueur, d'vn fil d'archal fort pliant & estamé pour estre mieux conserué, ou d'vn fil de cuiure.

Le nom d'Arpenteur vient de la mesure plus commune qui est vn Arpent & contient en sa Surface 100. perches quarrées : En chaque costé d'vn Arpent quarré 10. perches en longueur : mais la perche est diuerse en diuers pays; comme il arriue dans les autres sortes de mesure. En Languedoc, Gascogne, Bourgongne, Prouence, Auvergne, Lyonnois, la Perche est de 18. pieds, le quarré de 3 2 4. En Normandie & Perche de 22. pieds en longeur, en Surface quarrée de 4 8 4. En Bretagne, Niuernois, Bourbonnois, de 24. pieds qui font en quarré 5 7 6. En Anjou, Poictou, Touraine & Maine 25. pieds, qui multipliez quarrémẽt font 625. pieds. Ainsi c'est à l'Arpent qu'il faut reduire les autres mesures comme sont Iournaux, Acres, Boisselées, *&c*. Si toutesfois vn pays se sert d'vne mesure particuliere c'est à l'Arpenteur de s'y accommoder, Comme en Bretagne on mesure par Iournal, qui contient 80. perches ou cheines quarrées de 24. pieds de costé. Et de cette sorte vne Surface Rectangle de 4. costez, qui aura 10. cordes en vn sens & 8. en l'autre, ou 20. en vn costé & 4. en l'autre fera vn Iournal, & le quarré de 9. cordes ou cheines de chaque costé fera encore vn Iournal & vne cheine plus.

Dans l'application de la mesure on a égard à trois choses, *1ent.* A tenir vne telle mesure droite,& partant bien bandée,*2ent.* A la conduire droitement sur vne mesme ligne droite, *3ent.* A l'appliquer tellement sur toute vne telle ligne qu'il n'y ait du tout rien en elle qui n'aye receu l'application de la mesure, ou qui l'aye receu plus d'vne fois: ce qui se fera commençant tousiours l'application suiuante par le point précisement, par lequel a finit la precedente. Pour executer ce que dessus deux personnes fidelles sont requises, le *1er.* qui porte les piquets & les plante doit regarder le terme du depart, & par lequel on commence la ligne droite: le *2ond.* qui deplante les piquets, & les rapporte doit enuisager l'autre extremité, & le terme où on va finir, & comme le *1er.* doit planter les fléches ou piquets précisement au point, que marque l'extremité de la cheine; le secõd doit estre aussi soigneux de mettre l'autre extremité sur le point, que marque le piquet planté. Et on ne peut manquer à ces choses, ny à representer les fléches leuées sans changer les mesures & tromper, & parconsequent sans meriter vn grand chastiment.

Si quelque arbre, ou autre obstacle empesche la continuation de la ligne droite, il est aisé par l'égalité de distance de marquer & prendre vne Parallelle visuelle: & puis par cette-cy se remettre apres l'obstacle passé dans la ligne precedente. S'il y a quelque Riuiere ou autre entre-deux à passer qu'on ne puisse mesurer, si bien voir ou en prendra la longueur par les manieres du §. suiuant.

3. L'application estant acheuée on doit compter les mesures trouuées: ce qui se fait par le nombre des fléches leuées vne ou plusieurs fois en chaque station, & marquer le tout. On doit encore prendre l'Angle, que fait l'inclination du Terrain auec la ligne Horizontale si on veut auoir égard à la *1e.* reduction. I'en donneray la façon cy-aprés.

---

§. 4. MOYEN *familier pour trouuer diuerses longueurs Horizontales inaccessibles & visibles seulement.* Outre les manieres que la Geometrie enseigne en voicy vne assez aisée. *1ent.* Ie veux sçauoir la largeur d'vne Riuiere, d'vn Fossé & autre quantité inaccessible excepté en vne de ses extremitez, telle qu'est la ligne A. B. que ie continuë jusques à C. puis jusques à L. & d'auantage. Ie tire par le point C. de telle ligne A. C. vne Perpendiculaire I. D. Ie fais vn Triangle A. C. D. de la ligne visuelle D. A. & inconuenuë: de D. C. la conneuë & de A. C. partie conneuë en C. B partie inconneuë en B. A. I'en fais vn autre égal sur le costé de terre où ie suis C. I. L. ou C. D. L. faisant l'Angle C. D. L égal à C. D. A. & j'auray la ligne C. L. qui est mesurable en elle mesme égale à C.

A. qui ne l'est pas qu'en partie. Que si le sol ne me permet pas d'en faire vn Triangle égal j'en fais vn semblable prenant le tiers, le quart ou autre partie des C. I. ou C. D. & donnant le mesme Angle à P. R. auec C. P. qu'à A. I. auec C. I. Car si dans le Triangle C. P. R. la ligne C. P. est le tiers de C. D. connuë la ligne C. R. sera aussi le tiers de C. A. inconneuë que l'on aura multipliant par trios C. R. De plus l'on peut connoistre la mesme ligne A. C. tirant vne Parallelle N. F. à I. D. pource que la ligne A. I. ou A. D. couppera ces deux Parallelles: l'vne à N. & F. l'autre à I. & D. & autant de fois que l'on trouuera l'excés de C. I. ou C. D. sur B. N. ou B. F. dans B. N. ou B. F. autant de fois on trouuera la partie C. B. conneuë dans B. A. inconneuë: ce que l'on peut varier en autant de façons que l'on peut tirer de diuers Triangles du point A. sur la ligne I. D. & la nuit auec des flambeaux on peut faire le mesme. Si *vent.* ie veux sçauoir la longueur d'vne Surface comme d'vn Estang qui soit mis entre I. D. & qui a seulement ces deux extremitez I. & D. accessibles. Ie tire de ces deux points I. & D. deux lignes Parallelles entre elles I. K. & D. M. ce que me donnent deux ombres Solaires d'vne ligne Verticale plantée à I. & à D. & prises en méme temps où deux rayons d'vne mesme Estoille passant par ces lignes Verticales, ou bien l'eguille d'vne Boussole, ou les rayons que feront vn mesme Angle auec le rayon Visuel I. D. conduis par quelque instrument.

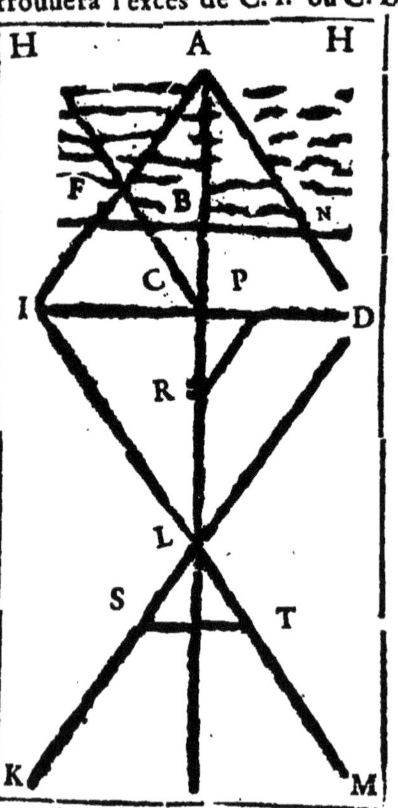

Car si ie tire de quelque point que ie voudray de ces Parallelles vne ligne K. M. faisant le mesme Angle auec les Parallelles que fait I. D. auec les mesmes, j'auray K. M. égal à I. D. Ou bien si ie tire vn Triangle I. L. D. sur I. D. & que ie continuë les lignes mesurables & conneuës I. L. & D. L. jusques à ce que L. K. soit égal à L. D. & L. M. à I. L. la base K. M. du Triangle L. K. M. sera égale à I. D. que l'on cherche.

Et si le Terrain ne permet pas de faire vn Triangle égal prenant vne partie proportionelle comme le tiers en L.S. de L.D.& en L.T. de L.I. la base S.T. sera aussi le tiers de I.D. Et si *sent.* on demande la largeur A. H. qui est tout à fait inaccessible, ie prends la longueur A.B. par la *1e.* façon, & par la mesme la longueur C.H. auec l'Angle A.C.H.& j'ay suffisamment dequoy acheuer le Triangle & connoistre la base : Ou bien ie tire deux Parallelles aboutissantes aux deux points A. & H. & ie prend par la *1e.* façon en chacune vn point également distant de A. & H. & la ligne tirée par ces deux points trouuez sera égale à A H. & pour les distances, qui sont grandes, I'ay donné en ma Geographie chap. 17. dans la Practique 4. la description d'vn instrument pour determiner les distances droites Geographiques par le mouuement du son, & pour distinguer les moindres durées du temps par la descente de l'eau dans vn tuïau.

§. 5. PREMIERE *façon d'obseruer les Angles, sçauoir est, par la seule mesure.* Cette façon n'a besoin d'autre instrument, que de la seule cheine, & se peut practiquer par tout, & particulierement és endroits découuerts. Vous n'auez qu'a marquer en l'Angle C. A. B. deux points B.& C. également distans du concours A. comme de cinq cheines plus ou moins & mesurer la distance entre ces deux points, c'est à dire, la longueur de la ligne B. C. pource que c'est par elle que l'Angle B. A. C. est entierement determiné & connoissable aussi bien que par l'Arc B. D. C. qui est vne base courbe cõme l'autre B. C. vne droite, & de plus c'est le propre de tout Triãgle d'auoir ses Angles determinez par la seule longueur de ses costez, qui sont chacun vne base d'vn Angle : ce qui ne conuient point aux autres figures. Partant pour auoir vn autre Angle dans la reduction égal à celuy que l'on a obserué c'est assez de faire vn Triangle auec trois lignes qui auront autant de petites mesures que les autres en auront de grandes. On le peut encore connoistre par la doctrine des Sinus.

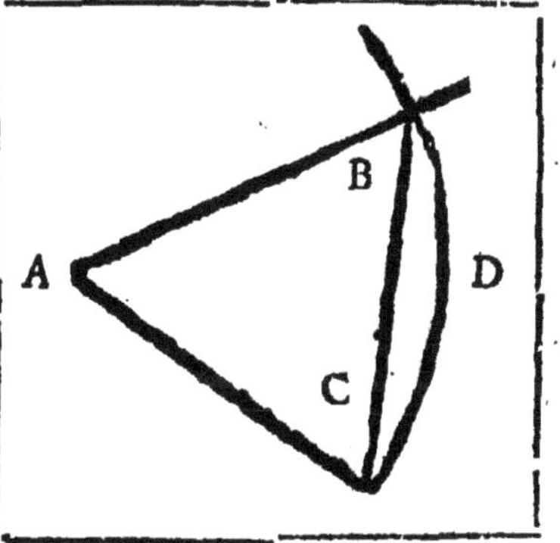

§. 6. DEVZIESME *façon d'obseruer les Angles, sçauoir est, par la Boussole.* Vne Boussole quarrée en dehors pour pouuoir estre appliquée sur la ligne de chaque station par vn de ses costez, ronde & concaue en dedans & diuisée tres exactement en 360. degrez, ayant en son centre & sur vn piuot vne Eguille de fin Acier, balancée en parfaite égalité, d'vne juste longueur pour auoir les diuisions des degrez plus grandes, d'vne vertu puissante à retourner promptement à son point; lors mesmes qu'elle n'en sera que fort peu éloignée, & s'y maintenir constamment. Car comme c'est le plus grand effet d'vne forte Eguille; aussi est-ce le meilleur moyen de l'esprouuer, & de reconnoistre sa bonté & sa valeur. Vne Boussole dis-je bien appliquée sur chaque ligne de la figure fait par son Eguille en tout vn paysvne ligne Parallelle: & cette ligne vn Angle qui a les auãtages suiuans. Le *1er.* est la facilité à cause qu'a chaque station on n'est obligé, qu'a prendre l'Angle, que fait & marque l'eguille auec la ligne de la figure: ce qui est plus aisé qua prendre celuy que fait la méme ligne auec celle de la precedẽte statiõ. Le *2ond.* est l'Angle Horizontal, que l'eguille donne, & qui fait vne partie de la *1e.* reductiõ. Le *3e.* est le rapport de toutes les lignes de la figure auec vne méme ligne, qui monstre les deux parties principales de l'Horizõ le Midy d'vn costé, le Septentrion de l'autre. Et si l'Eguille est bonne l'erreur ne peut venir que de l'autre ligne qui fait Angle auec la ligne de l'Eguille & mesmesquãd il y auroit de l'erreur en la ligne mõstrée, par l'eguille il demeureroit dans cette ligne sans passer plus auant, & ne communiqueroit aux autres suiuantes, qu'vn assez petit erreur, que fait la ligne par vn petit changement d'Angle: là où les Angles qui prennent leur rapport des lignes precedentes auec la suiuante ne peuuent faillir sans que l'erreur se continuë sur toutes les suiuãtes. Le *4e.* est la facilité de transporter l'Angle pris sur le plan racourcy; puis qu'il se fait par l'application de la mesme Boussole, & de l'Eguille sur le mesme degré, qu'on auoit trouué.

Mais d'autant qu'on trouue rarement vne Boussole, qui aye les qualitez mises cy-dessus, qu'on ne la peut approcher d'vn peu de fer comme il peut aisément arriuer par mesgarde, & par cas fortuit, que l'Eguille ne change l'Angle, & qu'il faut attendre quelque temps le repos de l'Eguille, il est expedient d'y adjouster les Angles des lignes terminantes, & concourantes pris par des instrumens propres. La Boussole pourra bien seruir à auoir les lignes Parallelles, qui sont requises en la *2e.* & *3e.* façon de marquer les lignes. Ce que donnent encore auec toute exactitude les ombres Solaires, que font en mesme temps dans vne grande estenduë de p ys les filets à Plomp, les Perches, les Arbres, & autres longeurs éleuées Verticalement: comme aussi les rayons qui venans d'vne mesme Estoille passent par telles longeurs dressées à plomp: Mais d'autant que ces Parallelles se font dans vn mesme instant de temps; & que l'on ne peut estre en toutes les stations, qu'en diuers temps, de là vient la difficulté de s'en seruir.

L'Estoille

L'Estoille Polaire, qui a moins de mouuement & change moins de place pourroit mieux seruir à ce dessein, & les ombres Solaires auec vne table du changement des Azimuts & cercles Verticaux par le Soleil.

---

§. 7. L*A troisiéme maniere d'obseruer les Angles, [illegible] est, par instrumens propres.* Ces instrumens sont la croix: Le quart de 90. le demy rond de 180. degrez, le rond entier de 360. degrez, la Sauterelle auec Pinnules. La croix ne donne que les Angles droits, le quart que le droit & les aigus, Le demy rond donne tous les Angles aigus, & obtus: mais d'vn costé seulement, Le rond les donne tous, & de tous costez. La Sauterelle tous sans specifier la quantité par degrez: Aussi elle n'est propre que pour transporter les Angles obseruez sur quelque plan racourcy, ou tel autre endroit que l'on voudra. La Croix porte son espreuue dans le changement d'vn Angle sur l'autre immediat, auquel il doit estre parfaictement égal. Pour l'auoir c'est assez de faire quatre petits trous aux quatre coings d'vne Boussolle & Quadrã Solaire, qui soit de forme quarrée: puis y mettre des espingles éleuées à plomp Verticalement, qui seruiront de Pinnules bien asseurées comme ie monstre en l'Art de Niueler & l'éguille confirmera ces Angles, & lignes Parallelles.

Le quart de 90. peut donner toutes sortes d'Angles. Car si on met la Pinnuse du centre sur le point cõmun aux deux stations tournãt les deux Pinnules de la circonference vers les deux points propres, on n'aura que l'Angle droit & tous les aigus. Mais si l'on tourne la Pinnule du centre vers la station déja faite on aura l'Angle droit & toute sorte d'obtus. Ces instrumens ont besoin sous eux d'vn support, sur eux d'vn Alidade auec Pinnules: dãs eux d'vne diuision exacte. Au lieu d'Alidade & de Pinnules on se peut seruir de trois filets à Plomp, dont l'vn descendra du cẽtre; les autres deux venans du centre passeront par diuers degrez de la circonference du demy Cercle, & serõt laissez à leur pesanteur, & cette façon seroit sans doute la plus aisée & la plus exacte de toutes n'estoit la facilité quele filet a de se mouuoir au moindre vent; à cause quen ce départ de la ligne Verticale il ne souffre presque aucune violence; pource qu'il ne monte presque point. Et partant si on s'en sert il faut que se soit en tẽps calme, en lieu couuert, où le vent ne soufle pas: Il faut que le Plomp soit pesant, le filet extremement delié & assez long pour auoir moins de mouuement vers l'instrument où est le centre: & on peut opposer quelque corps pour garantir le Plomp du vent. Ie monstre en la Cosmometrie d'autres façons de prendre les Angles comme par le rayon Solaire & Stellaire, dont on peut bien se seruir pour auoir exactement les lignes Parallelles. Ie les obmets icy.

§. 8. LEs *manieres de marquer les obseruations faites.* Deux sont plu regulieres par table & par figure semblable. Pour la 1e. on di uise vn papier le pliant en plusieurs colomnes, qui portent en teste & tout au haut les tiltres de ce qu'elles contiennent, & l'on y marque vis-à vis de chaque station dont le nombre est escrit en la 1e. colomne ce qui appartient à chacune comme monstre la presente figure.

Nombre des Stations.	*Longueur des Lignes.*		*Angle des Costez.*		*Angle de la Boussole.*	*Diuers Accidens.*
	Perches	*Pieds*	*Deg.*	*Min.*	*Deg. Min.*	
1.	52.	7.	102.	30.		*On a laissé en dehors à la 3e. Station vn quart d'Arpent de la Figure mesurable, &c.*
2.	12.	14.	72.	45.		
3.	37.	20.	127.	0.		
4.	72.	0.	110. *en dehors.*			
&c.						

D'autres font grossierement la figure, & sur chaque ligne escriuent la longueur trouuée & dans chaque Angle la grandeur obseruée. Mais certes qui pourroit durant l'operation mesme tracer la figure semblable prenant les mesures de chaque ligne sur l'échelle des petites mesures & les marquant sur le plan racourcy particulierement par le moyen d'vn Compas dont ie parle à la fin de ce traité, & puis tous les Angles par le moyen d'vn quart de 90. tres-juste, d'vne Sauterelle, ou autre instrument on trouueroit le tout fait auec plus d'asseurance & de promptitude; quoy que ce fut peut-estre auec plus d'incommodité à cause du lieu. On pourroit encore tracer toute la figure semblable sur vn carton dans & par l'operation mesme auec trois filets à Plomp pour seruir de Pinnules, & auec le Compas qui porte l'échelle des petites mesures, car faisant descendre deux filets à Plomp par les deux extremitez d'vne ligne obseruée. reduite & marquée sur le carton, que l'on appliquera tellement à la fin de chaque station, que le rayon Visuel suiuant la conduite des filets aille tout le long de la ligne obseruée sans decliner tant soit peu d'vn costé ny d'autre, & puis on disposera tellement le 3e. filet à Plomp sur la fin du carton que le rayon Visuel conduit par le 2ond. & le 3e. filet à Plomp aille tout droit sur toute la ligne suiuante du Terrain, ce qu'estant, les points de ces deux filets determineront sur le carton la ligne suiuante dont on prendra la longueur par l'échelle des petites mesures. Et si vn carton ne suffit pas pour contenir toute la figure il en faudra adjouster d'autres & par certaines inuentions les supporter & faire tenir vnis par ensemble, tant qu'il en sera de besoin. Cette maniere d'operer fait l'obseruation & la reduction tout ensemble, & le tout auec beaucoup d'exactitude. On en viendra encore à bout par vne Sauterelle de Cuiure faite exprés diuisée auec toute exactitude en petites parties pource que la seule application donnera les Angles par son élargissement, & les lignes par ses diuisions sur tel plan que l'on vouda.

PRACTIQVE
DV SECOND POINT,
QVI CONSISTE A VNE TRIPLE REDVCTION DE LA FIGVRE OBSERVEE.

Chapitre III.

§. 1. Practique de la premiere Reduction, C'est à dire, à la Surface droite Horizontale, que ie maintiens estre seule determinée entre les droites : pource qu'elle seule fait vn Angle droit auec la ligne Verticale tres-conneuë par le filet à Plomp, les autres s'éloignent de cét Angle qui est indiuisible & égal de tout costé, tãtost plus tantost moins, dans l'amplitude des Angles aigus & obtus. C'est pourquoy quand les Bornes d'vne piece de terre ne sont point dans vn mesme Plan ou Surface (ce qui arriue presque tousiours,) ie ne voy point de moyen d'en faire la reduction à autre plan droit, qu'a l'Horizontal qui seul a vn Angle determiné auec vne ligne conneuë. Or encore bien que cette reduction semble difficile, & peut estre soit obmise pour ses difficultez par les Arpenteurs communs qui n'ont ny la science de la Geometrie, ny la capacité de l'auoir; si est-ce qu'on peut la rendre assez aissée en deux façons. La 1e. & la meilleure est de la faire dans l'obseruation mesme prenant les Angles auec vn instrument situé Horizontalemẽt & de Niueau, & les longueurs des costez auec vne mesure située aussi Horizontalement, & voila la reduction faite. Pour la situation Horizontale de l'instrument qui monstre les Angles elle est tres-aisée : pour la situation pareillement Horizontale de la cheine ou autre mesure en voicy la façon. Si les Terres sont de Niueau il faut suiure la maniere commune & declarée cy-dessus: Si elles sont penchantes vous mesurerez le tout par lignes Horizontales & vous les aurez par vne des façons suiuantes. 1. Si vous auez pour mesure vn Niueau long de 12. pieds ou d'auantage comme la planche A. mise au §.2. de l'Art de Niueler auecvn filet à Plomp C. vous n'auez qu'a apliquer vne des extremitez de vostre Niueau sur la terre du costé qu'elle mõte & y ayant adjusté vostre Niueau joignez le filet à Plomp sur l'autre extremité & sur vne ligne de Niueau si vous voulez qu'il serue à la dispositiõ de la planche, & le point de Terre, sur lequel il tombera sera celuy où il faudra planter les piquets & cõmencer l'application suiuante de la mesure, Et cette façon est tres-exacte. 2. Ayant mis vne extremité de vostre cheine sur terre du costé, qu'elle est plus éleuée, & la tenant bandée voyez où son autre extremité ne fera que frizer le filet à Plomp: car elle aura en ce point la situation Horizontale, & le filet à Plõp marquera le point de Terre, sur lequel il faudra apliquer la cheine. Vous dresserez encore la cheine Horizontalemẽt, adjustãt son extremité auec le costé d'vn Equierre; lors que le filet à Plomp le sera auec l'autre costé. 4. Vous le ferez encore par la seule veuë, qui y estant vn peu habituée ne se trompera que de peu & s'y trompant ne s'éloignera que de peu du vray point, & se fera en amoindrissant la mesure sur la ligne penchante Et quant au point de terre que l'on doit marquer auec vn piquet, on le trouuera ou auec vn filet à Plomp comme il a esté dit cy-dessus, ou laissant tomber vne pierre de l'extremité de la cheine sur la terre & le point de sa cheute sera celuy que l'on cherche.

Que si vous ne vous seruez pas de cette industrie il faudra obseruer la pẽte par vn quart de 90. puis tirer d'vn point de la ligne prise pour Horizõtale, les autres lignes auec l'Angle obserué pour la pente, & auec la lõgueur reduite au petit pied : car si on tire de l'extremité de chacune de ces lignes vne Perpendiculaire à la ligne Horizontale, celle-cy determinera la longueur de l'Horizontale d'vn costé, comme le point du concours le fera de l'autre costé. En quoy vous voyez que vous auez bien meilleur marche de la 1e. industrie.

Ceux qui prenent la 2. & 3e. façon d'obseruer la figure declarée cy-dessus auront des lignes Parallelles tant en la longueur, qu'en la largeur de la figure, qui doiuent estre toutes égalles, & ne les trouueront telles qu'en donnant à la cheine dans l'obseruation des longueurs la situation Horizontale en la maniere que ie viens d'expliquer. Sinon ils prendront la plus courte des lignes qu'ils auront trouuez pour chaque dimension.

---

§. 2. LA *Practique de la seconde Reduction.* Deux choses la rendront parfaite. La 1e. est de donner à la longueur de chaque ligne racourcie autant de petites mesures prises dans vne mesme échelle, que vous en auez compté de grandes sur le Terrain. La 2e. est dans chaque concours de lignes de donner vn Angle d'égalle grandeur à celuy du

Terrain, & qui fasse vn mesme arc de cercle : ce que l'on aura par le moyen de quelqu'vn des instrumens mis cy-dessus & sur tout d'vn quart de 90. particulierement s'il est tracé sur de la corne transparente.

§. 3. P*Ractique de la 3e. Reduction.* Elle est tres-aisée, & se fait diuisant la figure trouuée, & reduite au petit pied en figures facilement mesurables, & qui sont de deux sortes. Les *1es.* sont celles qui portent leurs mesures dans leurs costez, telles que sont les Parallello-Grammes, les Trapezes, & les Triangles Rectangles. Les *2es.* demandent vne autre ligne que celle des costez, & qui soit Perpendiculaire telles que sont les figures cy-dessus nommées non Rectangles. On peut voir cette reduction en la figure mise en la page 9. au Chap. 2. §. 1. ou la figure mesurable est toute reduite en vn Parallello-Gramme Rectangle & en Trapezes & Triangles pareillement Rectangles sans qu'il y aye rien à oster, en quoy cette façon est preferable à la *3e.* On peut voir le méme en la figure presente A.B.C. E.F.G.H.L. que ie reduis en vn Trapeze E. F. D. G. & plusieurs Triangles Rectangles. Et quand en ces deux façons on prend les largeur & longueurs les plus courtes on approche de la *1e.* Reduction. La figure mnsurable est exprimée par les lignes continuées. La Reduction par les ponctuées.

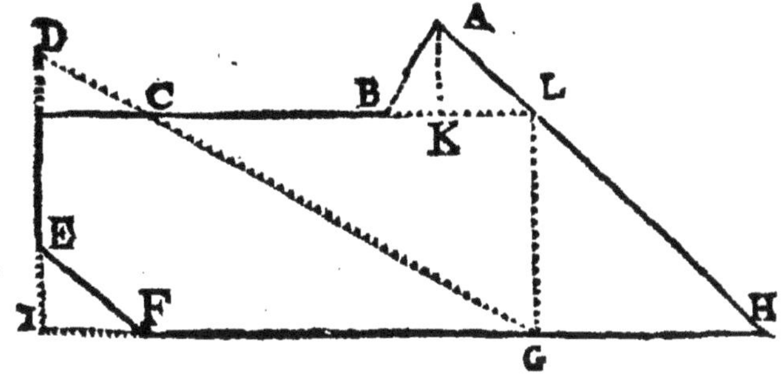

§. 4. E*Xamen pour verifier si les Obseruations & Reductions precedentes ont esté bien faites.* On y arriue mesurant la mesme piece de Terre par diuerses façons que j'ay reduis à trois especes, & en chaque espece on peut varier grandement le mesurage du moins és deux dernieres. On s'asseure encore de l'Operation par la derniere ligne. Puisque la derniere ligne A. H. dans le plan racourcy porte & contient les erreurs faites en l'obseruation, & description des precedentes, c'est sur elle parculierement que l'on peut former vn jugement asseuré de la bonté, où de l'erreur des operatiõs, qui l'ont deuancées: pource que d'vne part elle a cela de commun auec toutes les autres de la mesme figure, que ie suppose auoir esté tirées fidellement selon la lõgueur, & les Angles obseruez de contenir autant de petites mesures, que la ligne qu'elle represente en contient de grandes, & de veritables, & de faire les mesmes Angles auec les deux qu'elle joint, que la grande en fait par ces deux extremitez, auec celles qu'elle joint. D'autre part elle a cecy de propre, que sa longueur sur le plan racourcy est determinée par les deux points extrémes qui appartiennent à d'autres lignes déja tirées: sçauoir, par le 1er. point A. qui fait le 1er. terme de la 1e. ligne obseruée A. B. & par le point H. qui fait le 2. terme de la penultiéme ligne & station F. H. De cette sorte ce n'est plus nous, qui luy donnons sa longueur, la prenant sur l'échelle des petites mesures, & la transportant sur le plan, comme on a fait pour toutes les precedentes, qui n'ont que le 1er. point déterminé, qui est commun auec le dernier de la precedente station; pource que la station suiuante commence tousiours par le mesme point, par où finit la precedente ce qui ne conuient à la ligne qui clost, & qui ferme la figure. Elle a ses deux points extremes, & par consequent sa longueur determinée, sans qu'on y puisse rien changer. Les Angles sont pareillement determinez par les deux lignes déja tirées, & qui luy donnent ses bornes: Et toutesfois quoy que cette derniere ligne ne doiue estre tirée comme les autres, elle se doit trouuer auoir mesme proportion auec celle qu'elle represente, que les autres ont auec leurs correspondãtes, & doit faire les Angles de mesme grandeur auec ses voisines. Et partant si elle ne se rencõtre pas auoir la mesme proportiõ en longueur ny l'égalité de ses deux Angles auec sa correlatiue, il faut qu'il y aye eu de l'erreur en quelque operation precedente: comme au contraire si la similitude se trouue entiere entre la copie & l'original, l'operation est asseurée, quoy qu'absolument parlant elle puisse venir de deux erreurs, dont l'vn arriueroit par excés & pour trop prendre: l'autre par defaut, & pour trop peu prendre & j'estime dans vne grande Forest ce succés aussi glorieux, que celuy de Tycho qui dans la distance obseruée de quatre Estoilles, puis de 6. puis de 8. de diuerse ascension droite prit le circuit du Ciel de 360. degrez à vne minute prés.

On peut faire cét examen sur tout autre ligne qui prend d'vn point de la figure à vn autre, quel qu'il soit: tel est vn chemin droit qui passera par le millieu de la Forest.

Cét examen fait voir les habiles Arpenteurs & la necessité de la 1e. Reduction, sans laquelle és lieux montagneux on ne peut esperer ce rencontre.

PRACTIQVE DV TROISIESME POINT, QVI CONSISTE A MESVRER LA FIGVRE REDVITE.

Chapitre IV.

IE presuppose 1ent. Qu'entre les Figures celle qui est composée de trois lignes est dite Triangle, telle qu'est la Figure presente, A. B. E.

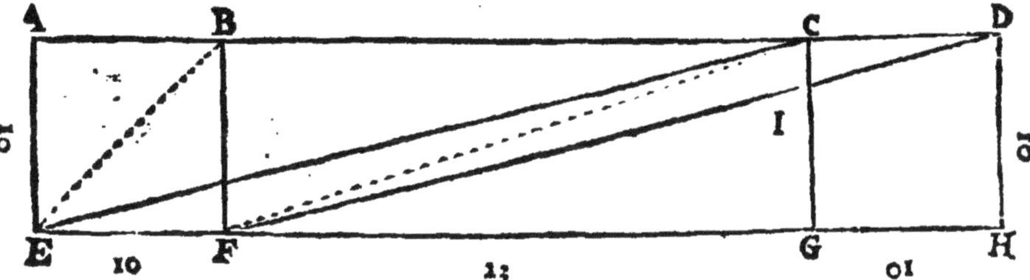

Celle qui en a 4. Parallelles est nommée Parallello-Gramme, comme, A.D.H. E. Celle qui n'en a que deux Trapeze, comme C. B. E. G. Que si outre les lignes specifiées il y a vn Angle droit en la 1e. 4. en la 2e 2. en la 3e. on adjouste au nom de ces figures le mot de Rectangle comme sont les precedentes. Si autrement on les appelle non Rectangles, tel est le Triangle E. F. C. le Parallello-Gramme E. C. D. F. le Trapeze E. C. I. F. ou E. B. C. H. Ie presuppose 2ent. Qu'vne Figure est appellée Reguliere en Geometrie, qui a ses costez & ses Angels égaux ; tel qu'est l'Exagone A. B. C. D. E. F. mais en ce lieu, & en matiere d'Arpentage, & de Geometrie, Practique ie nomme vne figure reguliere celle, qui se peut mesurer par regles: & j'en fay de deux sortes. Les 1es. sont celles qui portent leurs mesures dãs la Longueur de leurs costez: telles que sont les trois sortes de figures Rectangles mises cy-dessus, dont il suffit d'auoir la longueur de deux costez pour conclurre le contenu dãs les deux premieres, de trois dãs la troisié-

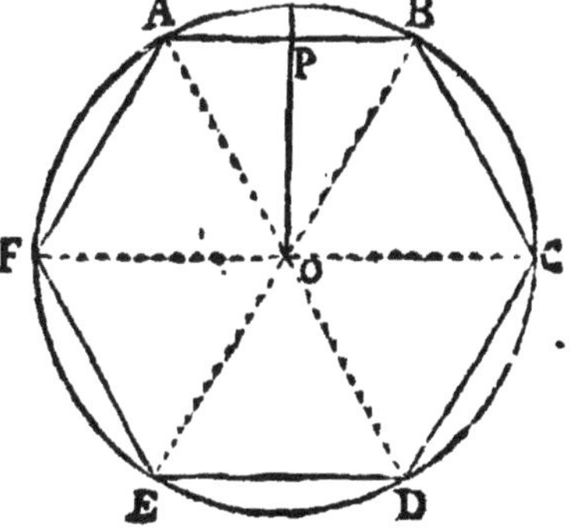

me sans qu'il soit besoin de sçauoir rien du 4e. costé : Les secondes sont celles qui pour estre mesurées outre la connoissance d'vn ou de deux costez ont besoing d'vne autre ligne qui ne fait aucun costé, mais doit estre Perpẽdiculaire à quelqu'vn: cõme ie diray bien-tost. Telles sont les trois sortes de figures non Rectangles mises cy-dessus. La Figure d'vne piece de Terre, que l'on presente est de necessité vn Poligone, & cetuy-cy est regulier ou irregulier : d'ordinaire & presque tousiours il est irregulier.

Le Parallello-Gramme Rectangle tient le premier lieu en facilité d'estre mesuré. Et on le fait multipliant vn des costez par l'autre, qui fait auec luy l'Angle droit, & le produit donne la Surface contenuë dans la figure. Il y en a de deux especes, sçauoirest, le quarré, tel qu'est A. B. F. E. ou C. G. H. D. qui a tous ces costez égaux, & le Barlong, tel qu'est A. D. H. E. ou B. C. G. F. qui en a deux plus longs que les deux autres. Ce qu'estant multipliez le costé A. B. de 10. perches par E. F. de 10. & vous aurez pour la surface comprise 100. perches ou cheines, qui font iustement vn Arpent. De rechef multipliez le costé A. E. de 10. cheines par E. H. de 52. & le produit 520. donnera le contenu que l'on cherche, qui vaut 5. Arpens & la cinquiéme partie d'vn.

Le Triangle Rectangle D. H. F. tient le second lieu en facilité de mesurage : pource qu'il ne faut que multiplier la moitié d'vn costé Rectangle D. H. de 10. cheines par tout le costé H. F. de 42. ou tout D. H. par la moitié de H. F. pour auoir dans le produit 210. la Surface de tout le Triangle. Ou bien multipliez tout D. H. par tout H. F. & partagez le produit 420. en deux, car la moitié 210. donnera ce que l'on cherche. Suiuent en 3e. lieu les Trapezes Rectangles, tel qu'est C. B. E. G. Que que l'on mesure multipliant le costé Rectangle C. G de 10. perches par la moitié de deux costez Parallelles C. B. de 32. & E. G. de 42. qui ioints ensemble font 74. & ont pour moitié 37. laquelle multipliée par 10. fait 370. cheines pour le contenu du Trapeze.

Viennent aprés celles-cy les mesmes figures non Rectangles, qui n'ayant point en leurs costez de lignes Perpendiculaires, par lesquelles seules on mesure les Surfaces on est obligé d'y en tirer, & d'en sçauoir la longueur pour auoir vn des nombres de la multiplication : Et c'est l'auantage de ceux, qui dans les obseruations font des figures Rectangles, que les autres ne font que dans la 3e. reduction. Faut sçauoir premierement que l'on tire des Perpendiculaires d'vn point donné sur vne ligne assignée ou par le moyen d'vn Equierre soit déja fait, soit que l'on fera pliant vn papier en deux, & puis le repliant encore en deux sur le 1er. ply: ou par vn Compas mettant le pied immobile sur le point, d'où l'on veut tirer la Perpendiculaire, & élargissant le pied mobile jusques à la ligne sur laquelle doit tomber la Perpendiculaire. Car si le pied ne fait que la frizer,

frizer, le point de contingence ou d'attouchemét est celuy par où il faut tirer la ligne: S'il vient à la coupper en deux points, le point, qui est entre deux & au milieu est celuy que l'on cherche. Ou bien si de deux points d'vne ligne on tire deux cercles égaux & concourans en deux points, c'est par ces deux points, qu'il faut tirer vne ligne pour estre Perpendiculaire. Faut sçauoir *2ent.* que l'on peut tirer de tout point designé vne Perpendiculaire à toute ligne droite moyennant qu'elle soit continuée selon qu'il en sera de besoin: d'où s'ensuit que de chaque point Angulaire d'vn Triangle on peut tirer vne Perpendiculaire à la base de tel Angle, & que cette ligne sera où le costé mesme du Triangle qui en sera Rectangle ou tombera ou en dedans du Triangle & c'est lors que l'Angle que la base y fait est moindre que le droit ou en dehors lors que l'Angle est plus grand : ce qui est aisé à demonstrer & en ce cas il faut prolonger vne telle ligne de la base pour receuoir la Perpendiculaire du point de l'Angle determiné. Comme on peut voir sur le Triangle A. B. C. ou du point A. on tire vne Perpendiculaire A.E. sur B. C. prolōgée jusques à E. & du point B. vne autre B. F. sur la base A. C. continuée encore & du point C. on en tire vne C. D. qui demeure dedans. On peut choisir laquelle de ces Perpendiculaires que l'on voudra pour mesurer le Triangle en la maniere que ie diray & les Parallello-Grammes faits sur deux costez du mesme Triangle. D'ordinaire, c'est C. D.

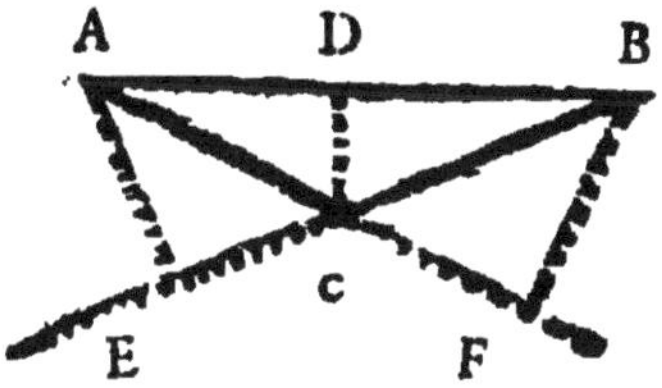

PARALLELLO-GRAMMES. *TRAPEZES.*

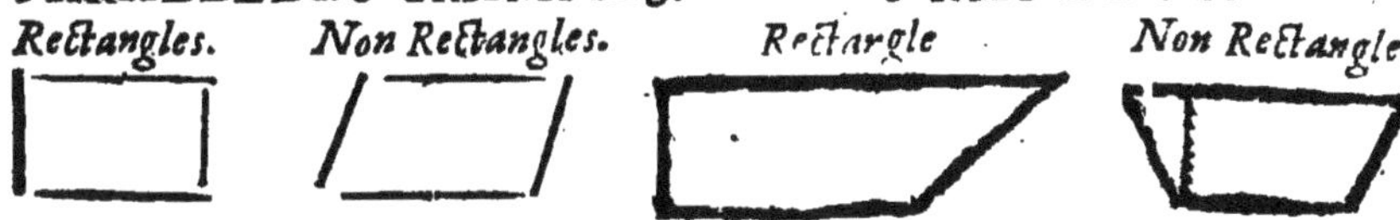

Cela estant on connoist la Surface comprise dans ces mesmes figures non Rectangles, multipliant la ligne Perpendiculaire par le costé compris dans la ligne sur laquelle tombe la Perpédiculaire en la maniere que j'ay dit des mesmes figures Rectangles. Par exemple tirez dans chaque Parallello-Gramme, & Trapeze non Rectangle en quel endroit, qu'il vous sera plus commode vne ligne qui soit Perpendiculaire à deux costez Parallelles, qu'il faudra continuer si la Perpendiculaire tombe dehors: puis multipliez cette ligne Perpendiculaire par l'vn des costez Parallelles s'ils sont tous deux égaux : comme il arriue en tout Parallello-Gramme, ou par la moitié des deux joints ensemble s'ils sont inégaux: comme il se fait dans les Trapezes, & le produit vous donnera la Surface bornée par telles figures comme en la premiere figure le Parallello-

Gramme E. F. D. C. à pour Parallelles continuées A. C. & E. H. & pour Perpendiculaires entre ces Parallelles A. E. B. F. C G. & D. H. Si donc on multiplie la Perpendiculaire A. E. de 10. par le costé E. F. ou D. C. de 10. on aura 100. par le produit & pour le Parallello-Gramme E. F. D. C. qui partant sera égal au quarré A. B. F. E. ou C. D. H. G. & à tout autre Parallello-gramme compris entre les mesmes Parallelles & sous vne mesm. base comme demonstre Euclide au liu. 1. prop. 35. & 36. Vous trouuerez encore le mesme contenu tirant vne Perpendiculaire à E. C. & F. D. & la multipliant par vn de ces costez. Vous ferez vn Trapeze E. B. C. H tirant la ligne C. H. & vous trouuerez le contenu multipliant 42. la moitié des deux costez Parallelles B. C. & E. H. joints ensemble qui font 84. par la Perpẽdiculaire G. C. de 10. & vous aurez 420. Et quant aux Triangles non Rectangles on n'a qu'a tirer vne Perpendiculaire du point d'vn Angle, tel qu'on voudra à la base du mesme Prolongée s'il le faut & faire la multiplication de telle ligne par la moitié de la base, ou de cette-cy entiere par la moitié de la Perpendiculaire, & vous aurez dans le produit la Surface du Triangle.

La raison en general de tout cecy est que tout Triangle est la moitié d'vn Parallello-Gramme fait sur deux de ses costez comme A. B. C. est la moytié de A. C. D. B. de A. B. C. F. & de A. E. B. C. ce que l'õ peut prouuer par vne simple application, & par l'égalité des lignes & des Angles; & ces Parallello-Grãmes sont égaux à tous ceux qui sont compris sous mesmes Parallelles & vne mesme base. *Itẽ*, tout Parallello-Gramme non Rectangle est égal à tout Rectangle qui a pour vñ costé la Perpendiculaire du non Rectangle, & la mesme base pour l'autre comme A. B. F. E. l'est à E. C. D. F. en la 1e. figure.

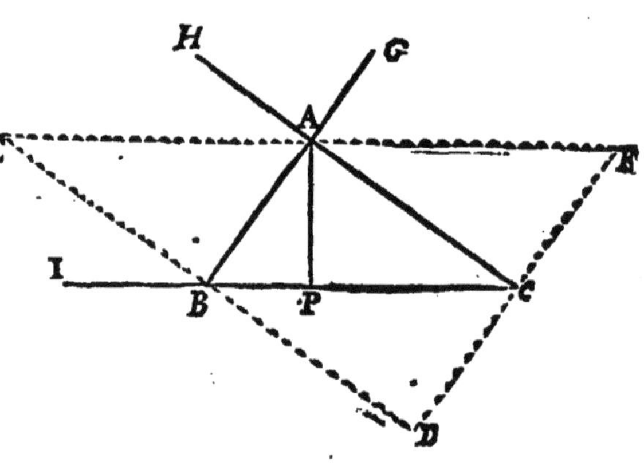

Or est-il que tout Parallello-Gramme Rectangle est mesurable de luy mesme & les deux nombres de la multiplication s'accommodent parfaitement auec les deux costez, qui font l'Angle droit dans la Parallello-Gramme, & font pour produit le nombre des petits quarrez qu'vne de ces lignes meuë sur l'autre laisseroit en la Surface qui en naistroit. Ie ne passe pas icy plus auant: pource que ces regles suffisent à l'Arpentage, On trouuera les autres dãs la Cosmometrie & en plusieurs autres liures.

Le Polygone obserué estant reduit à des figures descrites cy-dessus: & chacune estant mesurée séparément par les regles, que ie viens de donner. Il faut faire l'Addition de tous les nombres produits, & la somme totale declarera l'entiere Surface de la figure assignée. Si on a pris en arpentant quelques terres hors de l'enclos de la terre mesurable comme il arriue tousiours en la 3e. façon, il faut se souuenir d'en faire la Substraction. Il y en a qui ont de grands quarrez diuisez en forme de raquettes par des filets Parallelles en plusieurs petis quarrez, qu'ils appliquent sur la figure mesurable, & reduite à la mesure de ces quarrez, & ne font que compter ceux qui sont compris dans la figure pour sçauoir qu'il y en a autant de grands dans la piece de terre. D'autres diuisent vne fueille de papier en de petits quarrez & tracent la figure dessus.

Cóme en la figure A.B.F.P. si on met la figure d'vn bois H.T.N.M. on la trouuera contenir 25. Arpens & trois quarts enuiron: prenãt pour chaque quarré vn Arpent: sçauoir, 20. entiers au milieu 3. & vn demy d'vn costé, 2. & vn quart à peu prés de l'autre, où il faut vser de compensation.

Instrumens pour reüssir dans les trois Practiques expliquées cy-dessus.

AFIN de porter cét Art au plus haut point de sa perfection j'adjouste icy les Instrumens, qu'on a inuenté pour le perfectionner de tout point. Quant au 1er. point de l'obseruation le Pantometre, Trigonometre & autres semblables instrumens ont esté inuentez, & faits pour prendre les Angles, & monstrer les distãces reduites; & y sont employez auantageusement: Sur le 2ond. point de la Reduction vous ne trouuerez rien de plus accomply pour seruir d'échelle de petites mesures, & mar-

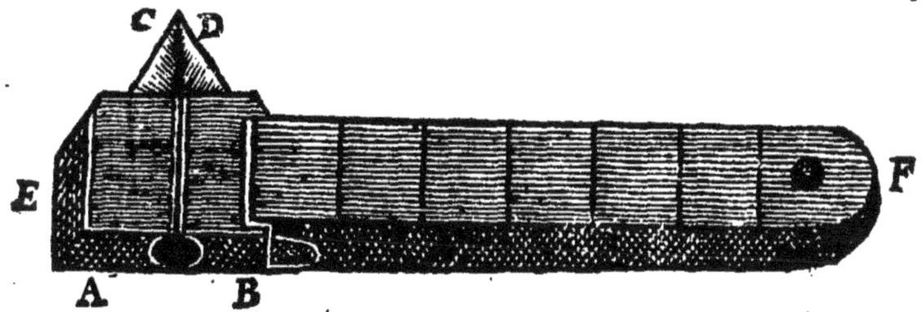

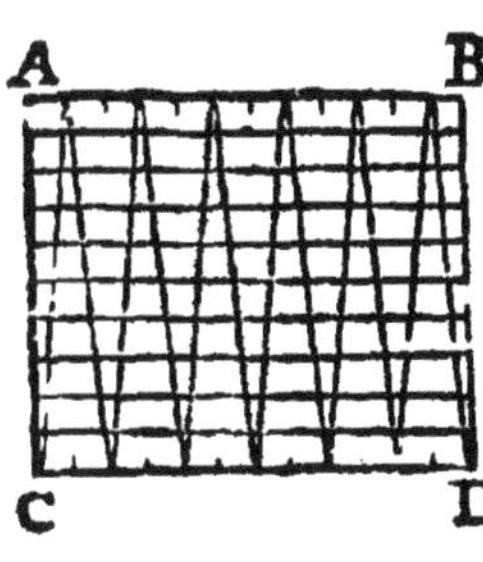

quer les distances auec toute justesse que le Cõpas E. F. diuisé en la maniere qu'vn poulce A. B. ou C. D. l'est icy en 120. parties égales: pource que la diuisiõ y est de beaucoup plus multipliée, & tout ensemble tres-distincte: à cause que l'on fait sur plusieurs Parallelles (c'est icy sur 10.) equidistãtes & d'vne égale longueur (elle est icy d'vn poulce) ce qu'il seroit impossible de faire & marquer sur vne seule de ces lignes. Cecy se fait par le moyen d'autres lignes trauersántes ces Parallelles, & qui commençant d'vn costé C. D. par le *1er.* point d'vne partie vont finir dans l'autre costé A. B. justement sur le dernier point de la mesme, d'où s'ensuit *1ent.* qu'elles vont continuant entre deux à s'éloigner égalemēt de la Perpendiculaire à ces Parallelles qui passe par le *1er.* point, & à s'approcher égallement de celle qui passe par le dernier, *2ent.* qu'elles vont diuisant la distance comprise entre ces deux points, & ces Perpēdiculaires en autant de parties égalles qu'elles font de diuisions dans les Parallelles ou qu'elles en reçoiuent par elles. De plus l'incidence des pointes d'vn tel Compas estant tousiours Perpendiculaire au plan, l'application & la marque est la plus juste que faire se peut: La où l'incidence oblique des autres grossit la marque. On en peut faire vne demonstration oculaire sur vne fueille de papier, ou de liure, sur tout Parallello-Grāme auec 2 ou 3. filets. Comme si on diuise vne table de 5. pieds de long de 3. de large en poulces & ceux-cy en lignes, la longueur aura 720. lignes, la largeur 42. marquées sur le bord de la table. Chacune des petites parties de lōgueur sera par cette industrie diuisée distinctement en 42. parties, & de la largeur en 720. Et pour designer & determiner laquelle que l'on voudra de telles parties, on n'a qu'a appliquer vn filet bandé de sorte qu'il trauerse toute vne dimension de la table commençant par le *1er.* point d'vne de ces parties d'vn costé & finissant par le dernier de la mesme sur le costé opposite: & en auoir vn autre, qui demeure Parallelle aux costez trauersez, car celuy-cy diuisera le filet trauersant en autant de parties qu'il y en a dans l'autre dimension, & que j'ay declaré cy-dessus & la longueur de la table sera diuisée en 311040. parties égalles & distinctes. Et si on veut reduire ces parties à des diziémes on n'a qu'a faire sur les bords de la mesme table ou sur l'espesseur des diuisions conformes à ces diziémes.

Pour le *3e.* point du mesurage il deuiendra aisé & exact par l'Arithmetique des parties diziémes, dont ie traite amplement en mon Arithmetique. Le liure intitulé Tariffe Generale imprimé à Paris chez Iacques Gouraut ou vn autre fait à son imitation sur les mesures de l'Arpentatage vous deliurera de plusieurs operations, que vous y trouuerez faites sans faute.

Fin de l'Arpentage.

L'ARITHMETIQVE
OV
L'ART
DE COMPTER TOVTE
SORTE DE NOMBRES,

Auec la Plume, & les Iettons.

Par le P. IEAN FRANCOIS de la Compagnie de IESVS.

A RENNES,
Chez PIERRE HALLAVDAYS,
Imprimeur & Lib. ruë S. Germain,
au Nom de IESVS.

M. DC. LIII.

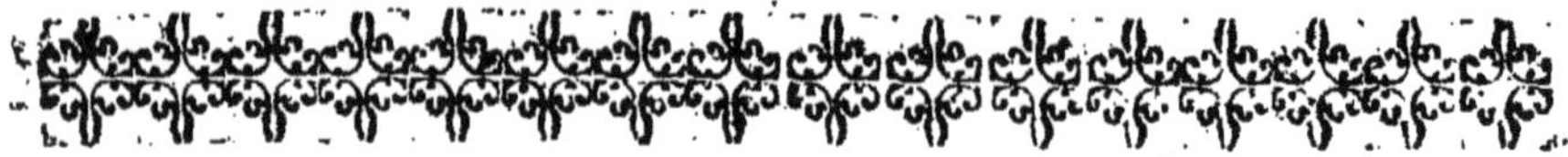

AVANT-PROPOS.

EN fait de sciences practiques on profite plus par vne experience que par mille lectures des liures, qui en traitent: Mais quand on peut auoir l'vn auec l'autre, & auoir deuant ses yeux le liure, qui dit ce qu'il faut faire, & tout ensemble vn homme, qui fait ce que le liure dit: Et puis nous met en main les instrumens pour en faire autant: C'est pour lors que l'esprit conçoit auec ioye & facilité les veritez leuës, qui sans cét ayde luy eussent esté tres-obscures. Et s'il arriue que dans la longueur du temps on oublie ce que l'on a compris, on rappelle incontinent par la seule lecture, ce qu'on n'a peu entendre au commencement, qu'en y ioignant la practique. Outre que l'vsage fait voir des adresses, & des industries toutes particulieres, que le liure ne peut representer: particulierement en ce qui touche le mouuement, duquel les liures ne peuuent nous donner aucune figure.

Cét escrit qui n'est qu'vn petit & vn simple abbregé de l'Arithmetique, & des quatre operations communes sans descendre à plusieurs particularitez, que les autres enseignent estant de cette nature, pour estre parfaitement entendu la premiere fois demande par aduance quelque teinture de l'Arithmetique, ou plustost vn guide, qui prenant en main la Plume, & les Iettons en fasse voir la practique, que i'estime icy reduite à vne grande facilité pour l'exercice, & vne grande euidence pour la raison.

L'Arithmetique a vn rapport à toutes les Mathematiques tel qu'a la Logique à toute la Philosophie. Toutes deux sont les clefs de ces sciences, qui n'ont point ny de fond ny de matiere particuliere: mais trauaillent sur les suiets des autres: comme aussi leur employ réüssit au profit de ces maistresses sciences, paroit sous leur nom, & leur est attribué: Par exemple quand l'Arithmetique trauaille à trouuer les grandeurs & dimensions des corps on donne tout le succés de telle inuention à la Geometrie; Et si c'est sur les grandeurs & mouuemens Celestes à l'Astronomie. Pource que tous les effets ainsi que l'on peut voir dans les ouurages artificiels sont attribuez à la cause principale; iamais à l'instrumentale; telle qu'est l'Arithmetique, à l'égard des autres sciences, qui traitent de la quantité. Quelques vns en font vne science speculatiue des nombres, qu'ils reduisent à plusieurs especes & font des demonstrations de leurs proprietez. Pour moy ie ne la considere icy, que comme la langue des Mathematiques pour exprimer les grandeurs, les vnitez multipliées ou diuisées par la numeration, & l'organe des mesmes pour trouuer mille determinations par les regles qu'elle donne, Ie la regarde comme l'instrument des supputations communes en mille *matiere ciuiles. Et ie borne ce traité dans cette double consideratiõ. Et d'autant que les sciences Mathematiques, & les calculs plus communs en ont besoin en deux points principaux: sçauoir, 1ent. En la determination des quantitez absoluës, & 2ent. En la proportion qu'ont les quãtitez par ensemble. Voila iustement les deux points, qui partageront ce traité, & dont ie donneray les principes, desquels on pourra inferer ce qui appartient à la quantité sur laquelle s'ocupe chaque office particulier & aux operations qu'il conuient y faire, lesquelles pour cette raison i'obmets icy: comme aussi plusieurs curiositez (à mon aduis peu vtiles) que ceux qui en seront desireux rencontreront dans plusieurs Arithmetiques grossies de ces questions.*

Et ne faut pas que ce mot d'Instrument degouste quelqu'vn de son estude: Ce luy est vn honneur de seruir de si Nobles sciẽces, ou plustost de leur estre associée & estre leur fondement; puisque on la peut apprendre sans les autres, non les autres entierement sans elle. Les autres luy donnent de l'employ luy presentant des quantitez à adiouster, soustraire, multiplier & diuiser: Cette-cy determine le tout suiuant leur desir. C'est pourquoy elle prend part à la beauté & éuidence de leurs demonstrations & se fait admirer dans le succés de ses regles. Ce qui la rend necessaire, vtile, & tres-agreable. Et i'estime que quiconque aura la practique familiere des Regles mises icy, & l'imagination des lieux, & des cercles expliquez en ma Geographie aura les deux plus importans principes pour entrer bien auant dans les connoissances Cosmographiques.

DES PRINCIPES DE L'ARITHMETIQVE.

CHAPITRE I.

§. 1. *De l'Vnité premier Principe.*

'AY tout droit de luy donner ce tiltre, & de la mettre pour le premier fondement de nostre Art : pour ce que tout nombre n'est autre, que l'vnité multipliée, ou diuisée. Et il est impossible d'expliquer, & mesme de conceuoir aucune multitude, que par elle. Qu'ainsi ne soit, le nombre entier de 4. par exemple ne dit autre chose, que quatre vnitez, ou l'vnité prise quatre fois; & le nombre rompu d'vn quart a vn rapport si necessaire à son tout, qui est l'vnité diuisée; qu'il ne peut estre entendu sans elle, & que par elle : à cause qu'elle fait tousiours necessairement la partie immediate des nombres entiers, & le tout des rompus. Et d'autant que le rapport d'égalité est signifié par l'vnité ie mets dans la Geometrie l'égalité, comme dans l'Arithmetique l'vnité pour vn principe de tout rapport : puis que l'inégalité n'est autre qu'vne égalité multipliée ou diuisée : Par exemple dire qu'vne quantité est longue de 3. pieds, c'est dire qu'elle a trois égalitez auec vn pied: dire qu'elle est longue d'vn tiers de pied, c'est dire qu'elle a l'égalité auec le tiers d'vn pied, ou que le pied entier est trois fois égal à elle. Mais d'autant que le nombre dit la multiplication des vnitez, & la determination de ses parties deux principes nous sont encore necessaires, dont le premier nous doit donner la connoissance des nombres entiers & des vnitez multipliées; le second des nombres rompus, & des vnitez diuisées en parties, & ces deux cy ont pour fondement la progression decuple.

§. 2. *De la progression Geometrique decuple fondement second de toute l'Arithmetique.*

D'AVTANT que c'est dans chaque progression Geometrique, que se trouuent tous les nombres auec vn ordre facile les Mathematiciens ont pris resolution de s'en seruir, & d'en establir vne pour fondement de tout cét Art: & entre toutes ils ont choisi la decuple, pour laquelle bien conceuoir faut remarquer les points suiuans.

1. Entre les nombres, ou quantitez signifiées par eux, qui vont croissans ou decroissans regulierement, & par ordre deux sans contredit sont les plus cõsiderables de tous. Les premiers sont ceux qui le font par nombres, ou parties égalles, ou qui ont pour difference vn mesme nombre, & vne quantité de mesme grandeur; comme l'on verra dans les exemples qui suiuent. Les seconds sont ceux, qui croissent ou decroissent par quantitez proportionnées: s'est à dire de mesme proportion, ou qui contiennent autant de fois leurs suiuans, qu'ils sont compris daus leurs antecedens, ainsi que l'on verra dans les exemples mis cy-aprés. La suite de tels nombres s'appelle progression, qui est dite Arithmetique, pour les nombres de la premiere sorte, Geometrique pour ceux de la seconde. Les premiers se produisent en montant par addition d'vn mesme nombre, en descendant par substraction.

Exemple de la progression Arithmetique.

1.	3.	5.	7.	9.	11.	13.	15.	17.	&c.	par 2.
1.	4.	7.	10.	13.	16.	19.	22.	25.	&c.	par 3.
1.	5.	9.	13.	17.	21.	25.	29.	33.	&c.	par 4.

Chaque nombre surpasse autant son inferieur qu'il est surmonté par son superieur, la descente se fait par les mesmes nombres, mais par vn ordre renuersé, sçauoir en les commençant par où la montée à finit, & les finissant par où la montée a commencé, la montée se fait adjoustant 2. dans le premier exemple au premier terme, 1. pour auoir le second 3. & 2. à 3. pour auoir le troisiesme 5. & ainsi consecutiuement, ou bien ostant 2. de 17. pour auoir 15. & 2. de 15. pour auoir 13. & ainsi de suite. Les seconds se produisent multipliant chaque terme donné ou trouué par vn mesme nombre que signifie la proportion commune pour auoir dans le produit celuy qui doit suiure immediatement, ou le diuisant par vn mesme nombre pour auoir le terme suiuant comme on voit icy.

Exemples de la Progression Geometrique.

Double	1.	2.	4.	8.	16.	32.	64.	128.	256.	&c. par 2.
Triple	1.	3.	9.	27.	81.	243.	729.	2187.		&c. par 3.
Quadruple	1.	4.	16.	64.	256.	1024.	4096.			&c. per 4.

Chacun de ces nombres excepté le premier en montant, & le dernier en descendant se fait multipliant l'anterieur tel qu'est le premier qui est 1. par le nombre de la proportion, sçauoir est, par 2. en la proportion double, pour auoir dans le produit le second 2. & celuy-cy par 2. pour auoir dans le produit 4. le troisiesme terme, & ainsi des autres: ou bien diuisant les derniers & posterieurs par le mesme nombre de la proportion commune pour auoir les anterieurs immediats: Chaque nombre eſt dit faire vn terme ou vn degré de la progreſſion, & encore bien que toutes deux ayent leurs vtilitez, celles de la Geometrique ſont bien plus grãdes & frequẽtes en la Nature, en l'Art, & en la Morale & Politique, ou ſon vſage ſe retrouue cõme j'explique dans mes principes Coſmographiques. En montant les nõbres y deuiennẽt ſi grands que d'abord ils ſont incroyables: Mais ſur tout elle eſt neceſſaire à l'Art de compter, & vne ſeule en fait tout le fondement. C'eſt la decuple qui a eſté choiſie entre vne infinité pour ce qu'elle eſt tres-moderée ne contenant dans l'interualle de ſes degrez ny trop, ny trop peu d'vnitez, & parce que la nature a mis ce nombre de 10. dans nos mains & deuant nos yeux. Les nombres de cette progreſſion en montant ſont 1. 10. 100. 1000. 10000. *&c.* 2. 20. 200. 2000. 20000. *&c.* 3. 30. 300. 3000. 30000. *&c.* 9. 90. 900. 9000. 90000. ils ſe produiſent multipliant le nombre antecedent par 10. pour auoir le ſuiuant, ou par vne dixieſme en deſcendant pour auoir $\frac{1}{10}$. $\frac{1}{100}$. $\frac{1}{1000}$. *&c.* $\frac{2}{10}$. $\frac{2}{100}$. $\frac{2}{1000}$. *&c.* les fractions ſous-decuples Ce ſont les mémes nombres qu'en montant: L'on y adjouſte, vne vnité deſſus & vne ligne entre-deux, ils ſe font diuiſant chaque nombre anterieur par 10. ou le multipliant par vne dixieſme pour auoir le poſterieur, comme il a eſté dit cy deſſus, & comme on verra cy-aprés. En ſuite dequoy chaque terme & degré de cette progreſſion contient 10. fois ſon anterieur, & eſt contenu 10. fois dans ſon poſterieur comme le nombre de 10. du ſecond degré contient dix vnitez du premier degré. celuy de 100. contient 10. fois le ſecond degré, c'eſt à dire, 10. dizaines, 1000. dix centaines & ainſi des autres. Et de plus il ny a aucun nombre poſſible qui ne ſoit compris dans ces degrez & dans leurs interualles, & qui n'en puiſſe eſtre exprimé. Le tout eſt de les trouuer & les faire ſeruir à bien repreſenter tous les nombres.

---

§. 3. *De l'Expreſſion de toute ſorte de nombres entiers par le moyen de la proportion, & progreſſion decuple.*

CETTE progreſſion ayant des degrez qui vont à l'infiny, & entre chaque deux degrez l'interualle de 10. vnitez, ſoit d'vnitez ſimples, ſoit de dizaines, ſoit de centaines, *&c.* le tout conſiſte à l'inuention de trois points, ſçauoir eſt, des marques qu'il faut auoir pour repreſenter l'interualle & les vnitez compriſes entre chaque deux degrez, 2. des noms qu'il faut donner à chaque degré pour les bien diſtinguer & 3. d'vne reduction de l'infinité de ces degrez à quelque ordre commode. Et c'eſt en l'inuentiõ & execution de ces trois points, que conſiſte l'art de compter. Pour le premier les marques ſont determinées à 9. pource qu'il ny a, que 9. vnitez compriſes entre deux degrez, & quand on vient à la dixieſme on chãge de degrez & 10. vnitez dans vn degré inferieur, vallent & en font vne dans le superieur. Partant c'est assez d'auoir neuf signes ou marques qui sont 9. caracteres pour la plume, des jettons pour le Iet, ou autres choses diuerses pour signifier ces neuf varietez des nombres contenus en l'estenduë terminée par deux degrez prochains. Les 9. caracteres sont, 1. 2. 3. 4. 5. 6. 7. 8. 9. Le zero 0. n'est que pour marquer les places & les degrez vuides de tout nõbre & non pas pour signifier aucun nombre, c'est pourquoy dans les jettons où les degrez sont marquez par l'arbre on ny met rien, quand il ny a point de nombre. Touchant les deux autres points pour donner à chaque degré son nom, & en abreger la trop grande multiplicité. On les distribuë dans certaines classes qui ont chacune leur nom propre, & on compose chaque classe de trois degrez qui en leur nombre & noms sont par tout les mesmes, sçauoir, le premier des vnitez simples ou de nombre, le second de dizaines, le troisiesme de centaines. Et de cette sorte celuy qui sçaura compter trois degrez dans la plus basse classe (ce qui est aisé à tous) le pourra faire égallement en toutes les autres superieures, y adjoustant seulement le nom propre de chaque classe: pour ce que les degrez conuiennent en nombre, & ne different qu'en ce que le nom de chaque classe signifie ainsi que la figure suiuante monstre, & la pratique enseignera. Les classes sont diuersement nommées. Tous font la premiere des vnitez de quelque chose que se soit comme de liures, de toises, de sols, &c. la 2. de mille, la 3. de millions, mais passant plus outre les vns nomment les suiuantes de Bilions, Trilions, Quadrilions, Quintilions, &c. Les autres de Milliars, Milliotars, Milliotatars. Les autres Mille de Milliars, Millions de Milliars, Milliars de Milliars, Mille de Milliars de Milliars, &c. On pourroit aussi biẽ dire en Arithmetique pour la proportiõ decuple, Millions, premiers, seconds, troisiesmes, quatriesmes, &c. qu'en Astronomie pour la sexagecuple minutes premieres, secondes, troisiesmes, &c. ou bien nombre decuple premier, second, troisiesme, &c. comme pour les fractions on dit decimes, premieres, secondes, troisiesmes, &c.

---

§. 4. *Des diuerses façons de compter les nombres expliquez cy-dessus.*

IL y en a autant qu'on trouuera de moyens d'auoir diuers rangs pour signifier les degrez & leurs classes, & dans chaque rang les neuf nombres dont chacun est capable, ce que quelques vns ont trouué dans les doigts de la main, les autres dans d'autres corps naturels ou artificiels: mais de toutes, les deux plus aisées & plus asseurées sont la plume & les jettons, comme aussi elles sont les plus communes; La plume met les degrez sur vne ligne droite, qui vont de la droite à la gauche, le Iet du bas en haut. Et pour determiner & distinguer le rang & le lieu de chaque degré on ordonne des jettons qui ne sont que pour ce dessein, non pour signifier aucun nombre. On nomme cét ordre & cette rangée de jettons l'Arbre. La plume signifie les 9. nombres par la diuersité de 9. figure ou caracteres mis cy-dessus. Le Iet. par l'appliquation d'autant de jettons que le nombre contient d'vnitez en chaque rang ou degrez : Et pour abbreger les 9. jettons on en met vn entre deux degrez qui vaut cinq vnitez dans l'inferieur & la moytié d'vne dans le superieur, & ainsi il n'en reste plus que 4. qui seront mis vis-à-vis du degré pour signifier les 4. moindres nombrez, & de cette sorte 5. jettons sont suffisans pour signifier tous les nombres compris dans l'interualle de deux degrez; Et si dans la ligne droite de chaque degré on auoit marqué 9. places, & à chacune la figure d'vn des 9. nombres simples il ne seroit besoin que d'vn jetton pour chaque degré: Pour l'ordinaire l'entre-d'eux & le lieu pour le jetton qui signifie 5. peut estre nommé le demy degré, pource qu'vn tel jetton vaut la moytié d'vn qui sera au degré superieur & 5. de l'inferieur, partant le jetton mis sur le degré de nombre signifie 5. sur dizainne 50. sur la centaine 500. Par le mot de nombre simple j'entends tout ce qui est signifié par vn seul caractere & partant l'vnité y est comprise.

De ces deux façons celle de la plume est sans doute plus permanente & vniuerselle, pource qu'elle s'estend sur tous les nombres rompus. Pour le reste celle des jettons emporte le dessus, à cause que la practique en est plus courte, plus aisée, plus diuertissante & agreable, la demonstration plus éuidente, & la matiere plus commune, la briefueté consiste en ce qu'elle fait tout à la fois, ce que l'autre fait par parties, & a des abbregez particuliers: sa facilité en ce qu'elle n'est obligée de faire ses operations simples que par tel nombre qu'elle veut, son agréement en ce qu'elle éuite les operations où il faut se bander. Il ny a point de reserue de nombres. On y commence plus ordinairement les operations par le haut. Son euidence luy vient de ce que les operations ont plus de rapport & cõformité auec leur object : Car l'addition & la substraction (par exemple) s'y font non seulement par signes comme à la plume, mais par Additions & Substractions effectiues. Toutes deux jointes ensemble s'entendent mieux & l'vne sert d'examen à l'autre & la faitentendre. Et ie tiens qu'on les aprend mieux & plustost toutes deux ensemble, qu'vne toute seule.

---

§. 5. *La valeur de chaque vnité dans chaque classe & degré.*

LE mesme chiffre ou le mesme jetton a vne valeur differente selon qu'il est mis en degrez differens, & en general chaque vnité appartenante à vn degré en vaut 10. de celles qui sont au degré inferieur prohain, & 100. de celles qui sont au degré distant de deux, & la dixiesme partie d'vne vnité superieure d'vn degré, la centiesme de l'vnité superieure de deux degrez, & ainsi des autres ; Ce qui luy vient de la nature de la progression Geometrique, & de la façon de la produire, sçauoir, en multipliant ou diuisant chaque degré par 10. De mesme le jetton d'entre deux vaut 5. de l'vnité immediatement inferieure & la moytié de la superieure. D'où s'ensuiuent deux pratiques qu'il faut obseruer pour reduire les nombres à moins de jettons que l'on pourra & ne les multiplier sans necessité. La premiere est de mettre vn jetton au degré superieur toutesfois & quantes que l'on pourra faire & auoir 10. vnitez dans l'inferieur, pareillement vn à l'entre-deux quand l'on pourra arriuer à 5. La 2. que l'on peut faire descendre vne vnité d'vn degré superieur & la faire valoir 10. en l'inferieur quand on en a de besoin, comme à la substraction.

On ne peut pas representer les operations par les jettons comme celles de la plume, pour ce que celles là consistent à vn mouuement local des jettons, dont la representation est impossible par figures & marques permanentes, ce qui fait encore qu'on ne peut representer tout ce qui se passe en la plume.

Voila l'inuention tres-subtile pour exprimer, escrire, & compter toute sorte de nombres entiers que ie represente en deux Figures, l'vne pour la Plume, l'autre pour les Iettons.

La maniere d'exprimer les nombres à la plume.

D N	C D N	C D N	C D N	C D N	C D N	C D N	C D N
2 1	2 3 4	5 6 7	8 9 1	6 4 5	7 3 0	9 2 8	4 5 7
8 Des milliars de milliotars ou sextilions.	7 Des millions de milliotars ou quintilions.	6 Des milles de milliotars ou quadrillions.	5 Des milliotars ou trillions.	4 Des milliars ou billions.	3 Des millions.	2 Des mille.	*Classe premiere.* Des vnitez de toutes choses.

La premiere colomne contient les noms de chaque degré, où N *signifie nombre simple.* D *Dizaine.* C *Centaine.*

La seconde contient un nombre qui doit estre exprimé.

La troisiesme l'ordre des Classes & le nom de chacune.

La premiere Colomne A *declare la valeur des Iettons contenus en chaque Classe.*

La 2. B *contient les Iettons qui font l'Arbre & marquent la place & le rang de chaque degré.*

La 3. C *fait voir les Iettons qui signifient les nombres exprimez en A.*

La 4. D *monstre les degrez de chaque Classe, N signifie nombre des unitez simples, D de dizaines, C de centaines.*

La 5. E *monstre l'ordre & le nom des Classes.*

A Valeur.	B Arbre.	C Expression des nõbres	D Degrez	E Classes
	o		C	8. Des milliars de milliotars.
21.	o	o o	D	
	o	o	N	
	o	o o	C	
234.	o	o o o	D	7. Des millions de milliotars.
	o	o o o o	N	
		o		
	o		C	
		o		
567.	o	o	D	6. De mille de milliotars.
		o		
	o	o o	N	
		o		
	o	o o o	C	
		o		
891.	o	o o o o	D	5. De milliotars.
	o	o	N	
		o		
	o	o	C	
645.	o	o o o o	D	4. De milliars.
		o		
	o		N	
		o		
	o	o o	C	
730.	o	o o o	D	3. De millons.
	o		N	
		o		
	o	o o o o	C	
928.	o	o o	D	2. De mille.
		o		
	o	o o o	N	
	o	o o o o	C	
		o		
457.	o		D	1. Des vnitez de quoy que se soit.
		o		
	o	o o	N	
F	G	H	I	K

§. 6. *De l'expression des parties de l'vnité que l'on appelle Fractions ou nombres rompus.*

D'AVTANT que l'vnité est diuisible en vne infinité de parties diuerses qui vont s'amoindrissant à l'infini, comme sont vn tiers, vn quart, vne trentiéme, soixantiéme, centiéme partie d'vn tout, & que l'on peut compter & prendre de chacune de ces parties tel nombre que l'on voudra, qui peut croistre à l'infini, il s'ensuit que pour signifier vne Fraction deux nombres sont necessaires, qui se marquent de mesme façon que les entiers: mais se prononcent differemment. L'vn est pour declarer l'espece, la qualité, & la nature de la partie & dire la proportion, qu'elle a auec son tout & son vnité : & pour ce sujet il est nommé denominateur, determinateur, ou qualificateur, s'escrit en bas & se prononce comme les nombres d'ordre troisiéme, quatriéme, centiéme, milliéme, *&c.* L'autre pour faire entendre le nombre de ces parties, qui pour ce sujet est nommé le numerateur, s'escrit sur l'autre, & se prononce en la maniere commune. On met pour les distinguer vne ligne entre deux. I'en represente icy trois, qui se prononcent de cette sorte : Deux cinquiémes, douze dix & neufiémes, vingt & trois milliémes. $\frac{2.}{5.}$ $\frac{12.}{19.}$ $\frac{23.}{1000.}$ Les premiers nombres & superieurs declarent combien il faut prendre de parties d'vn tout, les seconds & inferieurs nous donnent à entendre qu'elles sont les parties qu'il faut prendre, & le changement de l'vn ou de l'autre apporte du changement à la valeur de la fraction cōme entre 2. cinquiémes d'vn escu qui valēt 24. sols, & 2. centaines qui ne valent pas 15. deniers: *Item* entre 2. cinquiémes & 4. cinquiémes. Pour conceuoir ces fractions & se les rendre familieres, il est à propos de les trouuer, monstrer, appliquer, & reconnoistre sur des vnitez & tous conneus communs & diuisibles en parties, pareillement bien conneuës de nous ; tels que sont les monnoyes plus en vsage, les escus, les liures, les sols, *&c. Item*, les mesures communes de pieds, toises, perches, pas, *&c.* Les figures quadrilataires rectangles, les corps cubiques, *&c.* Concluës de cecy 1. Que la plume a icy vn grand auantage sur sur les jettons excepté aux fractions decimes comme ie diray. Secondement, Qu'il y a autant & plus de nombres rompus que d'entiers puis que chaque vnité a vne infinité de parties differentes, chaque nombre entier peut seruir de denominateur à expliquer ces parties & à faire autant de fractions d'vn tout, & de plus chaque denominateur peut receuoir vne infinité de numerateurs qui feront encore les fractions diuerses.

§. 7. Quelques

§. 7. *Quelques regles & remarques sur la nature & valeur des Fractions.*

1. LEs nombres entiers, & les rompus ont aussi bien leurs parties, que l'vnité. On donne le tiers ou le quart de 60. & d'vn quart aussi bien que de l'vnité: pource que tels nombres sont diuisibles à l'infiny aussi bien qu'elle. Il est bien vray que ces nombres sont considerez comme vn tout à l'égard de telles parties: Et de cette sorte tout finalement se rapporte & reduit à l'vnité.

2. Toute Fraction où le numerateur est égal à son denominateur fait vn entier, comme trois tiers: Celle où il est plus grand fait plus d'vn entier, comme quatre tiers: Celle où il est moindre vaut moins d'vn entier, comme deux tiers. Et c'est proprement cette troisiéme sorte que l'on prend pour Fraction, & que l'on entend par ce mot.

3. Toutes les Fractions, où les numerateurs ont mesme proportion auec leurs denominateurs sont équiualentes & signifient le mesme comme sont les suiuantes. Et tant que l'on peut il faut reduire semblables Fractions équiualantes à celle qui a le moindre denominateur, telle qu'est icy la premiere vn tiers: pource qu'elle est plus intelligible; & estant composée de nombres plus simples elle abbrege les operations, que l'on doit faire sur elle.

$\frac{1}{3}.\ \frac{2}{6}.\ \frac{3}{9}.\ \frac{5}{15}.\ \frac{20}{60}.$ &c.

4. Tant plus, que le numerateur croist, & le denominateur décroit tant plus grande est la valeur de la Fraction, laquelle s'amoindrit quand le denominateur croist & le numerateur décroist. Pource que le numerateur croissant multiplie le nombre des parties de mesme valeur, le denominateur croissant diuise le tout en dauantage de parties & par ainsi les rend plus petites, & amoindrit leur valeur.

5. Autant de fois que le denominateur est dans le numerateur, autant d'entiers contient la Fraction, & en diuisant le numerateur par le denominateur le Quotient reduira la Fraction en ses entiers, ce qui suit de la deuxiéme regle.

6. On peut reduire vn nombre entier en Fraction, soit mettant vne vnité pour denominateur, soit y mettant tout autre nombre qu'on voudra choisir; moyennãt qu'on prẽne pour numerateur le produit qui se fera de la multiplicatiõ du nombre entier proposé par le nombre choisi pour le denominateur: Ce que souuét on à besoing de faire. De cette sorte 32. entiers sont équiualents à ces Fractions. Pour ce que multipliant 32. par les denominateurs choisis à discretion & mis au bas on fait les numerateurs mis au haut, qui auront mesme proportion, & partant mesme valeur.

$\frac{32}{1}.\ \frac{64}{2}.\ \frac{128}{4}.\ \frac{256}{8}.$ &c.

7. On reduira vne Fraction exprimée par de grands nombres à vne équiualente & en moindres nombres quand elle en est capable diuisant le plus grand nombre par le plus petit, & mettant le quotient s'il se trouue en nombre entier au lieu du plus grand nombre, & l'vnité au lieu du plus petit, ou diuisant l'vn & l'autre par vn nombre commun & mettant les quotiens quand se sont nombres entiers à leurs places.

8. On peut prendre toute Fraction pour autant d'entiers qu'elle a d'vnitez en son numerateur moyennant qu'on se souuienne de son denominateur comme les quarts d'vn sol font vn liart ou trois deniers qui sont des entiers de 12. fois moindre valeur.

§. 8. *Diuision des Nombres.*

ILs sont tous ou entiers ou rompus, & n'en faut point chercher vne troisiéme espece, mais la diuersité de les signifier fait naistre la diuision des nombres en cardinaux ou absolus comme sont vn, deux, trois, quatre, Relatifs comme sont égal, double, triple, quadruple: Ordinatifs comme sont premier, second, troisiéme, quatriéme, & Aduerbiaux comme sont vne fois, deux fois, trois fois, quatre fois, lés Latins en ont de distributifs *Bini, terni, quaterni, &c.* deux à deux, trois à trois, *&c.*

Le nombre derechef est diuisé en pair & impair, le pair en pairement pair comme 12. & impairement pair comme 10. De plus en simple ou doig & en composé, le simple est celuy qui est exprimé par vne des 9. figures, lesquelles diuersement compliquées declarent toute sorte de multitude, le composé est celuy qui en contient plusieurs & il est diuisé en article qui est terminé par vn zero, ou mixte qui ne l'est pas.

Il y a plusieurs autres Diuisions que ie laisse pour n'estre pas tant vtiles. On les pourra voir dans les autres Arithmetiques.

§. 9. *Des Operations de l'Arithmetique en general.*

LA quantité prise en general, entant que diuisible n'a que quatre capacitez passiues, qui sont Premierement, de pouuoir tousiours croistre; autrement elle seroit infinie, Secondement, de pouuoir decroistre: autrement elle seroit indiuisible en toute façon: Troisiémement d'estre mesurable, & d'estre vn des termes des proportions, qu'il y a entre elle & les autres soit fondant le rapport qu'elle a auec les autres, soit terminant celuy, que les autres ont à elle. Et quatriémemēt d'estre mesure par applications réïterées, dont le nombre fait vne espece de grandeur, en laquelle consiste la proportion, qu'ont deux quantitez. L'Arithmetique, a qui seule il appartient d'exprimer & de declarer toute sorte de grandeur & de rapport qu'il y a dans les quantitez n'a que 4. operations correspondant à ces quatre capacitez, sçauoir, l'Addition, qui fait croistre la quantité; la Substraction, qui la fait decroistre; la Multiplication & la Diuision, qui monstrent l'vne les termes de la proportion, l'autre le rapport mutuel entre deux nombres. L'Addition de plusieurs sommes partielles en fait vne totale, nouuelle & égalle à toutes: La Substractiõ defait vne anciẽne & en laisse des moindres. Les deux autres supposent deux nõbres determinez & proposez & en trouuent vn troisiéme qui contient autant de fois l'vn des deux, où est contenu que l'autre a d'vnitez, ce que fait la multiplication, ou qui contient autant d'vnitez que de fois l'vn est compris en l'autre ou le comprend: ce que fait la diuision. Les deux premieres considerent les quantitez absolument, & immediatement, peuuent receuoir plusieurs nombres, qui tous doiuent estre homogenées, & signifier des vnitez de mesme nature; pource qu'elles sont ou de plusieurs nombres vn, ou d'vn plusieurs, & qu'vn nombre ne peut estre vn, qu'estant composé d'vnitez de mesme sorte: comme disant 12. hommes j'entend 12. vnitez homogenées & de mesme nature: & il est impossible de faire vn nombre de deux diuers demeurans tels, comme de 6. sols & de 6. den. Les deux dernieres considerent les quantitez relatiuement, & les proportions qu'elles ont; d'où vient qu'elles ne peuuent auoir que deux nombres, & n'en peuuent trouuer qu'vn troisiéme: à cause que la proportion est entre deux termes ou quantitez seulement, & est expliquable par vne troisiéme. La multiplication présupose vn des termes auec la proportion & trouue l'autre: Car de dire trois fois 4. & trouuer 12. c'est donner la quantité triple à 4. ou quadruple à trois. La Diuision suppose les deux termes & trouue la proportion. Car de dire combien de fois le nombre 12. est-il en 3. & trouuer 4. c'est declarer la proportion quadruple entre 12. & 3. d'où s'ensuit la triple entre 12. & 4.

De tout cecy s'ensuit premierement que la Multiplication se fait en nombres entiers sur des nombres, dont l'vn contient des vnitez, qui en valent plusieurs de differente nature, tel qu'est vn nombre de sols chacun desquels vaut 12. deniers, & trouue le nombre des deniers équiualent à celuy des sols. La Diuision trouue celuy des sols par celuy des deniers. 2. Quand la multiplicatiõ se fait par vn nõbre entier & contenant plusieurs vnitez elle donne le plus grand terme de la proportion; Quand c'est par l'vnité elle donne le mesme nombre: Quand c'est par vn nombre rompu elle donne le moindre, la diuision faite du plus grand nombre par le moindre laisse vn nombre entier; du moindre par le plus grand vn rompu. Les exemples suiuans de ces operations, & les traitez des proportions verifieront le tout.

La façon de faire ces quatre operations est double. La premiere est de les faire tout d'vn coup, & à vne seule fois: comme seroit d'adjouster vne somme totale auec vne autre. La 2. est de les faire par parties, & prendre à part chaque nombre simple, c'est à dire, exprimé par vne seule figure. L'vne & l'autre sont égallement asseurées : pource que toutes les parties d'vn tout jointes auec toutes les parties d'vn autre tout font mesme nombre que le tout, joint auec le tout; mais ne sont pas également aisées: Pource que si la premiere est la plus courte, elle surpasse la portée de nostre esprit, qui ne peut embrasser tout à la fois les nombres entiers, particulierement quand ils sont grands. La 2. est plus longue; mais aussi plus sortable à nostre capacité, & se peut faire sur tout nombre, & par des personnes du commun. Et c'est aussi celle qui est en vsage.

De tout ce que dessus s'ensuit que toute la practique de l'Arithmetique consiste à trois points. Le premier est de bien exprimer & marquer chaque nombre mettant chaque figure à son rang. Le second de faire l'operation requise sur chaque partie & figure simple des nombres. Le troisiéme d'escrire ou marquer les nombres, qui en prouiennent dans leurs propres lieux & conuenables à leurs degrez. Ce que l'on reconnoistra estre tres-veritable dans les operations suiuantes, lesquelles jointes diuersement font toutes sortes de regles; comme les 9. figures toute sorte de nombres, & les 23. Lettres toutes sortes de mots, & les Elemens toute sorte de mixtes.

L'ARITHMETIQVE DES NOMBRES ENTIERS.

CHAPITRE II.

§. 1. *L'Addition des Nombres entiers.*

L'ADDITION de plusieurs sommes en vne totale se fait practiquãt les trois points mis cy-dessus, dõt le premier est de disposer tellement les sõmes qu'õ doit adjouster; que les nombres simples appartenans à vn mesme degré se trouuent mis les vns dessous les autres dans vne mesme ligne. Le second de faire l'Addition des nombres simples par ensemble, qui se trouuent en vn mesme degré, & partant sont homogenées, commençant par ceux qui appartiennent au moindre degré, tel qu'est celuy de nombre ou de simples vnitez: puis allant à ceux du degré de dizaines, & aprés à ceux de centaines, *&c.* Le troisiéme est d'escrire le nombre, qui vient de l'Addition des nombres de mesme degré sous le mesme degré, & dans la ligne droite qui les contient tous, n'estoit que tel nombre fut composé de deux figures ou de dauantage, car alors il ny a que la derniere figure, qui appartienne à tel degré, & qui doiue y estre mise, les autres comme superieures en valeur sont reseruées dans les degrez superieurs, ausquels elles conuiennent.

3.	9.	4.
4.	6.	5.
8.	5.	9.

La forme est de dire tant & tant font tant, comme 4. & 5. font 9. qu'on escrit dessous les nombres adjoustez 4. & 5. & en mesme rang. 6. & 9. font 15. nombre composé de deux figures dont la derniere 5. est mise directement dessous les deux nombres 6. & 9. & en mesme rang de dizaine, à cause qu'elle est de tel degré & valeur. La premiere 1. estant d'vne valeur 10. fois plus grande que les vnitez de 5, doit estre retenuë pour estre adjoustée auec les autres du degré superieur & partant on y dit 1. retenu & 4. font 5. & 3. font 8. que l'on escrit en bas cõme l'exemple rend euident.

C'est icy où l'Addition par les Iettons a vn grand aduantage: car au lieu de trois points ou practiques mises icy pour la plume: sçauoir, 1. la disposition & l'escriture des nombres presentez. 2. l'Addition des nombres homogenées de chaque degré & 3. la marque du resultat de chaque Addition particuliere, on n'a besoin que de faire le premier point & de mettre en jettens les sommes, qu'on propose sans passer aux autres deux, dont on est deliuré. Mais d'autant que cela consiste en vn mouuement que l'on commence par les plus hauts degrez ie ne puis representer icy, que la somme totale qui en resulte.

```
          o
  o       o o o
          o
  o
          o
  o       o o o o
```

§. 2. *La Substraction des Nombres entiers.*

ELLE se fait par la practique de nos trois points: sçauoir, Premierement par la disposition des nombres proposez, dont l'vn est celuy duquel il faut en oster vn autre, l'autre est celuy, qui doit estre osté. Le premier estant superieur en rang & plus grand en valeur doit estre mis dessus l'autre, mais de telle sorte que les nombres de mesme degré en toutes les deux sommes se trouuent en mesme rang & dans vne mesme ligne, qui prend du haut en bas. Secondement par la Substraction particuliere de chaque nombre simple qui se fait ostant da ns chaque degré le nõbre inferieur du superieur : Et troisiémement par l'escriture du nõbre restant qui se met dans vn mesme rang & degré. La seule difficulté est au second point, & quand il arriue, que dans vn mesme degré le nombre inferieur, & que l'on doit oster se trouue plus grand que le superieur, duquel on doit l'oster : Et pour lors il faut faire descendre vne vnité d'vn degré plus haut qui vaudra 10. en celuy qui sera immediatement plus bas, & y donnera tout moyen soit luy seul, soit joint auec celuy qui s'y trouue de faire la Substraction particuliere. Aprés quoy il faudra passer aux autres, & se souuenir de ne plus compter l'vnité empruntée, & ostée du degré superieur. La forme est Qui de tant oste tant reste tant: comme icy qui de 9. oste 5. reste 4. qu'il faut escrire en mesme rang que 9. & 5. Qui de 5. oste 9. ne peut, & alors on a recours aux degrez plus hauts & immediats & en cas de nullité aux mediats, desquels on tire vne vnité qu'on fait descendre plus bas & valoir 10. au degré immediat comme icy on l'oste de 7. & la joignant auec 5. elle fait 15. ce qu'estant fait ie dits qui de 15. oste 9. reste 6. ou bien qui de 10. oste 9. reste 1. & 5. font 6. qu'on marque. Puis on dit qui de 6. oste 3. reste 3.

7.	5.	9.
3.	9.	5.
3.	6.	4.

La Substraction par les Iettons a icy le mesme auantage que l'Addition puis qu'elle se fait par la seule apposition du premier nombre duquel on oste le second, & ainsi elle se contente du premier point, sans passer aux deux autres.

Exemples de la Substraction par la Plume.

				8 9 9 9 10.	G … H
A	3. 5. 2. 4. 9.	9. 3. 1.	5 0 4 2	9. 0 0 0 0.	B
C	9. 9. 3. 2.	3. 5. 7.	4 9 7 4	6 3 9 4 5.	D
E	2. 5. 3. 1. 7.	5 7 4	6 8	2 6 0 5 5.	F

Les nombres superieurs, & desquels on doit faire la Substraction sont en la ligne A. B. Les inferieurs & qu'il faut oster sont en la ligne C. D. Les nombres restans sont en E. F. Les premiers exemples contiennent des simples Substractions. Le quatriéme monstre comment il faut emprunter l'vnité, dont on doit faire la Substraction d'vn degré bien éloigné, sçauoir, de dizaine de mille, & ce que vaut dans tous les degrez inferieurs vne telle vnité, ce qui est expliqué par vn nombre G H mis dessus, lequel joint auec 8. au lieu de 9. vaut autant que l'autre, & de plus donne tout moyen de faire vne prompte Substraction dans chaque degré.

---

§. 3. *La Multiplication des entiers.*

ELLE presuppose deux nombres : le multipliable, qui est mis dessus & le multipliant ou multiplieur, que l'on escrit dessous. Elle se fait prenant l'vn & l'autre par parties, c'est à dire, multipliant chaque nombre simple du premier par chacun du second. Comme si on donne 365. à multiplier par 34. On doit premierement multiplier les trois nombres du multipliable, 3. 6. & 5. par 4. le dernier du multipliant commençant par le nombre 5. continuant par la dizaine 6. & finissant par la centaine 3. & les produits doiuent estre escris sous les nombres multipliez, & en mesme degré, s'ils sont simples, & n'ont qu'vne figure. Que s'ils sont composez de deux on met la derniere sous le nombre, & on reserue la premiere pour l'adjouster au nombre du degré superieur, auquel elle appartient: & l'on aura 1 4 6 0. de cette premiere multiplication. Secondement il faut multiplier les mesmes trois nombres, & auec mesme ordre par le nombre anterieur 3. mis au degré de dizaines, & puis escrire les produits, ou la derniere figure d'iceux non pas sous les figures multipliées, mais sous vn degré anterieur d'autant plus distant de telle figure, que le nombre multipliant, l'est du dernier degré du nombre simple, Et d'autant qu'icy 3. qui appartient aux dizaines n'est éloigné du degré du nombre simple que d'vn degré, il ne faut éloigner le produit de la figure multipliée vers les degrez superieurs que d'vn degré; ainsi que l'on peut voir en la figure. La forme est tant de fois tant, fait tant: comme 4. fois 5. font 20. On marque la derniere figure 0. & on retient la premiere 2. pour le degré plus haut, auquel elle est deuë. 4. fois 6. sont 24. qui joints auec 2. retenus font 26. on escrit 6. & on retient 2. 4. fois 3. sont 12. & 2. reseruez sont 14. que l'on met entierement: pource que c'est le produit de la derniere multiplication. On multiplie de mesme façon 3 6 5. par 3. Aprés quoy l'on fait l'Addition des produits particuliers, pour en auoir la somme totale, qui est le nombre que l'on cherche.

Au Iet, outre qu'õ y peut faire les Multiplicatiõs particulieres de mesme façon que par la plume, & mettre les produits particuliers entiers en leur						
			3	6	5.	*Le nombre multipliable.*
				3	4.	*Le nombre multipliant.*
		1	4	6	0.	*Les produits particu-*
	1	0	9	5.		*liers.*
	1	2	4	1	0.	*Le produit total.*

propre lieu, sans rien erseruer on a d'autres façons qui abbregent grandement l'operation: telle qu'est cette-cy.

On met pour le premier point le nombre multipliable de tel costé de l'Arbre que l'on voudra: (Il est meilleur que se soit du costé gauche pour auoir vn mouuement plus naturel de la gauche à la droite.) Et on retient en sa memoire le nombre multipliant, si on ne veut le marquer à costé. Le second point des trois mis pour toutes les operations consiste en la practique de ces deux regles. 1. Autant d'vnitez ou de jettons, que vous ostez du nombre marqué, & qui sont vis-à-vis de quelque degré; autant de fois il faudra mettre de l'autre costé le nombre multipliant tout entier, & tellement vis-à-vis du jetton ou de l'vnité prise, qu'il finisse dans le degré où elle se trouue sans auoir égard aux degrez inferieurs, & plus bas : ce qui se fera commençant à compter par les degrez de l'vnité multipliée & y dire Nombre & monter aux autres superieurs disant dizaine, centaine, *&c.* comme si en effet il ny auoit rien de plus bas & que le lieu de l'vnité prise ou du jetton leué fut tout le dernier.

Secondement, Autant de fois que vous prenez vn jetton mis entre deux degrez il faut mettre de l'autre cost la moytié du nombre multipliant, & tellement vis-à-vis de ces entre-deux, qu'il y fasse la derniere moytié inferieure à nombré sans auoir aucun égard aux degrez & aux entre-deux inferieurs : ce qui se fera commençant à compter par vn tel entre-deux Demy de nombre, nombre, demy de dizaine, dizaine, demy, de centaine, centaine, *&c.* Et pour practiquer ces deux regles commençant par le plus haut degré vous mettez le doigt vis-à-vis du degré ou de l'entre-deux duquel vous prenez vn jetton pour vous faire ressouuenir que c'est par là qu'il faut commencer à compter les degrez ou demy degrez en montant sans considerer ceux qui sont plus bas, & que c'est par là, où il faut finir à mettre le produit de la Multiplication : Et dans l'exẽple present ayant mis 365. d'vn costé de l'Arbre & le doigt vis-à-vis du degré de centaine, prenant vn des trois jettons qui y sont vous mettez 34. de l'autre costé, sçauoir, 4. au degré de centaine, 3. au degré superieur. Vous en faites autant pour chaque jetton. Si vous en prenez deux, ou trois, ou quatre tout à la fois, pour auoir plustost fait il faudra mettre autant de fois c'est à dire, deux ou trois ou quatre fois le nombre multipliant, comme icy prenant deux jettons l'on mettra 64. prenant 3. on mettra 102.

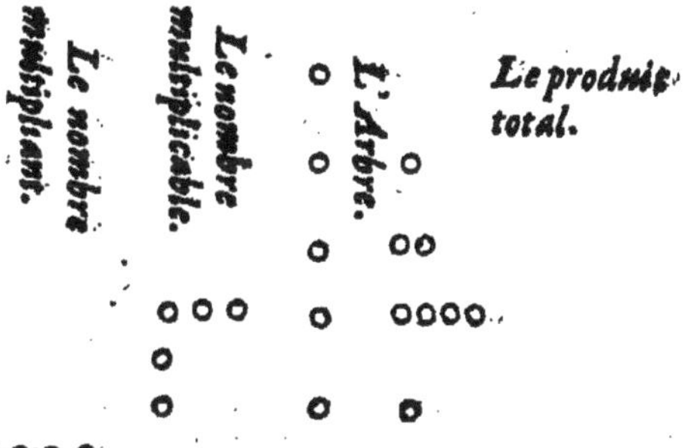

Le nombre multipliant. *Le nombre multiplicable.* *L'Arbre.* *Le produit total.*

Et quand au jetton qui se met entre-deux, & au lieu d'vn demy degré comme il peut estre consideré en trois façons, & selon trois rapports, qu'il a, il y a aussi trois façons de le multiplier. Car si on le considere, premierement à l'égard du degré inferieur il vaut 5. & il se doit multiplier comme l'on feroit 5. vnitez, ou 5. jettons mis dans vn tel degré. Si secondement à l'égard de son superieur il vaut la moytié d'vne vnité, & il se multiplie prenant la moytié du nombre multipliant, & mettant les vnitez dans les degrez superieurs,

rieurs, ausquels elles appartiennent & les moytiez dans les entre-deux inferieurs. Et pour connoistre la valeur de tous les degrez à l'égard de tel entre-deux mettant le doig vis-à-vis de tel entre-deux dites moytié de nombre, puis montant vous poursuiurez disant nombre, moytié de dizaine, dizaines, moytié de centaine, centaines, *&c.* & de cette sorte la moytié des nombres pairs estant pair sera exprimée par jettons mis dans les degrez, celle des nombres impairs aura vn jetton dans l'entre-deux inferieur; pource qu'elle contiendra vne moytié d'vn entier, la premiere n'ayant que des nõbres entiers. Ainsi s'il faut multiplier vn jettõ mis entre dizaine & cētaine, qui y vaut 50. par 3.6.5. ie prend la moytié de ces trois nombres, sçauoir, premierement de 3. qui est 1. & demy, & ie la marque mettant vn jetton au degré de centaine relatif au jetton que l'on multiplie pour l'vnité entiere & vn jetton à l'entre-deux inferieur pour la moytié. Ie prend secondement la moytié de 6. qui sont 3. que ie marque par 3. jettons mis au degré de dizaine. Ie prend troisiémement la moytié de 5. qui sont 2. & demy que ie marque mettant deux jettons au degré de nombre pour les deux entiers & vn à l'entre-deux inferieur pour le demy & finis l'operation par l'entre-deux du jetton multiplié, ce qu'il faut obseruer toûjours exactement.

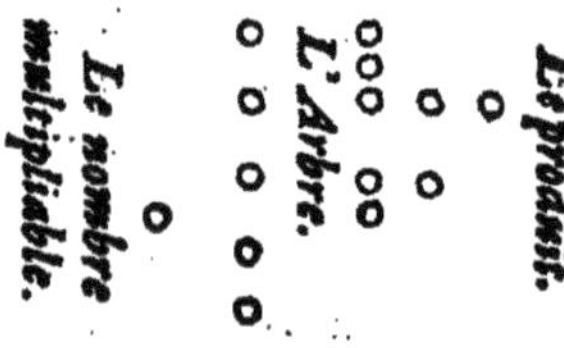

Le nombre multipliable. *L'Arbre.* *Le produit.*

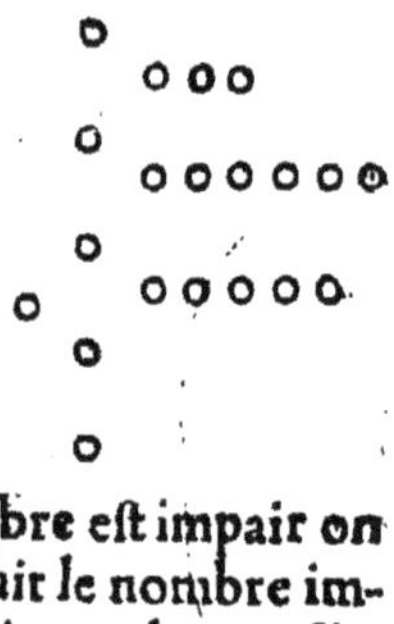

Si troisiémement on le considere à l'égard des autres entre-deux, il s'y fait vne progression decuple de mesme façon que dans les degrez que l'on exprime de la sorte nombre de moytié, dizaines de moytié, centaines de moytié, *&c.* & partant l'on y doit multiplier vn jetton de mesme façon que l'on feroit dans les degrez vn qui seroit pris dans vn degré, & de cette façon le jetton mis entre dizaine & centaine multiplié par 3. 6. 5. auroit pour son produit le nombre exprimé par 3. jettons mis dans centaine de moytié, par 6. dans dizaine, & par 5. dans nõbre de moytié cõme on voit dās l'exēple mis icy qui fait 36500. demy. Mais d'autāt que 2. jettõs dās ces entre deux n'en valēt qu'vn dās le degré superieur pour abbreger mettāt vn jetton dans le degré on le compte pour deux deceux de l'entre-deux, comme au lieu de mettre 6. jettons dans l'ētre-deux de dizaine on en met trois dans le degré superieur, & au premier on dit 10. & 20. au second 30. & 40. au troisiéme 50. & 60. & ainsi des autres, & quand le nombre est impair on met vn jetton à l'entre-deux, pour l'vnité qui reste & fait le nombre impair. De ces trois façons la seconde est la plus ordinaire & bien aisée, d'autres suiuent la troisiéme pour ne faire aucune diuision: Toutes deux font le mesme & auec facilité, ce qui fait voir que la multiplication aux jettons emporte le dessus sur celle de la plume.

D'icy il faut conclurre qu'vn nombre entier joint auec vne moytié peut estre multipliable mettant vn jetton sous le nombre pour signifier telle moytié, 2. Qu'on pourroit mettre des jettons qui ne signifieroient que deux vnitez du degré inferieur, & la cinquiéme partie du superieur, & faire vne Arithmetique sur eux. Et si le nombre de 10. auoit d'autres parties aliquotes comme le tiers, le quart, ainsi qu'a celuy de 12. on s'en pourroit seruir.

---

§. 4. *La diuision des Nombres entiers.*

PVISQVE sa fin est de nous faire connoistre combié de fois vn nombre nommé diuiseur ou diuisant est cópris dans vn autre nómé diuisible: cóme 7. en 347. il ne faut que conduire le diuiseur 7. par toutes les parties du diuisible 347. commençant par le plus haut degré, pour s'informer sur chaque figure de l'vn auec ce qui seroit resté dãs les degrez superieurs cóbié de fois l'autre y est cótenu & marquer à part le nóbre, qu'ó a trouué, & que l'on nomme Quotient. En l'exemple proposé ie dis premierement Combien de fois 7. se trouue-il en la premiere figure 3.? Et voyãt qu'il n'y est point de fois ie passe à la figure suiuante 4. sous laquelle ie mets le diuiseur 7. disant combien de fois est-il en 34.? & l'ayant trouué 4. fois ie marque 4. pour le quotient; mais deuant que de passer à l'autre figure il faut multiplier le diuiseur 7. par le quotient trouué 4. escrire le produit 28. en bas & sous la partie que l'on diuise, sçauoir 34. oster ce produit 28. de la mesme partie 34. & effaçãt tout l'anterieur mettre ce qui reste, sçauoir, 6. sur le degré où est 4. auquel tel nombre appartient. Ce qu'estant fait on auance le diuiseur 7. sous la figure suiuante 7. & on y réitere les operations precedétes s'informant cóbien 7. est au nombre superieur & correspondant 67. Et pource qu'ó le trouue 9. fois, on acheuera l'operation escriuant 9. au quotient, multipliant 9. par 7. escriuant le produit 63. l'ostãt de 67. Et si apres auoir acheué le tout il reste quelque nombre, on en fera le numerateur d'vne fraction & du diuiseur en on fera le denominateur: comme l'on voit dans le quotient total de la diuision presente. Tout cet artifice est compris en ces mots. *Diuide, Multiplica, Subtrahe, Promoueas.*

Reste des Substractions.		6	4		
Nombre diuisible,	3	4	7		*Quot.*
Nombre diuiseur.		7	7		4.
Nombre Quotient.			4	9	7.
Les produits des multiplications.	2. 8 [3.				
	6.				

C'est à dire, que pour chaque diuision particuliere il faut faire les trois dernieres operations auec vn ordre renuersé, commençant par la Diuision, continuant par la Multiplication, finissant par la Subſtraction, & au lieu de l'Addition auançant le diuiseur d'vn degré, jusques à ce qu'on soit arriué au dernier *Diuide*, c'est à dire, diuisez vne partie du diuisible par le diuiseur entier, *Multiplica*. c'est à dire multipliez le diuiseur par le quotient trouué, *Subtrahe*, c'est à dire, ostez de la partie du diuisible le produit de la multiplication. *Promoueas*, c'est à dire, auancez le diuiseur. Vne practique de cette operation veuë & jointe auec la lecture seruira plus, que mille lectures seules.

La difficulté est quand le diuiseur est composé de plusieurs figures : à cause que d'vne part il ne peut estre pris par parties comme l'on fait en toutes les autres operations: mais tout entier & par indiuis; ce qui se conclud de la propre nature de la diuision, qui nous fait rechercher combien de fois vn tel nombre, non vne partie est contenu en vn autre. D'autre part on ne peut determiner que bien difficilement, combien de fois le diuiseur composé de plusieurs figures & pris tout entier est contenu dans la partie correspondante du diuisible; à cause de la grandeur du nombre: ce qui nous contraint d'y aller à tastons & à peu prés. L'ordinaire façon est de voir combien la premiere figure du Diuiseur est contenuë dans la partie correspődante, & superieure du diuisible: puis de considerer si la seconde figure pourroit bien estre autant de fois comprise en la sienne, & sur ce faire les operations mises cy-dessus.

Diuision où le Diuiseur est composé, & où les Operations sont mieux distinguées que dans la façon ordinaire.

		Quot. part.
Le Diuisible total,	1 5 6 9 7.	
Le Diuiseur,	4 3.	3.
Le Produit de la Multiplication.	1 2 9.	
Le Diuisible restăt de la Subſtractiő premiere,	2 7 9 7.	
Le Diuiseur,	4 3.	6.
Le Produit.	2 5 8.	
Le Diuisible restăt de la Subſtractiő seconde,	2 1 7.	
Le Diuiseur commun,	4 3.	5.
Le produit,	2 1 5.	
Le reste de la Subſtraction.	2.	
Le Quotient total.	3 6 5. $\frac{2}{43}$	

Cette façon nous donne bien asseurance que le quotient trouué ne peut estre agrandi, mais non pas qu'il ne puisse & doiue estre amoindri.

Nous sçauons bien que nous ne prenons iamais trop peu; mais nous doutons si nous prenons trop: particulierement quand le premier nombre est vne figure de petite valeur comme 1. 2. 3. & qu'elle est suiuie d'vne de grande valeur comme, 7. 8. 9. & ny a que la seconde consideration qui puisse nous redresser.

C'est icy où le jetton à vn tres-grand avantage sur la plume acheuant auec grande facilité cette operation si difficile. Le tout consiste à l'obseruation de ces deux regles. 1. Ayant mis le nombre diuisible d'vn costé de l'arbre mettez le doigt vis-à-vis de chaque degré cômençant par le plus haut & descendant en bas, & sur chacun voyez si le diuiseur est contenu au nombre mis dans vn tel degré, & pris conjoinctement auec ceux qui restent aux degrez superieurs & autant de fois que vous l'y trouuerez & que vous l'osterez il faudra mettre dans le mesme degré, mais au costé opposité pour chaque fois vn jetton. Secondement, mettant le doig dans chaque entre-deux auec vn mesme ordre du haut en bas, voyez si la moytié du nombre diuiseur se retrouue dans le nombre signifié par les jettons mis soit dans l'entre-deux, soit dans les degrez superieurs, (ce qui n'arriue qu'vne fois) & si vous l'y trouuez en l'ostant vous mettrez vn jetton dans le mesme entre-deux; mais du costé opposite.

Vne practique declarera tout cecy, & fera voir qu'il ne faut que bien obseruer ces deux points pour y bien réiissir. De plus ce que j'ay dit dans la Multiplication peut seruir icy.

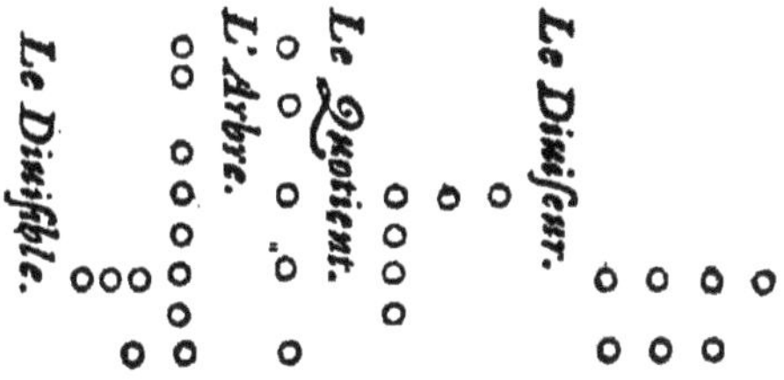

Le Diuisible. *L'Arbre.* *Le Quotient.* *Le Diuiseur.*

§. 5. *Les Examens & les Preuues des Operations precedentes.*

Il y a trois façons pour s'en asseurer. La premiere se fait par vne operation de mesme nature; mais faite par deux façons diuerses: comme l'Addition auec la plume se prouue par l'Addition faite auec les jettons, & quand toutes deux donnent vne mesme somme c'est vn signe, que c'est la vraye. La seconde se fait par vne operation differente; mais opposée & correlatiue: comme sont deux mouuemens contraires, où le second retourne au terme, d'où le premier est parti, & sort de celuy où le premier est arriué: telles sont l'Addition & la Substractió. Cette-cy se prouue par l'Addition du nombre osté & restant, & la somme totale

totale doit estre égale au nombre dont on a fait la Substraction. Celle la se prouue par la Substraction que l'on fait ostant vne ou plusieurs sommes partielles de la totale, & ce qui reste doit estre égal à la somme qui n'a pas esté ostée. De mesme on tire asseurance de la Multiplication par la Diuision, & de cette-cy par celle-là: pource que le produit, que l'on cherche en la Multiplication est le nombre diuisible, que l'on presente en la Diuision; & le nombre multipliable que l'on donne en la Multiplication est le quotient que l'on cherche en la Diuision. Et le mesme nombre assigné pour le multipliant en l'vne est le diuiseur en l'autre. Si 365. multipliez par 43. font 15695. 15695. diuisez par 43. feront 365. Si la Multiplication est l'allée d'vn nombre à vn autre, la Diuision est le retour de ce nombre au premier. Si l'une est la montée, l'autre est la descente.

La troisiéme façon se fait par le nombre de 9. par lequel il est aisé de prouuer l'Addition & la Substraction: à cause que tout nombre exprimé soit par vne somme totale, soit par plusieurs partielles laisse tousiours dans les figures, qui l'expriment prises à part, & en leur simple valeur vn mesme nombre restant aprés qu'on en aura osté le nombre de 9. tant que faire se pourra; d'où s'ensuit que si on met vn zero pour 9. ou vn 9. pour vn zero, on ne pourra par cette voye découurir la faute de l'operation; non plus que si on mettoit des figures équiualentes à contenir 9. ce qui est plus rare & d'vne rencontre trop difficile. Et pour la Multiplication tout nombre multiplié par vn autre dont les figures prises en leur simple valeur, & sans auoir égard à aucun degré que de nombre simple feront vne ou plusieurs fois 9. à tousiours pour son produit vn nombre composé de figures, qui prises en leur simple valeur feront vne, ou plusieurs fois 9. comme 36. multipliez par 18. font 648. 37. mulmultipliez par 18. font 666. 36. multipliez par 8. font 288. Suffit qu'vn des nombres fasse 9. précisement; pource que la Multiplication est vne Addition multipliée. Ainsi le produit de la Multiplicatiõ de 36. par 8. est égal à l'Addition de 8. nombres de 36. joints ensemble desquels les 9. estant ostez resteroit zero. Que s'il reste quelque chose apres auoir osté tous les 9. tant du nombre multipliable que du multipliant; ayant multiplié vn reste par l'autre, & osté du produit tous les 9. ce qui restera sera égal à ce qui restera du produit total apres que les 9. en auront esté ostez comme en 365. multipliez par 15. le premier a pour reste 5. les 9. en ayant esté ostez. Le second a 6. Multipliant donc 6. par 5. font 30. duquel nõbre si vous ostez les 9. (quand il y en a) reste 3. Et c'est le nombre qui doit rester du produit de telle Multiplication, sçauoir, de 5475. La Diuision se prouue de mesme façon: puis qu'elle contient les trois nombres de la Multiplication. Le produit en l'vne fait le diuisible en l'autre. Le Multipliant fait le diuiseur, & le nombre multipliable deuient le Quotient.

On fait encore la preuue par 7. comme expliquent les Arithmetiques communes: mais à cause que cette façon demande plus d'operations elle n'est pas si en vsage.

---

§. 6. *Quelques moyens d'abbreger, & de faciliter les Operations expliquées cy-dessus.*

L'INSTRVMENT nommé la roüe Paschaline les fait auec asseurance & promptitude par vn petit mouuement local: mais la cherté de cét instrument qui se vend 100. liures, & le danger que quelque roüe ne vienne à manquer, & l'ignorance qu'il laisse de l'Arithmetique le rend bien rare. On a imprimé à Paris vn liuré intitulé Tariffe generale où vous auez auec toute exactitude la Multiplication depuis vn jusques à 100. & des centaines jusques à dix mille, & la reduction des sols à liures, & des deniers à des sols. On en peut faire autant sur tous autres suiets.

Neperus Anglois en a inuenté vn, qui donne tout d'vn coup les produits particuliers & venans de la multiplication de quelque nombre multipliable quel qu'il soit par vn nombre simple multipliant, & les quotients simples de chaque diuision particuliere faite par quelque diuiseur composé de tant de figures qu'on voudra. Ce qu'estant il ne reste rien pour acheuer vne Multiplication entiere, qu'escrire les produits particuliers & en faire l'Addition pour auoir le total, & pour vne Diuision parfaite, que mettre les quotiens, & faire la Substraction de leurs produits selon les regles mises cy-dessus. C'est la figure Pytagorique diuisée en petits parallellogrammes rectangles neuf fois enuiron plus longs que larges, qui ont leur largeur diuisée en deux, par vne ligne tirée du haut en bas par le milieu & leur longueur partagée en neuf espaces égaux, au premier & plus haut desquels on met vn des nombres simples, au second le double du mesme nombre, ou deux fois le premier, au troisiéme le triple & ainsi jusques au neufiéme où on met 9. fois le premier. Quand il arriue que ces nombres sont simples & n'ont qu'vne figure on les escrit dans le second espace de la largeur: S'ils ont deux figures on les separe, & ont met la premiere au premier espace de largeur, la deuxsiéme au second dans vn mesme espace de longueur: ainsi que vous voyez practiqué dans la figure presente, dont on s'en procure plusieurs de chaque nombre simple, qu'on met sur des cartons ou sur des bois quarrez, sur chaque face vne. Et pour l'vsage on assemble celles, qui dans leur premiere figure font le nombre multipliable pour la multiplication, ou le diuiſeur pour la diuiſion, & chaque eſpace de longueur contient les nombres, qui ſont le produit de la multiplication par le nombre qui conuient à tel eſpace & le nombre diuiſible requis afin d'auoir le nombre du meſme eſpace pour le quotiēt: comme le troiſiéme eſpace donne le produit de la multiplication par 3. & le diuiſible pour faire le quotient 3. & ainſi des autres eſpaces, Il faudra ſeulement ſe ſouuenir de compter pour vn meſme degré les nombres qui ſe trouueront eſtre dans le deuxiéme eſpace de largeur d'vne figure precedente & dans le premier de la ſuiuante & contiguë & de les adjouſter par enſemble, & quand le tout fera vn nombre compoſé de deux figures reſeruer la premiere pour le degré antecedent: & pour ce il faut commencer à les eſcrire & adjouſter par les dernieres figures.

De cette ſorte on trouuera que dans la figure preſente le nombre 234. 567890. qui y eſt tout au haut & dans le premier rang multiplié par 3. fait 703703670. qui ſe trouue au troiſiéme rang, par 4. fait 938271560. par 8. fait 1876543120. Et ces meſmes nombres ſont les diuiſibles, qui ont pour quotient 3. 4. & 8. s'ils ſont diuiſez par le nombre, que ſont les premieres figures.

Ie mettray d'autres abbregez à la fin de ce traité.

§. 7. *L'Arithmetique des nombres entiers de diuerſes eſpeces dont les vns ſont parties des autres, & partant ſont fractions reduites en entiers.*

CETTE diuerſité arriue plus ordinairement dans les Monnoyes ſur les liures, ſols, deniers, ou dans les meſures, ſur les toiſes, pieds & poulces. Ie prendray les exemples ſur les Monnoyes, & les feray voir tant aux jettons qu'à la plume, & pour commencer par la plume.

En general puis que chaque eſpece à ſon nombre propre & particulier il demande auſſi vne operation particuliere, & puis que chaque eſpece eſt ou compriſe dans vn autre comme les deniers dans les ſols, ou contenante comme les ſols ſont les deniers, on doit adjouſter aux operations ordinaires la reduction des eſpeces contenuës aux contenantes, & quelques-fois pour faire la Subſtraction des contenantes aux contenuës. Si donc on preſente pour faire l'Addition pluſieurs nombres de differente nature: comme ſont liures, ſols, deniers, on doit adjouſter les homogenées par enſemble commençant par ceux, qui ſont de moindre valeur, & compris dans chaque vnité des autres: Icy ſont les deniers, Et quand le nombre des deniers viendra à 12. ou les paſſera laiſſant ce qui eſt par deſſus 12. dans le rang des deniers on en prendra 12. pour chaque vnité, qui ſera miſe dans le degré des ſols. Et pareillement quand le nombre des sols montera jusques à 20. ou les passera laissant l'excez qui restera sur 20. pris vne ou plusieurs fois dans le rang des sols on mettra pour chaque vingtaine vn jettō dans le nōbre des liures; de mesme façon que 10. vnitez simples font vne vnité dans les dizaines & y sont reseruées. Et 10. dizaines font vn dans les centaines &c. Ce qui se fait soit pour abbreger les nombres, soit pour mettre les homogenées ensemble, & en mesme rang.

Addition par la Plume.

Sommes	3 4 5 6 7. l.	12. s.	3. d.
partiel-	2 9 7 8 4.	7.	1.
les.	5 3 2 7 1.	9.	0.
Nōbres retenus.	1 1 2 1 1		
Somme totale.	1 1 7 6 2 3. l.	8. s.	4. d.

La Substraction se fait sur les nombres de diuerse espece, tel que sont liures, sols, deniers: comme on la fait sur les nombres de diuers degrez, tels que sont nombres simples ou vnitez, dizaines, centaines, &c. Il faut donc faire la Substraction sur les nombres homogenées & de mesme espece à la façon ordinaire. Et quand le nombre superieur dans le rang des deniers n'est pas suffisant pour faire la Substraction comme estant trop petit il faut emprunter l'vnité du nombre des sols, qui vaudra 12. dans le rang des deniers & donnera tout moyen d'y faire la Substraction.

Qui de	9 3 2. l.	1 2. s.	3. d.
Oste.	3 5 7.	1 5.	6.
Reste.	5 7 4. l.	1 6. s.	9. d.

La Multiplication se fait multipliant chaque nombre particulier par le commun nombre multiplieur, puis reduisant les produits de moindre valeur aux nombres & vnitez des especes contenantes & superieures.

La Diuision se fait reduisant tous les nombres de differente nature à vn de la derniere espece & valeur, pour auoir vn seul & total diuisible, & le diuisant par le diuiseur commun, comme s'il faut diuiser 104. liu. 17. s. 8. d. par 7. ie reduis tout à des deniers, & j'ay pour somme totale 25172. d. que ie diuise par 7. & j'ay pour quotient 3596. deniers, qui font 14. l. 19. s. 8. d. Ou bien elle se fait diuisant chaque nombre par 7. & reduisant ce qui reste à l'espece inferieure, & l'y adjoustant pour y estre diuisé: comme s'il faut diuiser 104. l. 17. s. 8. d. par 7. ie diuise 104. l. par 7. & ie trouue 14. l. pour le quotient, & les 6. liu. qui restent ie les reduis à 120. s. que j'adjouste auec 17. s. & qui font 137. s. qui estant diuisez par 7. me donnent 19. pour le quotient & des 4. s. qui restent j'en fays 48. deniers qui joints auec 8. font 56. d. qui estant diuisez par 7. font 8, d. La seconde façon estant plus courte nous espargne beaucoup d'operations

rations. Pour les jettons, les operations se font de mesme façon surchaque nombre d'vne espece que j'ay declaré aux 4. premiers Paragraphes, à quoy il faut adjouster les reductions des nombres de moindre valeur aux superieurs, en l'Addition & en la Multiplication, & des superieurs aux inferieurs en la Substraction en la maniere que ie viens d'expliquer dans les Operations par la Plume. Ainsi ces operations n'ayant rien de particulier ie me contenteray de remarquer deux points, & d'en donner des exemples.

Faut donc sçauoir premierement, Que l'on peut mettre les nombres de diuerse espece en deux manieres. La premiere est de les ranger à costé, & dans les mesmes lignes qui contiennent les nombres, & les dizaines de nombres entiers de la premiere espece. La seconde est de les mettre plus bas en deux degrez inferieurs que l'on adjouste à l'Arbre dont l'vn est pour les sols, l'autre pour les deniers: Et pour mieux distinguer les degrez des vnitez entieres, & de la premiere espece, d'auec ceux des parties, on met deux jettons dans l'arbre pour marquer le dernier degré de nombre simple & qui finit les nombres entiers. L'vne & l'autre façon est commode. Ie me sers de la premiere dans les deux premieres operations, de la seconde dans les deux dernieres, comme l'on pourra remarquer dans les exemples suiuants. Secondement que l'on peut absolument parlant mettre & marquer dans chaque degré tant d'vnitez qu'on voudra, & faire sur elles les operations. C'est neantmoins toûjours le meilleur d'abbreger tant qu'on peut & de reduire les simples vnitez en dizaines, & celles-cy en centaines, *&c.* En suite dequoy on peut mettre jusques à 20. f. exclusiuement dans le degré des sols mis sous le degré du nombre comme mettant pour 17. sols, trois jettons en l'entre-deux qui feront trois fois 5. c'est à dire, 15. & deux dans le degré des sols, qui adjoustez à 15. feront 17. ou bien on mettra vn jetton au degré superieur aux sols; mais à costé pour faire 10. vn à l'entre-deux inferieur pour faire 5. & 2. dans le degré, pour acheuer 17. Vous verrez l'vne & l'autre façon practiquée dans l'exemple de la Multiplication, où les sols & les deniers multipliables sont exprimez de la seconde façon & comme il faut pour abbreger: & où il arriue, que deux jettons de sols valent vn dans les liures & dans le mesme rang, ce qui abbrege la reduction. Les nombres de sols & de deniers dans le produit sont mis selon la premiere façon.

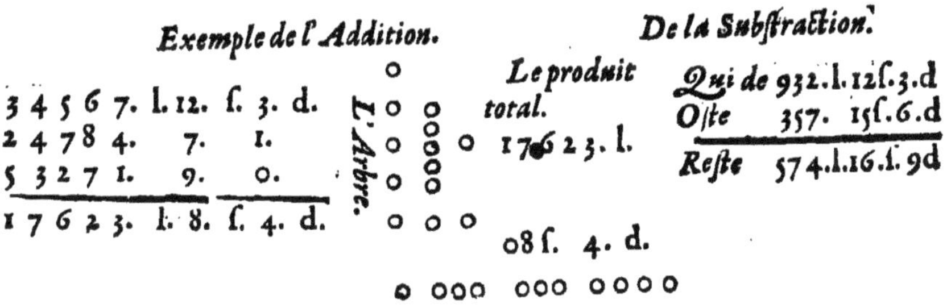

Exemple de l'Addition. *De la Subſtraction.*

34567. l. 12. ſ. 3. d.
24784. 7. 1.
53271. 9. 0.
17623. l. 8. ſ. 4. d.

L'Arbre.

Le produit total.
17623. l.
08 ſ. 4. d.

Qui de 932. l. 12 ſ. 3. d
Oſte 357. 15 ſ. 6. d
Reſte 574. l. 16. ſ. 9 d

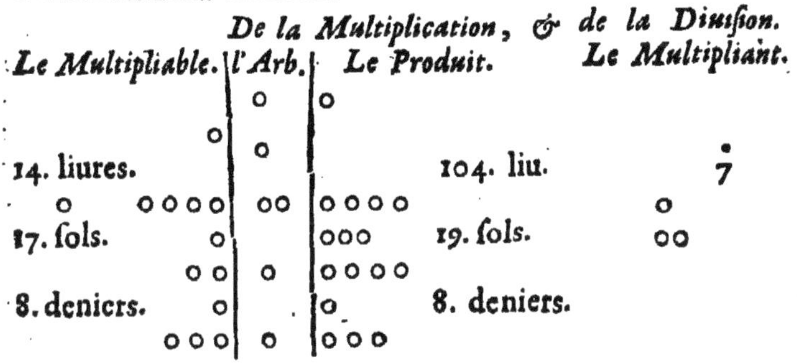

De la Multiplication, & de la Diuiſion.

Le Multipliable. | *l'Arb.* | *Le Produit.* | *Le Multipliant.*

14. liures. 104. liu. 7
17. ſols. 19. ſols.
8. deniers. 8. deniers.

Prenez le nombre produit pour le diuiſible donné, le Multipliable pour le Quotient trouué, & le Multipliant pour le Diuiſeur commun: & vous aurez vne Diuiſion. Vne practique rendra euident tout le contenu en ce Traité, & fera que par apres l'ayant oublié on le raprendra ſans practique.

L'ARITHMETIQVE DES NOMBRES ROMPVS.

CHAPITRE III.

§. 1. *La reduction de deux Fractions de diuerse denomination à deux autres equiualentes, & de mesme denomination.*

PVIS qu'on ne peut faire les Additions, ny les Substractions, qu'entre des nombres & parties homogenées comme il a esté dit cy-dessus; & que c'est le denominateur, qui donne l'espece & la difference à la Fraction il est necessaire deuant que d'entreprendre les operations susdites sur des Fractions de les auoir, ou de les rendre de mesme denomination: ce que l'on fera mettant les deux fractions, que l'on veut reduire l'vne à costé de l'autre: puis multipliant vn des denominateurs par l'autre, pour auoir le denominateur commun des Fractions equiualentes aux premieres: & enfin multipliant le denominateur d'vne fraction par le numerateur de l'autre, pour auoir le numerateur de la Fraction equiualente à celle dont le numerateur a esté multiplié. De cette sorte deux cinquiémes & trois quatriémes qui sont Fractions de diuerse nature, & qui demeurant telles sont incapables d'Addition, & de Substraction, auront pour Fractions equiualentes, & de mesme denomination 8. vingtiémes & 15. vingtiémes, desquelles il est tres-aisé de faire Addition & Substraction. Et pour verifier sur quelque exemple, l'égalité de valeur de $\frac{2}{5}$ auec $\frac{8}{20}$ & de $\frac{3}{4}$ auec $\frac{15}{20}$ Il faut diuiser vn escu en parties cinquiémes, qui valent 12. sols, en quatriémes qui valent 15. sols, & en vingtiémes qui valent 3. s. & on trouuera 2. cinquiémes valoir 24. s. & autant que 8. vingtiémes & trois quarts valoir 45. sols, ce que valent encore 15. vingtiémes.

$$\frac{2}{5} \times \frac{3}{4}$$

$$\frac{8}{20} \qquad \frac{15}{20}$$

L'on fera encore voir cette equiualence en vn quadrilataire rectangle ABCD qui est diuisé sur les costez AD & BC en des parties cinquiémes par quatre lignes *d e*, *f g*, *h i*, *k l*, parallelles aux costez AB, DC &

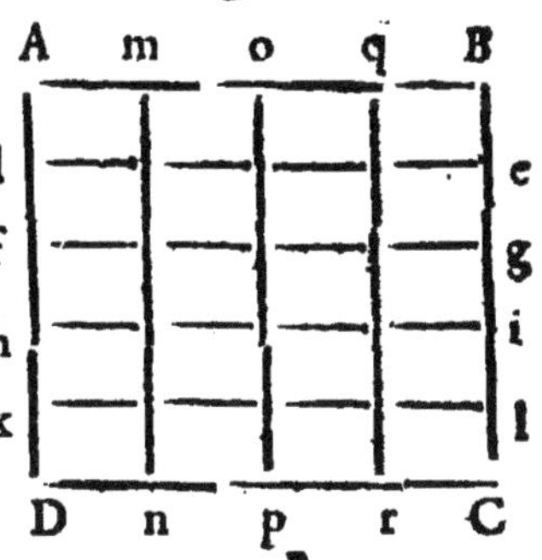

entre-elles, & en des quarts sur les costez AB & DC par trois lignes entre-deux *m n, o p, q r*, & parallelles aux costez A D, & B C, Et ces deux sortes de diuisions cōuenables aux deux premieres Fractions de diuers denominateurs feront par l'intersection de leurs lignes des parties vingtiémes, comme on peut voir en les comptant, & si on prend 2. cinquiémes on y trouuera 8. vingtiémes comprises; si trois quarts, on y comptera 15. vingtiémes: Et cette figure n'est pas seulement un exemple pour monstrer cette reduction: mais aussi vne preuue pour la demonstrer; Que si on veut reduire vn entier à vne Fraction de mesme denomination qu'vn autre assignée qu'elle qu'on voudra, on n'a qu'à multiplier le nombre entier par le denominateur que l'on desire auoir, & le produit sera le numerateur de telle fraction qui sera équiualente au nombre entier & tout ensemble aura le mesme denominateur que la Fraction assignée, comme il a esté dit au chap. 1. §. 7.

---

§. 2. *Les quatre Operations des Nombres rompus.*

FAVT remarquer pour toutes les operations, qu'on ne met point les nombres rompus les vns dessous les autres comme l'on fait pour les entiers: mais les vns à costé des autres dans vne mesme ligne tirée de la gauche à la droite. Et pour les nombres multipliables, les diuisibles, & ceux dont on doit faire la Substraction on les met deuant les autres, & les autres aprés auec le mesme ordre que les entiers sont dessous: comme l'on peut voir dans les exemples.

L'Addition & la Substraction se font sur des Fractions homogenées, ou de mesme denomination, adjoustant les seuls numerateurs par ensemble, ou ostāt l'vn de l'autre en la maniere d'escrite cy-dessus pour les entiers, & laissant le denominateur. Ainsi $\frac{4}{10}$ & $\frac{3}{10}$ font $\frac{7}{10}$. Et qui de $\frac{12}{20}$ oste $\frac{7}{20}$ reste $\frac{5}{20}$ La Multiplication se fait multipliant les nombres de mesme rang en la maniere declarée pour les nombres entiers: c'est à dire, les numerateurs par ensemble, pour auoir le numerateur du produit, & pareillement les denominateurs pour auoir le denominateur du produit comme on voit és exemples suiuants.

Multipliable Multipliant Produit

$\frac{4}{10}$ fois fois $\frac{3}{10}$ font $\frac{12}{100}$ $\frac{1}{2}$ fois fois $\frac{1}{2}$ font $\frac{1}{4}$ $\frac{1}{2}$ par par $\frac{10}{11}$ fôt $\frac{10}{22}$

La Diuision se fait multipliant en croix les nombres de diuers rang: sçauoir, le denominateur du diuiseur par le numerateur du diuisible, pour faire le numerateut du quotient: Puis les deux autres par ensemble, pour auoir le denominateur du mesme.

Diuisible, Diuiseur, Quotient.

$\frac{4}{10}$ *fois* ✕ $\frac{3}{10}$ *font* ✕ $\frac{40}{30}$ *C'est à dire, vne fois & vn tiers comme est 4 à 3.*

Et ne faut pas s'estonner si vn nombre multiplié par vne Fraction fait vn Produit moindre que le nõbre multiplié, ou si diuisé par la mesme fait vn Quotient plus grand que le diuisible : Cela vient de la propre nature des operations. La Multiplication prend autant de fois le nombre multipliable, que le multipliant contient d'vnitez : Ainsi s'il en contient beaucoup, le nombre croit d'autant; si vne fois seulement il demeure tel qu'il est; si moins d'vne il amoindri d'autant : si on multiplie vne moytié par vne moytié il faut prendre la moytié du nombre multiplié, qui est vne moytié & partant il faut prendre vn quart pour le produit, de mesme 20. multipliez par 2. font 40. par vn font 20. par vn demy font 10. Au contraire tant plus le diuiseur est petit tant plus souuent est-il contenu dans le diuisible, & fait vn quotient plus grand comme vn quart est contenu 4. fois entierement dans l'vnité, & partant l'vnité diuisée par vn quart aura pour quotient vne vnité entiere.

---

§. 3. *L'Arithmetique de deux nombres, dont l'vn est entier, l'autre est rompu.*

L'Ordinaire façon comme aussi la plus courte est d'adjouster vne fraction auec vn entier la faisant suiure l'entier : comme on fait dans les nombres de diuerse espece, qui ne sont autres que fractions mises en entier de moindre valeur. Par exemple 23. l. 12. s. 4. d. font 23. entiers $\frac{12}{20}$ d'vn entier & $\frac{4}{12}$ d'vne vingtiéme. Que si vous voulez mettre le tout en vne somme ; puisque la fraction ne peut faire & deuenir vn des entiers dont elle est fraction, il faut que l'entier deuienne fraction: ce qui se fait multipliant l'entier par le denominateur de la Fraction, & adjoustant le produit auec le numerateur comme 23. sols, $\frac{1}{4}$ font $\frac{93}{4}$ Et si vous les voulez prendre pour des entiers: mais de moindre valeur comme pour des liars vous en aurez 93. soit liars, soit quarts.

Pour la Substraction on prendra vne vnité d'vn nombre entier, qu'on reduira à vne Fraction de mesme denomination, que celle qui doit estre ostée : comme si de 23. entiers, c'est à dire, de 22. entiers & $\frac{4}{4}$ vous ostez $\frac{3}{4}$ vous aurez 22 $\frac{1}{4}$ ou bien vous direz Qui de $\frac{92}{4}$ ste $\frac{3}{4}$ reste $\frac{89}{4}$

La Multiplication & la Diuision se font reduisant le nombre entier à vne Fraction, telle que l'on voudra, (Elle sera la plus courte de toutes si vous mettez l'vnité dessous pour denominateur, & vne ligne entre-deux) puis operant selon les regles mises au §. precedent.

---

§. 4. *L'Arithmetique des nombres, chacun desquels contient vne Fraction auec vn entier.*

L'ADDITION se fait comme des entiers de diuerse nature, adjoustant les nombres homogenées par ensemble : c'est à dire, les entiers auec les entiers, & les rompus auec les rompus, moyennant que ceux-cy ayent esté donnez ou reduits à mesme denomination ; Et si la somme totale des rompus vaut vn ou plusieurs entiers, on les adjouste auec les entiers comme on peut voir en l'exemple present.

La Substraction se fait pareillement des nombres homogenées. Et si le nombre rompu de la somme dont on doit faire la Substraction est moindre que l'autre qui doit estre osté, il luy faut adjouster vne vnité reduite en fraction de mesme denomination & tirée du nombre entier.

Addition.	
2 4 5	$\frac{3}{5}$
4 7 9	$\frac{4}{5}$
7 2 5	$\frac{2}{5}$

La Multiplication contient trois multiplications, deux reductions & l'Addition des nombres homogenées. La premiere Multiplication est des nombres entiers par les entiers. La deuxiéme des rompus, par les rompus, l'vne & l'autre en la maniere declarée au nombre de chaque espece. La troisiéme est des nombres entiers par les rompus en la maniere declarée au §. 3. & precedent.

La premiere reduction est des nombres entiers en fractions pour faire la troisiéme Multiplication. La deuxiéme est des nombres rompus & produits en entiers pour separer les entiers d'auec les rompus & les adjouster auec eux. L'Addition se fait des nombres homogenées par

Substraction.		
Qui de	7 2 5	$\frac{2}{5}$
c'est à dire	7 2 4	$\frac{7}{5}$
Oste	4 7 9	$\frac{4}{5}$
Reste	2 4 5	$\frac{3}{5}$

ensemble : & s'il y a plusieurs fractions de differente espece il faudra les reduire a mesme denominateur pour n'auoir qu'vn nombre rompu totalnon plus qu'vn entier. Comme la Multiplication de 932 $\frac{1}{4}$ par 32 $\frac{2}{3}$ se fait multipliant premierement les entiers 932. par 32. d'où vient 29824. Secondement les rompus $\frac{2}{3}$ par $\frac{1}{4}$ d'où vient $\frac{2}{12}$ ou $\frac{1}{6}$ Troisiémemẽt les entiers par les rompus, c'est à dire, 932 par $\frac{2}{3}$ qui font $\frac{1864}{3}$ ou 621 $\frac{1}{3}$ & 32 par $\frac{1}{4}$ qui font $\frac{32}{4}$ ou 8 entiers & adioustant les Produits particuliers entiers en vn, & les rompus en vn on aura 30453 $\frac{5}{12}$

29824		
621 $\frac{1}{8}$	$\frac{1}{4}$	$\frac{1}{6}$
30453		$\frac{5}{12}$

La Diuision ne se pouuant faire en partageant le diuiseur ; à cause qu'il doit estre pris tousiours en son entier on est obligé tout premierement de reduire le tout à deux nombres, & partant de changer les nombres entiers en rompus de mesme denomination, que leur adioint, pour pouuoir estre adioustez auec eux & ne faire qu'vne fraction. Comme s'il faut diuiser 932 $\frac{1}{4}$ par 32 $\frac{2}{3}$ je reduits ces nombres à deux fractions equiualentes par les regles mises cy-dessus mettant pour le premier $\frac{3729}{4}$ pour le second $\frac{98}{3}$ ie les diuise selon les regles des fractions $\frac{3729}{4}$ ✕ $\frac{98}{3}$ ✕ $\frac{11187}{392}$ qui valent 28 $\frac{211}{392}$

§. 4. *L'Arithmetique des parties diziémes, premieres, deuziémes,*

N. 1. Leur Importance.

ENTRE les Fractions celles-cy meritent bien vn traité à part : pource qu'elles cõtiennent la proportion decuple en descendant comme les nombres entiers le font en montant : ensuite dequoy elles ont vn grand auantage en leurs operations sur toutes les autres fractions: pource qu'elles peuuent continuer vn nombre total auec les entiers, y estre jointes comme parties propres à composer vn nombre auec les entiers, & receuoir les mesmes operations, que les entiers, & conjoinctement auec eux. Et si les personnes publiques & particulieres : si les maistres des Arts & des Sciences diuisoient leur tout de la sorte ils mettroient vt grand abbregé dans leurs comptes. Ie ne sçache que les Chinois, qui ayent profité de cét aduantage diuisant & subdiuisant par 10. toutes leurs mesures, soit pour les longueurs des chemins, & autres, soit pour les poids des corps, soit pour les extensions des surfaces & soliditez des corps, & quelques Astronomes recens, qui ont reduit leurs minutes sexagecuples à des decuples.

N. 2. Leur expression, marque, & disposition.

ON diuise vn tout entier en 10. parties qu'on appelle Decimes premieres, ou primes: Chaque partie en 10. secondes ou deuziéme: chaque seconde en 10. tierces ou troisiémes, & ainsi consecutiuemeut. On les marque auec des accens aigus, les premieres auec vn, les secondes auec deux, les troisiémes auec trois, *&c.* Et quand il les faut disposer soit auec la plume soit auec les jettons on y garde le mesme ordre en descendant que pour les entiers en montant: Et comme on dit pour ce[illegible]cy nombre dizaine centaine, *&c.* On dit pour celles-la nombre diziémes centiémes, milliémes, *&c.* Comme on met chaque nombre entier en son ordre, & degré aussi fait on ces parties diziémes. On les joint auec leurs entiers, & ne font auec eux qu'vn nombre total. Et comme quand il ny a point de nombre dans vn degré on met vn zero: aussi quand dans vne espece de ces parties il ny a point de nombre on y met vn zero, non pas pour faire valoir les precedens & les aduancer d'vn degré, comme il arriue dans les entiers, mais seulement pour occuper la place d'vne telle partie, & afin qu'on ne se trompe point dans l'ordre, le degré, & la denomination de chaque partie: comme l'on peut voir au nombre suiuant ou dans le rang des troisiémes il y a vn zero pour signifier qu'il ny a point de telles parties dans

i ii iii iv v vi &c.

tel nombre 3 6 5 2 3 0 4 7 6. Que si à la fin on y adjouste tant de zero que l'on voudra comme quelquefois on y est contraint on ne change aucunement par cela la valeur des nombres antecedens.

N. 3. Leur Valeur.

LA diziéme partie d'vn tout qui a vn zero auec l'vnité fait vne premiere, la centiéme qui en a deux vne seconde, la milliéme qui en a trois vne troisiéme, & ainsi de suite. La moytié d'vn tout & d'vne vnité

que

entiere fait 5. primes, la moytié d'vne premiere fait 5. deuziémes, & ainsi des autres; pource que cinq est la moytié de toute vnité diuisée en 10. Et si le nombre de 10. auoit dauantage de parties aliquotes comme le nombre de 12. on exprimeroit par les diziémes dauantage de parties. Voicy neantmoins ce qui se peut dire sur ce sujet. Les autres fractions & parties sont de deux sortes, les vnes se peuuent reduire a quelques diziémes, les autres non.

De la premiere sorte est la moytié, qui vaut cinq parties diziémes; vn quart qui diuisé par 10. fait 2. & deux quarts ou vne demie: Et puisque cette moytié d'vne diziéme premiere vaut 5. deuziémes, le quart vaudra & sera exprimé par deux premieres 5. deuziémes. De mesme la huictiéme partie de 10. ou 10. diuisé par 8. fait 1. & vn quart qui fait deux secondes & 5. troisiémes. D'où s'ensuit que la huictiéme partie sera exprimée par vne premiere, deux secondes, cinq troisiémes. La cinquiéme partie d'vn tout est signifié par deux premieres, celle d'vne premiere par 2. secondes, *&c.* Si les Fractions ne se peuuent reduire tel qu'est vn tiers qui fait 3. premieres & le tiers d'vne premiere, Et ce tiers 3. secondes & le tiers d'vne seconde & ce tiers 3. troisiémes & le tiers d'vne troisiéme: & ainsi à l'infini. Pareillement, la siziéme partie d'vn tout, ou 6. diuisez par 10. font 1. & 4. siziémes ou deux tiers, Et ces deux tiers d'vne premiere font le double d'vn tiers, c'est à dire, 6. & deux tiers d'vne diziéme immediatement inferieure, & ainsi à l'infini. Et en ce cas faut desesperer la reduction précise. Neantmoins on en approchera de si prés que le manquement sera entierement imperceptible aux sens, si on multiplie tellement les degrez que ce qui manque à l'entiere reduction soit tout à fait insensible & nullement considerable: comme le tiers d'vn tout estant exprimé par *i ii iii iv v* n'a pour tout manquement que le
3 3 3 3 3 tiers d'vne cinquiéme qui ne vaut pas le tiers de la 100. 000e. partie d'vn tout. Pareillement mettant pour vne siziéme *i ii iii iv v* il y aura defaut de deux tiers d'vne
1 6 6 6 6 cinquiéme qui ne feront que les deux tiers de la 100000e. partie d'vn tout.

Ce que j'ay dit des parties d'vne diziéme premiere, se doit & peut entendre des parties d'vne diziéme seconde, & d'vne troisiéme: pource que ce que vaut de primes vn tout ou vne partie de ce tout, le mesme vaut de secondes vne prime ou vne partie, puisque vne prime est diuisée de mesme façon en 10. secondes, que le tout en 10. primes. *Item* tout nõbre composé de plusieurs figures qui represẽtẽt vne mesme diziéme inferieure vaut autant que le mesme nombre distinqué sur chaque figure simple par les diziémes superieures comme 365. troisiémes valent autant que 3. primes 6. secondes 5. troisiémes, & si on y adjouste des zero

la valeur demeurera la mesme comme 365 troisiémes valent autant que
iii & de cette sorte suffit absolument parlant de mettre les
3 6 5 0000 accens sur la derniere figure pour entendre ceux des precedentes, & des zero qui suiuent.

N. 4. Les quatre Operations de ces Nombres diziémes.

DANS les Additions & Substractions il faut obseruer qu'elles ne se peuuent faire, que des nombres homogenées & de mesme degré: D'où s'ensuit qu'il faudra disposer les sommes proposées de telle sorte, que les parties de mesme degré & denomination soient les vnes sous les autres en mesme ligne. La disposition estant faite de la sorte l'Addition de ces parties est toute la mesme, que des nombres entiers: Et il ny a point d'autre difference sinon qu'en celles-cy, il faut conseruer dans la somme totale les marques mises sur les partielles.

		i	ii	iii
Sommes	2	5	3	0 4
Particulieres,	7	2	9	2 7
		i	ii	iii
Somme totale,	9	8	2	3 1

La Substraction est encore la mesme que celle des entiers; si auec les marques qu'il faut retenir comme en l'Addition vous sçauez adjouster autant de zero au nombre superieur, qu'il en est de besoin pour correspondre aux parties de l'inferieur comme il arriue en cét exemple qui de 8. entiers comme de 8. liures oste 3. entiers 2. premieres, 3. secondes, 4. troisiémes, il faut adjouster à 8. trois zero pour auoir autant de degré dans le nombre superieur sur lesquels on fera descendre la valeur d'vne vnité prise dans 8. qui donnera tout moyen de faire la Substraction. Ainsi

			i	ii	iii
	Qui de	8	0	0	0
Ou ce qui est equiualent.			i	ii	iii
					10
	Qui de	7	9	9	0
	Oste	3	2	3	4
			i	ii	iii
	Reste	4	7	6	6

La Multiplication est encore la mesme en ces parties, que dans les nombres entiers. Ce qu'il y a de plus est faut joindre les accens du dernier nombre multipliãt auec ceux du dernier nombre multipliable, & les mettre sur le dernier nõbre du produit, lequel estant determiné les precedens le sont aussi, qui ostét pour chaque degré anterieur immediat vn accent, par exemple 2 (i) multipliez par 4 (iii) font 8 (iiii). 4 par 5 (ii) font 20 (ii). 2 par 3 (iiii) font 6.

		i	ii	iii
Le Multipliable,	3	6	2	5
				i
Le Multipliant,			4	2
Les Produits		7	2 5	0
particuliers,	1 4	5	6	0
		i	ii	iii iiii
Le prod. tot.	1 5	2	2 5	0

En la Diuision il faut oster les accens du dernier nombre ou figure du diuiseur de ceux qui sont au dernier nombre du diuisible pour mettre ce qui restera au dernier nombre du Quotient : & cecy determinera les accens des figures antecedentes qui vont amoindrissant d'vn en chaque degré, Que s'il y a plus d'accens sur la derniere figure du diuiseur que sur la derniere du diuisible, il y faudra adjouster autant de zero qu'il en sera de besoin pour arriuer aux accens du diuiseur & les marquer des accens conuenables à leurs degrez pour auoir dequoy faire les Diuisions & Substractions. Tout le reste est commun auec la Diuision des entiers. Si on diuise $1\;5\;2^{i}\;2^{ii}\;5^{iii}\;0^{iv}$. par $4\;2^{i}$. selon la façon de diuiser les entiers & si on y met les accens en la maniere declarée on aura pour quotient, $3\;6^{i}\;2^{ii}\;5^{iii}$. si par $4^{ii}\;2^{iii}$. le quotient sera $3\;6\;2\;5^{i}$. Si par $0^{i}\;0^{ii}\;4^{iii}\;2^{iv}$. le quotient sera le nôbre de 3625. vnitez entieres, si par $4^{v}\;2^{vi}$. il faudra adjouster deux zero au nombre diuisible, & on aura pour quotient 362500.

On voit assez par ces regles que l'on peut faire les operations auec les jettons aussi bien qu'auec la plume & encore plus aisement, Il faudra seulement prendre garde de marquer le premier degré des vnitez entieres de deux jettons pour les distinguer de ceux qui signifient les parties.

La Reduction des Mesures & des Quantitez communes à ces parties diziémes.

SI l'Arithmetique de ces parties est aisée, & nous deliure de celle des nombres rompus, leur application sur nos mesures ordinaires est bien difficile, & quelquefois impossible, qu'à peu de personnes : Et toutefois sans cette partie tout ce traité nous est inutile.

Il faut donc remarquer premieremẽt, Qu'il y a des vnitez, dont la diuision est assez commode & propre à cette reduction, telle qu'est celle d'vn degré à 60. minutes, & d'vne minute à 60. secondes : pource qu'vne diziéme premiere vaut 6. minutes premieres, vne diziéme seconde 6. minutes secondes, & ainsi des autres; mais vne minute premiere fait $1^{ii}\,\frac{2}{3}$. Pareillement la pistole de 10. liu. la liure de 20. sols, la perche de 25. pieds & semblables se peuuent assez bien adjuster à nos diziémes.

Mais d'ordinaire comme on n'a point eu d'égard à cette industrie, on a diuisé les tous en parties, qui n'ont pas tant de rapport auec nos diziémes, ce qui nous oblige ou a les quitter ou a trouuer diuerses inuentions pour les reduire. Secondement, Que chacun doit faire des reductions fur les fujets,fur lefquels il eft obligé de faire plus de fupputations;cõme le Marchand fur les mõnoyes,l'Arpenteur fur les perches,ou cordes l'Architecte fur les toifes,&c. Troifiémement,Qu'en la quantité permanente la mefure eft prife en trois façons,& en chacune elle a de bien differentes parties de diziémes. Par exéple la toife eft prife 1. pour vne toifeligne ou en lõgueur,& en vn fens. Secondemét,Pour vne toife furface ouen quarré & en deux fens. Troifiémement. Pour vne toife cube ou folide , & en trois fens ou en tout fens. En la premieree façon elle contient 6. pieds, & a pour vne partie diziéme premiere 7. poulces 2. lignes , 2. diziémes de ligne , En la fecohde elle contient 36. pieds quarrez & a pour vne diziéme prime 3. pieds 6. diziémes de pieds qui font 86. poulces 57. lignes. La toife cubique contient 216. pieds folides & a pour diziéme 21. pieds 6. diziémes. Quatriémememét , Que la reduction fe peut faire en deux façons Arithmetiquement ou par nombres & tables , & Geometriquement ou par lignes & figures. La premiere ne peut eftre vniuerfelle & pour toutes diuifiõs: La feconde le peut: Et pour les faire entendre toutes d'eux ie mettray icy deux fortes de reductions, qui feruiront d'exemple à en faire fur toute autre forte de matiere , l'vne fera de la liure par Arithmetique, l'autre de la toife par Geometrie ou Mecanique.

N. 7. Reduction Arithmetique des parties d'vne liure à des diziémes.

DEVX fols font 1 vn fol fait 5 & puifque 50 valent 5 c'eft à dire, vn fol; la moytié, fçauoir. 25. troifiémes vaudront 6. deniers. Et puifque 250. quatriémes valent autant que 25. troifiémes la moytié fçauoir 125. quatriémes vaudront 3. deniers. *Item* fi 1250 cinquiémes valent autant que 125. quatriémes, c'eft à dire , 3. deniers la moytié , 625. cinquiémes fera vn denier & demy: Le tiers 416. deux tiers fera vn denier. La fiziéme partie 208. vn tiers, fera vn demy denier & laiffant la Fraction d'vn tiers, & adjouftant vne cinquiéme à la place de deux tiers on ne changera pas la valeur d'vn denier de la 100000 e. partie d'vn denier. De cette forte qui auroit acheté 237. aulnes de toile à 17. fols 6. deniers chaque aulne doit multiplier 237. par 8. premieres 5. fecondes 5. tierces. Tout ce que ie viens de dire eft prouué dans le nombre 3. de la valeur de nos diziémes. Ce qu'eftant il eft aifé de dreffer vne table qui reduira tous les fols d'vne liure, & puis tous les deniers à nos parties diziémes : Et fi la reduction de quelque denier n'eft pas exacte on y remedie en deux façons. La premiere eft de ne tenir compte de ce manquement de reduction comme eftant d'vne partie fi petite qu'elle eft de nulle confideration ainsi que j'ay mõstré cy-dessus: La secõde est de reseruer cette petite partie & faire sur elle les operations requises. Tout cecy se peut practiquer auec facilité sur les jettons moyennant qu'on se souuienne de marquer dans l'Arbre le degré des vnitez simples de deux jettons, ou de quelque autre marque pour distinquer les entiers d'auec leurs parties.

A l'imitation de cette table chacun en pourra faire vne sur la matiere, où il a plus d'employ, & sur laquelle il doit faire souuent les operations Arithmetiques.

N. 8. Reduction Geometrique des parties de la toise à des parties diziémes.

IL faut auoir vne regle ou baston soit rond soit quarré: tant plus il aura de longueur tant plus les parties seront multipliées & distinctes. La largeur doit estre suffisante pour contenir & distinguer les parties diziémes, & celles qu'on doit reduire. Pour toutes sortes de toise il faut 4. sortes de diuisions. La premere A B, contient les 6 pieds de la toise, & les 12. poulces de chaque pied. La seconde C D, comprend les 10. premieres diziémes, & les 10. secondes de chaque premiere. La troisiéme E F, à les 36. pieds quarrez. La quatriéme G H, monstre le 216. pieds cubiques de la toise cube, pour s'en seruir au besoin. La mesme regle peut seruir pour les piques de 12. pieds, pour les verges ou perches de 24 pieds, & pour les mesures de 36 pieds ou parties s'il y en auoit, prenant pour chaque partie marquée dans A B, pour signifier les pieds & les poulces le double s'il s'agit de la pique: le quadruple s'il est question de la perche. Le quadruple en E F, pour la pique quarrée, le decuple sextuple pour la perche; l'Octuple en G H, pour la picque: le sexagecuple quadruple pour la perche cube. L'Vsage de cette regle ainsi diuisée est de voir la partie de la toise que l'on veut reduire, & la partie diziéme, qui luy est correspondante dans C D, & est en mesme ligne parallelle à A G, & B H. Car telle partie diziéme sera équiualéte à la partie choisie de la toise & sera de mesme valeur. Et cét instrument portant des diuisions exactes peut seruir à faire des tables.

On le mettra au plus haut point de sa perfection par l'industrie expliquée en ma Geographie chap. 2. §. 12. remarque 1. & 2.. par laquelle on pourra diuiser vn baston long de trois pieds en 100000. parties, & partant jusques à des cinquiémes de diziémes.

DES PROPORTIONS ET DES NOMBRES CONSIDEREZ RELATIVEMENT.

CHAPITRE IV.

§. 1. *De leur importance & necessité.*

SVFFIT pour faire conceuoir cette importance de dire, que la Proportion est l'vnique moyen, & partant necessaire pour connoistre les quantitez de ce monde visible, Et pour prouuer ce dire j'auance & ie prouue les assertions suiuantes.

Ie dis premierement, Qu'il ne s'agit pas icy des extensions, que peuuent receuoir les corps: mais de celles que les corps singuliers, & qui composent cét Vniuers reçoiuent effectiuement & actuellement. Et qu'il y a grande difference entre ces deux questions & recherches. La premiere regarde la capacité du sujet à receuoir la quantité: La seconde examine la quantité déja receuë: La premiere appartient à la Physique, qui considere les vertus actiues & passiues des corps naturels. La seconde à la Mathematique qui s'employe à découurir les quantitez des corps, & nous en demonstrer les proprietez: Et plusieurs sciences Mathematiques s'occupent sur les extensions des sujets singuliers, quoy que par des principes & moyens vniuersels & scientifiques. L'Astronomie recherche les mouuemens des Cieux tels qu'ils sont à present, non tels qu'ils peuuent estre. La Cosmographie s'arreste sur ce monde visible, & sur les corps singuliers, qu'il contient effectiuement, & nous en donne les lieux, les proprietez locales de distance, situation & autres, & les effects qui s'en ensuiuent. Par exemple elle traite non des soleils possibles; mais de celuy seul, qui nous éclaire, de la terre qui nous soustient, des Estoilles qui tournent à l'entour de nous, de leur nombre, influences, vertus, *&c.* La Cosmometrie nous en découure les grandeurs effectiues. Tout cela suppose l'existence, qui ne se donne qu'a des estres singuliers, & determinez à des quantitez singulieres.

Ie dis secondement, Que telles quantitez ne peuuent estre conneuës que par deux façons: sçauoir est, immediatement ou dans elles mesmes & par vne obseruation actuelle ou 2. mediatement, par illation ou concluſion : c'eſt à dire, dans quelque autre choſe conneuë, qui aura connexion neceſſaire auec telles quantitez particulieres. Cette aſſertion eſt trop euidente pour eſtre prouuée, & trop claire pour eſtre dauantage expliquée.

Ie dis troiſiémemét, Que la quantité eſtant vn objet ſenſible peut-eſtre conneuë immediatement & en elle meſme, & eſtant vn objet commun de tous les ſens peut-eſtre conneuë par eux tous, & chacun peut confirmer ou corriget ce que les autres auront apperçeus : ou pluſtoſt l'eſprit peut juger ſur la depoſition de tous les ſens ce qui eſt de plus probable & certain eu cette matiere; Entre tous les ſens la veuë eſt celuy qui connoit d'auantage les quantitez; puis qu'il ſe porte ſur tous les corps de cét Vniuers, & en voit l'extenſion.

Mais d'autant que l'extenſion apparente eſt bien differente de l'effectiue & actuelle que l'on cherche, & que les ſens ſont trompez, & puis trompeurs ſur l'objet commun comme l'on enſeigne en Optique, pour n'auoir pas vn principe trõpeur on cherche vn autre moyen pour conniſtre plus aſſeurement, & exactement la quantité en elle meſme : ce qui ſe fait par vn meſurage manuel, pour lequel ie dis quatriémement, qu'entre lés quãtitez conneues immediatemẽt, & par nos ſens celles de nos mains & de nos pieds doiuent eſtre les mieux conneuës pource que ſe ſont des objets continuellement preſens à nos ſens : D'où vient qu'on les a choiſis pour les premieres meſures par l'application deſquelles on connoit les autres. Ainſi le pied, le poulce, la palme, le coude, le pas, l'enjambée, ſont meſures priſes de ces parties & les plus ordinaires dans l'vſage, dont les autres ſont compoſées. Et la main & le pied ne ſont pas ſeulement meſures par leur eſtenduë bien connuë ; mais encore ce ſont des inſtrumens naturels meſurans par leur mouuement, par lequel le pied fait l'application de ſoy meſme ſur les quantitez meſurables. La main fait encore le meſme, & de plus elle fait l'application des autres meſures & des inſtrumens qui nous monſtrent l'angle que font les rayons viſuels ou lumineux en leur rencontre. Et ce qui ſe meſure de la ſorte eſt cenſé eſtre conneu en luy meſme, & appartenir à la premiere façon de connoiſtre la quantité ; quoy que abſolument parlant il ſoit conneu par autruy, c'eſt à dire, par vne meſure appliquée. Cette façon eſt bien aſſeurée mais d'autant qu'elle demande la preſence du ſujet eſtendu auec la meſure appliquée, & que cette preſence n'eſt que de peu de quantitez, ſur leſquelles encore toutes on ne peut pas faire l'application requiſe il s'enſuiuroit qu'vne infinité de quantitez reſteroient inconneuës, telles que ſont toutes les Celeſtes & preſque toutes les Elementaires, puiſque ce qui nous eſt preſent des Elemens n'eſt qu'vn petit point en comparaiſon de ce qui nous eſt diſtant : Et partant il faut auoir recours à la feconde façon de connoiſſance.

Ie dis cinquiémement, Que la quantité n'eſt point connoiſſable mediatement & en autruy, que par le ſeul rapport, & par vne des proportions qu'elle a auec d'autres & qui ſont autant multipliées, que le ſont les quantitez dans tout l'Vniuers.

Puiſque chaque quantité a de neceſſité indiſpenſable proportion auec chacune de toutes les autres exiſtentes, & mutuellemẽt les autres à elle: d'où s'enſuit premierement que ce n'eſt pas manque de proportions ſi quelque quantité nous eſt inconnuë; mais manque d'application d'vn tel principe. Secõdement Que l'on peut connoiſtre vne meſme quantité par vne infinité de moyens & de demonſtrations, c'eſt à dire, par autant qu'il y a de proportions, & c'eſt d'icy d'où vient la fecondité des Mathematiques. Troiſiémement, Que les demonſtrations des Mathematiques qui nous donnent la connoiſſance des quantitez exiſtentes ſont *à poſteriori*; puiſque la relation ſort & ſuit de telles quantitez. La raiſon de mon aſſertion eſt que l'on ne peut rien connoiſtre en autruy que ou par les cauſes antecedentes, ou par les conditions concomitantes, ou par les effets qui ſuiuent puiſque rien autre ne peut auoir connexion auec ce que l'on pretend connoiſtre.

Or eſt-il que rien de tout cela ne nous eſt cõnoiſſable & propre à nous donner la connoiſſance des quantitez exiſtentes que la proportion qui ſuppoſe l'exiſtence & la determination des quantitez. Et premierement rien d'antecedent ne l'eſt; puiſque la cauſe materielle y eſt indifferente, & a la capacité de receuoir ſucceſſiuement, pluſieurs durées, extenſions figures, *&c.* & encore bien qu'elle ait en ſoy le principe pour vne determinée, elle peut neantmoins en eſtre priuée par mille empeſchemens ſuruenans & en auoir vne autre: Ce qui eſt encore veritable des cauſes efficientes ſecondes, qui agiſſent hors d'elles, & qui ayant vne Sphere d'actiuité ſont preſque touſiours empeſchées de la remplir. Pour la cauſe premiere, qui a tout fait en poids, nombre, & meſure, elle en eſt bien le veritable, & le premier principe; mais elle eſt libre & inconneuë de nous en elle meſme. Et c'eſt par les effets que nous la connoiſſons, non les effets par elle. C'eſt le meſme des cauſes immanentes, qui donnent à leurs effets vne extenſion égalle à celle qu'elles ont, & pource qu'elles l'ont: pource qu'il faudroit connoiſtre deuant l'extenſion de la cauſe pour s'en ſeruir à conclurre celle des effets, & le contraire ſe fait.

Et quant aux proprietez les figures en ont bien de tres-neceſſaires que la Geometrie demonſtre: mais comme les figures d'vne meſme eſpece conuiennent à toute extenſion auſſi ſont les proprietez; & partant par elles on n'en peut conclurre vne particuliere & determinée dont il s'agit icy.

Et rien

Et rien du tout ne reste que la relation qui naist, sort, & s'esleue de chaque quantité particuliere dans l'instant de son existence à l'egard de toutes les autres pareillement existentes.

Ie dis sixiémement, Que pour connoistre les quantitez par le moyen de la proportion deux connoissances conjoinctement prises sont necessaires, sçauoir d'vne quantité, & de la proportion qu'elle a auec vne troisiéme inconneuë: Pource que l'vne de ces connoissances prise à part & separément n'a aucune connexion auec la quantité inconneuë : Les deux jointes ensemble la determinent. La quantité seule est capable de toute proportion : Cette-cy seule peut estre en toute quantité, mais la quantité determinée comme la longueur de 100. pieds auec vne proportion determinée comme double ne peut auoir pour termé qu'vne quantité determinée, sçauoir est, de 50. pieds.

Ie dis septiémement, Que ces deux connoissances jointes ensemble font vn moyen & vn antecedent tres-efficace pour nous donner la connoissance entiere & parfaite d'vne troisiéme quantité ; pource qu'elles nous font connoistre le genre & la difference de telle quantité, ce qu'elle a de commun & de propre & partant tout ce qui est requis à la definition & a l'entiere intelligence de la nature de telle quantité. La premiere connoissance de la quantité conneuë nous donné à entendre le genre; puis qu'elle le contient tout entier & conuient en cela auec l'inconneuë: La seconde de la proportion nous donne l'intelligence de la difference specifique & derniere, c'est à dire, de la grandeur determinée de telle quantité, & par laquelle elle differe des autres, & elle le fait se seruant de la quantité conneuë comme de mesure qu'elle applique mentalement par la proportion qui declare combien de fois la conneuë contient, ou est contenuë en l'inconneuë. Au reste ce moyen suit les proportions, qui sont 1. necessaires : puisque leur emanation ne peut estre empéchée 2. vniuerselles puis qu'elles conuiennent à toutes les quantitez, & à l'égard de toute quãtité homogenée 3. Propres à la quantité: puis qu'elles ne conuiennent qu'a ce qui croit par parties homogenées, ce qui fait le tout de Mathematique capable de mesurer, & different des autres, 4. Reciproques & mutuelles; puis qu'elles conuiennent à toute quantité, 5. connoissables diuersement, 6. determinatiues d'vne autre quantité, 7. identifiées auec leurs fondemens & leurs termes.

Ie dis huictiémemẽt, Qu'il suffit que le premier de ces deux principes qui est la quantité soit conneu en luy mesme ou en autruy. Pour le second, qui est la proportion elle est conneuë où 1. en ses causes, c'est à dire, dans les deux quantitez dont elle sort & c'est ou Arithmetiquement par la regle de Diuision ou Mecaniquement par le mesurage, ou 2. par similitude, c'est à dire, en deux autres quantitez de differente longueur, mais de mesme proportion, ou 3. en quelque principe qui la contient comme sa proprieté: Telles sont les figures, dont le propre est de borner les quãtitez soit lineaires, soit superficielles, soit solides, contenuës dans elles, & d'en determiner les mesures relatiues, c'est à dire, les proportions. Ce que la Geometrie nous enseigne.

Ie dis neuviémement, Qui si l'on infere la quantité inconneuë par vne autre donnée & joincte auec la proportion conneuë selon la troisiéme façon, c'est par vne simple multiplication: Si selon la seconde, c'est par la regle de trois, de laquelle ie traiteray cy-apres. La premiere suppose les deux quantitez conneuës & fait connoistre la proportion par vne simple Diuision.

Ce qu'estant ce traité ne peut estre que tres-profitable: Et apres les regles simples ie n'en voy point de plus vtile: Voire mesme c'est luy qui employe plus telles regles qu'aucun autre.

---

§. 2. *Que c'est que Proportion, ou raison Mathematique.*

C'EST vn rapport, vne habitude, vne comparaison, ou relation mutuelle d'vne quantité à vne autre de mesme espece, entant que mesurable, Ou bien c'est le nombre des égalitez actiues ou contenantes & passiues ou contenuës, & des mesures relatiues entre deux quantitez.

Toute proportion a pour son materiel deux quantitez A & B, à considerer: Celle que l'on cõpare A est dite le sujet & le fondement de la relation: Celle B a qui on compare A est dite le but ou le terme de la relation. Le nombre qui determine, & declare combjen de fois vne est contenuë en l'autre ou la contient est le formel de ce rapport: Comme en la proportion double de 16. à 8. on se sert de trois nombres dont les deux premiers 16. & 8. conuiennent à toutes les quantitez, qui ont autant d'vnitez, que les nombres signifient. 16. sera A & le fondement, 8. sera B & le terme.

Le nombre de 2. qui signifie combien de fois A contient B fait la determination; Les deux premieres quantitez sont exprimées par nõbres absolus cardinaux ou communs, La troisiéme par noms & nombres relatifs double, triple, quadruple, *&c.* ou aduerbiaux deux fois, trois fois, quatre fois, *&c.* & ce nombre fait tousiours le quotient en la diuision comme j'ay expliqué au Chap. 1. §. 9.

I'ay dis entant que mesurables, premierement pource que le nombre de la proportion ne declare autre chose que le nombre des applications soit manuelles, soit mentales, & des égalitez tant actiues que passiues, qu'vne quantité contient à l'égard d'vne autre: comme dire que 36. ont proportion sextuple à 6. c'est à dire, que l'vne se mesure par 6. applications 6. correspondances, 6. égalitez de l'autre : ce qui se connoit par vn mesurage manuel ou mental. Secondement, pource que la proportion nous donne à connoistre vne quantité par vn autre ; ce qui ne se fait que par la mesure : D'où vient que les quantitez, qui ne peuuent estre mesurées demeurent inconneuës, & que celles qui sont conneuës le sont plus ou moins parfaitement selon que le mesurage est plus ou moins exact. Troisiémement, pour distinguer cette sorte de rapport de plusieurs autres, qui se font entre les mesmes quantitez, que l'on peut prendre selon diuerses considerations, comme selon la raison ou proportion Arithmetique dont j'ay traité au Chap. 1. §. 2.

I'ay dis entre quantitez de mesme espece ; pource que les mesures, & les cōparaisons ne se font iamais immediatemēt qu'entre les choses conuenantes, & entant que telles: cōme les oppositions entre les contraires. On cōpare ligne auec ligne, surface auec surface, quantité auec quantité, corps auec corps; iamais point auec ligne, ligne auec surface, surface auec solidité, quantité auec qualité, substance auec accidēt, *&c.* non seulement pource que l'vn contient infiniment l'autre : mais encore à raison de la seule diuersité specifique, & des differences qui s'excluent mutuellement au lieu de se contenir pour estre mesurées les vnes par les autres & comparées mutuellement.

D'icy s'ensuit premierement que la proportion est le vray moyen pour faire connoistre entierement vne quātité inconneuë par vne autre conneuë, laquelle par la conuenance specifique fait connoistre ce que l'autre a de commun, & par la proportion donne à entendre parfaitement la difference, qui ne consiste qu'en vn certain excez, ou defaut de grandeur sur la conneuë. Aussi le propre de la proportion est de faire faire vne application mentale d'vne quantité sur l'autre, & la rendre conneuë par là. S'ensuit secondement, Qu'il ny a point de proportion ou il ny a point de mesure commune entre deux termes. Troisiémement, Que la seconde definition est encore tres legitime, & suit de ce que j'ay dit au Chap. 1. §. 1. Que l'vnité & l'égalité sont deux principes tres-vniuersels, qui sont ou les parties des nombres entiers, ou les tous des nombres rompus ; & de plus sont tellement conneus que c'est par eux que l'on connoit les parties qui les composent, & les tous qu'ils composent : Et l'vnité estant prise pour l'vnité d'égalité aussi bien que d'entité, contient l'vn & l'autre, mais le nombre qui explique les vnitez ou parties d'égalité est celuy qui est determinatif & significatif de la proportion & partant l'objet de tel nombre est constitutif de la mesme. De plus le Quotiēt fait le mesme : Or est-il que le nombre des égalitez en tout ou en partie est celuy que l'on trouue dans les Quotients; d'où s'ensuit quatriémemēt que toutes les proportiõs sont relatiõs mutuelles: Cequi se fait chãgeant le fondemét en terme, & le terme en fondement. La relation d'égalité se change en vne de mesme nom & nature. Si A est égal à B, B l'est aussi à A. L'inegalité se change de majeure en mineure, de superieure en inferieure La relation, cõme la proportion quintuple de 20. à 4. a pour correlatiue celle de 4. à 20. celles-cy sont differẽtes cõme l'allée & le retour, la montée & la descente, & l'actif du passif. Car si 20. contient 5. quatre fois, 4. est contenu 5. fois en 20. & dans cette difference elles ont la mesme distance & le mesme interualle. C'est pourquoy on les exprime par deux noms, dont l'vn est commun pour declarer l'entre-d'eux, qui est le mesme pour toutes deux: comme de 30. à 3. & de 3. à 30. la proportion reciproque est decuple, l'autre est propre pour signifier la differente consideration: car le rapport de la grande quantité à la petite comme de l'actif au passif, du contenant au contenu est expliqué par le mot de sur, l'autre rapport mutuel du petit au grand par le mot de sous. De cette sorte on dira la proportion de 24. à 3. estre suroctuple de 3. à 24. estre sousoctuple, & quand on veut expliquer seulement la proportion commune on ne dit qu'octuple comme aussi pour expliquer l'actiue.

---

§. 3. *De la diuersité des Proportions.*

D'AVTANT qu'vne quantité comparée à vne autre est ou moindre, ou égale, ou plus grande, il s'ensuit qu'il ny a que trois sortes de proportions en general. La premiere de moindre, de mineure, ou d'inferieure inégalité, comme de 4. à 12. La seconde d'égalité, comme de 4. à 4. & de 12. à 12. La troisiéme de plus grande de superieure, ou de majeure inégalité, comme de 12. à 4. Il ny a qu'vne espece d'égalité, qui est encore indiuisible contre vne infinité d'especes d'inégalitez, & en suite de proportions: Et puisque le propre du quotient de la Diuision expliquée cy-dessus est de declarer & determiner le formel de la proportion, comme son nom le porte; c'est par sa diuersité, qu'il faut conclurre & inferer celle des proportions. Le Quotient donc est ou vne fraction seule, ou vne vnité seule, ou vn nombre entier soit seul soit joint auec vne fraction. Et voyla déja ces trois especes generales, que ie viens de declarer: Le premier quotient faisant l'inégalité mineure, le second l'égalité, le troisiéme l'inégalité majeure. Et d'autant qu'il n'y a que les inégalitez, qui ayent diuersité de proportions. Si on compare le plus grand nombre auec le moindre il arriuera trois diuersitez. Car ou 1. le grand nombre contiendra plusieurs fois exactement le moindre: & la proportion est dite multiple: Comme de 7. à 1. de 14. à 2. de 21. à 3. &c. le quotient est 7. vn nombre entier & la proportion est dite d'vn tel quotient ſeptuple : ou ſecondement il contiendra le moindre nombre vne ou pluſieurs fois entierement auec quelque partie aliquote & la proportion eſt dite ſuper-particuliere : comme de 5. à 4. de 10. à 8. de 15. à 12. de 20. à 16. les premiers nombres contiennent vne fois les ſeconds & vn quart comme auſſi le quotient eſt 1. $\frac{1}{4}$ & telle proportion eſt exprimée ſimple ſeſquiquatrieme. *Item* de 9. à 4. de 18. à 8. de 36. à 16. *&c.* le quotient eſt deux & vne neuviéme, & enſuite la proportion eſt dite double-ſequineuviéme. Ou 3. le plus grand nombre contient le moindre vne ou pluſieurs fois auec pluſieurs parties aliquotes, & la proportiõ eſt dite ſuper-partiente comme entre 11. & 8. 22. & 16. 44. & 32. le quotient eſt 1. & trois huictiémes & la proportiõ eſt dite ſimple, de trois huictiémes *ſuper-tri-partiens octauas*; c'eſt à dire, prenant ou adjouſtant trois huictiémes, ou bien entre 19. & 8. 38. & 16. ou le quotient eſt 2. & trois huictiémes qui fait la proportion double auec trois huictiémes.

Et puiſque la proportion du moindre au plus grand n'eſt point differente en l'interualle de celle du plus grand aux moindre, & ne change que l'actif au paſſif, le contenant au contenu elle aura les meſmes diuiſions de ſous multiple, ſous particuliere & ſous partiente, & ne changera que ſur en ſous, & ainſi faudra adjouſter ſous. Et ſi on dit qu'il y a des quantitez qui n'ont point de meſures communes, ny partant aliquotes ; il eſt vray, & pource elles ſont dites incommenſurables Geometriquement, & improportionelles Arithmetiquement : comme il arriue entre le coſté & le diametre de chaque quarré, & entre vne infinité de quantitez : Pource qu'entre toutes les grandeurs poſſibles & partant infinies tant en croiſſant qu'en decroiſſant il ny en a aucune qui puiſſe eſtre meſurée par deux quantitez incommenſurables, ou qui en puiſſe meſurer deux, enſuite dequoy dans toute l'Arithmetique il ne ſe trouuent aucuns nombres pour determiner leur grandeur par vne meſme ſorte de meſure ou de parties, quoy que amoindriſſantes à l'infini : Ce qui vient ſans doute de l'infinie diuiſibilité de ces parties & cette-cy de l'infinité vers le point indiuiſible & le terme de neant : C'eſt pourquoy on dit qu'elles ont vne proportiõ ſourde, pource qu'elle ne peut eſtre exprimée en elle meſme, & immediatement par aucun nombre. Et ſi on l'explique c'eſt mediatement ſeulement comme le diametre d'vn quarré eſt dit eſtre égal à la racine d'vn quarré égal aux deux quarrez faits ſur les deux coſtez par la 47. du Liure 1. d'Euclide. Et quoy que cette racine ſoit réelle & effectiue, auſſi bien que ſon quarré ; ſi eſt-ce qu'elle eſt ſans nombre : & il eſt impoſſible de la trouuer en nombre ſoit entier ſoit rompu comme il eſt aiſé à demonſtrer. Auſſi elle eſt nommée racine ſourde, ce qui conuient pour meſme raiſon à la proportion.

§. 4. *Les moyens de connoiſtre les Proportions.*

ON les connoiſt Phyſiquement ou Mecaniquement, Arithmetiquement, & Geometriquement. La Mecanique nous preſente pluſieurs inſtrumens pour meſurer les quantitez, & faire des obſeruations, & pluſieurs inuentions pour s'en ſeruir auec ſuccez. L'Arithmetique donne deux regles ſimples comme j'ay dis au Chap. 1. §. 9. & pluſieurs compoſées: entre autres la regle de trois pour cõnoiſtre les proportions par les quantitez données ou les quantitez par la proportion determinée. La Geometrie demonſtre les proportions, qui ſe trouuent contenuës dans les figures: Pource que c'eſt le propre des figures de borner les quantitez compriſes en elles; des bornes de determiner telles quantitez: De celles-cy determinées d'auoir des proportions. Par exemple elle declare que la proportion de la circonference du cercle au diametre eſt triple ſeſquiſeptiéme,& comme de 22. à 7. Que celle du diametre d'vn quarré à ſon coſté eſt incommenſurable: Que le ſemidiametre diuiſe le cercle en ſix parties égales & y fait les coſtez d'vn exagone regulier. Surquoy faut remarquer que la Geometrie declare les proportions des figures priſes en general, & partant qui peuuent conuenir à vne infinité de quantitez differentes: & que pour auoir les quantitez auſſi determinées il faut en auoir quelqu'vne par obſeruation; afin d'en inferer les autres par le moyen des proportiõs communes: Comme c'eſt aſſez pour conclurre toutes les dimenſions & quantitez d'vn cercle & d'vn globe de ſçauoir ſeulement en particulier la valeur d'vn degré. Ce qu'on verra practiqué ſur le globe de la terre en ma Geographie Chap. 16.

La Mecanique ſuppoſe les deux quantitez données & trouue la proportion. L'Arithmetique ſuppoſe vne quantité donnée auec la proportion & trouue l'autre terme par la multiplication, ou ſuppoſe les deux termes conneus, & trouue la proportion par la Diuiſion. La Geometrie ſuppoſe la figure determinée & trouue la proportion des quantitez contenuës qu'elle donne à l'Arithmetique pour s'en ſeruir dans ſes regles. Et d'autant que c'eſt icy l'vnique moyen pour auoir antecedemment & deuant les quantitez conneuës la proportion, toute l'induſtrie des Mathematiques eſt d'enfermer les lignes que l'on deſire connoiſtre auec quelque autre conneuë dans vn figure pour auoir la proportion cõneuë & par elle la quantité: Et entre toutes les figures on choiſit la triangulaire premiere des rectilinées, & la circulaire premiere des curuilinées. Remarques que ie prend en tout ce traité le nom de proportion pour raiſon Mathematique: pource qu'il eſt plus conneu, & en vſage.

§. 5. *De la similitude des Proportions.*

COMME l'on compare les quantitez entr'-elles, pour sçauoir la grandeur de l'vne par l'autre : ce que la proportion declare : aussi l'on compare les proportions par ensemble pour connoistre l'vne par l'autre, & par là les quantitez: ce qui se fait par les similitudes Mathematiques. Il y a cette difference qu'entre les quantitez on considere autant & plus souuent les inégalitez, que l'égalité comme estant plus frequentes & necessaires: mais entre les proportions on n'a égard, qu'a celles qui qui sont de mesme nature, sans s'arrester aux autres, qui sont differẽtes; à raison de la grande vtilité de la similitude & de la facilité de s'en seruir. Ce que nous disons égalité entre les quantitez se nomme similitude entre les proportions.

Donc la similitude Mathematique est vn rapport, vne relation & comparaison d'vne proportion à vne autre de mesme nature & espece : Ou bien c'est vne vnité, conuenãce & mesmeté de proportiõs, de quotients, ou de nombres d'égalitez, & de mesures relatiues. Par exemple entre les proportions de 8. à 1. de 32. à 4. de 800. à 100. il y a similitude; quoy que il y aye grande diuersité de quantitez. Quatre quantitez sont la matiere eloignée, deux proportions sont la prochaine, leur vnité & conuenance fait le formel de la similitude. Que si vne mesme quãtité sert de terme ou de fin à vne relation, & de fondement ou de commencement à vne autre, elle tient lieu de deux & est comptée pour deux : comme il arriue dans les proportions continuës : par exemple de 3. à 9. de 9. à 27. de 27. à 81. D'où s'ensuit que les quantitez d'vne de ces proportions peuuent estre bien differentes en nature de celles qui font l'autre proportion; suffit qu'elles puissent fonder vne proportion de mesme nature. De cette sorte il y a vne parfaite similitude entre la proportion double de deux lignes & la double des surfaces ; quoy que les lignes soient incapables de comparaison auec les surfaces. La similitude Physique qui se contente de trouuer en deux sujets deux qualitez de mesme espece, comme deux blancheurs en deux murailles est differente de la Mathematique, qui considere les degrez d'intension, & les parties d'extension & en fait les comparaisons mises cy-dessus.

§. 6. *Qu'elles sont les quantitez, que la nature rend semblables.*

PVISQVE chaque quantité a vne infinité de proportions comme il a esté dit cy-dessus, Et que chaque proportion est comparable auec toute autre, il s'ensuit que chaque proportion a vne infinité de rapports auec toutes les autres. Ie ne m'arreste icy que sur les semblables; & entre celles-cy ie ne recherche, que celles qui sont telles par quelque naturelle & necessaire connexion; afin que cette connexion nous serue de principe pour les connoistre, & par elles les quantitez.

En general toute quantité qui croist & decroist auec vne autre, & comme vne autre est le fondement naturel d'vne similitude: car entant que deux quantitez croissent ensemblement il y a connexion entr'-elles: entant que l'vne croist comme l'autre il y a le principe d'vne similitude: Telles sont les proportions suiuantes. La premiere est la mutuelle d'égalité cõme A est à B égal, ainsi B est à A. Secondement, Les angles que font au centre les semi-diametres auec les arcs, des cercles cõcentriques, qu'ils enferment. Tiercement, Les Arcs de ces cercles qui croissent selon qu'ils sont plus éloignez du centre: ce qui conuient aux parties de toutes les figures concentriques, & parallelles. Quatriémement, Les durées auec les mouuemens égaux. Cinquiémement, Les mouuemens égaux auec les espaces parcourus. Sixiémement, Les multitudes auec les actions necessaires & conuenables à chaque vnité. Si 10. soldats reçoiuent tant pour solde combien 100. soldats? Septiémement, Les durées auec les actions qui les suiuent. Si vn Escolier despense tant en 5. iours combien en 365.? Huictiémement, Toutes les causes d'égale vertu ou capacité auec leurs effets. Si vn grain de bled semé en produit 10. ces 10. semez l'année suiuante en donneront 100. & ces 100. la troisiéme année 1000. & continuant jusques à la 60e. année s'il y auoit assez de terre pour les semer, la recolte seroit d'vn nombre de grains qui seroit exprimé par vn & 60. zero, & seroit si grand que dix mille mondes capables comme le Firmament ne seroient pas des greniers suffisans à les receuoir. Ainsi en en est-il des animaux, des pepins d'abres, des genealogies, *&c.* Neuviémement, Les corps entrant dans la capacité conçeue d'vn continent font sortir autant du milieu, qui le remplissoit, & par l'extension de l'vn on cõnoit celle de l'autre. 10*ent.* Le corps pesant resiste à vn mouuemẽt violent d'autãt plus que la celerité qu'on pretẽd luy dõner est grande: D'où vient qu'il fait l'equilibre auec des corps de differente pesanteur, quand ils ont en vertu de leur positiõ vne celerité d'autant moindre sur l'autre que la pesanteur est plus grande: ce qui se verifie en toutes les sortes de balance. Onziémement, Les pesanteurs croissent auec les extensions homogenées, & celles-cy auec les parties qui les font: & pour auoir vn principe de similitude en cette matiere ie mettray icy les pesanteurs d'vn pied cubique de diuers corps, selon Sauot Medecin en son Architecture Françoise. L'eau douce d'un pied cubique pese 72. liures, qui font 72. chopines de Paris, 36. pintes, 18. pots. L'eau de Mer 73. liures 5. septiémes.

mes L'Estain 532. liu. 4. cinquiémes. Le Fer 576. liu. Le Cuiure 648. L'Argent 744. Le Plomp 828. Le Mercure 977. vne septiéme. L'Or 1368. La Terre 95. vn tiers. Le Sable terrain 120. La Pierre de S. Leu 115. Le Marbre 252. La Brique 130, La Tuille 127. L'Ardoise 156. Le Sel 110. 2. septiémes. Le Miel 104. Le Vin 70. l. 4. cinquiémes. L'Huile 66. La Cire 68. l. 8. onziémes. Le bois d'Aubié 37. l. 7. douziémes. Le bois de Chesne 60. On pourra sur ce principe donner l'extension d'vn corps par la pesanteur assignée, ou celle-cy par l'extension proposée.

Il y en a vne infinité d'autres que j'obmets icy me contentant de dire qu'en ces quantitez connexes la plus conneuë sert de principe, & de mesure heterogenée pour nous donner la connoissance de l'autre: comme les Angles sont conneus par leurs Arcs, les mouuements par leurs durees, ou par les espaces parcourus, *&c.*

---

§. 7. *De la Similitude des Figures,*

I'En fay vn traité à part; à cause que c'est le principe le plus vniuersel fecond & euident pour connoistre les quantitez permanentes, qui soit dans les Mathematiques.

Ie dis *1ent.* Que les figures semblables, ou de mesme espece sont celles, qui ont les costez semblables, & les angles égaux: ou bien qui dans vn mesme nombre & ordre des costez ont conuenance de proportion en la longueur de leurs costez, & égalité d'angles en la rēcontre des mesmes: ou bien qui sont parallelles en effet ou en puissance, & pour reduire cette puissance en effet rien n'est requis qu'vne situation locale comme de les rendre concentriques ou en plans parallelles, & tournées de mesme façon. La *3e.* definition se fait par vne proprieté qui suit de la similitude: Les deux autres contiennent les deux causes & conditions conjoinctement requises à la similitude de tout ce qui est contenu dans les figures semblables: pource que les longueurs des costez considerées seules determinent bien la quantité du circuit & le contour de la figure; Mais non pas la capacité interieure: & vn balon, vn sac & tout contenant pliable retenant la mesme circonference à diuerse capacité selon qu'on le presse ou qu'on l'élargi diuersement. Les angles seuls ou les curuitez seules ou toutes les deux ensemble determinent bien l'élargissement des lignes concourātes, & en suite le commencement de la capacité interieure; mais non pas l'entiere capacité: à cause qu'ils sont indifferens à la longueur des lignes, qui croissant agrandissent le dedans & vn Poligone regulier tant petit soit-il, a autant d'angles, & aussi grands, que tout autre de qu'elle grandeur & amplitude qu'il puisse estre. Et si vn grand cercle a plus de curuité extensiue, vn petit en a plus d'intensiue pour recompenser l'autre. Que si nous joignons les angles ou curuitez determinées auec les longueurs pareillement determinées tout le contenu est pour lors tellement determiné qu'il est impossible d'y rien Adjouster pour faire croistre la capacité, ou d'y rien oster pour la faire decroistre. Et tant que les bornes demeureront, les mesmes, ce qui se fait par la longueur des costez & auec mesme élargissement ce qui se fait par les angles tout le dedans demeurera le mesme sans aucun changement: Aussi pour le determiner les Geometres & les Arpenteurs se contentent d'auoir les deux conditions & quantitez expliquées sans en demander vne troisiéme. Et si le cercle est la figure la plus capable de toutes les Isoperimetres, c'est à cause que la mesme longueur y a en tous ces points le plus grand élargissement, qu'on puisse luy donner, & qui est égal par tout.

Et de plus comme les soliditez sont determinées par les surfaces, aussi les surfaces droites sont determinées, par les costez: Cela estant ainsi expliqué ie dis que pour donner à toutes les parties contenuës dans vne figure la similitude, auec les parties correspondantes dans l'autre: il faut que les costez contenans ayent cette similitude pour la communiquer à tout ce qui est dedãs & qui est borné par eux. De cette sorte tous les cercles sont sẽblables entr'-eux, Tous les globes pareillemẽt; Tous les quarrez les cubes, les Poligones reguliers de mesme nõbre de costez, & vniuersellement parlant toute figure ou on trouuera les deux conditions expliquées icy. Remarquez que dans le seul triangle les angles sont determinez par la seule lõgueur des costez: Pource que chaque costé fait la base d'vn angle, laquelle determine l'élargissement des deux lignes terminées d'vne part par la base, & partant il fait la grandeur de l'angle.

Ie dis *2ent.* Qu'en chaque espece de figures il y a vne double infinité de figures semblables à l'égard d'vne assignée, dõt les vnes vont croissant à l'infini, les autres vont autant decroissant: Et de plus qu'en chacune de ces figures il y a autant de parties proportionnelles enfermées: c'est à dire autant de lignes & de surfaces en la moindre, qu'en la plus grande qu'on pourroit assigner, à cause de l'infinité des parties.

Ie dis *3ent.* Qu'en toute cette infinité double de figures semblables il y a diuersité de proportions selon la differente grandeur de chacune: mais entre l'infinité des parties homogenées comme sont toutes les lignes, ou toutes les surfaces il ny a qu'vne mesme proportion qui conuient à toutes également. Et c'est la mesme que d'vne figure à l'autre & du tout au tout. Et partant qui connoistra la proportion, qu'il y a entre vne ligne d'vne figure A & sa correspondante en la figure B cõnoit celles qu'ont toutes les autres lignes de A auec leurs correlatiues en B & du tout A auec le tout B, puisque c'est la mesme dans toutes, que dans vne. comme si vn cercle est triple à vn autre, son diametre, tous les Arcs & degrez, toutes les lignes & cordes soustendantes, *&c.* seront triples aux diametres, aux arcs, degrez & lignes de l'autre. Il en faut dire autant pour les surfaces, & pour les corps & pour toute autre sorte de figures.

Ie dis 4*ent*. Que les parties heterogenées ont en partie la mesme proportion, en partie differente: Et d'autant que la difference est connexe auec la mesmeté elle se tire, se conclud, & se connoit par elle. Et pource faut sçauoir, qu'il y a trois sortes de parties differentes dans chaque figure parfaite, & qui borne entierement la quantité: sçauoir est les lignes, les surfaces, & les corps. Les lignes de deux figures semblables comme de deux Globes ou Cubes ont vne proportion simple, les surfaces ont la mesme: mais doublée. Les corps ont encore la mesme: mais triplée. Ainsi il y a conuenance de proportion en ce que c'est la mesme par tout: Il y a difference en la multiplication en ce qu'elle n'est prise qu'vne fois pour les lignes, deux fois pour les surfaces, trois fois pour les corps. D'où s'ensuit qu'il ne faut que doubler & tripler la premiere pour les auoir toutes. Prenons par exéple deux corps d'vne figure Cubique A & B. Que l'vn A aye ses lignes trois fois plus grãdes que l'autre B, la proportion des lignes de B à A sera sous triple comme de 1. à 3. celle des surfaces sera sousnoncuple: de 1. à 9. pource que c'est la triple prise deux fois, & produite par deux multiplicatiõs par 3. Car de 1. à 3. elle est prise vne fois & simple: de 3. à 9. elle est encore prise vne secõde fois & partãt de 1. à 9. elle est triple doublée ou prise deux fois. Celle des soliditez sera sous vigecuple septuple de 1. à 27. pource que c'est la triple des lignes; mais prise, continuée, & multipliée trois fois, sçauoir, vne fois de 1. à 3. deux fois de 3. à 9. & trois fois de 9. à 27. & partant triplée de 1. à 27. ce qui se voit dans les progressions Geometriques qui se multiplient en leur continuation. Et pour demonstrer tout cecy à l'œil on n'a qu'à le considerer pour les surfaces sur les paues composez de briques quarrées, & sur cette figure d'vn quarré A B C D. où le quarré C E G H, à pour costé & pour surface, 1. Le quarré C F I K, à le double simple pour son costé, & le double pris deux fois, c'est à dire, le quadruple pour la surface où on compte 4. quarrez égaux au premier & le quarré A B C D, est triple au premier en ses lignes; mais noncuple en sa surface, qui contient 9. quarrez égaux au premier comme on verra en les comptant. Et pour les soliditez, si vous prenez 27. corps Cubiques qui ayent pour longueur de leurs costez C E. tels que sont les detz dont on joüe, & si vous en mettez 9. sur les quarrez superficiels diuisez dans

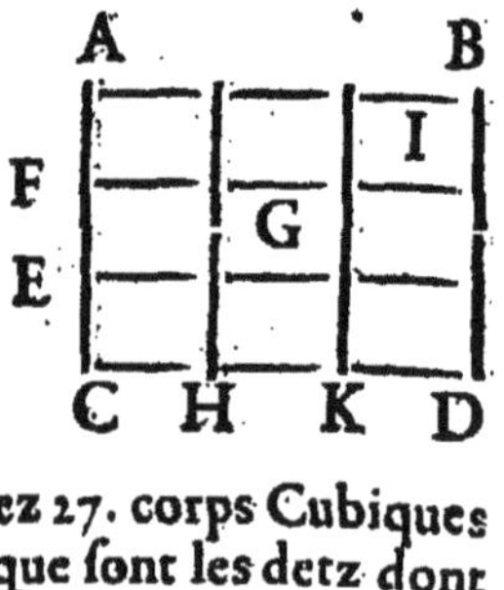

A B F E I G C H K D

le quarré A B C D, vous aurez vne rangée qui ne sera pas la hauteur suffisante pour le Cube. Si vous faites vne seconde rangée adjoustant 9. autres sur les premiers, & si sur ceux-cy vous en mettez encore 9. autres vous aurez la hauteur égale à la longueur & à la largeur, & partant d'vn cube parfait, par lequel vous verifierez tout ce qui en en a esté dit.

Ce que ie viens de dire des corps Cubiques se doit entendre generalement de toutes les autres figures tant regulieres, qu'irregulieres semblables. Par exemple le diametre du Soleil selon Ptolomée est à celuy de la Terre comme 5. & demy à 1. selon Lãspergius comme 7. à 1. selon Galilée comme 11. à 1. & selon Kepler & plusieurs recẽs cõme 15. & vn tiers enuiron à 1. Cela estant donné il s'ensuit que les autres lignes aurõt la mesme proportion, les surfaces l'auront doublée sçauoir, comme 30. & vn quart à 1. 49. à 1. 121. à 1. & 235. & vne neuviéme à 1. Les soliditez l'auront triplée & ainsi tout le corps solaire sera à celuy de la terre & le contiendra 166. fois & trois huictiémes selõ le premier 343. selon le secõd, 1331, selon le 3e. 1604. fois & seze 27émes. enuiron selon les quatriémes. Dites en autant de la terre comparée auec le Globle vniuersel, & le Firmamẽt La toise de Bretagne qui en la longueur de 7. pieds & demy, n'adjouste qu'vn pied & demy sur la commune de 6. pieds a en sa surface 56. pieds quarrez & vn quart & partant 20. pieds & vn quart sur la commune qui en a 36. La toise commune cubique contient 216. pieds: chaque pied 1728. poulces cubiques. Ainsi qui acheteroit vne toise de beurre cubique à 6. s. la liure qui font 25. poulces enuiron elle cousteroit plus de 4400. liures. Ce que plusieurs ne pouuant croire se sont engagez facilement à fournir vne telle figure à bien moindre prix. Vn sac de blé de mesme hauteur qu'vn autre: mais de 8. fois plus grande largeur & diametre contiendroit 64. fois plus que l'autre.

L'on pourroit appeller les proportions actiues doublantes, triplantes, quadruplantes, *&c.* Les passiues doublées, triplées, quadruplées, *&c.* & les multipliées deux fois, trois fois, quatre fois, *&c.* Mais puisque l'vsage n'est pas tel, il faut se seruir des termes communs & expliquez cy-dessus.

Ie dis 4*ent*. Qu'vne seule figure d'vne grandeur mediocre, & propre a estre veuë, maniée, mesurée, & diuisée par nous à discretion est capable de nous donner l'entiere connoissance quant à la quantité de toutes ses semblables quoy qu'infinies, & de toutes leurs parties quoy qu'encores infinies pour grandes, éloignées & irregulieres qu'elles puissent estre: moyennant que l'on aye la proportion qu'il y a entre vne ligne de la figure que nous desirons connoistre auec la correspondante dans la semblable que nous auons dedans nos mains & deuant nos yeux, & partant que nous connoissons: Pource que nous auons les deux principes requis dans le §. 1. pour la connoissance entiere de toutes les parties de l'inconneuë, sçauoir, tellë partie que nous voudrons choisir dans la conneuë, & la proportion qu'elle a auec l'inconneuë, comme aussi la figure conneuë contient tout ce qui est de commun à toutes les autres, & nous le fait entẽdre & la proportion nous fait connoistre ce qui est de propre & de particulier à chacune en la maniere expliquée cy-dessus. C'est d'icy que vient l'inuention de tant de figures artificielles semblables aux naturelles, ou à d'autres que l'on veut representer : Telles sont tant de Spheres, de Globes Terrestres & Celestes artificiels, tant Graphometres, Pantometres, Trigonometres & autres instrumens propres à mesurer les quantitez en nous donnant des triangles connoissables & semblables à des inconneus.

De la sont tant de modelles de bastiment, & tant de figures reduites au petit pied où la longueur d'vne petite marque dans l'echelle des petites mesures à la mesme proportiõ à son tour, qu'vne grande mesure comme vne toise perche, lieuë, *&c.* à au sien: d'où s'ensuit qu'au tãt qu'õ trouuera de ces petites lõgueurs dans chaque ligne de la figure r'acourcie, il y aura autant deveritables mesures dans chaque ligne correspõdante à la figure plus grande, & pource representée par la petite. De là vient la methode de la Geometrie, practique qui ne se sert d'autre moyen pour trouuer les dimensions d'vne grande figure, que d'en faire vne semblable & connoissable, & de la reduire à des triangles, à cause qu'ils sont plus aisez à auoir, à estreconneus, & à faire les parties de toute autre figure: comme estant les plus simples des figures rectilinées.

DES REGLES DES PROPORTIONS.

CHAPITRE V.

§. *De la Regle de Trois simple.*

I'AY dis au §.1. du Chap. 4. que deux connoissances, sçauoir, d'vne quantité & de sa proportion estoient deux principes necessaires & tout ensemble suffisans pour en tirer la connoissance d'vn autre quantité inconneuë ; & de plus que la proportion estoit souuent donnée & conneuë seulement en deux autres quãtitez qui la cõtiennent, & que l'on presente. Et c'est en ce cas où la regle de trois employe ces deux principes, & ces trois quãtitez données pour en faire reüssir la connoissance d'vne quatriéme incõnuë.

Le tout consiste aux trois points mis cy-dessus; sçauoir, 1ent. A la disposition des trois nombres, 2ent. Aux operations que l'on y doit faire, & 3ent. A escrire & marquer ce qui resulte. C.est sur le premier point où il y a plus à inuenter pour trouuer les similitudes que j'ay monstrée au §. 6. se rencontrer naturelles dans plusieurs sujets qui pourront seruir icy de matiere. Les deux quantitez qui contiennent la proporiton & font le second principe doiuent estre mises au premier lieu, La quantité qui a telle proportion, & fait le premier principe doit estre au 3e. & correspondre à la premiere & auoir mesme proportion à la 4e. incõneuë, qu'a la 1. à la 2. & tant plus que les deux premieres seront exprimées par de moindres nombres tant plus les operations seront racourcies & abbregées: Et si on peut y faire entrer l'vnité pour vn terme, de deux operations qu'il faut faire on en oste vne, & on abbrege l'autre: pource que l'vnité dans la Multiplication & Diuision ne change point les nombres.

Si donc on me presente cét exemple, Si Pierre en 10. iours despense 18. liures & vn tiers, combien en 365. iours? Premierement pour éuiter toute fraction, ie prends deux nombres entiers & les plus proches qui ont mesme proportion comme sont 12. & 22. & ie dis si 12. iours me donnent 22. liu. de despence, combien 365.? 2ent. Pour abbreger les mesmes deux nombres, ie dis si 6. la moytié de 12. me donnent 11. la moytié de 22. combien 365.? Et si 3ent. ie voulois la reduire à l'vnité ie dirois si en 1. iour ie despense vne liure & cinq onziémes cõbien en 365.? Où on voit qu'il est permis de changer tant qu'on voudra les deux premiers termes moyennant que le rapport & la mesme proportion soit conseruée; pource que c'est elle seule qui sert de principe, & pour cette mesme raison on n'a point d'égard icy à la diuersité des matieres signifiées par ces nombres; mais seulement à la conuenance des proportions. Icy ie me tiens à l'exemple des nombres entiets & abbregez. Si 6. me donnent 11. combien 365.? & sur iceux ie monstre le second point.

L'Ordinaire façon, & qui est plus en vsage pour éuiter d'auantage les Fractions est de multiplier le 3e. nombre 365. par le second 11. & diuiser le produit 4015. par le premier 6. Le Quotient donnera le nombre que l'on cherche: c'est à dire, 369. & vne siziéme. Ces operations sont comprises en ce vers, *Duc ternum in medium, productum diuide primò.* On paruiendra à la mesme fin par d'autres façons; sçauoir, 1ent. diuisant le second nombre par le premier pour auoir la proportion dans le quotient, & multipliant le 3e. par le quotient trouué, pour auoir le terme de la proportion, que l'on cherche: pource que c'est le propre de la diuision de trouuer la proportion les termes estant donnez, & de la multiplication de trouuer vn des termes l'autre estant donné auec sa proportion; comme j'ay dis au Chap. 1. §. 9. & voila nos deux principes joints enſemble. 2*ent*. D'autant que changeant le 3*e*. au 2*ond*. on ne change aucunement les operations en la façon ordinaire, on peut y praſtiquer la faço precedente, & diuiſer le 3*e*. comme s'il eſtoit au 2*ond*. lieu par le 1*er*. & multiplier le 2*ond*. par le quotient trouué. 3*ent*. On peut diuiſer le 1*er*. par le 2*ond*. & diuiſer le 3*e*. par le quotient trouué. Mais ces façons ne ſont en vſage, & ne ſeruent que pour l'examen de la commune.

Pour l'Arithmetique par les jettons outre les façons miſes cy-deſſus, qui ſont communes aux jettons & à la plume, en voicy vne particuliere pour les nombres entiers, qui ont le 3*e*. nombre plus grand, que les autres laquelle abbrege bien la regle de trois. Mettez les trois nombres aſſignez d'vn coſté de l'Arbre en la façon que la figure le monſtre. Et autant de fois que vous oſterez le 1*er*. 6. du 3*e*. 365. mettez de l'autre coſté le ſecond 11. & au meſme degré. Et s'il ny reſte point de fraction: ce que vous trouuerez ce ſera le nombre 4*e*. que l'on cherche. S'il reſte quelque nombre, d'autant que les jettons ne vont point aux nombres rompus, & que cette fraction fait partie du ſecond nombre 11. pris pour vn tout, & a pour denominateur le premier, il en faut faire vne regle de trois conſeruant les deux premiers nombres & mettant le reſte pour le 3*e*. comme en l'exemple propoſé apres auoir oſté du 3*e*. nombre 365. autant de fois que l'on peut le premier 6. & mis de l'autre coſté autant de fois le ſecond 11. ce qui viendra fera 660. & reſtera 5. qui font cinq ſiziémes du nombre de 11. Et pour en ſçauoir la valeur préciſe dites comme 6. à 11. ainſi 5. à 9. & vne ſiziéme, leſquels adjouſtez à 660. feront 669. & vne ſiziéme: Ou bien pour auoir la valeur de 5. ſiziémes du nombre 11. prenez la valeur d'vne ſiziéme, qui eſt 1. & 5. ſiziémes. Multipliez-la par 5. & vous aurez 5. & 25. ſiziémes, qui font 9. & vne ſiziéme.

Les trois nombres de la regle de trois.

Le Quatriéme. 660. *Le 3e.* 365. *Le ſecond.* 11. *Le premier.* 6

On fait encore la meſme regle Geometriquement & par figures, & particulierement dans les triangulaires. Comme le triangle A P R. ou A B G. eſt ſembiable à A F L. & par le 1*er*. on connoiſtra le 2*ond*. ſi A B eſt 5. fois contenu en A F. B G. ſera auſſi 5. fois en F L. & A G. en A L. cōme les diuiſions font voir clairement, car les parallelles à A F. eſtant équidiſtantes diuiſent F L. d'vn coſté & A L. de l'autre en autant de parties égales, & nous pouuons faire ces propotions. Comme A B à B G. ainſi A C. à C H. & A D. à D I. & A E. à E K.

Et ſi ces lignes ſont tirées exactement & ont vne échelle des petites meſures exacte, on verra l'Arithmetique cōuenir & s'accorder auec telles largeurs. Et le compas de proportion n'est autre que cette regle pratiquée Geometriquement comme l'on peut voir dans son vsage.

Cette regle est la source d'vne infinité d'autres, & à cause de son vsage si vniuersel & si frequent on l'appelle la regle d'Or, à cause de trois quantitez qu'elle employe la regle de trois.

---

§. 9. *Des Regle de Trois composées ou multipliées.*

PVISQVE la proportion est l'vnique moyen pour connoistre les quantitez, & que la regle de trois en est l'instrument il n'en faut point chercher d'autres, & si on donne des regles qui ont des noms particuliers elles n'ont pas des façons differentes de la regle de trois, & n'ont rien de propre que de la multiplier, ou de donner des regles qui se tirent & prouuent par elle. Qu'ainsi ne soit la regle de compagnie, de societé, d'association ou de trafic n'est autre que la regle de trois multipliée. Il y a trois Marchands qui ont mis en trafic 160. escus le 1er. en a mis 20. le 2ond. 40. le 3e. 100. le gain est de 90. On demande combien chacun a gagné, Puisque c'est la mesme proportion des parties d'vn tout aux parties correspondantes d'vn autre tout, comme j'ay monstré dans le §. 7. des Figures, que du tout au tout, & qu'on me donne la proportion d'vn tout sçauoir de la mise ou somme totale de 160. escus à vn autre tout, sçauoir au gain total de 90. escus, & de plus qu'on me donne trois parties ou quantitez dans vn tout, c'est à dire, la mise des trois Marchands j'ay les deux principes requis pour connoistre les trois parties correspondãtes dãs le gain: & pour les trouuer ie fais trois regles de trois, en chacune desquelles les deux premiers termes sont les deux tous qui ont la proportion cõmune à toutes les trois regles. Si 160. me donnent 90. combien 20.? & ie trouue 11. & vn quart: combien 40? & ie trouue 22. & vn demy: cõbien 100.? & ie trouue 56. & vn quart. Trois Marchands ayant mis l'vn 20. l. l'autre 50. le 3e. 30. ont perdu 40. liu. qu'elle est la perte de chacun? Dites de mesme façon qu'au premier exemple. Si 100. somme totale de la mise me donnent 40. qui sont la perte totale & commune: Qu'elle sera la perte particuliere du 1er. & des autres? & vous trouuerez que le premier aura perdu 8. liu. le 2ond. 20. le 3e. 12. Vn debteur doit à plusieurs & diuers creanciers 1000. liu. & il n'en a que 300. on fera sur l'argent deu à chaque creancier & conneu vne regle de trois auec la proportion commune à tous, & on trouuera ce qui conuient de ces 300. liu. à chacun. Vn maistre laisse à 4. de ses seruiteurs A. B. C. D. 164. l. à tel, si que A aura le double de B. B le triple de C. C le quadruple de D. & par ainsi si D à vne partie, C en aura 4. B 12. A 24. Ioignez toutes ces parties ensemble qui font qui font 41. pour auoir le premier terme cõmun aux 4. regles & dites. Si 41. parties contiennent 164. liu. combien 1. 4. 12. & 24. ? & D en aura 4. C 16. B 48. A 96. On voit en ces exemples qu'il y a autant de regles de trois, qu'il y a de personnes à partager vne somme totale, & que ces regles ont les mesmes nombres pour les deux premiers termes : pource qu'elles conuiennent en mesme proportion.

Les regles d'alliage, de composition, & de meslange prennent encore toute leur source de la regle de trois. On mesle vne mesure de froment du prix de 24. f. auec vne de seigle du prix de 16. f. & vne d'orge prisée 12. f. On demande combien vaudra la mesure d'vn tel composé? Ie joints les prix ensemble qui font 52. & font la valeur de trois mesures, j'en prend le tiers, c'est à dire, 17. & vn tiers pour la valeur que l'on cherche d'vne mesure. Si on desire mesler tellement les deux premieres sortes de grain, que la mesure vaille 19. sols, ie dis que ce qui fait valoir la mesure plus que 16. sols c'est le froment: ce qui la fait valoir moins que 24. sols c'est le seigle, Mettez donc autãt de parties de seigle en la mesure qu'il y a d'vnitez depuis 24. à 19. & autant de froment qu'il y a d'vnitez depuis 16. à 19. & vous aurez ce que vous demandez : c'est à dire, diuisez la mesure en 8. parties qui sont la difference des deux pris. Mettez en 5. de seigle, & 3. de froment. Ce que vous ferez aisement par le poids des deux especes de grain. Vous prouuerez le tout par ces deux regles de trois. Si vne mesure de froment vaut 24. f. combien vaudront les 3. huictiémes qu'on y a mises ? & vous trouuerez 9. sols. De rechef si vne de seigle vaut 16, sols, combien les 5. huictiémes qu'on y a mis ? & vous trouuerez 10. f. qui joints auec 9. font 19. f. ce que l'on cherche. Si vous meslez d'auantage d'espece la solution se pourra donner en plusieurs façons, & ne sera pas terminée a vne. C'est par cette inuention qu'Archimede découurit le meslange de l'Argent auec l'Or dans la Coronne faite par vn Orpheure, & venduë comme de pur Or. Car si on me donne vn pied cubique meslé d'Argent & d'Or, que ie connoistray auoir l'extension requise par celle de l'eau qui sortira en le plongeant dedans, ou qui s'éleuera plus haut. Et si ce pied cubique pese 1000. liu. ie diray que ce qu'il a de moins que 1368. liu. qui font la pesanteur d'vn pied cubique d'Or pur vient de l'Argent, qui s'y retrouue & ce qu'il a de plus & par dessus 744. liu. qui font le poids de l'Argent pur de mesme extension conuient à l'Or qui y entre. Et pour determiner l'vn & l'autre ie prend la difference entre les deux pesanteurs de ces deux metaux simples, qui est de 624. liu. Ie prend dans cette difference ce qui est dessous 1000. liu. & est deuë à l'Or, c'est à dire, 256. liu. puis ce qui est dessus & conuient à l'Argent, c'est à dire, 368. liu. Ie dis comme 624. à 256. ainsi 1000. Et j'auray 410. l. auec 160. 624*émes*. d'Or, *Item* comme 624. à 368. ainsi 1000. Et j'auray 589. l. auec 464. 624*émes* d'Argent. Voyez le §. 6. du Chap. 4.

Ceux qui seront desireux de d'auātage de questions les trouueront en diuers traitez d'Arithmetique, Et s'ils veulent passer plus auāt qu'ils aprennent l'Algebre: Elle fait professiō de souldre tout probléme sur la quātité.

§. 10. *Quelques regles pour abbreger les Nombres & les Operations.*

IE les ay reserué icy, à cause que ce sont des effects pour la plus part des regles de trois, & que du moins elles apartienent aux proportiōs.

1. La Multiplication d'vn nombre par d'autres composez, d'vn ou de plusieurs zero, & d'vne vnité antecedente tels que sont 10. 100. 1000. *&c.* se font adjoustant seulement les zero à la fin du nombre multipliable cōme si vous multipliez 36. par 10. vous aurez 360. si par 100. 3600. *&c.* La Diuision par les mesmes nombres se fait ostant autāt des dernieres figures du nombre diuisible, qu'il y a de zero au diuiseur, & les reseruāt pour le numerateur d'vne Fraction. Si vous diuisez 365. par 10. vous aurez 36. & 5. diziémes. Si par 100. vous aurez 3. & 65. centiémes, pource que le zero laisse par tout zero & 3. fois rien font 3. riens, & l'vnité en la Multiplication & en la Diuision laisse le mesme nombre sans changement.

2. La Multiplication par 20. 30. *&c.* 200. 300. *&c.* se fait adjoustant les zero & multipliant seulement le nombre assigné par la figure significatiue qui reste du multipliant les zero estant ostez: comme 365. par 20. se multiplie doublant 365. qui font 730. & adjoustant vn zero qui fera 7300. Si par 200. on adjoustera deux zero & on aura 73000. La Diuision se fera reseruant autant des dernieres figures du diuisible pour le numerateur de la Fraction, & diuisant le reste par la figure significatiue du diuiseur comme par 2. en 20. 200. *&c.* Il en faut faire autant dans la Multiplication pour les zero qui sont à la fin du nombre multipliable.

3. La Multiplication de 9. par vn nombre simple se fait adjoustant vn zero à ce nombre simple, puis ostant de ce produit le mesme nombre simple: comme 7. fois 9. font 70. moins 7. c'est à dire, 63. 8. fois 9. font 80. moins 8. c'est à dire, 72. 9. fois 9. font 90. moins 9. c'est à dire, 81.

4. Tout nombre composé de deux figures, qui prises en leur simple valeur font vne fois 9. & est diuisé par 9. a pour quotient le nombre qui reste de la derniere figure jusques à 10. comme 72. diuisé par 9. à 8. *Item* tout nombre composé de 3. figures qui prises en leur simple valeur font vne fois 9. diuisé par 9 a pour quotient la 1e. figure pour dizaine, & ce qui reste jusques à 10. dans la derniere pour nombre cōme 117. à 13. *&c.*

5. En la multiplication d'vn nombre par 11. mettez la derniere figure pour nombre, adjoustez chaque figure auec son antecedente & marquez le resultat au degré de l'antecedente, la 1re. sera auancée d'vn degré.

6. On reduit vn nombre de sols en liures comme de 79345. s. si on prend la moytié depuis la plus haute figure par ou il faut commencer

iusques à la penultiéme & au degré de dizaine où il faut finir, & si on garde ce qui reste auec la derniere figure pour des sols qui ne peuuent faire vne liure entiere: & vous aurez 3967. liu. 5. s. *Item* 3977. s. de cette façon feront 198. liu. 17. s. pource que diuisant ces nombres de sols par 20. selon le second abbregé vous ferez l'operation presente.

7. On reduira vn nombre assigné de liures à des sols le doublant ou multipliant par 2. & adjoustant vn zero. Ainsi 3796. l. font 75920. s. Cecy & ce qui suit se fait auec méme facilité aux jettons ostant ou adjoustāt vn degré, puis multipliant ou diuisant le reste, en la maniere expliquée.

8. On reduit les sols en liars multipliant par 4. le nombre des sols, & les liars en sols diuisant par 4. le nombre de liars, c'est à dire, prenant le quart des figures; ce qui se fait aisément.

9. On reduit les sols en deniers adjoustant vn zero à la somme des sols, & le double de la mesme somme comme 365. s. font 3650. deniers & le double, sçauoir, 730. d. Prenez le double de la derniere figure pour le nombre du produit, Adjoustez chaque figure commençāt par la derniere auec le double de l'antecedente & mettez le resultat au degré de l'antecedente comme j'ay dit pour 11. la 1re. sera auancée d'vn degré.

10. Vingt pieces d'Argent du prix & de la valeur de quelque nombre que se soit de sols valent autant de liures que chacune vaut de sols comme 20. pieces de 58. s. font 58. l. de 29. s. font 29. l. 10. pieces font la moytié, 5. font le quart. 20. pieces de 14. s. 6. d. font 14. l. 10. s. pource que 6. d. font la moytié d'vn sol & 20. moytiez font 10. entiers.

Si vous desirez sçauoir combien 3456. aulnes de toile à 10. s. 4. d. l'aulne font à cause que 10. s. font la moytié d'vne liure & 4. deniers font le tiers d'vn sol, ie prends la moytié du nombre proposé qui est 1728. pour auoir les liures & le tiers du mesme 1152. pour auoir les sols qui feront 57. l. 12. s. par l'abbregé 6. & ces sommes mises en vne feront 1785. l. 12. s. Le tout consiste en cét exemple & autres semblables qu'on pourroit presenter, à sçauoir, qu'elle partie d'vne liure fait le nombre proposé des sols, & qu'elle partie d'vn sol fait le nombre donné des deniers, & prendre telles parties dans le nombre multipliable, & dans chacune de ses figures commençant par les plus hautes.

11. Les Tariffes & Tables de diuers nombres nous deliurent encore de beaucoup d'operations, qu'il faudroit faire pour auoir les nombres qu'elles nous presentent: I'en mettray icy quelques vnes pour exemple, qui nous feront voir le profit & le gain qu'on peut pretendre de l'Argēt mis en rente au denier 15.16.17.18.19. 20. & de toute autre chose, dont le gain croit auec le tēps. Chaque point aprés les deniers signifie vn quart.

L'Vsage des Tables suiuantes.

SI vous desirez sçauoir quel profit ou interest doit prouenir de 127. l. au denier 16. vous n'auez qu'a chercher le tiltre *Au denier 16.* & dans la premiere colomne les nombres 100. 20. & 7. desquels est composé le nombre assigné marquer les nombres mis dans les colomnes suiuantes qui correspondent en vne mesme ligne aux trois mis icy, & l'on trouuera *1ent.* vis-à-vis de 100. pour gain ou interest 6. l. 5. s. par an, 10. s. 5. d. par mois 4. d par iour, *2ent.* On en fera autant pour 20. & on aura 1. l. 5. s. pour vn an 2. s. 1. d. pour vn mois, 3. quarts de denier pour vn iour. *3ent.* Vis-à-vis de 7. on trouuera 8. s. 9. d. par an: 8. d. & 3. quarts par mois, & 1. quart de denier par iour, & adjoustant toutes ces sommes on trouuera pour l'interest de 127. l. par An 7. l. 18. s. 9. d. par mois 13. s. 2. d. 3. quarts, par iour 5. d.

AV DENIER XV.

Liu. tour.	*Par An liu. s. d.*	*Par Mois liu. s. d.*	*Par Iour liu. s. d.*
1	0: 1: 4	0: 0: 1.	0: 0: 0
2	0: 2: 8	0: 0: 2..	0: 0: 0
3	0: 4: 0	0: 0: 4	0: 0: 0
4	0: 5: 4	0: 0: 5.	0: 0: 0
5	0: 6: 8	0: 0: 6..	0: 0: 0
6	0: 8: 0	0: 0: 8	0: 0: 0.
7	0: 9: 4	0: 0: 9.	0: 0: 0..
8	0: 10: 8	0: 0: 10.	0: 0: 0.
9	0: 12: 0	0: 1: 0	0: 0: 0.
10	0: 13: 4	0: 1: 1..	0: 0: 0.
20	1: 6: 8	0: 2: 2.	0: 0: 0...
30	2: 0: 0	0: 3: 4	0: 0: 1.
40	2: 13: 4	0: 4: 5.	0: 0: 1..
50	3: 6: 8	0: 5: 6..	0: 0: 2.
60	4: 0: 0	0: 6: 8	0: 0: 2..
70	4: 13: 4	0: 7: 9.	0: 0: 3
80	5: 6: 8	0: 8: 10..	0: 0: 3..
90	6: 0: 0	0: 10: 0	0: 0: 4
100	6: 13: 4	0: 11: 1.	0: 0: 4.
1000	66: 13: 4	5: 11: 1.	0: 3: 8.

AV DENIER XVI.

Liu. tour.	*Par An liu. s. d.*	*Par Mois liu. s. d.*	*Par Iour liu. s. d.*
1	0: 1: 3	0: 0: 1.	0: 0: 0
2	0: 2: 6	0: 0: 2..	0: 0: 0
3	0: 3: 9	0: 0: 3...	0: 0: 0
4	0: 5: 0	0: 0: 5	0: 0: 0
5	0: 6: 3	0: 0: 6.	0: 0: 0
6	0: 7: 6	0: 0: 7..	0: 0: 0.
7	0: 8: 9	0: 0: 8...	0: 0: 0.
8	0: 10: 0	0: 0: 10	0: 0: 0.
9	0: 11: 3	0: 0: 11.	0: 0: 0.
10	0: 12: 6	0: 1: 0..	0: 0: 0.
20	1: 5: 0	0: 2: 1	0: 0: 0...
30	1: 17: 6	0: 3: 1..	0: 0: 1.
40	2: 10: 0	0: 4: 2	0: 0: 1..
50	3: 2: 6	0: 5: 2..	0: 0: 2
60	3: 15: 0	0: 6: 3	0: 0: 2..
70	4: 7: 6	0: 7: 3..	0: 0: 2...
80	5: 0: 0	0: 8: 4	0: 0: 3.
90	5: 12: 6	0: 9: 4..	0: 0: 3...
100	6: 5: 0	0: 10: 5	0: 0: 4
1000	62: 10: 0	5: 4: 2	0: 3: 5..

AV DENIER XVII.

Liu. tour.	*Par An liu. s. d.*	*Par Mois liu. s. d.*	*Par Iour liu. s. d.*
1	0: 1: 2	0: 0: 1	0: 0: 0
2	0: 2: 4	0: 0: 2.	0: 0: 0
3	0: 3: 6.	0: 0: 3..	0: 0: 0
4	0: 4: 8.	0: 0: 4..	0: 0: 0

AV DENIER XVIII.

Liu. tour.	*Par An liu. s. d.*	*Par Mois liu. s. d.*	*Par Iour liu. s. d.*
1	0: 1: 1.	0: 0: 1	0: 0: 0
2	0: 2: 2..	0: 0: 2	0: 0: 0
3	0: 3: 4	0: 0: 3.	0: 0: 0
4	0: 4: 5.	0: 0: 4.	0: 0: 0

5	0: 5: 10..	0: 0: 5...	0: 0: 0	5	0: 5: 6 .	0: 0: 5 .	0: 0: 0
6	0: 7: 0..	0: 0: 7	0: 0: 0	6	0: 6: 8	0: 0: 6..	0: 0: 0
7	0: 8: 2...	0: 0: 8	0: 0: 0.	7	0: 7: 9 .	0: 0: 7...	0: 0: 0.
8	0: 9: 4...	0: 0: 9.	0: 0: 0.	8	0: 8: 10.	0: 0: 8..	0: 0: 0.
9	0: 10: 7	0: 0: 10..	0: 0: 0.	9	0: 10: 0	0: 0: 10	0: 0: 0.
10	0: 11: 9	0: 0: 11...	0: 0: 0.	10	0: 11: 1.	0: 0: 11	0: 0: 0.
20	1: 3: 6	0: 1: 11..	0: 0: 0...	20	1: 2: 2..	0: 1: 10	0: 0: 0..
30	1: 15: 3 .	0: 2: 11.	0: 0: 1	30	1: 13: 4	0: 2: 9.	0: 0: 1
40	2: 7: 0..	0: 3: 11	0: 0: 1..	40	2: 4: 5.	0: 3: 8.	0: 0: 1.
50	2: 18: 9...	0: 4: 10...	0: 0: 1...	50	2: 15: 7..	0: 4: 7..	0: 0: 1...
60	3: 10: 7	0: 5: 10..	0: 0: 2.	60	3: 6: 9	0: 5: 6..	0: 0: 2
70	4: 2: 4	0: 6: 10.	0: 0: 2..	70	3: 17: 10.	0: 6: 5..	0: 0: 2..
80	4: 14: 1.	0: 7: 10	0: 0: 3	80	4: 8: 11..	0: 7: 4...	0: 0: 2...
90	5: 5: 10..	0: 8: 9...	0: 0: 3...	90	5: 0: 1	0: 8: 4	0: 0: 3..
100	5: 17: 7..	0: 9: 9..	0: 0: 3...	100	5: 11: 1.	0: 9: 3	0: 0: 3..
1000	58: 16: 5..	4: 18: 0.	0: 3: 3	1000	55: 11: 1.	4: 12: 7	0: 3: 1

AV DENIER XIX. — AV DENIER XX.

Liu. tour.	*Par An* *liu. ſ. d.*	*Par Mois* *liu. ſ. d.*	*Par Iour* *liu. ſ. d.*	*Liu, tour.*	*Par An* *liu. ſ. d.*	*Par Mois* *liu. ſ. d.*	*Par Iour* *liu. ſ. d.*
1	0: 1: 0..	0: 0: 1	0: 0: 0	1	0: 1: 0	0: 0: 1	0: 0: 0
2	0: 2: 1.	0: 0: 2	0: 0: 0	2	0: 2: 0	0: 0: 2	0: 0: 0
3	0: 3: 1...	0: 0: 3	0: 0: 0	3	0: 3: 0	0: 0: 3	0: 0: 0
4	0: 4: 2..	0: 0: 4	0: 0: 0	4	0: 4: 0	0: 0: 4	0: 0: 0
5	0: 5: 3	0: 0: 5.	0: 0: 0	5	0: 5: 0	0: 0: 5	0: 0: 0
6	0: 6: 3...	0: 0: 6.	0: 0: 0	6	0: 6: 0	0: 0: 6	0: 0: 0
7	0: 7: 4	0: 0: 7.	0: 0: 0	7	0: 7: 0	0: 0: 7	0: 0: 0
8	0: 8: 5	0: 0: 8..	0: 0: 0.	8	0: 8: 0	0: 0: 8	0: 0: 0.
9	0: 9: 5..	0: 0: 9.	0: 0: 0.	9	0: 9: 0	0: 0: 9	0: 0: 0.
10	0: 10: 6.	0: 0: 10..	0: 0: 0.	10	0: 10: 0	0: 0: 10	0: 0: 0.
20	1: 1: 0..	0: 8: 9	0: 0: 0..	20	1: 0: 0	0: 1: 8	0: 0: 0...
30	1: 11: 6...	0: 2: 7..	0: 0: 1	30	1: 10: 0	0: 2: 6	0: 0: 1
40	2: 2: 1..	0: 3: 6	0: 0: 1.	40	2: 0: 0	0: 3: 4	0: 0: 1
50	2: 12: 7..	0: 4: 4..	0: 0: 1...	50	2: 10: 0	0: 4: 2	0: 0: 1..
60	3: 3: 1..	0: 5: 3	0: 0: 2	60	3: 0: 0	0: 5: 0	0: 0: 2
70	3: 13: 8	0: 6: 1..	0: 0: 2.	70	3: 10: 0	0: 5: 10	0: 0: 2.
80	4: 4: 2..	0: 7: 0	0: 0: 2...	80	4: 0: 0	0: 6: 8	0: 0: 2..
90	4: 14: 8...	0: 7: 10..	0: 0: 3	90	4: 10: 0	0: 7: 6	0: 0: 3
100	5: 5: 3	0: 8: 9.	0: 0: 3..	100	5: 0: 0	0: 8: 4	0: 0: 3.
1000	52: 12: 7..	4: 7: 8..	0: 2: 11	1000	50: 0: 0	4: 3: 4	0: 2: 9.

La quatriéme moytié proportionnelle d'vn tout fait la rente d'vn an au denier 16. pource que l'vnité est la 4e. moytié de 16.

Ces abbregez sont pour la plus part sur les monnoyes comme sur la matiere plus commune. Chacun en pourra inuenter sur les matieres qui luy sont plus propres.

---

§. 4. *La regle & la maniere de tirer la Racine Quarrée & Cubique.*

LE nombre quarré est celuy qui se produit de la Multiplication d'vn nombre par soy mesme, qui se nomme Racine. Ainsi 2. est racine de 4. & 4. le quarré de 2. comme 9. de 3. 16. de 4. 25. de 5. 36. de 6. 49. de 7. 64. de 8. 81. de 9. 100. de 10.

Cela estant si on cherche la racine d'vn nõbre designé tel qu'est 1225. Il faut 1ent. pour la disposition le diuiser par espaces, ou interualles, & en chacun enfermer deux figures, excepté au 1er. où il ny en a qu'vne, quand le nombre des figures est imper. On tire de plus deux lignes parallelles A B. & C D. dessous le nombre donné pour placer dans l'entre deux les nombres qui composent la racine.

			3				
Le Quarré.		1	2	2	5		
	A						B
La Racine.			3		5		
	C						D
Le diuiseur.				6			
Le Produit.	E		3	2	5		F

2ent. Touchant les Operations on les commence par les nombres de plus grand valeur de la gauche à la droite, & dans le premier interualle on cherche la racine quarrée du nombre 12. qui s'y trouue ou de celuy qui y est contenu & en est le plus approchant tel qu'est 9. qui a pour racine 3. lequel on escrit entre les lignes parallelles dessous la derniere figure qui icy est 2 Puis ostant le quarré 9. du nombre superieur correspondant 12. & mettant 3. qui reste sur 2. que l'on efface auec la 1re. figure pour passer au second interualle on double le nombre de 3. escrit entre les lignes, & on met le double 6. sous les lignes & sous la 1re. figure du 2ond. espace qui est icy 2. Dans lequel comme dans les suiuants on y fait les operations requises pour la Diuision *Diuide Multiplica Subtrahe Promoueas*, car 1ent. on diuise le nombre superieur & correspondant qui est icy 32. par l'inferieur 6. Et d'autant qu'il y est 5. fois on escrit 5. sous la derniere figure qui est icy 5. Mais il faut qu'il s'y trouue tellement 5. fois, qu'il reste encore des nombres auec la figure suiuante pour faire la Substraction du quarré du nombre 5. que l'on escrit, ce qui se trouue icy : Autrement il faudroit descendre par des nombres moindres, jusques à ce que l'on aye trouué ce que l'on cherche. 2ent. On fait la Multiplication du nombre escrit 5. par le mesme nombre de 5. comme appartenant au degré du nombre: Puis du diui-

Ieur 6. comme dans le degré de dizaine & on trouuera que le produit sera 325. marqué en E F. que l'on oste du nombre superieur à la façon ordinaire : Et d'autant que rien ne reste 35. est la racine de 1225. *3ent.* S'il restoit encore vn interualle au lieu d'auancer le mesme diuiseur comme on fait en la Diuision on prend le double des quotiens trouuez 35. c'est à dire, 70. que l'on met sous les lignes & la derniere figure 0. sous la *1re.* de l'espace suiuant. Comme si on demande la racine de 41618. operant selon l'ordre prescrit cy-dessus on trouuera *1ent.* vne figure au *1er.* espace: à cause du nombre impair des figures *2ent.* Que le nombre 4. qui y est mis estant quarré a pour racine 2. que l'on escrit *3ent.* Que le diuiseur du second interualle 4. qui fait le double de 2. ne se trouue point au nombre superieur, & correspondant & ainsi on met 0. entre les lignes à la fin du *2ond.* espace. Et pour trouuer le diuiseur du *3e.* espace on double le nombre de 20. qui se trouue entre les lignes & on met le double 40. tellement dessous elles, que la derniere figure se trouue sous la *1re.* du *3e.* espace qui est icy 1. *4ent.* D'autãt que 40. est 4. fois au nombre superieur & correspondant 161. on met 4. entre les lignes au dernier espace: puis on le multiplie par soy mesme 4. par 4. consideré comme au degré de nombre & par le méme 4. on multiplie les figures du diuiseur, mais comme plus auancées en degrez & le produit 1616. se tire de 1618. Et d'autant qu'il reste 2. il faut les oster du nombre proposé & qui est iustement quarré.

Le Quarré.	4	1	6	1	8
La Racine.	2		0		4
Les Diuiseurs.		4	4		0
Le Produit.		1	6	1	6

La raison de cecy est que la resolution se doit faire des mesmes choses, mais par vn ordre renuersé à la composition. Or qui verra les operations que l'on fait pour composer le quarré 1225. par la racine 35. & celles que l'on fait pour auoir la racine 35. par le quarré 1225. reconnoistra bien tost, qu'il y a autant de Diuisions & de Substractions & des mesmes nombres sur le quarré, pour tirer la racine, que de Multiplications & d'Additions sur la racine pour produire le quarré.

Production du Quarré par la Racine.

La		3	5	
Racine.		3	5	
		2	5	*Le Pro. de 5. par soy*
	3	0		*De 5 ou de 2 fois 3 par 5*
	9			*De 3. par soy.*
1	2	2	5	*Le Quarré.*

Pour l'Extraction de la Racine Cubique: Elle est moins vtile que l'autre, & neantmoins de beaucoup plus difficile. Ainsi ie me contente de dire qu'elle se tire comme le quarré à la reserue des differences suiuantes que ie montre sur le nombre 97336. qui a pour racine cubique 46. *1ent.* On met 3. figures en chaque interualle au lieu de 2. excepté au premier, où l'on met ce qui reste, icy c'est 97. *2ent.* On cherche & on prend au *1er.* espace le nõbre cubique contenu le plus approchant de 97. que l'on ostede 97. c'est icy 64. qui estãt ostez laissent 33. & on marque la racine cubique entre les lignes. *3ent.* Au lieu de doubler la racine 4. marquée, on la triple & on met le produit 12. sous la *2e.* figure de l'interualle suiuãt. *4ent.* On multiplie le triple 12. par la racine 4. pour auoir en 48. le Diuiseur que l'on escrit sous la *1e.* figure. *5ent.* Ayãt trouué & marquée qué 6. par le moyen du diuiseur 48. on fait trois multiplications. La *1re.* du Quotient trouué 6. par 48. & viẽt 288. que l'on escrit sous 48. La *2e.* du quarré du mesme 6. c'est à dire, de 36. par le triple marqué 12. & on met le produit 432. sous la *2e.* figure de l'espace. La *3e.* est de 6. cubiquement, & le produit 216. se marque sous la derniere figure. Le reste est commun. Quand ie dis qu'vn nombre s'escrit sous vne figure j'entends la derniere figure, du nombre qui determine le rang des autres precedentes.

3	3	*N. Cubique.*			
9	7	3	3	6	
Rac.	4			6	*Les*
Multi-		1	2		*plians*
&	4	8			*multipliables.*
2	8	8			*Les Produits.*
	4	3	2		
		2	1	6	
3	3	3	3	6	
Reste rien.					

§. 5. *Quelques Regles sur les Progressions.*

I'AY traité au Chap. 1. §. 2. de leur nature & production, j'adjouste icy les points suiuans de leur proprietez. *1ent.* Les Algebristes attachent à chaque degré de ces progressions qu'ils nomment dignité & puissance, 4. choses, sçauoir est. 1. Le nombre, qui composé & fait vn degré dans la Progression Geometrique. 2. Vn nombre de la progression Arithmetique naturelle, c'est à dire, qui commence par l'vnité, & continuë selon la suitte ordinaire des nombres croissant tousiours d'vne vnité seule. 3. Vne marque particuliere conuenable à la nature de tel degré & 4. le nom de telle marque qui se trouue conuenir plus proprement à la Progression, qui a l'vnité pour vn terme. Les premiers sont nombres de la Progression Geometrique tels que sont ceux qui sont compris en la ligne A B. & y sont la proportion double. Les seconds sont contenus en C D. & sont dits les exposans; pource qu'ils declarent le rang & le lieu de chaque degré & puissance. Les *3es.* se voyent en E F. Les *4es.* en G H. Les autres qui passent 10. & suiuent ne sont en vsage: ceux neantmoins qui en seront desireux les trouueront dans les liures d'Algebre.

A	1	2	4	8	16	32	64	128	256	512	1024	B
C	0	1	2	3	4	5	6	7	8	9	10	D
E	N	R	Q	C	QQ	SI	QC	S2	QQQ	CC	QS	F
G	*Nombre.*	*Racine.*	*Quarré.*	*Cube.*	*Quarré de quarré.*	*Surfolide premier ou A*	*Quarré Cube.*	*Surfolide second.*	*Quarré de quarré de quarré.*	*Cube de Cube.*	*Quarré Surfolide.*	H

2. On peut continuer à l'infini toute progreſſion Geometrique tant en deſcendant qu'en montant: Ce qui ne ſe peut faire en deſcendant dans la Progreſſion Arithmetique: Et la Geometrique qui a l'vnité pour vn terme prend & ſe ſert des meſmes nombres & auec meſme ordre pour deſcendre auec cette difference qu'elle les laiſſe ſeuls en montant: là où en deſcendant elle en fait les denominateurs des Fractions, qui ont par tout l'vnité pour Numerateur: comme j'ay monſtré au Chap. 1. §. 2. dans la proportion decuple. La raiſon de ce point eſt que chaque quantité peut croiſtre à l'infini par parties tant égales que proportionnelles & ne peut autant decroiſtre, que par parties proportionnelles.

3. Qu'il y a tel rapport & conuenance entre les progreſſions Geometriques, & Arithmetiques dans leurs differéces, Que tout ce qui ſe fait en l'Arithmetique par Addition de ſes nombres ſe rencontre en la Geometrique par Multiplication des ſiens. Tout ce qui ſe rencontre en l'vne par Subſtraction ſe fait en l'autre par la Diuiſion. Comme auſſi elles n'ont point d'autres cauſes productiues que ces operations. Cecy ſe peut aiſément verifier dans les nombres des deux Progreſſions que la figure preſente contient, ſçauoir, dans ceux de la Geometrique en A B. & de l'Arithmetique en C D. & on le doit appliquer ſur toute autre. D'icy l'on doit conclurre deux points, le 1er. eſt le moyen de trouuer diuerſement les nombres de la Progreſſion Geometrique. Par exemple ſi on me demande le Q Q Q de la Progreſſion miſe en A B. Ie dis qu'on le peut trouuer par Multiplications & Diuiſions en autant de façons, qu'il y en a pour trouuer 8. l'expoſant du nombre que l'on demande par Additions & Subſtractions correſpondantes: Cela ſe fera 1ent. continuant la proportion de la R 2 au Q 4 par 7. Multiplications; pource que 8 qui eſt le correſpondant & l'expoſant du Q Q Q que l'on cherche ſe fait continuant la difference de 1a. 2. par 7. Additions. 2ent. on trouuera le meſme nombre Multipliant le Q par Q C, ou le C par S I ou diuiſant le Q S par le Q pource que adjouſtant ou oſtant les nombres expoſans & qui correſpondent à ces degrez & dignitez on fera 8 l'expoſant du nom-

bre que l'on cherche. Ainsi en est-il de tous les autres exposants par l'Addition ou Substraction desquels on peut faire 8. Et ie ne doute pas que ce ne soit cette conuenance qui a donné l'ouuerture & l'inuention à Neperus de trouuer & composer ses tables Logarithmiques, qui abbregent grandement les operatiõs puis qu'on y fait par Substractions & Additions seules ce qu'il faudroit faire pour auoir les sinus par des Multiplications & Diuisions tres-grandes & par consequent tres-laborieuses. Le *2ond.* point est que lon peut inferer les proprietez de la Progression Geometrique par celles de l'Arithmetique. Comme si dans l'Arithmetique on adjouste vn nombre à soy mesme la somme qui en vient est égale à celle qui se fait adjoustant tous les deux nombres collateraux & également distant de tel nombre. De mesme en la Geometrique si l'on multiplie vn nombre par soy mesme le produit est égal à celuy qui vient de la Multiplication de tous les deux autres nombres par ensemble, qui sont collateraux & également distans du premier. Comme si en C D. j'adjouste 6. à 6. ie fay 12. ce que ie fay encore adjoustant 5. à 7. 4. à 8. 3. à 9. *&c.* qui sont nombres également distans de 6. Ainsi si en A B. ie multiplie 64. par soy-mesme le produit 4096. est le mesme, que le produit de 128. par 32. de 256. par 16. de 512. par 8. qui sont nombres également distans de 64. *Item* deux nombres de C D. adjoustez ensemble quels que l'on voudra feront la mesme somme, que tous les autres deux également éloignez, & adjoustez ensemble comme si en C D. 9. & 4. font 13. 5. & 8. 6. & 7. 3. & 10. *&c.* feront le mesme nombre. De mesme en A B. si 16. multipliez par 512. font 8192. le mesme se fera de 256. multipliez par 32. & de 128. par 64. & de 1024. par 8.

---

5. *Regles pour auoir la somme totale des termes de toute Progression.*

TOVCHANT ceux de la Progressiõ Arithmetique il y a vne regle assez aisée & vne raison bien éuidente. Et pour declarer le tout en vn exéple: Si on disposoit 100. œufs pierres ou autres choses dans vn chemin droit, chacun à la distance d'vn pas Geometrique, & qu'vne personne fut obligée de les ramasser les vns aprés les autres auec cette cõdition de n'é prendre qu'vn à la fois & de le rapporter à vn endroit destiné & éloigné du *1er.* d'vn pas deuãt que d'aller querir le suiuãt: Celuy-la garderoit vne Progression Arithmetique, qui auroit pour difference deux pas. Puisque pour le premier œuf il feroit deux pas: vn pour l'aller prendre, l'autre pour le raporter: 4. pour le *2ond.* 6. pour le *3e.* & ainsi cõsecutiuemét croissant tousiours de deux: & pour le dernier & *100e.* il feroit 200. pas, sçauoir, 100. pour aller le querir, 100. pour reuenir & le porter au *1er.* terme commun. On demande combien de pas seront requis pour recueillir tous ces œufs? Voicy la pratique pour auoir toute somme de telles Progression que j'applique sur l'exemple proposé. Adjoustez le dernier nombre de la Progression, qui icy est de 200. auec le 1er. qui est 2. Vous aurez 202. pas. Multipliez la moytié du nombre composé 101. par le nombre des termes, qui sont icy 100. ou bien le nombre entier 202. par la moytié des termes qui sont 50. ou bien le nombre entier 202. par celuy des termes 100. & du produit prenez la moytié & vous aurez par toutes ces trois façons le nombre de 10100. pas Geometriques pour la somme totale des pas requis à ramasser 100. œufs en la façon expliquée, Et ces 10100. pas contiendront la longueur de 5. lieuës françoises. Vn Caualier en feroit bien 10. durant qu'vn pieton seroit employé à ce ramas. La pratique a verifié & a fait perdre de l'argent à ceux qui trop aisement se sont obligez par gajeures à en venir a bout durant qu'vn autre s'engageoit à parcourir vne longueur en apparence plus grande; mais en verité moindre.

La raison est prise de ce que les deux termes également distans des deux extrémes & joints ensemble sont égaux à la somme faite du 1er. & du dernier, & partant cette somme multipliée par le nombre des termes sera le double : par la moytié sera égalité auec tous les nombres joints ensemble.

On donne diuerses regles, & manieres de trouuer les nombres de la Progressió Geometrique qui sont fondées sur cette proprieté. Tout terme en la Progression double le premier en estant osté contient vne fois tous les nombres qui luy sont anterieurs, en la triple deux fois, en la quadruple 3. fois, en la quintuple 4. fois & ainsi consecutiuement : ce que l'on peut verifier dans les exemples mis icy.

	Progression.	
Premiere.	*Seconde.*	*Troisiéme.*
Triple.	*Quadruple.*	*Quintuple.*
A 2	3	1 B
6	12	5
18	48	25
54	192	125
162	768	625
C 486	3072	3125 D
728	4095	3906

La regle est cette cy. Ostez le premier nombre mis en AB. du dernier contenu en la ligne CD. sçauoir, 2. de 486. 3. de 3072. & 4. de 3125. & vous aurez 484. 3069 & 3124. diuisez ce qui reste par vn nombre moindre d'vne vnité, que n'est celuy de la proportion commune qui est 3. en la 1re. 4. en la 2e. & 5. en la 3e. c'est à dire, 484. par 2. 3069. par 3. & 3124. par 4. & les quotiens donneront la somme totale des nombres inferieurs au dernier, lesquels partant estant adjoustez auec les derniers feront la somme que l'on demande, comme 242. auec 486. feront

728. 1023. auec 3072. feront 4095 & 781. auec 3125. feront 3906. De cette sorte vous pouuez prendre quel nombre que vous voudrez entre les grands pour le dernier, & entre les moindres quel qu'il vous plaira pour le premier & sur ces deux faisant les operations mises cy-dessus vous aurez la somme qui égalera les deux extrémes & les entre deux. D'autres donnent d'autres Regles : mais celle-cy suffit.

On applique ces nombres sur diuerses hypotheses comme sur 60. villes, qu'vn riche, & puissant Monarque acheteroit à condition de payer de la 1re. vn denier, de la 2e. 2. de la 3e. 4. & ainsi consecutiuement. Car si le commencement fait sembler que c'est donner pour rien les villes; la fin fait bien voir que se seroit acheter cheremét les Empires voire la Terre toute entiere : puisque le seul 40e. terme estant rendu en escus fait 152709483. lesquels estant mis en rente au denier 20. font 7635474. escus. Quel argent faudra-il si on y adjouste les autres termes qui montent jusques à 60. ? Au contraire qui acheteroit la surface de la terre par les mesmes nombres mis en Fraction auec vne vnité pour numerateur, c'est à dire, par moytiez proportionnelles jusques à 70. comme celuy surpasseroit en richesses & estenduë de terre tous les Monarques qui ont iamais paru, qui posséderoit la 1e. moytié : Aussi celuy qui auroit la derniere & 70e. seroit si mal partagé, qu'il n'auroit pas la place d'vn grain de froment. Quels seront les nombres qui vont croissant par vne plus grande proportion comme Quintuple, decuple, centuple, *&c.* puisque cette-cy qui est la moindre croit & décroit si extraordinairement, Comme l'on peut voir en l'exemple qui suit.

1. 2. 4. 8. 16. 32. 64. 128. 256. 512.

Progression Geometrique double, qui donne chaque terme depuis 1. iusques à 10. & les met par 5. seulement depuis 10. iusques à 70. lesquels se font multipliant le procedent par 32. pour auoir le suiuant & c'est par la Regle des exposans mise cy-dessus.

	Le nombre de chaque Terme.
1024	10e.
32768	15
1048576	20
33554432	25
1073741824	30
34359738368	35
1099511627776	40
35184372088832	45
1125399906842624	50
36928792018963968	55
1152921504606846976	60
36895488147419103232	65
1080591620717411303424	70e.

I F N.

www.ingramcontent.com/pod-product-compliance
Ingram Content Group UK Ltd.
Pitfield, Milton Keynes, MK11 3LW, UK
UKHW021847190726
13855UKWH00001B/200